普通高等教育"十三五"规划教材

电子信息科学与工程类专业规划教材

通信工程设计

（第2版）

施　扬　沈平林　赵继勇　编著

电子工業出版社

Publishing House of Electronics Industry

北京·BEIJING

内 容 简 介

　　本书全面介绍通信工程设计的设计程序、设计方法及关键技术，以通信网络中交换系统、移动通信系统及光传输系统为切入点，概括了通信工程设计的理论、程序和方法，提供了通信工程设计方法在交换系统、移动通信系统、光传输系统和小区综合接入的不同设计阶段的具体应用案例。全书共8章，主要内容包括：通信工程设计程序、固定电话网与移动通信网、电信支撑网、无线网设计基础、无线网设计、光传送技术、光缆线路系统设计、通信工程设计简明案例等。本书提供配套电子课件。

　　本书可作为高等学校通信工程专业相关课程的教材，也可作为岗位任职课程的教材或通信工程设计从业人员的培训教材，还可供相关工程技术人员学习参考。

未经许可，不得以任何方式复制或抄袭本书之部分或全部内容。

版权所有，侵权必究。

图书在版编目（CIP）数据

通信工程设计 / 施扬，沈平林，赵继勇编著. —2 版. —北京：电子工业出版社，2016.9
电子信息科学与工程类专业规划教材
ISBN 978-7-121-29853-0

Ⅰ. ①通… Ⅱ. ①施… ②沈… ③赵… Ⅲ. ①通信工程－工程设计－高等学校－教材 Ⅳ. ①TN91

中国版本图书馆 CIP 数据核字（2016）第 211980 号

策划编辑：王羽佳
责任编辑：周宏敏
印　　刷：北京盛通商印快线网络科技有限公司
装　　订：北京盛通商印快线网络科技有限公司
出版发行：电子工业出版社
　　　　　北京市海淀区万寿路 173 信箱　　邮编：100036
开　　本：787×1092　1/16　印张：17　　字数：491 千字
版　　次：2012 年 9 月第 1 版
　　　　　2016 年 9 月第 2 版
印　　次：2023 年 1 月第 9 次印刷
定　　价：43.00 元

　　凡所购买电子工业出版社图书有缺损问题，请向购买书店调换。若书店售缺，请与本社发行部联系，联系及邮购电话：（010）88254888，88258888。

　　质量投诉请发邮件至 zlts@phei.com.cn，盗版侵权举报请发邮件至 dbqq@phei.com.cn。

　　本书咨询联系方式：（010）88254535，wyj@phei.com.cn。

第 2 版前言

再版教材按照"注重基本理论、适应技术发展、面向工程应用"的思想进行修订，进一步优化教材结构、更新教材内容。

随着移动通信网络技术（特别是无线网络技术）和商用移动通信网络的迅猛发展，再版教材在结构和内容上的变化主要体现在：①注重基本理论。第 4 章主要介绍无线网设计基础，重点分析无线传播理论、无线网络设计和组网单元使用。②适应技术发展。第 2 章增加介绍 3G、4G 核心网和 5G 核心网架构。③面向工程应用。第 5 章主要介绍无线网设计，重点分析 CDMA、WCDMA、TD-LTE 的链路预算和频道配置，以及 GSM、CDMA 和 LTE FDD 基站容量配置，第 8 章增加了 LTE FDD 网无线网单项工程可行性研究文件简明案例。

本书配套有教学 PPT 演示文件，需要的教师或读者可登录至华信教育资源网（http://www.hxedu.com.cn），免费注册后在本书的页面下载。

本书第 1 章至第 3 章由施扬编写，第 4 章、第 5 章由沈平林编写，第 6 章、第 7 章由赵继勇编写，第 8 章由施扬、沈平林和赵继勇编写，由施扬统稿。

本书可作为普通高等院校通信工程专业学生的岗位任职课程的教材或教学参考书，也可作为通信工程设计从业人员的培训教材。

编写本书的各位老师都具有一定的通信工程设计经验和"通信工程设计"课程的教学体会。本书在编写过程中直接引用了某些公开出版的标准、文献，书后列出了参考文献的目录，在此向各位作者（或单位）表示衷心的感谢。特别感谢解放军理工大学通信工程学院教研办、教保办及教材委员会，他们为本书的撰写给予了最直接的指导和支持。

本书已在教学实践中使用，通过教学实践还将不断修改完善。限于作者的水平，书中难免存在一些不妥和错误，敬请并感谢各位专家、同行和读者在阅读本书后提出宝贵意见，以指导本书的进一步修订、完善。

编　者

2016 年 8 月

前　言

在高等院校通信工程专业的学历教育（本科）人才培养方案中，"通信工程设计"课程是岗位任职课程的核心课程。

之前阅读过的很多关于通信建设工程设计方面的书籍，大多数是围绕各自所介绍的专业方向，详细地介绍本专业方向的工程设计，而缺乏对通信建设工程设计的总体把握，因而读者较难把握一项通信建设工程项目的设计全局。同时，通信建设工程设计往往涉及较多专业方向的知识，如交换、移动、无线、传输、卫星、计算机网络、电源及配套等专业方向，如果将所有涉及的通信专业知识内容一一阐述，书的内容又将非常庞杂，难成体系。在本书中，作者通过结合通信工程设计的主要实践应用，综合考虑点面关系，主要讨论交换、移动和传输三个专业方向的通信建设工程设计的基本内容。

本书主要分为五个部分。第一部分（第1章）是通信工程设计的基本概念，主要介绍通信工程设计的程序、阶段和流程。第二部分（第2章和第3章）是电信交换设计基础知识，主要介绍电信交换专业方向工程设计所需要的专业知识，这些内容在相关专业书籍中或多或少也都有介绍，只不过比较分散，本书将这些内容集中在一起，更加侧重在通信工程设计方面的应用知识。第三部分（第4章和第5章）是移动通信系统设计，主要介绍蜂窝移动通信系统设计基础知识、第二代数字蜂窝移动通信系统——GSM 移动通信系统设计和 CDMA 移动通信系统设计。第四部分（第6章和第7章）是光传输系统设计，主要介绍 SDH 技术、城域网光传送技术、DWDM 技术和光缆线路系统设计。不管通信建设工程项目如何不同，设计的各个阶段、程序及各专业方向所涉及的基本设计内容框架都是类似的。正是基于这些考虑，在书中第五部分（第8章）给出了通信工程设计内容的格式举例：移动专业方向的可行性研究、交换专业方向的初步设计、光传输专业方向的施工图设计和小区综合接入单位工程一阶段设计，通信工程专业的其他专业方向的各阶段设计均可以参考。

本书配套有教学 PPT 演示文件，需要的教师或读者可登录至华信教育资源网（www.hxedu.com.cn），免费注册后在本书的页面下载。

本书的第1章至第3章由施扬编写，第4章、第5章由沈平林编写，第6章、第7章由赵继勇编写，第8章由施扬、沈平林和赵继勇编写，由施扬统稿。

本书可作为普通高等院校通信工程专业学生的岗位任职课程的教材或教学参考书，也可作为通信工程设计从业人员的培训教材。

编写本书的各位老师都具有一定的通信工程设计经验和"通信工程设计"课程的教学体会。本书在编写过程中直接引用了某些公开出版的标准、文献，书后列出了参考文献的目录，在此向各位作者（或单位）表示衷心的感谢。特别感谢解放军理工大学通信工程学院训练部、教保办及教材委员会，他们为本书的撰写给予了最直接的指导和支持。

本书已在教学实践中使用，通过教学实践将不断修改完善。限于作者的水平，书中难免存在一些不妥和错误，敬请并感谢各位专家、同行和读者在阅读本书后提出宝贵意见，以指导本书的进一步修订、完善。

编　者

2011 年 12 月

目　　录

第 1 章　通信工程设计程序

交换机、传输设备、基站控制器、无线基站等设备和器材都是通信系统的重要组成部分，如何将这些设备和器材进行有机的组合，使之构成预期的、高效的通信系统，在经济建设和社会活动中最大限度的发挥作用，这就是通信建设工程设计的任务。为了使通信网全程全网高效、安全地工作，同时也为了取得最佳的投资效益，必须要进行最佳的通信建设工程设计。本章将介绍通信工程设计的一般原则、涉及到的通用概念，以及通信建设工程设计程序中的可行性研究及其工程项目经济评价、初步设计、施工图设计、技术规范书和工程概预算的主要内容。

1.1　通信建设工程设计基本概念

1.1.1　通信建设工程设计的重要性

通信系统的建设并不是通信设备和通信器材的简单堆砌，必须根据建设该系统的建设方要求，结合当前各种通信设备和通信器材技术指标，充分考虑建设项目的规模、容量、设备扩充的趋势、业务拓展的能力和投资强度，选择适用的设备和器材，建设一个既在建设期满足建设方要求，也能适应未来一段时期内发展需求的通信系统。一个通信建设工程项目的实施，需要对业务进行预测和分析，还要对用户数量进行预测；此外，用什么档次的设备和器材能充分发挥设备的潜力，采用什么通信体制和方案，场站如何建设，设备如何放置，项目分几期建设等，都需要进行统筹规划、安排。这些都是通信建设工程设计需要做的工作。通信建设工程设计的好与不好，决定了通信工程建设项目的质量。通信建设工程设计是通信系统建设的蓝图。

通信建设工程项目需要投资，投入资金的合理安排是一项很重要的工作。项目建设的设备费用、安装工程费用、设备调试费用、开通运行费用、人员培训费用、建设中需要的其他费用等都需要精心计算，做出项目的概算、预算。这些都是通信建设工程设计的内容。这部分概算、预算是项目建设单位拨款和控制成本的依据。

通信工程项目在建设的过程中涉及诸多单位和部门，他们分别承担土建、设备采购、设备安装和设备调试等工作。从专业分工看，以一个交换局的建设为例，至少要涉及交换专业、传输专业、电源及配套专业等。如何协调各个专业，如何进行分系统验收和总体工程验收，需要有一个统一的标准，而通信建设工程设计文件就是通信建设工程验收的标准。

一项通信建设工程项目投产后，要运行几年、十几年甚至几十年。在这期间，要维持设备正常运转，就需要对设备进行维护，有可能还要对设备进行升级换代，甚至对设备进行更新改造。随着业务的不断扩展，用户量的不断增长，还要对通信系统进行扩容。若要使这些工作顺利进行，必须要有健全的资料。通信建设工程设计文件是通信系统维护和扩容的重要资料。

为了使电信网全程全网畅通、安全，为了取得最佳的投资效益，必须要进行最佳的通信建设工程设计。

1.1.2　通信建设工程设计的程序及设计阶段划分

根据通信工程建设特点和我国的实际情况，通信工程建设的程序如图 1.1 所示。

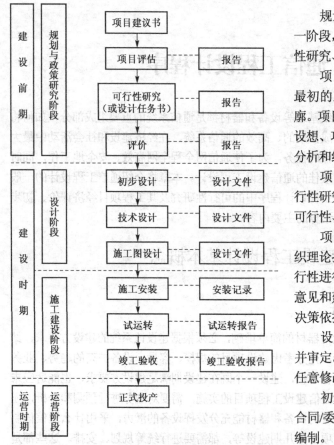

图 1.1　通信工程建设程序

规划与政策研究阶段是通信工程建设的第一阶段，从项目建议书的拟定、项目评估到可行性研究、评价。

项目建议书的提出是通信工程建设程序中最初的工作，是在投资决策前拟定该项目的轮廓。项目建议书的主要内容包括建设项目的大致设想、项目建设的必要性分析、技术上的可行性分析和经济上的效益分析。

项目建议书经审批后，根据审批结果进行可行性研究。可行性研究是对建设项目在技术上的可行性、投资必要性进行分析认证。

项目评估和评价是由项目主要负责单位组织理论扎实、工程实践经验丰富的专家对方案可行性进行技术、经济等方面的评价，并提出具体意见和建议。项目评估和评价报告是主管领导的决策依据之一。

设计阶段的主要工作内容是编制设计文件并审定。设计文件一经审定批准，执行中不得有任意修改和变更。

初步设计根据批准的可行性研究报告、设计合同/委托书、工程勘察资料和设计规范要求进行编制。

技术设计根据批准的初步设计进行编制。批准后的技术设计及修正概算是进行施工图设计的依据。

施工图设计根据批准后的技术设计和修正概算、工程勘察资料、主要设备和材料的订货情况进行编制。

施工建设阶段主要包括施工安装、试运转和竣工验收。

施工安装是根据施工图设计规定内容、施工合同书要求进行的。

试运转是施工安装结束后，并报主管部门审定批准进行。试运转期一般为 3 个月。

竣工验收是在试运转结束后，并具备验收交付使用的条件，由相关部门组织工程进行系统验收。

从图 1.1 中可以看出，在一个大型项目中，设计是项目的一个重要组成部分。如果从设计任务的角度看，设计本身也就成为一个独立的项目，其输入是可行性研究报告或设计任务书，输出就是设计文件。

通信工程设计主要包括可行性研究、初步设计、施工图设计和技术设计四项任务，根据建设单位的委托，设计人员进行全部四项内容的设计，也可能只进行其中一项或几项内容的设计。从事可行性研究提供的是可行性研究报告，这个报告是通信建设工程立项的依据；从事初步设计提供的文件是初步设计文本，这个文本是通信建设工程的建设方案；从事施工图设计提供的文件是施工图设计文本和工程图纸，这些文件是通信建设工程的施工依据；从事技术设计提供的文件是技术规范书，技术规范书是通信建设工程设备招标的依据。

通信建设工程在建设时期的设计阶段，建设单位委托设计单位进行初步设计和施工图设计，通常在设计单位完成初步设计并通过评审后，再进行施工图设计，这样的过程称为二阶段设计。根据工程规模、投资强度和建设方的要求，也可能将初步设计和施工图设计一次完成，将两个设计在一个文件中体现出来，这个过程称为一阶段设计。

1.1.3　专业分工

通信系统是一个复杂而有机的系统，需要各方面专业人员通力、协同合作完成。通信建设工程设计通常应包括如下几个专业：

（1）交换专业
● 电信网络设计
● 交换设备安装设计

（2）无线专业
● 短波通信线路工程设计
● 超短波通信线路工程设计
● GSM 移动通信网络及设备安装工程设计
● CDMA 移动通信网络及设备安装工程设计
● 集群通信系统组网及设备安装工程设计

（3）传输专业
● 通信光缆线路设计
● 光传输设备安装设计
● 微波传输设备安装设计
● 3.5G 无线接入设备安装设计

（4）卫星通信专业
● 卫星干线网系统设计
● 卫星支线网系统设计
● 卫星专线网系统设计

（5）电源及配套专业
● 电源设备安装工程设计
● 防雷及接地安装工程设计
● 铁塔安装工程设计
● 机房建设及改造工程设计

各专业在工程设计中有清晰的分工界面，一般以配线架为界。

1.1.4　通信工程设计人员应具备的素质

工程设计在通信工程建设项目实施中起着十分重要的作用。工程设计的重要性要求从事通信工程设计的工作人员应具备较高的专业素质和职业修养，为建设单位、维护单位把好工程的四关：网络技术关、工程质量关、投资经济关和设备（线路）维护关。

工程设计人员应精通本专业的专业知识，需要熟知本学科目前发展的水平，本专业可供商用且能安全、可靠运行的设备状况，以及各种设备的特点。通信系统具有全程全网协同运行的特点，要求设计人员要熟悉通信网的组织，站在全网的角度来进行当前的设计。通信系统是由各个通信节点和要素组成的，各节点和要素之间的关联性十分密切，设计人员不仅要精通本专业的知识，还要了解与本专业相关联的其他专业的知识，这样才能进行有机的、完整的设计。设计人员必须掌握通信工程设计的基本程序、设计步骤及分工，熟悉通信机房的组织和建设要求，了解我国通信建设方面的政策法规。通信工程设计是一项科学而严肃的工作，需要深入工程现场，实地考察，要求设计人员必须具备不辞辛苦、深入调查研究的精神和科学、严谨、规范、认真、负责、一丝不苟、精益求精的工作作风。

1.2　可行性研究

1.2.1　可行性研究的作用

一个通信工程建设上马，在建设前期必须进行可行性研究。可行性研究报告是工程建设单位向建设主管部门申请立项的依据。

根据通信工程设计的程序及阶段划分，应在批准项目建议书后编制可行性研究报告，以便在决策前对拟建的通信工程建设项目的规模、地点、重大技术方案、投资、经济效益、建设的可能性进行科学的分析、论证，并做出"可行"或"不可行"的评价，提供决策的依据。

通信工程建设项目的可行性研究主要从建设方案和经济上论证其可行性。

首先是建设方案的可行性。包括采用技术是否先进、适当，方案选取是否最佳；工程规模大小是否符合实际需求；工程进度计划是否满足立项的要求；等等。

其次是经济上的可行性。包括投资估算和经济评价。经济评价包括财务评价和国民经济评价，财务评价是从通信企业或电信行业的角度考察项目的可行性；国民经济评价是从国家的角度考察项目对整个国民经济的净效益，论证建设项目的合理性。有时，从企业利益的角度看项目是可行的，但从国家利益的角度看项目是不可行的，则此项目便不能上马。反过来，有时从企业近期利益的角度看项目是不可行的，但从国家利益的角度看是可行的，则此项目应该上马。

可行性研究报告的结论对一个通信建设工程项目能否立项起着关键作用。

1.2.2　可行性研究报告基本内容

可行性研究报告应包括三个方面的主要内容：建设方案、投资估算和经济评价。

可行性研究报告要解决如下问题：为什么要建设本通信工程（即必要性）；本通信工程建设具备的条件（即可行性）；本工程建设可采用的建设方案；本工程建设的规模和进度安排；投资估算和资金筹措；经济评价。

下面给出某城市传输接入网建设工程的可行性研究报告的章节内容，通过章节内容可以看到可行性研究报告的结构和基本内容。

第一章　项目概述

1.1　编制依据

1.2　项目背景

1.3　工程建设必要性、可行性

　　1.3.1　项目建设的必要性

　　1.3.2　项目建设的可行性

1.4　报告范围与文件组成

　　1.4.1　可行性研究报告的范围

　　1.4.2　可行性研究报告文件组成

1.5　可行性研究的简要结论

1.3　工程项目经济评价

　　可行性研究报告主要包括三个基本内容，即建设方案、投资估算和经济评价。建设方案可以根据实际工程的要求和现状，按专业进行论述；投资估算可以根据工程规模、设备价格及有关取费标准进行计算；经济评价必须按照《建设项目经济评价方法与参数（第三版）》（包括《关于建设项目经济评价工作的若干规定》、《建设项目经济评价方法》和《建设项目经济评价参数》三部分）进行。

　　经济评价涉及的内容多，且专业性很强，本节结合 2006 年 7 月 3 日国家发展改革委员会、建设部颁布的发改投资[2006]1325 号文件《关于印发建设项目经济评价方法与参数的通知》和《建设项目经济评价方法与参数（第三版）》，介绍经济评价中的一些最基本的概念。国家电信行业主管部门为适应通信建设工程发展，将陆续颁发新的经济评价方法与参数，在进行经济评价时要及时采用新的经济评价方法与参数。

1.3.1　概述

1.3.1.1　经济评价的作用

　　建设项目经济评价是项目前期研究工作的重要内容，应根据国民经济与社会发展及行业、地区发展规划的要求，在项目初步方案的基础上，采用科学、规范的分析方法，对拟建项目的财务可行性和经济合理性进行分析论证，做出全面评价，为项目的科学决策提供经济方面的依据。

　　（1）建设项目前期研究是在建设项目投资决策前，对项目建设的必要性和项目备选方案的工艺技术、运行条件、环境与社会等方面，进行全面的分析论证和评价工作。经济评价是项目前期研究诸多内容中的重要内容和有机组成部分。

（2）项目活动是整个社会经济活动的一个组成部分，而且要与整个社会的经济活动相融，符合行业和地区发展规划要求，因此，经济评价一般都要对项目与行业发展规划进行阐述。

（3）在完成项目方案的基础上，采用科学的分析方法，对拟建项目的财务可行性（可接受性）和经济合理性进行科学的分析与论证，做出全面、正确的经济评价结论，为投资者提供科学的决策依据。

（4）项目前期研究阶段要做技术的、经济的、环境的、社会的、生态影响的分析与论证，每一类分析都可能影响投资决策。经济评价只是项目评价的一项重要内容，不能指望由其解决所有问题。同理，对于经济评价，决策者也不能只通过一种指标就能判断项目在财务上或经济上是否可行，而应同时考虑多种影响因素和多个目标的选择，并把这些影响和目标相互协调起来，才能实现项目系统优化，进行最终决策。

通信建设项目可行性研究的经济评价，是在通信网络规划、业务需求预测和项目工艺技术研究的基础上，通过多方案比较，坚持经济评价的原则，为通信建设项目在经济上是否可行提供可靠的决策依据。

1.3.1.2 经济评价的两个层次

建设项目经济评价包括财务评价（也称财务分析）和国民经济评价（也称经济分析）两个层次。

财务评价是在国家现行财税制度和价格体系的前提下，从项目的角度出发，计算项目范围内的财务效益和费用，分析项目的盈利能力和清偿能力，评价项目在财务上的可行性。

国民经济评价是在合理配置社会资源的前提下，从国家经济整体利益的角度出发，计算项目对国民经济的贡献，分析项目的经济效率、效果和对社会的影响，评价项目在宏观经济上的合理性。

建设项目的经济评价，对于财务评价结论和国民经济评价结论都可行的建设项目，可予以通过；反之则应予以否定。对于国民经济评价结论不可行的项目，一般应予以否定；对于关系公共利益、国家安全和市场不能有效配置资源的经济和社会发展项目，如果国民经济评价结论可行，但财务评价结论不可行，应重新考虑方案，必要时可提出经济优惠措施的建议，使项目具有财务生存能力。

1.3.1.3 经济评价内容与方法的选择及侧重点

建设项目经济评价的内容及侧重点，应根据项目性质、项目目标、项目投资者、项目财务主体及项目对经济与社会的影响程度等具体情况选择确定，见表1.1。

（1）项目类型、项目性质、项目目标和行业特点都会影响评价方法、评价内容、评价参数的选择。具体项目选择什么评价方法、评价内容和评价参数不能一概而论，不要求所有项目采用各种方法和内容统统做一遍。项目投资者、设计和评估人员应视具体问题具体分析，独立地做出选择。

（2）对于一般项目，财务分析结果将对其决策、实施和运营产生重大影响，财务分析必不可少。由于这类项目产出物的市场价格基本上能够反映其真实价值，当财务分析的结果能够满足决策需要时，可以不进行经济费用效益分析。

（3）对于那些关系国家安全、国土开发、市场不能有效配置资源等具有较明显外部效果的项目（一般为政府审批或核准项目），需要从国家经济整体利益的角度来考察项目，并以能反映资源真实价值的影子价格来计算项目的经济效益和费用，通过经济评价指标的计算和分析，得出项目是否对整个社会经济有益的结论。

（4）对于特别重大的建设项目，除进行财务分析与经济费用效益分析外，还应专门进行项目对区域经济或宏观经济影响的研究与分析。

表1.1　建设项目经济评价内容选择参考表

项目类型\分析内容			财务分析			经济费用效益分析	费用效果分析	不确定性分析	风险分析	区域经济与宏观经济影响分析
			生存能力分析	偿债能力分析	盈利能力分析					
政府投资	直接投资	经营	☆	☆	☆	☆	△	☆	△	△
		非经营	☆	△		☆	☆	△	△	△
	资本金	经营	☆	☆	☆	☆	△	☆	△	△
		非经营	☆	△		☆	☆	△	△	△
	转贷	经营	☆	☆	☆	☆		☆		
		非经营	☆	☆		☆	☆			
	补助	经营	☆	☆	☆	☆	△	☆		
		非经营	☆			☆	☆	△		
	贴息	经营	☆	☆	☆	☆	△	☆	△	△
		非经营								
企业投资（核准制）		经营	☆	☆	☆			☆	△	△
企业投资（备案制）		经营	☆		☆			☆	△	△

注：1. 表中☆代表要做；△代表根据项目的特点，有要求时做，无要求时可以不做。具体使用的指标见相关分析条文。

　　2. 企业投资项目的经济评价内容可据规定要求进行，一般按经营性项目选用，非经营项目可参照政府投资项目选取评价内容。

1.3.1.4　经济评价的内容深度要求

建设项目经济评价的深度，应根据项目决策工作不同阶段的要求确定。建设项目可行性研究阶段的经济评价，应系统分析、计算项目的效益和费用，通过多方案经济比选来推荐最佳方案，对项目建设的必要性、财务可行性、经济合理性、投资风险等进行全面的评价。项目规划、机会研究、项目建议书阶段的经济评价可适当简化。

（1）项目前期研究各个阶段是对项目的内部、外部条件由浅入深、由粗到细的逐步细化过程，一般分为规划、机会研究、项目建议书和可行性研究四个阶段。由于不同研究阶段的研究目的、内容深度和要求等不相同，因此，经济评价的内容深度和侧重点也随着项目决策不同阶段的要求有所不同。

（2）规划和机会研究是将项目意向变成简要的项目建议的过程，研究人员对项目赖以存在的客观（内外部）条件的认识还不深刻，或者说不确定性比较大，在此阶段，可以用一些综合性的信息资料，计算简便的指标进行分析。

（3）项目建议书阶段的经济评价，重点是围绕项目立项建设的必要性和可能性，分析论证项目的经济条件及经济状况。这个阶段采用的基础数据可适当粗略，采用的评价指标可根据资料和认识的深度适度简化。

（4）可行性研究阶段的经济评价，应按照《建设项目经济评价方法与参数》和国家电信行业主管部门颁发的经济评价方法与参数的内容要求，对建设项目的财务可接受性和经济合理性进行详细、全面的分析论证。

1.3.1.5　经济评价应遵循的基本原则

建设项目经济评价必须保证评价的客观性、科学性、公正性，通过"有无对比"，坚持定量分析与定性分析相结合，动态分析与静态分析相结合、以动态分析为主的原则。

（1）"有无对比"原则。"有无对比"是指"有项目"相对于"无项目"的对比分析。"无项目"

状态是指不对该项目进行投资时，在计算期内，与项目有关的资产、费用与收益的预计发展情况；"有项目"状态是指对该项目进行投资后，在计算期内，资产、费用与收益的预计情况。"有无对比"求出项目的增量效益，排除了项目实施以前各种条件的影响，突出项目活动的效果。"有项目"与"无项目"两种情况下，效益和费用的计算范围、计算期应保持一致，以便具有可比性。

（2）效益与费用计算口径对应一致的原则。将效益与费用限定在同一个范围内，才有可能进行比较，计算的净效益才是项目投入的真实回报。

（3）收益与风险权衡的原则。投资人关心的是效益指标，但是，对于可能给项目带来风险的因素考虑得不全面，对风险可能造成的损失估计不足，结果往往有可能使得项目失败。收益与风险权衡的原则提示投资者，在进行投资决策时，不仅要看到效益，也要关注风险，权衡得失利弊后再行决策。

（4）定量分析与定性分析相结合，以定量分析为主的原则。经济评价的本质就是要对拟建项目在整个计算期的经济活动，通过效益与费用的计算，对项目经济效益进行分析和比较。一般来说，项目经济评价要求尽量采用定量指标，但对一些不能量化的经济因素，不能直接进行数量分析，对此要求进行定性分析，并与定量分析结合起来进行评价。

（5）动态分析与静态分析相结合，以动态分析为主的原则。动态分析是指利用资金时间价值的原理对现金流量进行折现分析。静态分析是指不对现金流量进行折现分析。项目经济评价的核心是折现，所以分析评价要以折现（动态）指标为主。非折现（静态）指标与一般的财务和经济指标内涵基本相同，比较直观，但是只能作为辅助指标。

1.3.1.6　项目计算期

项目计算期是指经济评价中为进行动态分析所设定的期限，包括建设期和运营期。建设期是指项目资金正式投入开始到项目建成投产为止所需要的时间，可按合理工期或预计的建设进度确定；运营期分为投产期和达产期两个阶段。投产期是指项目投入生产，但生产能力尚未完全达到设计能力时的过渡阶段。达产期是指生产运营达到设计预期水平后的时间。运营期一般应按项目主要设备的经济寿命期确定。

项目计算期应根据多种因素综合确定，包括行业特点、主要装置（或设备）的经济寿命等。行业有规定时，应从其规定。

1.3.1.7　价格体系

财务分析应采用以市场价格体系为基础的预测价格。

（1）项目投入物和产出物的价格，是影响方案比选和经济评价结果最重要、最敏感的因素之一。项目评价都是对未来活动的估计，投入和产出都在未来一段时间发生，所以要采用预测价格对费用效益进行估算。

（2）财务分析应采用以市场价格体系为基础的预测价格。影响市场价格变动的因素很多，也很复杂，但归纳起来，不外乎两类：一是由于供需量的变化、价格政策的变化、劳动生产率的变化等可能引起商品间比价的改变，产生相对价格变化；二是由于通货膨胀或通货紧缩而引起商品价格总水平的变化，产生绝对价格变动。

（3）在市场经济条件下，货物的价格因地而异，因时而变，要准确预测货物在项目计算期中的价格是很困难的。在不影响评价结论的前提下，可采取简化办法：

① 对建设期的投入物，由于需要预测的年限较短，可既考虑相对价格变化，又考虑价格总水平变动；又由于建设期投入物品种繁多，分别预测难度大，还可能增加不确定性，因此，在实践中一般以涨价预备费（价差预备费）的形式综合计算。

②　对运营期的投入物和产出物价格，由于运营期比较长，在前期研究阶段对将来的物价上涨水平较难预测，预测结果的可靠性也难以保证，因此一般只预测到经营期初价格。运营期各年采用统一的不变价格。

（4）考虑到项目可能有多种投入或产出，在不影响评价结论的前提下，只需对在生产成本中影响特别大的货物和主要产出物的价格进行预测。一般情况下，根据市场预测的结果和销售策略确定主要产出物价格。在对未来市场价格信息有充分且可靠判断的情况下，本着客观、谨慎的原则，也可以采用相对变动的价格，甚至考虑通货膨胀因素。在这种情况下，财务分析采用的财务基准收益率也应考虑通货膨胀因素。

（5）在经济费用效益分析中，采用以影子价格体系为基础的预测价格，影子价格体系不考虑通货膨胀因素的影响。

1.3.2　财务效益与费用估算

1.3.2.1　财务效益与费用

项目的财务效益是指项目实施后所获得的营业收入。对于适用增值税的经营性项目，除营业收入外，其可得到的增值税返还也应作为补贴收入计入财务效益；对于非经营性项目，财务效益应包括可能获得的各种补贴收入。

项目所支出的费用主要包括投资、成本费用和税金等。

财务效益与费用是财务分析的重要基础，其估算的准确性与可靠程度直接影响财务分析结论。

（1）财务效益与费用的估算应注意遵守现行财务、会计及税收制度的规定。

（2）财务效益和费用估算应遵循"有无对比"的原则，正确识别和估算"有项目"和"无项目"状态的财务效益与费用。须注意只有"有无对比"的差额部分才是项目建设所增加的效益和费用。采用"有无对比"的方法，是为了识别那些真正应该做项目效益的部分，即增量效益，排除那些由于其他原因产生的效益；同时也要找出与增量效益相对应的增量费用，只有这样才能真正体现项目投资的净效益。

（3）财务效益与费用的估算范围应体现效益和费用对应一致的原则。

（4）财务效益与费用估算应反映行业特点，符合依据明确、价格合理、方法适宜和表格清晰的要求。

项目的财务效益与项目目标有直接的关系，项目目标不同，财务效益包含的内容也不同。市场化运作的经营性项目，项目目标是通过销售产品或提供服务实现盈利的，其财务效益主要是指所获取的营业收入。对于某些国家鼓励发展的经营性项目，可以获得增值税的优惠。按照有关会计及税收制度，先征后返的增值税应记为补贴收入，作为财务效益进行核算。

1.3.2.2　财务效益和费用的估算步骤

为与财务分析一般先进行融资前分析的做法相协调，在财务效益与费用估算中，通常可首先估算营业收入或建设投资，然后估算经营成本和流动资金。当需要继续进行融资后分析时，可在初步融资方案的基础上再进行建设期利息估算，最后完成总成本费用的估算。

1.3.2.3　财务效益和费用估算的主要内容

财务效益和费用的估算主要包括：营业收入、补贴收入、建设投资、经营成本、流动资金、建设期利息、总投资形成的资产、总成本费用、税费、维持运营投资和非经营性项目的费用等内容。

营业收入是指销售产品或者提供服务所获得的收入，是现金流量表中现金流入的主体，也是利润表的主要科目。营业收入是财务分析的重要数据，其估算的准确性极大地影响着项目财务效益的估计。

　　某些项目还应按有关规定估算企业可能得到的补贴收入，包括先征后返的增值税、按销量或工作量等依据国家规定的补助定额计算并按期给予的定额补贴，以及属于财政扶持而给予的其他形式的补贴等。补贴收入同营业收入一样，应列入利润与利润分配表、财务计划现金流量表和项目投资现金流量表与项目资本金现金流量表。

　　建设投资估算应在给定的建设规模、产品方案和工程技术方案的基础上，估算项目建设所需的费用。建设投资由工程费用（建筑工程费、设备购置费、安装工程费）、工程建设其他费用和预备费（基本预备费和涨价预备费）组成。按照费用归集形式，建设投资可按概算法或形成资产法分类。根据项目前期研究各阶段对投资估算精度的要求、行业特点和相关规定，可选用相应的投资估算方法。对于土地使用权的特殊处理如下：按照有关规定，在尚未开发或建造自用项目前，土地使用权作为无形资产核算，房地产开发企业开发商品房时，将其账面价值转入开发成本；企业建造自用项目时将其账面价值转入在建工程成本。因此，为了与以后的折旧和摊销计算相协调，在建设投资估算表中通常可将土地使用权直接列入固定资产其他费用中。

　　经营成本是项目经济评价中所使用的特定概念，作为项目运营期的主要现金流出，其构成和估算可采用下列表达式：

　　　　经营成本 = 外购原材料、燃料和动力费 + 工资及福利费 + 修理费 + 其他费用

式中，其他费用是指从制造费用、管理费用和营业费用中扣除了折旧费、摊销费、修理费、工资及福利费以后的其余部分。

　　流动资金是指运营期内长期占用并周转使用的营运资金，不包括运营中需要的临时营运资金。流动资金等于流动资产与流动负债的差额。流动资产的构成要素一般包括存货、库存现金、应收账款和预付账款；流动负债的构成要素一般只考虑应付账款和预收账款。

　　建设期利息是指筹措债务资金时，在建设期内发生并按规定允许在投产后计入固定资产原值的利息，即资本化利息。在建设投资分年计划的基础上可设定初步融资方案，对采用债务融资的项目应估算建设期利息。建设期利息包括银行借款和其他债务资金的利息，以及其他融资费用。其他融资费用是指某些债务融资中发生的手续费、承诺费、管理费、信贷保险费等融资费用，一般情况下应将其单独计算并计入建设期利息；在项目前期研究的初期阶段，也可做粗略估算并计入建设投资；对于不涉及国外贷款的项目，在可行性研究阶段，也可做粗略估算并计入建设投资。

　　总投资形成的资产包括建设投资、建设期利息和流动资金之和。建设项目经济评价中的建设投资分为固定资产原值、无形资产原值和其他资产原值。形成的固定资产原值可用于计算折旧费，形成的无形资产和其他资产原值可用于计算摊销费。建设期利息应计入固定资产原值。

　　总成本费用是指在运营期内生产产品或提供服务所发生的全部费用，等于经营成本与折旧费、摊销费和财务费用之和。总成本费用可分解为固定成本和可变成本。固定成本一般包括折旧费、摊销费、修理费、工资及福利费（计件工资除外）和其他费用等，通常把运营期发生的全部利息也作为固定成本。可变成本主要包括外购原材料、燃料及动力费和计件工资等。有些成本费用属于半固定、半可变成本，必要时可进一步分解为固定成本和可变成本。项目评价中可根据行业特点进行简化处理。

　　建设项目经济评价涉及的税费主要包括关税、增值税、消费税、所得税、资源税、城市维护建设税和教育费附加等，有些行业还包括土地增值税。税种和税率的选择，应根据相关税法和项目的具体情况确定。如有减免税优惠，应说明依据及减免方式并按相关规定估算。

　　某些项目在运营期需要投入一定的固定资产投资才能得以维持正常运营，例如设备更新费用、油田的开发费用、矿山的井巷开拓延伸费用等。不同类型和不同行业的项目投资的内容可能不同，在发生维持运营投资时，应将其列入现金流量表作为现金流出，参与内部收益率等指标的计算。同时，也应反映在财务计划现金流量表中，参与财务生存能力分析。

对于非经营性项目，无论是否有营业收入，都需要估算费用。在费用估算的要求和具体方法上可参照上述说明，并编制费用估算的相关报表。对于没有营业收入的项目，费用估算更显重要，可以用于计算单位功能费用指标，进行方案比选；还可以用来进行财务生存能力分析等。

进行财务效益和费用估算，需要编制下列财务分析辅助报表：建设投资估算表、建设期利息估算表、流动资金估算表、项目总投资使用计划与资金筹措表、营业收入、营业税金及附加和增值税估算表和总成本费用估算表。

对于采用生产要素法编制的总成本费用估算表，应编制下列基础报表：外购原材料费估算表、外购燃料和动力费估算表、固定资产折旧费估算表、无形资产和其他资产摊销估算表、工资及福利费估算表。

对于采用生产成本加期间费用估算法编制的总成本费用估算表，应根据国家现行的企业财务会计制度的相应要求，另行编制配套的基础报表。

财务效益和费用估算表应反映行业和项目特点，表中科目可适当进行调整。以上报表按不含增值税价格设定，若采用含增值税价格，应调整相关科目。

1.3.3　资金来源与融资方案

在投资估算的基础上，资金来源与融资方案应分析建设投资和流动资金的来源渠道及筹措方式，并在明确项目融资主体的基础上，设定初步融资方案。通过对初步融资方案的资金结构、融资成本和融资风险的分析，结合融资后财务分析，比选、确定融资方案，为财务分析提供必需的基础数据。

资金来源与融资方案的内容主要由两部分组成：一是融资主体和资金来源，重点研究如何确定项目的融资主体及项目资本金（即项目权益资金，下同）、项目债务资金的来源渠道和方式；二是融资方案，从资金来源的可靠性、资金结构、融资成本及融资风险等各个侧面对初步融资方案进行分析，结合融资后财务分析，比选、确定拟建项目的融资方案。

设定融资方案，应先确定项目融资主体。确定融资主体应考虑项目投资的规模和行业特点，项目与既有法人资产、经营活动的联系，既有法人财务状况，项目自身的盈利能力等因素。

按照融资主体不同，融资方式分为既有法人融资和新设法人融资两种。既有法人融资方式：建设项目所需资金来源于既有法人内部融资、新增资本金和新增债务资金。新设法人融资方式：建设项目所需资金来源于项目公司股东投入的资本金和项目公司承担的债务资金。

项目资本金的来源渠道和筹措方式，应根据项目融资主体的特点按下列要求进行选择：既有法人融资项目的新增资本金可通过原有股东增资扩股、吸收新股东投资、发行股票、政府投资等渠道和方式筹措；新设法人融资项目的资本金可通过股东直接投资、发行股票、政府投资等渠道和方式筹措。

项目债务资金可通过商业银行贷款、政策性银行贷款、外国政府贷款、国际金融组织贷款、出口信贷、银团贷款、企业债券、国际债券、融资租赁等渠道和方式筹措。

融资方案与投资估算、财务分析密切相关。一方面，融资方案必须满足投资估算确定的投资额及其使用计划对投资数额、时间和币种的要求；另一方面，不同方案的融资后财务分析结论，也是比选、确定融资方案的依据，而融资方案确定的项目资本金和项目债务资金的数额及相关融资条件，又为进行资本金盈利能力分析、项目偿债能力分析、项目财务生存能力分析等财务分析提供了必需的基础数据。

1.3.4　财务分析

1.3.4.1　概述

财务分析是在财务效益与费用的估算及编制财务辅助报表的基础上，编制财务报表，计算财务分析指标，考察和分析项目的盈利能力、偿债能力和财务生存能力，判断项目的财务可行性，明确项目对财务主体的价值及对投资者的贡献，为投资决策、融资决策及银行审贷提供依据。

项目类型的不同会影响财务分析内容的选择。对于经营性项目，应按上述内容进行全面的财务分析。对于非经营性项目，财务分析主要分析项目的财务生存能力。

项目决策可分为投资决策和融资决策两个层次。投资决策重在考察项目净现金流的价值是否大于其投资成本，融资决策重在考察资金筹措方案能否满足要求。严格地分，投资决策在先，融资决策在后。根据不同决策的需要，财务分析可分为融资前分析和融资后分析。

财务分析一般宜先进行融资前分析，融资前分析是指在考虑融资方案前就可以开始进行的财务分析，即不考虑债务融资条件下进行的财务分析。在融资前分析结论满足要求的情况下，初步设定融资方案，再进行融资后分析，融资后分析是指以设定的融资方案为基础进行的财务分析。

融资前分析只进行盈利能力分析，并以项目投资折现现金流量分析为主，计算项目投资内部收益率和净现值指标，也可计算投资回收期指标（静态）。在项目的初期研究阶段，也可只进行融资前分析。融资后分析主要是针对项目资本金折现现金流量和投资各方折现现金流量进行分析，既包括盈利能力分析，又包括偿债能力分析和财务生存能力分析等内容。

融资前分析应以动态分析（折现现金流量分析）为主，静态分析（非折现现金流量分析）为辅。融资前动态分析应以营业收入、建设投资、经营成本和流动资金的估算为基础，考察整个计算期内现金流入和现金流出，编制项目投资现金流量表，利用资金时间价值的原理进行折现，计算项目投资内部收益率和净现值等指标。融资前分析排除了融资方案变化的影响，从项目投资总获利能力的角度，考察项目方案设计的合理性。融资前分析计算的相关指标，应作为初步投资决策与融资方案研究的依据和基础。根据分析角度的不同，融资前分析可选择计算所得税前指标和（或）所得税后指标。融资前分析也可计算静态投资回收期（P_t）指标，用以反映收回项目投资所需要的时间。

融资后分析应以融资前分析和初步的融资方案为基础，考察项目在拟定融资条件下的盈利能力、偿债能力和财务生存能力，判断项目方案在融资条件下的可行性。融资后分析用于比选融资方案，帮助投资者做出融资决策。

融资后的盈利能力分析应包括动态分析和静态分析两种。

（1）动态分析包括下列两个层次。

① 项目资本金现金流量分析，应在拟定的融资方案下，从项目资本金出资者整体的角度，确定其现金流入和现金流出，编制项目资本金现金流量表，利用资金时间价值的原理进行折现，计算项目资本金财务内部收益率指标，考察项目资本金可获得的收益水平。

② 投资各方现金流量分析，应从投资各方实际收入和支出的角度，确定其现金流入和现金流出，分别编制投资各方现金流量表，计算投资各方的财务内部收益率指标，考察投资各方可能获得的收益水平。当投资各方不按股本比例进行分配或有其他不对等的收益时，可选择进行投资各方现金流量分析。

（2）静态分析是指不采取折现方式处理数据，依据利润与利润分配表计算项目资本金净利润率（ROE）和总投资收益率（ROI）指标。

静态盈利能力分析可根据项目的具体情况选做。

1.3.4.2　盈利能力分析的主要指标

盈利能力分析的主要指标包括项目投资财务内部收益率和财务净现值、项目资本金财务内部收益率、投资回收期、总投资收益率、项目资本金净利润率等，可根据项目的特点及财务分析的目的、要求等选用。

（1）财务内部收益率（FIRR）是指能使项目计算期内净现金流量现值累计等于零时的折现率，即FIRR 作为折现率使下列表达式成立：

$$\sum_{t=1}^{n}(CI-CO)_t(1+FIRR)^{-t}=0$$

式中，CI 为现金流入量；CO 为现金流出量；$(CI-CO)_t$ 为第 t 期的净现金流量；n 为项目计算期。

项目投资财务内部收益率、项目资本金财务内部收益率和投资各方财务内部收益率都依据上式计算，但所用的现金流入和现金流出不同。

当财务内部收益率大于或等于所设定的判别基准 i_c（通常称为基准收益率）时，项目方案在财务上可考虑接受。项目投资财务内部收益率、项目资本金财务内部收益率和投资各方财务内部收益率可有不同的判别基准。

（2）财务净现值（FNPV）是指按设定的折现率（一般采用基准收益率 i_c）计算的项目计算期内净现金流量的现值之和，可按下列表达式计算：

$$FNPV=\sum_{t=1}^{n}(CI-CO)_t(1+i_c)^{-t}$$

式中，i_c 为设定的折现率（同基准收益率）。

一般情况下，财务盈利能力分析只计算项目投资财务净现值，可根据需要选择计算所得税前净现值或所得税后净现值。

按照设定的折现率计算的财务净现值大于或等于零时，项目方案在财务上可考虑接受。

（3）项目投资回收期（P_t）是指以项目的净收益回收项目投资所需要的时间，一般以年为单位。项目投资回收期宜从项目建设开始年算起，若从项目投产开始年计算，应予以特别注明。项目投资回收期可采用下列表达式计算：

$$\sum_{t=1}^{P_t}(CI-CO)_t=0$$

项目投资回收期可借助项目投资现金流量表计算。项目投资现金流量表中累计净现金流量由负值变为零的时点，即为项目的投资回收期。投资回收期应按下列表达式计算：

$$P_t=T-1+\frac{\left|\sum_{i}^{T-1}(CI-CO)_i\right|}{(CI-CO)_T}$$

式中，T 为各年累计净现金流量首次为正值或零时的年数。

投资回收期短，表明项目投资回收快，抗风险能力强。

（4）总投资收益率（ROI）表示总投资的盈利水平，是指项目达到设计能力后正常年份的年息税前利润或运营期内年平均息税前利润（EBIT）与项目总投资（TI）的比率；总投资收益率应按下列表达式计算：

$$ROI=\frac{EBIT}{TI}\times100\%$$

式中，EBIT 为项目正常年份的年息税前利润或运营期内年平均息税前利润；TI 为项目总投资。

总投资收益率高于同行业的收益率参考值，表明用总投资收益率表示的盈利能力满足要求。

（5）项目资本金净利润率（ROE）表示项目资本金的盈利水平，是指项目达到设计能力后正常年份的年净利润或运营期内年平均净利润（NP）与项目资本金（EC）的比率；项目资本金净利润率应按下列表达式计算：

$$ROE = \frac{NP}{EC} \times 100\%$$

式中，NP 为项目正常年份的年净利润或运营期内年平均净利润；EC 为项目资本金。

项目资本金净利润率高于同行业的净利润率参考值，表明用项目资本金净利润率表示的盈利能力满足要求。

1.3.4.3 偿债能力分析主要指标

偿债能力分析应通过计算利息备付率（ICR）、偿债备付率（DSCR）和资产负债率（LOAR）等指标，分析判断财务主体的偿债能力。

（1）利息备付率（ICR）是指在借款偿还期内的息税前利润（EBIT）与应付利息（PI）的比值，它从付息资金来源的充裕性角度反映项目偿付债务利息的保障程度，应按下列表达式计算：

$$ICR = \frac{EBIT}{PI}$$

式中，EBIT 为息税前利润；PI 为计入总成本费用的应付利息。

利息备付率应分年计算。利息备付率高，表明利息偿付的保障程度高。

利息备付率应当大于 1，并结合债权人的要求确定。

（2）偿债备付率（DSCR）是指在借款偿还期内，用于计算还本付息的资金（EBITAD − TAX）与应还本付息金额（PD）的比值，它表示可用于还本付息的资金偿还借款本息的保障程度，应按下式列表达计算：

$$DSCR = \frac{EBITAD - TAX}{PD}$$

式中，EBITAD 为息税前利润加折旧和摊销；TAX 为企业所得税；PD 为应还本付息金额，包括还本金额和计入总成本费用的全部利息。融资租赁费用可视同借款偿还。运营期内的短期借款本息也应纳入计算。

如果项目在运行期内有维持运营的投资，可用于还本付息的资金应扣除维持运营的投资。

偿债备付率应分年计算，偿债备付率高，表明可用于还本付息的资金保障程度高。

偿债备付率应大于 1，并结合债权人的要求确定。

（3）资产负债率（LOAR）是指各期末负债总额（TL）与资产总额（TA）的比率，应按下列表达式计算：

$$LOAR = \frac{TL}{TA} \times 100\%$$

式中，TL 为期末负债总额；TA 为期末资产总额。

适度的资产负债率，表明企业经营安全、稳健，具有较强的筹资能力，也表明企业和债权人的风险较小。对该指标的分析，应结合国家宏观经济状况、行业发展趋势、企业所处竞争环境等具体条件判定。项目财务分析中，在长期债务还清后，可不再计算资产负债率。

1.3.4.4 财务生存能力分析

财务生存能力分析，应在财务分析辅助表和利润与利润分配表的基础上编制财务计划现金流量表，通过考察项目计算期内的投资、融资和经营活动所产生的各项现金流入和流出，计算净现金流量和累计盈余资金，分析项目是否有足够的净现金流量维持正常运营，以实现财务可持续性。

财务可持续性应首先体现在有足够大的经营活动净现金流量，其次各年累计盈余资金不应出现负值。若出现负值，应进行短期借款，同时分析该短期借款的年份长短和数额大小，进一步判断项目的财务生存能力。短期借款应体现在财务计划现金流量表中，其利息应计入财务费用。为维持项目正常运营，还应分析短期借款的可靠性。

通过以下相辅相成的两个方面可具体判断项目的财务生存能力。

（1）拥有足够的经营净现金流量是财务可持续的基本条件，特别是在运营初期。一个项目具有较大的经营净现金流量，说明项目方案比较合理，实现自身资金平衡的可能性大，不会过分依赖短期融资来维持运营；反之，一个项目不能产生足够的经营净现金流量，或经营净现金流量为负值，说明维持项目正常运行会遇到财务上的困难，项目方案缺乏合理性，实现自身资金平衡的可能性小，有可能要靠短期融资来维持运营；或者是非经营项目本身无能力实现自身资金平衡，提示要靠政府补贴。

（2）各年累计盈余资金不出现负值是财务生存的必要条件。在整个运营期间，允许个别年份的净现金流量出现负值，但不能容许任一年份的累计盈余资金出现负值。一旦出现负值时，应适时进行短期融资，该短期融资应体现在财务计划现金流量表中，同时短期融资的利息也应纳入成本费用和其后的计算。较大的或较频繁的短期融资，有可能导致以后的累计盈余资金无法实现正值，致使项目难以持续运营。

财务计划现金流量表是项目财务生存能力分析的基本报表，其编制基础是财务分析辅助报表和利润与利润分配表。

1.3.4.5　非经营性项目的财务分析

对于非经营性项目，财务分析可按下列要求进行：

（1）对没有营业收入的项目，不进行盈利能力分析，主要考察项目财务生存能力。此类项目通常需要政府长期补贴才能维持运营，应合理估算项目运营期各年所需的政府补贴数额，并分析政府补贴的可能性与支付能力。对有债务资金的项目，还应结合借款偿还要求进行财务生存能力分析。

（2）对有营业收入的项目，财务分析应根据收入抵补支出的程度，区别对待。收入补偿费用的顺序应为：补偿人工、材料等生产经营耗费、缴纳流转税、偿还借款利息、计提折旧和偿还借款本金。有营业收入的非经营性项目可分为下列两类：

① 营业收入在补偿生产经营耗费、缴纳流转税、偿还借款利息、计提折旧和偿还借款本金后尚有盈余，表明项目在财务上有盈利能力和生存能力，其财务分析方法与一般项目基本相同。

② 对一定时期内收入不足以补偿全部成本费用，但通过在运行期内逐步提高价格（收费）水平，可实现其设定的补偿生产经营耗费、缴纳流转税、偿还借款利息、计提折旧、偿还借款本金的目标，并预期在中、长期产生盈余的项目，可只进行偿债能力分析和财务生存能力分析。由于项目运营前期需要政府在一定时期内给予补贴，以维持运营，因此应估算各年所需的政府补贴数额，并分析政府在一定时期内可能提供财政补贴的能力。

1.3.4.6　财务分析报表

财务分析报表包括下列各类现金流量表、利润与利润分配表、财务计划现金流量表、资产负债表和借款还本付息估算表。

（1）现金流量表应正确反映计算期内的现金流入和流出，具体可分为下列三种类型：项目投资现金流量表，用于计算项目投资内部收益率及净现值等财务分析指标；项目资本金现金流量表，用于计算项目资本金财务内部收益率；投资各方现金流量表，用于计算投资各方内部收益率。

（2）利润与利润分配表，反映项目计算期内各年营业收入、总成本费用、利润总额等情况，以及所得税后利润的分配，用于计算总投资收益率、项目资本金净利润率等指标。

（3）财务计划现金流量表，反映项目计算期各年的投资、融资及经营活动的现金流入和流出，用于计算累计盈余资金，分析项目的财务生存能力。

（4）资产负债表，用于综合反映项目计算期内各年年末资产、负债和所有者权益的增减变化及对应关系，计算资产负债率。

（5）借款还本付息计划表，反映项目计算期内各年借款本金偿还和利息支付情况，用于计算偿债备付率和利息备付率指标。

按以上内容完成财务分析后，还应对各项财务指标进行汇总，并结合不确定性分析的结果，做出项目财务分析的结论。

财务分析的内容和步骤及与财务效益与费用估算的关系，如图 1.2 所示。

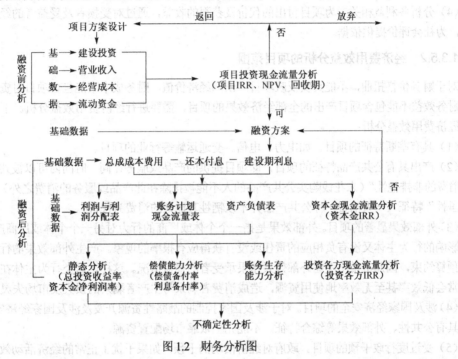

图 1.2　财务分析图

1.3.5　经济费用效益分析

在加强和完善宏观调控，建立社会主义市场经济体制的过程中，应重视建设项目的经济费用效益分析，主要理由如下。

（1）经济费用效益分析是项目评价方法体系的重要组成部分，市场分析、技术方案分析、财务分析、环境影响分析、组织机构分析和社会评价都不能代替经济费用效益分析的功能和作用。

（2）经济费用效益分析是市场经济体制下政府对公共项目进行分析评价的重要方法，是市场经济国家政府部门干预投资活动的重要手段。

（3）在新的投资体制下，国家对项目的审批和核准重点放在项目的外部效果、公共性方面，经济费用效益分析强调从资源配置经济效率的角度分析项目的外部效果，通过费用效益分析及费用效果分析的方法判断建设项目的经济合理性，是政府审批或核准项目的重要依据。

1.3.5.1　经济费用效益分析的目的

经济费用效益分析应从资源合理配置的角度，分析项目投资的经济效率和对社会福利所做出的贡献，评价项目的经济合理性。对于财务现金流量不能全面、真实地反映其经济价值，需要进行经济费用效益分析的项目，应将经济费用效益分析的结论作为项目决策的主要依据之一。

经济费用效益分析的主要目的包括如下几个方面：

（1）全面识别整个社会为项目付出的代价，以及项目为提高社会福利所做出的贡献，评价项目投资的经济合理性；

（2）分析项目的经济费用效益流量与财务现金流量存在的差别，以及造成这些差别的原因，提出相关的政策调整建议；

（3）对于市场化运作的基础设施等项目，通过经济费用效益分析来论证项目的经济价值，为制定财务方案提供依据；

（4）分析各利益相关者为项目付出的代价及获得的收益，通过对受损者及受益者的经济费用效益分析，为社会评价提供依据。

1.3.5.2　经济费用效益分析的项目范围

对于财务价格扭曲，不能真实反映项目产出的经济价值，财务成本不能包含项目对资源的全部消耗，财务效益不能包含项目产出的全部经济效果的项目，需要进行经济费用效益分析。下列类型项目应做经济费用效益分析：

（1）具有垄断特征的项目，如电力、电信、交通运输等行业的项目。

（2）产出具有公共产品特征的项目，即项目提供的产品或服务在同一时间内可以被共同消费，具有"消费的非排他性"（未花钱购买公共产品的人不能被排除在此产品或服务的消费之外）和"消费的非竞争性"特征（一人消费一种公共产品并不以牺牲其他人的消费为代价）。

（3）外部效果显著的项目。外部效果是指一个个体或厂商的行为对另一个个体或厂商产生了影响，而该影响的行为主体又没有负相应的责任或没有获得应有报酬的现象。产生外部效果的行为主体由于不受预算约束，因此常常不考虑外部效果结果承受者的损益情况。这样，这类行为主体在其行为过程中常常会低效率甚至无效率地使用资源，造成消费者剩余与生产者剩余的损失及市场失灵。

（4）涉及国家经济安全的项目。对于涉及国家控制的战略性资源开发及涉及国家经济安全的项目，往往具有公共性、外部效果等综合特征，不能完全依靠市场配置资源。

（5）受过度行政干预的项目。政府对经济活动的干预，如果干扰了正常的经济活动效率，也是导致市场失灵的重要因素。

项目经济效益和费用的识别应符合下列要求：

（1）遵循有无对比的原则；

（2）对项目所涉及的所有成员及群体的费用和效益做全面分析；

（3）正确识别正面和负面外部效果，防止误算、漏算或重复计算；

（4）合理确定效益和费用的空间范围与时间跨度；

（5）正确识别和调整转移支付，根据不同情况区别对待。

1.3.5.3　经济效益和经济费用采用影子价格计算

经济费用效益分析中投入物或产出物使用的计算价格称为影子价格。影子价格应是能够真实反映项目投入物和产出物真实经济价值的计算价格。

影子价格的测算在建设项目的经济费用效益分析中占有重要地位。考虑到我国仍然是发展中国家，整个经济体系还没有完成工业化过程，国际市场和国内市场的完全融合仍然需要一定时间等具体情况，将投入物和产出物区分为外贸货物和非外贸货物，并采用不同的思路确定其影子价格。

（1）对于具有市场价格的投入和产出，影子价格的计算应符合下列要求：

① 可外贸货物的投入或产出的影子价格应根据口岸价格，按下列表达式计算：

出口产出的影子价格（出厂价）= 离岸价（FOB）× 影子汇率 − 出口费用

进口投入的影子价格（到厂价）= 到岸价（CIF）× 影子汇率 + 进口费用

② 对于非外贸货物，其投入或产出的影子价格应根据下列要求计算。

a. 如果项目处于竞争性市场环境中，应采用市场价格作为计算项目投入或产出的影子价格的依据。

b. 如果项目的投入或产出的规模很大，项目的实施将足以影响其市场价格，导致"有项目"和"无项目"两种情况下市场价格不一致，在项目评价中，取二者的平均值作为测算影子价格的依据。

③ 影子价格中流转税（如消费税、增值税等）宜根据产品在整个市场中发挥的作用，分别计入或不计入影子价格。

（2）如果项目的产出效果不具有市场价格，应遵循消费者支付意愿和（或）接受补偿意愿的原则，按下列方法测算其影子价格：

① 采用"显示偏好"的方法，通过其他相关市场价格信号，间接估算产出效果的影子价格。

② 利用"陈述偏好"的意愿调查方法，分析调查对象的支付意愿或接受补偿的意愿，推断出项目影响效果的影子价格。

（3）特殊投入物的影子价格应按下列方法计算：

① 项目因使用劳动力所付的工资，是项目实施所付出的代价。劳动力的影子工资等于劳动力机会成本与因劳动力转移而引起的新增资源消耗之和。

② 土地是一种重要的资源，项目占用的土地无论是否支付费用，均应计算其影子价格。项目所占用的农业、林业、牧业、渔业及其他生产性用地，其影子价格应按照其未来对社会可提供的消费产品的支付意愿及因改变土地用途而发生的新增资源消耗进行计算；项目所占用的住宅、休闲用地等非生产性用地，市场完善的，应根据市场交易价格估算其影子价格；无市场交易价格或市场机制不完善的，应根据支付意愿价格估算其影子价格。

③ 项目投入的自然资源，无论在财务上是否付费，在经济费用效益分析中都必须测算其经济费用。不可再生自然资源的影子价格应按资源的机会成本计算；可再生自然资源的影子价格应按资源再生费用计算。

1.3.5.4　环境外部效果的定量计算

环境及生态影响的外部效果是经济费用效益分析必须加以考虑的一种特殊形式的外部效果，应尽可能对项目所带来的环境影响效益和费用（损失）进行量化和货币化，将其列入经济现金流。

环境及生态影响的效益和费用，应根据项目的时间范围和空间范围、具体特点、评价的深度要求及资料占有情况，采用适当的评估方法与技术对环境影响的外部效果进行识别、量化和货币化。

1.3.5.5　经济费用效益分析指标

（1）经济净现值（ENPV）是指项目按照社会折现率将计算期内各年的经济净效益流量折现到建设期初的现值之和，是经济费用效益分析的主要评价指标。计算公式如下：

$$ENPV = \sum_{t=1}^{n} (B-C)_t (1+i_s)^{-t}$$

式中，B 为经济效益流量；C 为经济费用流量；$(B-C)_t$ 为第 t 期的经济净效益流量；i_s 为社会折现率；n 为项目计算期。

在经济费用效益分析中，如果经济净现值等于或大于零，表明项目可以达到符合社会折现率的效率水平，认为该项目从经济资源配置的角度可以被接受。

（2）经济内部收益率（EIRR）是指项目在计算期内经济净效益流量的现值累计等于零时的折现率，应按下式计算：

$$\sum_{t=1}^{n}(B-C)_t(1+\text{EIRR})^{-t}=0$$

如果经济内部收益率等于或者大于社会折现率，表明项目资源配置的经济效率达到了可以被接受的水平。

（3）经济效益费用比（R_{BC}）是指项目在计算期内效益流量的现值与费用流量的现值之比，应按下式计算：

$$R_{BC}=\frac{\sum\limits_{t=1}^{n}B_t(1+i_s)^{-t}}{\sum\limits_{t=1}^{n}C_t(1+i_s)^{-t}}$$

式中，B_t 为第 t 期的经济效益；C_t 为第 t 期的经济费用。

如果经济效益费用比大于1，表明项目资源配置的经济效率达到了可以被接受的水平。

在完成经济费用效益分析之后，应进一步分析与对比经济费用效益与财务现金流量之间的差异，并根据需要对财务分析与经济费用效益分析结论之间的差异进行分析，找出受益或受损群体，分析项目对不同利益相关者在经济上的影响程度，并提出改进资源配置效率及财务生存能力的政策建议。

经济费用效益分析应编制下列分析报表及辅助报表：项目投资经济费用效益流量表，经济费用效益分析投资费用估算调整表，经济费用效益分析经营费用估算调整表，项目直接效益估算调整表，项目间接费用估算表，项目间接效益估算表。

1.3.6　费用效果分析

费用效果分析是指通过比较项目预期的效果与所支付的费用，来判断项目的费用有效性或经济合理性。效果难于或不能货币化，或货币化的效果不是项目目标的主体时，在经济评价中应采用费用效果分析法，其结论作为项目投资决策的依据之一。

广义的费用效果分析泛指通过比较所达到的效果与所付出的耗费，用以分析判断所付出的代价是否值得。它是项目经济评价的基本原理。广义费用效果分析并不刻意强调采用何种计量方式。狭义的费用效果分析专指耗费采用货币计量、效果采用非货币计量的分析方法。而效果和耗费均用货币计量的称为费用效益分析。项目评价中一般采用狭义的概念。

根据社会和经济发展的客观需要直接进行费用效果分析的项目，一般情况下，在充分论证项目必要性的前提下，重点是制定实现项目目标的途径和方案，并根据以尽可能少的费用获得尽可能大的效果原则，通过多方案比选，提供优先选定方案或进行方案优先次序排队，以供决策。正常情况下，进入方案比选阶段，不再对项目的可行性提出质疑，不可能得出无可行方案的结论。费用效果分析只能比较不同方案的优劣，不能像费用效益分析那样保证所选方案的效果大于费用，因此，更加强调充分挖掘方案的重要性。

费用效益分析和费用效果分析各有自身的优缺点和使用领域。

费用效益分析的优点是简洁、明了，结果透明，易于被人们接受。在市场经济中，货币是最为统一和认可的参照物，在不同产出物（效果）的叠加计算中，各种产出物的价格往往是市场认可的公平权重。

总收入、净现金流量等是效果的货币化表达。财务盈利能力、偿债能力分析必须采用费用效益分析方法。在项目经济分析中，当项目效果或其中的主要部分易于货币化时，也采用费用效益分析方法。

费用效果分析回避了效果定价的难题，直接用非货币化的效果指标与费用进行比较，方法相对简单，最适用于效果难于货币化的领域。在项目经济费用效益分析中，当涉及代内公平（发达程度不同的地区、不同收入阶层等）和代际公平（当代人福利和未来人福利）等问题时，对效益的价值判断将十分复杂和困难。环境的价值、生态的价值、生命和健康的价值、人类自然和文化遗产的价值、通过义务教育促进人的全面发展的价值等，往往很难定价，而且不同的测算方法可能有数十倍的差距。勉强定价，往往会引起争议，降低评价的可信度。另外，在可行性研究的不同技术经济环节，如场址选择、工艺比较、设备选型、总图设计、环境保护、安全措施等，无论是进行财务分析，还是进行经济费用效益分析，都很难直接与项目最终的货币效益直接挂钩测算。这些情况下，都适宜采用费用效果分析。

费用效果分析既可以应用于财务现金流量，也可以用于经济费用效益流量。对于前者，主要用于项目各个环节的方案比选，项目总体方案的初步筛选；对于后者，除了可以用于上述方案比选、筛选外，对于项目主体效益难于货币化的，则取代费用效益分析，并作为经济分析的最终结论。

1.3.7　不确定性分析与风险分析

项目经济评价所采用的数据大部分来自预测和估算，具有一定程度的不确定性，为分析不确定性因素变化对评价指标的影响，估计项目可能承担的风险，应进行不确定性分析与经济风险分析，提出项目风险的预警、预报和相应的对策，为投资决策服务。

不确定性分析主要包括盈亏平衡分析和敏感性分析。经济风险分析应采用定性与定量相结合的方法，分析风险因素发生的可能性及给项目带来经济损失的程度，其分析过程包括风险识别、风险估计、风险评价与风险应对。

（1）项目经济评价所采用的基本变量都是对未来的预测和假设，因而具有不确定性。通过对拟建项目具有较大影响的不确定性因素进行分析，计算基本变量的增减变化引起项目财务或经济效益指标的变化，找出最敏感的因素及其临界点，预测项目可能承担的风险，使项目的投资决策建立在较为稳妥的基础上。

（2）风险是指未来发生不利事件的概率或可能性。投资建设项目经济风险是指由于不确定性的存在导致项目实施后偏离预期财务和经济效益目标的可能性。经济风险分析是通过对风险因素的识别，采用定性或定量分析的方法估计各风险因素发生的可能性及对项目的影响程度，揭示影响项目成败的关键风险因素，提出项目风险的预警、预报和相应的对策，为投资决策服务。经济风险分析的另一重要功能还在于它有助于在可行性研究的过程中，通过信息反馈，改进或优化项目设计方案，直接起到降低项目风险的作用。

（3）不确定性分析与风险分析既有联系，又有区别。由于人们对未来事物认识的局限性，可获信息的有限性及未来事物本身的不确定性，使得投资建设项目的实施结果可能偏离预期目标，这就形成了投资建设项目预期目标的不确定性，从而使项目可能得到高于或低于预期的效益，甚至遭受一定的损失，导致投资建设项目"有风险"。通过不确定性分析可以找出影响项目效益的敏感因素，确定敏感程度，但不知这种不确定性因素发生的可能性及影响程度。借助于风险分析可以得知不确定性因素发生的可能性及给项目带来经济损失的程度。不确定性分析找出的敏感因素又可以作为风险因素识别和风险估计的依据。

1.3.7.1　盈亏平衡分析

（1）盈亏平衡分析是指项目达到设计生产能力的条件下，通过盈亏平衡点（Break-Even-Point，BEP）

分析项目成本与收益的平衡关系。盈亏平衡点是项目盈利与亏损的转折点，即在这一点上，销售（营业、服务）收入等于总成本费用，正好盈亏平衡，用以考察项目对产出品变化的适应能力和抗风险能力。盈亏平衡点越低，表明项目适应产出品变化的能力越大，抗风险能力越强。

（2）盈亏平衡点通过正常年份的产量或销售量、可变成本、固定成本、产品价格和销售税金及附加等数据计算。可变成本主要包括原材料、燃料、动力消耗、包装费和计件工资等。固定成本主要包括工资（计件工资除外）、折旧费、无形资产及其他资产摊销费、修理费和其他费用等。为简化计算，财务费用一般也将其作为固定成本。正常年份应选择还款期间的第一个达产年和还款后的年份分别计算，以便分别给出最高和最低的盈亏平衡点区间范围。

（3）盈亏平衡分析分为线性盈亏平衡分析和非线性盈亏平衡分析，项目评价中仅进行线性盈亏平衡分析。线性盈亏平衡分析有以下四个假定条件：

① 产量等于销售量，即当年生产的产品（服务，下同）当年销售出去。

② 产量变化，单位可变成本不变，从而总成本费用是产量的线性函数。

③ 产量变化，产品售价不变，从而销售收入是销售量的线性函数。

④ 按单一产品计算，当生产多种产品时，应换算为单一产品，不同产品的生产负荷率的变化应保持一致。

（4）盈亏平衡点的计算。盈亏平衡点的表达形式有多种，项目评价中最常用的是以产量和生产能力利用率表示的盈亏平衡点。盈亏平衡点一般采用公式计算，也可利用盈亏平衡图求取。

① 公式计算法

$$BEP_{生产能力利用率} = \frac{年固定成本}{年营业收入 - 年可变成本 - 年营业税金及附加} \times 100\%$$

$$BEP_{产量} = \frac{年固定总成本}{单位产品价格 - 单位产品可变成本 - 单位产品营业税金及附加}$$

当采用含增值税价格时，式中分母还应扣除增值税。

② 图解法

盈亏平衡点采用图解法求得，可参见图 1.3。

图 1.3 中销售收入线（如果销售收入和成本费用都是按含税价格计算的，还应减去增值税）与总成本费用线的交点即为盈亏平衡点，这一点所对应的产量即为 $BEP_{产量}$，也可换算为 $BEP_{生产能力利用率}$。

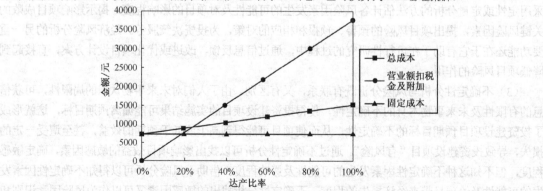

图 1.3 盈亏平衡分析图（生产能力利用率）

1.3.7.2 敏感性分析

（1）敏感性分析是指通过分析各种不确定性因素发生的增减变化，对财务或经济评价指标的影响，并计算敏感度系数和临界点，找出敏感因素，估计项目效益对它们的敏感程度，粗略预测项目可能承担的风险，为进一步的风险分析打下基础。敏感性分析是投资建设项目评价中应用十分广泛的一种技术。

（2）敏感性分析包括单因素敏感性分析和多因素敏感性分析。单因素敏感性分析是指每次只改变一个因素的数值来进行分析，估算单个因素的变化对项目效益产生的影响；多因素分析则是同时改变两个或两个以上的因素进行分析，估算多因素同时发生变化的影响。为了找出关键的敏感性因素，通常多进行单因素敏感性分析。

（3）敏感性分析方法。

① 根据项目特点，结合经验判断选择对项目效益影响较大且重要的不确定因素进行分析。经验表明，主要对产出物价格、建设投资、主要投入物价格或可变成本、生产负荷、建设工期及汇率等不确定因素进行敏感性分析。

② 敏感性分析一般是选择不确定因素变化的百分率为±5%、±10%、±15%、±20%等；对于不便用百分数表示的因素，例如建设工期，可采用延长一段时间表示，如延长一年。

③ 建设项目经济评价有一整套指标体系，敏感性分析可选定其中一个或几个主要指标进行分析，最基本的分析指标是内部收益率，根据项目的实际情况也可选择净现值或投资回收期评价指标，必要时可同时针对两个或两个以上的指标进行敏感性分析。

④ 敏感度系数是指项目评价指标变化的百分率与不确定因素变化的百分率之比。敏感度系数高，表示项目效益对该不确定因素敏感程度高。计算公式如下：

$$S_{AF} = \frac{\Delta A / A}{\Delta F / F}$$

式中，S_{AF} 为评价指标 A 对于不确定因素 F 的敏感系数；$\Delta F/F$ 为不确定因素 F 的变化率；$\Delta A/A$ 为不确定因素 F 发生 ΔF 变化率时，评价指标 A 的相应变化率。

$S_{AF} > 0$，表示评价指标与不确定因素同方向变化；$S_{AF} < 0$，表示评价指标与不确定因素反方向变化。$|S_{AF}|$较大者，敏感度系数高。

⑤ 临界点（转换值，Switch Value）是指不确定性因素的变化使项目由可行变为不可行的临界数值，可采用不确定性因素相对基本方案的变化率或其对应的具体数值表示。当该不确定因素为费用科目时，即为其增加的百分率；当该不确定因素为效益科目时，则为降低的百分率。临界点也可用该百分率对应的具体数值表示。当不确定因素的变化超过了临界点所表示的不确定因素的极限变化时，项目将由可行变为不可行。

临界点的高低与计算临界点的指标的初始值有关。若选取基准收益率为计算临界点的指标，对于同一个项目，随着设定基准收益率的提高，临界点就会变低（即临界点表示的不确定因素的极限变化变小）；而在一定的基准收益率下，临界点越低，说明该因素对项目评价指标影响越大，项目对该因素就越敏感。

从根本上说，临界点计算是使用试插法。当然，也可用计算机软件的函数或图解法求得。由于项目评价指标的变化与不确定因素变化之间不是直线关系，当通过敏感性分析图求得临界点的近似值时，有时有一定误差。

⑥ 敏感性分析结果在项目决策分析中的应用。将敏感性分析的结果进行汇总，编制敏感性分析表，见表1.2；编制敏感度系数与临界点分析表，见表1.3；绘制敏感性分析图，见图1.4；并对分析结果进行文字说明，将不确定因素变化后计算的经济评价指标与基本方案评价指标进行对比分析，结合敏感度系数及临界点的计算结果，按不确定性因素的敏感程度进行排序，找出最敏感的因素，分析敏感因素可能造成的风险，并提出应对措施。当不确定因素的敏感度很高时，应进一步通过风险分析，判断其发生的可能性及对项目的影响程度。

表 1.2　敏感性分析表

变化因素\变化率	–30%	–20%	0%	10%	20%	30%
基准折现率 i_c						
建设投资						
原材料成本						
汇率						
……						

表 1.3　敏感度系数和临界点分析表

序号	不确定因素	变化率（%）	内部收益率	敏感度系数	临界点（%）	临界值
	基本方案					
1	产品产量（生产负荷）					
2	产品价格					
3	主要原材料价格					
4	建设投资					
5	汇率					
6	……					

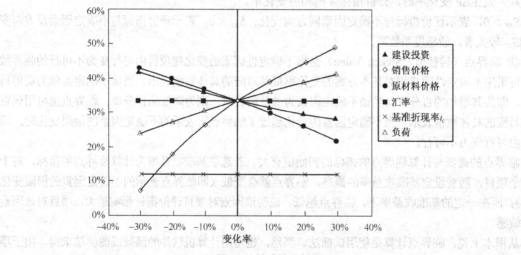

图 1.4　敏感性分析图

1.3.7.3　风险分析

（1）经济风险

影响项目实现预期经济目标的风险因素来源于法律法规及政策、市场供需、资源开发与利用、技术的可靠性、工程方案、融资方案、组织管理、环境与社会、外部配套条件等一个方面或几个方面。影响项目效益的风险因素可归纳为下列内容：

① 项目收益风险：产出物的数量（服务量）与预测（财务与经济）价格。

② 建设风险：建筑安装工程量、设备选型与数量、土地征用和拆迁安置费、人工、材料价格、机械使用费及取费标准等。

③ 融资风险：资金来源、供应量与供应时间等。

④ 建设工期风险：工期延长。

⑤ 运营成本费用风险：投入的各种原料、材料、燃料、动力的需求量与预测价格、劳动力工资、各种管理费取费标准等。

⑥ 政策风险：税率、利率、汇率及通货膨胀率等。

（2）风险识别

风险识别应采用系统论的观点对项目全面考察并综合分析，找出潜在的各种风险因素，并对各种风险进行比较、分类，确定各因素间的相关性与独立性，判断其发生的可能性及对项目的影响程度，按其重要性进行排队，或赋予权重。敏感性分析是初步识别风险因素的重要手段。

（3）风险估计

风险估计应采用主观概率和客观概率的统计方法，确定风险因素的概率分布，运用数理统计分析方法，计算项目评价指标相应的概率分布或累计概率、期望值、标准差。

（4）风险评价

风险评价应根据风险识别和风险估计的结果，依据项目风险判别标准，找出影响项目成败的关键风险因素。项目风险大小的评价标准应根据风险因素发生的可能性及其造成的损失来确定，一般采用评价指标的概率分布或累计概率、期望值、标准差作为判别标准，也可采用综合风险等级作为判别标准。具体操作应符合下列要求：

① 以评价指标作为判别标准。

a. 财务（经济）内部收益率大于等于基准收益率的累计概率值越大，风险越小；标准差越小，风险越小。

b. 财务（经济）净现值大于等于零的累计概率值越大，风险越小；标准差越小，风险越小。

② 以综合风险等级作为判别标准。根据风险因素发生的可能性及其造成损失的程度，建立综合风险等级的矩阵，将综合风险分为 K 级、M 级、T 级、R 级、I 级。

（5）风险应对

风险应对根据风险评价的结果，研究规避、控制与防范风险的措施，为项目全过程风险管理提供依据。具体应关注下列方面：

① 风险应对的原则：应具有针对性、可行性、经济性，并贯穿于项目评价的全过程。

② 决策阶段风险应对的主要措施：强调多方案比选；对潜在风险因素提出必要研究与试验课题；对投资估算与财务（经济）分析，应留有充分的余地；对建设或生产经营期的潜在风险可建议采取回避、转移、分担和自担措施。

③ 结合综合风险因素等级的分析结果，应提出下列应对方案：

K 级：风险很强，出现这类风险就要放弃项目。

M 级：风险强，修正拟议中的方案，通过改变设计或采取补偿措施等。

T 级：风险较强，设定某些指标的临界值，指标一旦达到临界值，就要变更设计或对负面影响采取补偿措施。

R 级：风险适度（较小），适当采取措施后不影响项目。

I 级：风险弱，可忽略。

（6）风险分析方法

常用的风险分析方法包括专家调查法、层次分析法、概率树、CIM 模型及蒙特卡罗模拟等分析方法，应根据项目具体情况，选用一种方法或几种方法组合使用。

根据项目特点及评价要求，风险分析可区别下列情况进行：

① 财务风险和经济风险分析可直接在敏感性分析的基础上，采用概率树分析和蒙特卡罗模拟分析法，确定各变量（如收益、投资、工期、产量等）的变化区间及概率分布，计算项目内部收益率、净现值等评价指标的概率分布、期望值及标准差，并根据计算结果进行风险评估。

② 建设项目需要进行专题风险分析时，风险分析应按风险识别、风险估计、风险评价和风险应对的步骤进行。

③ 在定量分析有困难时，可对风险采用定性的分析。

1.3.8　方案经济比选

1.3.8.1　方案经济比选的目的与用途

方案经济比选是项目评价的重要内容。建设项目的投资决策及项目可行性研究的过程是方案比选和择优的过程，在可行性研究和投资决策过程中，对涉及的各决策要素和研究方面，都应从技术和经济相结合的角度进行多方案分析论证，比选优化，如产品或服务的数量、技术和设备选择、原材料供应、运输方式、厂（场）址选择、资金筹措等方面，根据比较的结果，结合其他因素进行决策。

建设项目经济评价中宜对互斥方案和可转化为互斥型方案的方案进行比选。

备选方案应满足下列条件：

（1）备选方案的整体功能应达到目标要求；

（2）备选方案的经济效率应达到可以被接受的水平；

（3）备选方案包含的范围和时间应一致，效益和费用计算口径应一致。

1.3.8.2　方案比选定量分析方法的选择

方案经济比选可采用下列效益比选法、费用比选法和最低价格法。

（1）在项目无资金约束的条件下，一般采用效益比选法。效益比选方法包括净现值比较法、净年值比较法、差额投资财务内部收益率比较法。

① 净现值比较法，比较备选方案的财务净现值或经济净现值，以净现值大的方案为优。比较净现值时应采用相同的折现率。

② 净年值比较法，比较备选方案的净年值，以净年值大的方案为优。比较净年值时应采用相同的折现率。

③ 差额投资财务内部收益率法，使用备选方案差额现金流，应按下式计算：

$$\sum_{t=1}^{n}\left[(CI-CO)_{大}-(CI-CO)_{小}\right](1+\Delta FIRR)^{-t}=0$$

式中，$(CI-CO)_{大}$ 为投资大的方案的财务净现金流量；$(CI-CO)_{小}$ 为投资小的方案的财务净现金流量；$\Delta FIRR$ 为差额投资财务内部收益率。

计算差额投资财务内部收益率（$\Delta FIRR$），与设定的基准收益率（i_c）进行对比。当差额投资财务内部收益率大于等于设定的基准收益率时，以投资大的方案为优；反之，以投资小的方案为优。在进行多方案比较时，应先按投资大小，由小到大排序，再依次就相邻方案两两比较，从中选出最优方案。

（2）方案效益相同或基本相同时，可采用费用比选方法。费用比选方法包括费用现值比较法和费用年值比较法。

① 费用现值比较法，计算备选方案的总费用现值并进行对比，以费用现值较低的方案为优。

② 费用年值比较法，计算备选方案的费用年值并进行对比，以费用年值较低的方案为优。

（3）最低价格（服务收费标准）比较法，在相同产品方案比选中，以净现值为零推算备选方案的产品最低价格（$P_{\min}$），应以最低产品价格较低的方案为优。

在多方案比较中，应分析不确定性因素和风险因素对方案比选的影响，判断其对比较结果的影响程度，必要时，应进行不确定性分析或风险分析，以保证比选结果的有效性。在比选时，应遵循效益与风险权衡的原则。

不确定性因素下的方案比选可采用下列方法：

① 折现率调整法。调高折现率使备选方案净现值变为零，折现率变动幅度小的方案风险大，折现率变动幅度大的方案风险小。

② 标准差法。对备选方案进行概率分析，计算出评价指标的期望值和标准差，在期望值满足要求的前提下，比较其标准差，标准差较高者，风险相对较大。

③ 累计概率法。计算备选方案净现值大于或等于零的累计概率，估计方案承受风险的程度，方案的净现值大于等于零的累计概率值越接近于 1，说明方案的风险越小；反之，方案的风险大。

1.3.9　电信行业项目经济评价的特点

交通、电信、农业、教育、卫生、水利、林业、市政、房地产等行业的建设项目应遵循《建设项目经济评价方法》的原则和基本方法，同时，可根据行业特点，在评价方法、费用效益识别和估算方面另行规定。本节仅列举电信行业的项目特点、项目经济评价的特点，以及主要的效益和费用。

电信项目包括固定通信、移动通信、数据通信、传输网等项目。电信项目一般具有下列特点：

（1）电信项目具有普遍服务性、全程全网、外部效果显著等特点。

（2）全局性的电信项目一般应进行财务分析和经济费用效益分析；涉及局部的电信项目可只进行财务分析。

（3）电信项目的经济效益包括改善通信条件、提高服务质量、优化网络结构、增加服务内容、提高社会生活质量、提高社会生产效率、降低社会生产成本等。

（4）电信项目的财务效益为出售电信产品和提供电信服务的收入，以及降低电信成本的效益。

（5）电信项目费用包括网络建设费用、网络运行维护费用，以及其他费用。

1.4　初　步　设　计

初步设计的目的是通过专业设计单位的查勘并对通信工程建设项目在技术、经济上进行总体研究和计算后，将可行性研究报告和设计委托书的要求变成切实可行的技术方案，并做出设备选型和投资概算。

初步设计的工作是论述主要设计方案，提出设备选型，采取重大技术措施；对技术指标与经济指标进行分析、研究，进行方案比选并对推荐采用的方案进行工程投资概算。

初步设计文件既是工程项目技术上的总体规划，也是进行施工准备和确定投资额的主要依据。

经过主管部门审查批准的初步设计文件应是组织材料和设备订货、施工图设计的依据。

1.4.1　初步设计的前期准备

初步设计前期做好充分准备是非常重要的。它主要包括两个方面的工作：充分理解设计任务和工程勘察。

1.4.1.1　理解设计任务

充分理解设计任务是做好设计的基础。对设计任务越了解，就越能够制定合理的技术路线、有效的组织设计。很难设想没有充分理解好设计任务能够做出有深度、不漏项、水平高的设计来。

要充分研究"设计任务书"（又称设计"委托书"），着重了解本期工程的建设目标、建设规模、设计范围等，必要时可以和建设单位进行深入讨论。结合建设项目的《可行性研究报告》或《项目建议书》，通过反复讨论和对设计任务的剖析，确定本专业的设计任务、设计范围、与其他专业的分工界面，并设定建设方案。

1.4.1.2　工程勘察

工程勘察是进行设计的基础。每一项工程设计都有它的共性和个性，只有充分了解每一项工程的具体情况，才能有针对地做好设计，否则就成了"纸上谈兵"和"闭门造车"。设计的方案是根据工程现场情况制定的，工程勘察是进行工程设计必不可少的准备工作。

工程勘察包括如下几个方面的工作。

（1）地理、人文资源及经济状况的调查

通信工程建设所在地的地理人文资源及经济状况是电信业务开展、业务预测及扩容的依据。尤其是在为运营商进行电信工程设计时，设计者必须要从当地的地理人文资源（人口、矿藏、河流、海洋、交通、工农业、动植物及旅游资源、民族、文化、历史古迹等）和经济状况（国民经济总产值、经济增长率、电信线路总长度、各种电信业务总容量、电信业务普及率和覆盖率及历年来电信业务增长率）估测业务容量和发展趋势，使得工程设计的用户和业务预测具有充分的根据。

（2）对既往情况的勘察

若本期工程为新建工程，主要调查与此项工程相关的技术环境。以交换专业的通信工程设计为例，主要调查在本系统内与本工程上下左右相关的局站的情况、出中继和入中继的方向、信号环境、同步环境及网管环境等；与其他网络如何连接、接口局如何设置、信号关系、如何同步等。

若本期为续建工程，主要调查已有的网络状况，如局、站的型号、容量、中继方式、编号计划、信号方式、同步、网管及计费等。

这些情况也可以从前几期的设计文件中获得。

（3）现场勘测

现场勘测根据专业的不同勘测内容也不同。

交换专业重点进行机房勘测。

无线专业主要进行机房勘测、电磁场测量、基站布点与覆盖预测等。

传输专业主要进行站房勘测、沿线路勘测，若用微波传输，需进行电磁场测量。

不管任何专业都需要进行机房勘测。机房勘测的主要内容包括：机房局站址勘测，包括机房所在单位名称及详细地址、楼房层数、高度、拟利用的楼层、房间数、面积及房间位置；机房平面测量，包括机房的面积、形状、净空高度、门窗位置及材料、门窗及走道大小、已安装设备的位置（利旧机房）和现有走线槽道及孔洞位置、尺寸；机房地板承重能力；机房内的空调设备及供电容量、电路、水路等；机房周围的环境及气象与地质资料；机房所在地的地震等级等。最后提出机房改造方案及装修要求。

在勘察中设计人员应做到深入现场、锲而不舍；不怕烦、不怕累；细致、准确。

1.4.2　初步设计遵循的原则和基本内容

1.4.2.1　初步设计应遵循的原则

在二阶段设计中，初步设计是第一阶段的设计工作。初步设计的主要任务是根据工程的要求和勘察的具体情况，给出工程建设方案，做出工程概算。因此初步设计所遵循的原则如下。

（1）首先要根据可行性研究报告批复（或建设方委托书）规定的工程任务和规模，选择先进、适度超前、成熟可靠的技术。

（2）依据所选的技术制定几个可行的建设方案供建设单位选择。选择的建设方案必须结合工程建设的现场环境和实际情况。

（3）依据所选择的建设方案对主要设备进行选型。

（4）在设备选型中要注意新技术、新设备、新工艺和新材料的使用；注意设备利旧、挖潜及与原有设备的配合。

（5）在设备安置时要注意机房总平面布置和为后期发展预留空间。

（6）根据所选的建设方案和设备选型做工程概算。概算额不能超可行性研究报告批复（或建设方委托书）规定的投资额度。

1.4.2.2　初步设计的基本内容

初步设计的重点是所设计的工程来源、设计依据，采用的技术方案，该期工程的建设规模和工程概算。

工程来源是指建设单位是谁、工程建设的批准单位及批准文号等。

设计依据包括如下几个方面。

（1）建设委托单位提供的文件资料，主要是设计委托书、可行性研究报告，建设单位系统内部的规划、规范、体制、计划和要求等。

（2）国家和行业的标准、规范、体制和政策等。

（3）设备供应商提供的技术规范和指标等。

（4）工程勘察取得的数据资料等。

技术方案是设计人员在充分理解建设单位的建设意图，根据国家和行业的法规、政策，结合勘察调研的结果，采用现有的先进、成熟的技术为该工程做出经济、可行和正确的设计。

建设规模是在设计中根据技术方案做出建设方案、网络结构、容量、中继线数量等，并列出所需要的设备及线缆的制式、型号、规格及数量等，并根据建设规模作出该期工程的工程概算。

交换专业初步设计应包括如下内容。通信系统方面：组网方式、局站址选择、路由选择、方案比选，设备选型，中继方式，信令方式，接入方式，网络管理，设备、器材选型原则、数量等。配套方面：机房建设要求及平面布局，供电要求，接地要求，空调等。

本书将在第 8 章列出一个较详细的初步设计目录和内容提纲，供编制初步设计文件时参考。

1.5　施工图设计

1.5.1　施工图设计的目的

在二阶段设计中，施工图设计是第二阶段的设计工作。施工图设计是在初步设计的基础上进行的。经过初步设计、设备订货就可以进行施工图设计了。

施工图设计的目的是为通信工程建设和组织施工提供依据。一方面建设单位要根据施工图文件控制建设安装工程造价、办理工程价款结算和考核工程成本；另一方面施工单位要根据施工图设计进行施工，即施工人员要"按图施工"。

施工图设计是根据具体的订货设备绘制设备布放、固定、安装、连接及所需要的机房改造等配套工程的图纸，提出实现工程设计方案的具体措施，提出新旧系统交替时的割接方案；此设计是电信安装工程的最终版本，是施工单位进行施工的依据。一个好的施工图设计不仅能体现电信工程建设方的建设意图，而且能准确、清晰地指导工程的施工。

施工图设计还对工程的投资进行预算，此预算是指导建设单位进行资金投入的参考，同时也是工程审计和工程决算的依据。

因此，施工图设计是工程设计的重要环节。若工程设计为一阶段设计，则初步设计内容与施工图设计内容合在一起，形成一阶段设计。

1.5.2　施工图设计阶段的勘察

施工图设计阶段勘察是对初步设计阶段勘察内容的补充勘察。勘察的重点是初步设计勘察中遗漏或更改部分的勘察，与设备、线缆布放相关的施工数据、配套工程的勘察或复核。

1.5.3　施工图设计应遵循的原则

（1）施工图设计应体现工程建设的方案。
（2）新建工程设计中应适当放有余量，供后续工程使用。
（3）扩容工程中既要考虑与既往工程的衔接，又要为后续工程留有余地。
（4）施工图设计应遵守设计规范，图中文字和标注要准确、规范。
（5）预算费的费率要有依据并且标准，预算符合规定。

1.5.4　施工图设计应包括的内容

施工图设计主要应包括那些在本期工程中具体进行工程实施的内容，各专业的内容有所不同。对于交换专业，内容有用户电路、中继电路及信令电路的计算，网路的具体组织，网管和计费的具体实施方案，网间互联的具体实施方案，系统割接，维护方式与组织，工程实施方案，施工指导，机房改造方案，设备布置、固定、安装及连接实施方案，走线架和线缆布放，电源、接地、防雷、防震、照明和空调等。

施工图设计要绘制与上述内容相关的施工图纸。

施工图设计还包括预算说明及预算。

本书将在第 8 章列出一个较详细的施工图设计的目录和内容提纲，供编制施工图设计文件时参考。

1.6　技术规范书

1.6.1　技术规范书的作用

工程设计的初期，需要向设备供应商订购工程所需的设备或材料。不管是询价还是招标，都需要按工程建设的要求提出技术规范书。设备供应商根据技术规范书的要求提交技术建议书并对设备及服务费用报价。

技术规范书不仅是设备供应商进行技术服务的依据，也是设备订货过程中技术谈判的中心内容。

应标的设备供应商在其技术建议书中对技术规范书中提出的各种要求逐个进行回答，同时还要提出他们的建议的具体实施方案和所采用的设备。设计人员根据各设备供应商的技术建议书和设备报价，分别与各个设备供应商进行技术谈判，从设备质量和报价两个方面结合工程的其他实际情况进行综合比较，最后选定供货的设备供应商。

　　在技术谈判中有可能对技术规范书的内容进行修改和增删，修改后的技术规范书将作为订货技术规范加入订货合同的附件，与合同具有同等法律效力。

　　由于建设进度的要求或其他的原因，若不能及时做到编制完整的技术规范书，可以先编制一个比较简短的文件，说明工程建设的概略方案和一些必要的情况和数据，以及所用设备性能和容量的要求，作为设备供应商提出建议和报价的依据。此文件又称为询价书。

1.6.2　技术规范书的主要内容

1.6.2.1　询价书主要内容

1．概述

（1）工程概况。

（2）设备用途、安装地点、总容量、工程大致进度。

（3）买卖各方面的责任。

（4）卖方技术建议书的内容要求。

（5）特殊要求。

2．网络现状

（1）市话网现状。

（2）长话网现状。

（3）网络发展。

3．工程建设方案

（1）建设规模。

（2）中继方式。

4．报价的主要项目

（1）主设备、备件、安装材料、文件资料、安装指导和培训。

（2）交货批次、到岸地、时间等。

5．报价有关的资料和数据

（1）话务数据和服务等级。

（2）编号计划。

（3）信号方式。

（4）计费方式。

（5）线路传输设备及接口。

（6）其他要求。

（7）附图及附表。

1.6.2.2　技术规范书主要内容

　　技术规范书主要包括两个方面的内容：一是"基本技术要求"，即适应于各个工程的技术要求；另一个是"工程技术条件及数据"，这是随工程的不同而异的部分。

　　"基本技术要求"是本工程中所用设备技术指标，这部分的相关内容可以参考国家标准或国际标准。主要包括：

（1）网路配合及接口　　　　　　　　（3）服务等级及话务

（2）交换系统及其主要功能　　　　　（4）信号方式

（5）传输　　　　　　　　　　（10）硬件、软件的要求

（6）同步　　　　　　　　　　（11）测试

（7）电源及接地　　　　　　　（12）技术文件

（8）环境要求　　　　　　　　（13）培训

（9）网管要求　　　　　　　　（14）技术指导及技术支援

"工程技术条件及数据"主要包括：

（1）网络现状及发展预测　　　（7）信号方式

（2）工程概况和设备供应　　　（8）传输系统

（3）话务数据　　　　　　　　（9）电源及接地

（4）业务方面对设备的要求　　（10）网同步

（5）中继方式　　　　　　　　（11）机房情况

（6）编号计划

实际编制技术规范书时，"基本技术要求"和"工程技术条件及数据"并不是分开写的，而是将它们糅在一起形成一个统一的技术文件。

1.7　工程概算、预算

工程的概算、预算是工程设计的重要组成部分。关于工程概算、预算的编制，国家行政主管部门颁发了专门的文件，1995年原邮电部颁发了《通信工程概算、预算编制办法及费用定额》及通信工程预算定额等。为适应通信建设工程发展需要，合理和有效地控制建设投资，规范通信建设概算、预算的编制与管理，2008年工业与信息化部对1995年《通信工程概算、预算编制办法及费用定额》中的概算、预算编制方法进行了修订，颁发了《通信建设工程概算、预算编制办法》。同时颁布的还有《通信建设工程费用定额》、《通信建设工程施工机械、仪表台班定额》、《通信建设工程预算定额》。

本节参照《通信建设工程概算预算编制办法》介绍如何编制概算、预算。

1.7.1　设计概算、施工图预算的编制

通信建设工程概算、预算的编制，应按相应的设计阶段进行。当建设项目采用二阶段设计时，初步设计阶段编制设计概算，施工图设计阶段编制施工图预算。采用一阶段设计时，应编制施工图预算，并计列预备费、建设期利息等费用。建设项目按三阶段设计时，在技术设计阶段编制修正概算。

设计概算是初步设计文件的重要组成部分，编制设计概算应在批准的投资估算范围内进行。施工图预算是施工图设计文件的重要组成部分，编制施工图预算应在批准的设计概算范围内进行。

一个通信建设项目如果由几家设计单位共同承担设计时，总体设计单位应负责统一概算、预算的编制原则，并汇总建设项目的总概算。分设计单位负责本设计单位所承担的单项工程概算、预算的编制。

通信建设工程概算、预算应由具有通信建设相关资质的单位编制。概算、预算的编制和审核及从事通信工程造价工作的人员必须持有工业和信息化部颁发的"通信建设工程概预算人员资格证书"。

设计概算、施工图预算时，编制人员应按如下程序进行：首先要收集资料，熟悉图纸，根据资料计算工程量；其次根据通信工程中涉及的设备和器材及安装工程，套用定额，选用价格，计算各项费用；然后，对计算的费用进行复核，撰写编制说明；最后审核出版。

1.7.2 概算、预算的作用

1.7.2.1 设计概算的作用

通信建设工程设计概算的作用如下。

（1）设计概算是确定和控制固定资产投资、编制和安排投资计划、控制施工图预算的主要依据。

（2）设计概算是签订建设项目总承包合同、实行投资包干及核定贷款额度的主要依据。

（3）设计概算是考核工程设计技术经济合理性和工程造价的主要依据之一。

（4）设计概算是筹备设备、材料和签订订货合同的主要依据。

（5）设计概算在工程招标承包制中是确定标底的主要依据。

1.7.2.2 施工图预算的作用

通信建设工程施工图预算的作用如下。

（1）施工图预算是考核工程成本、确定工程造价的主要依据。

（2）施工图预算是签订工程承、发包合同的依据。

（3）施工图预算是工程价款结算的主要依据。

（4）施工图预算是考核施工图设计技术经济合理性的主要依据之一。

1.7.3 设计概算、施工图预算的编制依据

1.7.3.1 设计概算的编制依据

通信建设工程设计概算的编制依据如下。

（1）批准的可行性研究报告。

（2）初步设计图纸及有关资料。

（3）国家相关管理部门发布的有关法律、法规、标准规范。

（4）《通信建设工程预算定额》（目前通信工程预算定额代替概算定额编制概算）、《通信建设工程费用定额》、《通信建设工程施工机械、仪表台班定额》及有关文件。

（5）建设项目所在地政府发布的土地征用和赔补费用等有关规定。

（6）有关合同、协议等。

1.7.3.2 施工图预算的编制依据

通信建设工程施工图预算的编制依据如下。

（1）批准的初步设计概算及有关文件。

（2）施工图、标准图、通用图及其编制说明。

（3）国家相关管理部门发布的有关法律、法规、标准规范。

（4）《通信建设工程预算定额》、《通信建设工程费用定额》、《通信建设工程施工机械、仪表台班定额》及有关文件。

（5）建设项目所在地政府发布的土地征用和赔补费用等有关规定。

（6）有关合同、协议等。

1.7.4 设计概算、施工图预算的组成

设计概算、施工图预算均由编制说明和相应的概算表与预算表组成。

1.7.4.1 设计概算编制说明

设计概算编制说明应包括下列内容。

（1）工程概况、概算总价值。

（2）编制依据及采用的取费标准和计算方法的说明。

（3）工程技术经济指标分析：主要分析各项投资的比例和费用构成，分析投资情况，说明设计的经济合理性及编制中存在的问题。

（4）其他需要说明的问题。

1.7.4.2 施工图预算编制说明

施工图预算编制说明应包括下列内容。

（1）工程概况、预算总价值。

（2）编制依据及采用的取费标准和计算方法的说明。

（3）工程技术经济指标分析。

（4）其他需要说明的问题。

1.7.4.3 概算和预算表格

概算和预算表格统一使用6种表格，共10张，具体如下。

汇总表："建设项目总概算（预算）表"，供编制建设项目总概算（预算）使用，建设项目的全部费用在本表中汇总。

表一："工程概算（预算）总表"，供编制单项（单位）工程概算（预算）使用。

表二："建筑安装工程费用概算（预算）表"，供编制建筑安装工程费使用。

表三甲："建筑安装工程量概算（预算）表"，供编制工程量，并计算技工和普工总工日数量使用。

表三乙："建筑安装工程施工机械使用费概算（预算）表"，供编制本工程所列的机械费使用。

表三丙："建筑安装工程仪器仪表使用费概算（预算）表"，供编制本工程所列的仪表费用使用。

表四甲："国内器材概算（预算）表"，供编制本工程的主要材料、设备和工器具的数量和费用使用。

表四乙："引进器材概算（预算）表"，供编制引进工程的主要材料、设备和工器具的数量和费用使用。

表五甲："工程建设其他费概算（预算）表"，供编制国内工程计列的工程建设其他费使用。

表五乙："引进设备工程建设其他费用概算（预算）算表"，供编制引进工程计列的工程建设其他费使用。

各种表格式样及如何填写，详见《通信建设工程概算预算编制办法》和《通信建设工程费用定额》、《通信建设工程施工机械、仪表台班定额》的有关章节。

1.7.5 引进设备安装工程概算、预算的编制

《通信建设工程概算、预算编制办法》对通信建设工程中采用引进设备安装工程的概算、预算办法做出了详细规定。

引进设备安装工程概算、预算的编制依据，除参照设计概算、施工图预算的编制依据外，还应依据国家或相关部门批准的引进设备工程项目订货合同、细目及价格，以及国外有关技术经济资料和相关文件等。

引进设备安装工程概算、预算，除必须编制引进国的设备价款外，还应按引进设备的到岸价的外币折算成人民币的价格，依据本办法有关条款进行编制。

引进设备安装工程的概算和预算应用两种货币表现形式，其外币表现形式可用美元或引进国货币。

引进设备安装工程的概算、预算除应包括本办法和费用定额规定的费用外，还应包括关税、增值税、工商统一税、海关监理费、外贸手续费、银行财务费和国家规定应计取的其他费用，其计取标准和办法应参照国家或相关部门的有关规定。

引进设备安装工程概算、预算的组成包括编制说明和概算、预算表格，其中概算、预算表格还应包括"引进器材概算（预算）表"（表四乙）、"引进设备工程其他费用概算（预算）算表"（表五乙）。

1.7.6 通信建设工程费用构成

通信建设工程项目总费用由各单项工程项目总费用构成；各单项工程项目总费用由工程费、工程建设其他费、预备费、建设期利息四部分构成，具体项目构成如图 1.5 所示。

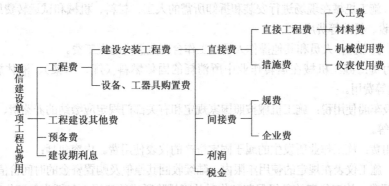

图 1.5 通信建设工程项目总费用构成示意图

《通信建设工程费用定额》对上述各种费用有明确的说明，陈述及摘要如下。

1.7.6.1 直接费的构成

直接费由直接工程费、措施费构成，具体内容如下。

（1）直接工程费：指施工过程中耗用的构成工程实体和有助于工程实体形成的各项费用，包括人工费、材料费、机械使用费、仪表使用费。

① 人工费：直接从事建筑安装工程施工的生产人员开支的各项费用。内容包括：

a. 基本工资：发放给生产人员的岗位工资和技能工资。

b. 工资性补贴：规定标准的物价补贴，煤、燃气补贴，交通费补贴，住房补贴，流动施工津贴等。

c. 辅助工资：生产人员年平均有效施工天数以外非作业天数的工资。包括职工学习、培训期间的工资，调动工作、探亲、休假期间的工资，因气候影响的停工工资，女工哺乳期间的工资，病假在 6 个月以内的工资及产、婚、丧假期的工资。

d. 职工福利费：按规定标准计提的职工福利费。

e. 劳动保护费：规定标准的劳动保护用品的购置费及修理费，徒工服装补贴，防暑降温费等保健费用。

② 材料费：施工过程中消耗的原材料、辅助材料、构配件、零件、半成品的费用和周转使用材料的摊销，以及采购材料所发生的费用总和。内容包括：

a. 材料原价：供应价或出厂价格或指定的交货地点的价格。

b. 材料运杂费：材料（或器材）自来源地至工地仓库（或指定堆放地点）所发生的费用。

c. 运输保险费：材料（或器材）自来源地至工地仓库（或指定堆放地点）所发生的保险费用。

d. 采购及保管费：为组织材料（或器材）采购及材料保管过程中所需要的各项费用。

e. 采购代理服务费：委托中介采购代理服务的费用。

f. 辅助材料费：对施工生产起辅助作用的材料。

③ 机械使用费：施工机械作业所发生的机械使用费及机械安拆费。内容包括：

a. 折旧费：施工机械在规定的使用年限内，陆续收回其原值及购置资金的时间价值。

b. 大修理费：施工机械按规定的大修理间隔台班进行必要的大修理，以恢复其正常功能所需要的费用。

c. 经常修理费：施工机械除大修理以外的各级保养和临时故障排除所需的费用。包括为保障机械正常运转所需替换设备与随机配备工具和附具的摊销、维护费用，机械运转中日常保养所需润滑与擦拭的材料费用及机械停滞期间的维护保养费用等。

d. 安拆费：施工机械在现场进行安装和拆卸所需的人工、材料、机械和试运转费用及机械辅助设施的折旧、搭设、拆除等费用。

e. 人工费：机上操作人员和其他操作人员在工作台班定额内的人工费。

f. 燃料动力费：施工机械在运转作业中所消耗的固体燃料（煤、木柴）、液体燃料（汽油、柴油）及水、电等费用。

g. 养路费及车船使用税：施工机械按照国家规定和有关部门规定应缴纳的养路费、车船使用税、保险费及年检费等。

④ 仪表使用费：施工作业所发生的属于固定资产的仪表使用费。内容包括：

a. 折旧费：施工仪表在规定的使用年限内，陆续收回其原值及购置资金的时间价值。

b. 经常修理费：施工仪表的各级保养和临时故障排除所需的费用。包括为保证仪表正常使用所需备件（备品）的摊销、维护费用。

c. 年检费：施工仪表在使用寿命期间定期标定与年检费用。

d. 人工费：施工仪表操作人员在工作台班定额内的人工费。

（2）措施费：为完成工程项目施工，发生于该工程前和施工过程中非工程实体项目的费用。内容包括：

a. 环境保护费：施工现场为达到环保部门要求所需要的各项费用。

b. 文明施工费：施工现场文明施工所需要的各项费用。

c. 工地器材搬运费：由工地仓库（或指定地点）至施工现场转运器材而发生的费用。

d. 工程干扰费：通信线路工程、通信管理工程由于受市政管理、交通管制、人流密集、输配电设施等影响工效的补偿费用。

e. 工程点交、场地清理费：按规定编制竣工图及资料、工程点交、施工场地清理等发生的费用。

f. 临时设施费：施工企业为进行工程施工所必须设置的生活和生产用的临时建筑物、构筑物和其他临时设施费用等。费用包括：临时设施的租用或搭设、维修、拆除费或摊销费。

g. 工程车辆使用费：工程施工中接送施工人员、生活用车等（含过路、过桥）费用。

h. 夜间施工增加费：因夜间施工所发生的夜间补助费、夜间施工降效、夜间施工照明设备摊销及照明用电等费用。

i. 冬雨季施工增加费：在冬季或雨季施工时所采取的防冻、保温、防雨等安全措施及工效降低所增加的费用。

j. 生产工具用具使用费：施工所需的不属于固定资产的工具用具等的购置、摊销、维修费。

k. 施工用水电蒸汽费：施工生产过程中使用水、电、蒸汽所发生的费用。

l. 特殊地区施工增加费：在原始森林地区、海拔 2000 米以上高原地区、化工区、核污染区、沙漠地区、山区无人值守站等特殊地区施工所需增加的费用。

m. 已完工程及设备保护费：竣工验收前，对已完工程及设备进行保护所需的费用。

n. 运土费：直埋光（电）缆工程、管道工程施工，需从远离施工地点取土及必须向外倒运出土方所发生的费用。

o. 施工队伍调遣费：因工程建设需要，应支付施工队伍的调遣费用。内容包括：调遣人员的差旅费、调遣期间的工资、施工工具与用具等的运费。

p. 大型施工机械调遣费：大型施工机械调遣所发生的运输费用。

1.7.6.2　间接费的构成

间接费由规费、企业管理费构成。

（1）规费：政府和有关部门规定必须缴纳的费用（简称规费），包括如下内容。

① 工程排污费：施工现场按规定缴纳的工程排污费。

② 社会保障费：

a. 养老保险费：企业按照规定标准为职工缴纳的基本养老保险费。

b. 失业保险费：企业按照国家规定标准为职工缴纳的失业保险费。

c. 医疗保险费：企业按照规定标准为职工缴纳的基本医疗保险费。

③ 住房公积金：企业按照规定标准为职工缴纳的住房公积金。

④ 危险作业意外伤害保险：企业为从事危险作业的建筑施工人员支付的意外伤害保险费。

（2）企业管理费：施工企业为组织施工生产和经营管理所需费用，包括如下内容：

a. 管理人员工资：管理人员的基本工资、工资性补贴、职工福利费、劳动保护费等。

b. 办公费：企业管理办公用的文具、纸张、账表、印刷、邮电、书报、会议、水电、烧水和集体取暖（包括现场临时宿舍取暖）用煤等费用。

c. 差旅交通费：职工因公出差、调动工作的差旅费、住勤补助费、市内交通和误餐补助费、职工探亲路费、劳动力招募费、职工离退休、退职一次性路费，工伤人员就医路费，工地转移费及管理部门使用的交通工具的油料、燃料、养路费及牌照费。

d. 固定资产使用费：管理和试验部门及附属生产单位使用的属于固定资产的房屋、设备仪器等的折旧、大修、维修或租赁费。

e. 工具用具使用费：管理使用的不属于固定资产的生产工具、器具、家具、交通工具和检验、测绘、消防用具等的购置、维修和摊销费。

f. 劳动保险费：由企业支付离退休职工的异地安家补助费、职工退职金、6个月以上的病假人员工资、职工死亡丧葬补助费、抚恤金、按规定支付给离退休干部的各项经费。

g. 工会经费：企业按职工工资总额计提的工会经费。

h. 职工教育经费：企业为职工学习先进技术和提高文化水平，按职工工资总额计提的费用。

i. 财产保险费：施工管理用财产、车辆保险费用。

j. 财务费：企业为筹集资金而发生的各种费用。

k. 税金：企业按规定交纳的房产税、车辆使用税、土地使用税、印花税等。

l. 其他：上述各项目以外的其他必要的支出，包括技术转让费、技术开发费、业务招待费、绿化费、广告费、公证费、法律顾问费、审计费、咨询费等。

1.7.6.3　利润

利润是指施工企业完成所承包工程后获得的盈利。

1.7.6.4　税金

税金是指按国家税法规定应计入建筑安装工程造价内的增值税、城市维护建设税及教育费附加。

1.7.6.5　设备、工器具购置费

设备、工器具购置费是指根据设计提出的设备（包括必须的备品备件）、仪表、工器具清单，按设备原价、运杂费、采购及保管费、运输保险费和采购代理服务费计算的费用。

1.7.6.6　工程建设其他费

工程建设其他费是指应在建设项目的建设投资中开支的固定资产其他费用、无形资产费用和其他资产费用。

（1）建设用地及综合赔补费：指按照《中华人民共和国土地管理法》等规定，建设项目征用土地租用土地应支付的费用，包括如下内容：

① 土地征用及迁移补偿费：经营性建设项目通过出让方式购置的土地使用权（或建设项目通过划拨方式取得无限期的土地使用权）而支付的土地补偿费、安置补偿费、地上附着物和青苗补偿费、余物迁建补偿费、土地登记管理费；行政事业单位的建设项目通过出让方式取得土地使用权而支付的出让金；建设单位在建设过程中发生的土地复垦费用和土地损失补偿费用；建设期间临时占地补偿费。

② 征用耕地按规定一次性缴纳的耕地占用税；征用城镇土地在建设期间按规定每年缴纳的城镇土地使用税；征用城市郊区菜地按规定缴纳的新菜地开发建设基金。

③ 建设单位租用建设项目土地使用权而支付的租地费用。

④ 建设单位因建设项目期间租用建筑设施、场地，以及因项目施工造成所在地企业单位或居民的生产、生活干扰而支付的补偿费用。

（2）建设单位管理费：建设单位发生的管理性质的开支。内容包括差旅交通费、工具用具使用费、固定资产使用费、必要的办公及生活用品购置费、必要的通信设备及交通工具购置费、零星固定资产购置费、招募生产工人费、技术图书资料费、业务招待费、设计审查费、合同契约公证费、法律顾问费、咨询费、完工清理清理、竣工验收费、印花税和其他管理性质开支。

如果成立筹建机构，建设单位管理还应包括筹建人员工资类开支。

（3）可行性研究费：在建设项目前期工作中，编制和评估项目建议书（或预可行性研究报告）、可行性研究报告所需的费用。

（4）研究试验费：为本建设项目提供或验证设计数据、资料等进行必要的研究试验及按照设计规定在建设过程中必须进行试验、验证所需的费用。

（5）勘察设计费：委托勘察设计单位进行水文地质勘察、工程设计所发生的各项费用。内容包括工程勘察费、初步设计费、施工图设计费。

（6）环境影响评价费：按照《中华人民共和国环境保护法》、《中华人民共和国环境影响评价法》等规定，为全面、详细评价本建设项目对环境可能产生的污染或造成的重大影响所需的费用，包括编制环境影响报告书（含大纲）、环境影响报告表和环境影响报告书（含大纲）、环境影响报告表等所需的费用。

（7）劳动安全卫生评价费：按照劳动部《建设项目（工程）劳动安全卫生预评价管理办法》10号令（1998年2月5日）的规定，为预测和分析建设项目存在的职业危险、危害因素的种类和危险危害程度，并提出先进、科学、合理可行的劳动安全卫生技术和管理对策所需的费用。包括编制建设项目劳动安全卫生预评价大纲和劳动安全卫生预评价报告书，以及为编制上述文件所进行的工程分析和环境现状调查等所需的费用。

（8）建设工程监理费：建设单位委托工程监理单位实施工程监理的费用。

（9）安全生产费：施工企业按照国家有关规定和建筑施工安全标准，购置施工防护用具、落实安全施工措施及改善安全生产条件所需要的各项费用。

（10）工程质量监督费：工程质量监督机构对通信工程进行质量监督所发生的费用。

（11）工程定额编制测定费：建设单位发包工程按规定上缴工程造价（定额）管理部门的费用。

（12）引进技术及进口设备其他费。费用内容包括如下几个方面：

① 引进项目图纸资料翻译复制费、备品备件测绘费。

② 出国人员费用：包括买方人员出国设计联络、出国考察、联合设计、监造、培训等发生的差旅费、生活费、制装费等。

③ 来华人员费用：包括卖方人员来华工程技术人员的现场办公费用、往返现场交通费用、工资、食宿费用、接待费用等。

④ 银行担保及承诺费：指引进项目由国内外金融机构出面承担风险和责任担保所发生的费用，以及支付贷款机构的承诺费用。

（13）工程保险费：建设项目在建设期间根据需要对建筑工程、安装工程及机器设备进行投保而发生的保险费用。包括建筑安装工程一切险、引进设备财产和人身意外伤害险等。

（14）工程招标代理费：招标人委托代理机构编制招标文件、编制标底、审查投标人资格、组织投标人踏勘现场并答疑，组织开标、评标、定标，以及提供招标前期咨询、协调合同的签订等业务所收取的费用。

（15）专利及专用技术使用费。费用内容包括如下几个方面：

① 国外设计及技术资料费、引进有效专利、专有技术使用费和技术保密费。

② 国内有效专利、专有技术使用费用。

③ 商标使用费、特许经营权费。

（16）生产准备及开办费：建设项目为保证正常生产（或营业、使用）而发生的人员培训费、提前进场费及投产使用初期必备的生产生活用具、工器具等购置费用，包括如下内容：

① 人员培训费及提前进场费：自行组织培训或委托其他单位培训的人员工资、工资性补贴、职工福利费、差旅交通费、劳动保护费、学习资料费等。

② 为保证初期正常生产、生活（或营业、使用）所必需的生产办公、生活家具用具购置费。

③ 为保证初期正常生产（或营业、使用）所必需的第一套不够固定资产标准的生产工具、器具、用具购置费（不包括备品备件费）。

1.7.6.7　预备费

预备费是指在初步设计阶段编制概算时难以预料的工程费用。预备费包括基本预备费和价差预备费。

（1）基本预备费。

① 进行技术设计、施工图设计和施工过程中，在批准的初步设计范围内所增加的费用。

② 由一般自然灾害所造成的损失和预防自然灾害所采取的措施费用。

③ 竣工验收为鉴定工程质量，必须开挖和修复隐蔽工程的费用。

（2）价差预备费：设备、材料的价差。

1.7.6.8　建设期利息

建设期利息是指建设项目贷款在建设期间内发生并应计入固定资产的贷款利息等财务费用。

思考题

1.1　通信工程建设的重要性有哪些？

1.2　简述通信工程建设的程序。

1.3　通信建设工程设计通常包括哪几个专业？

1.4　通信工程设计的工作人员应具备哪些专业素质？

1.5　可行性研究报告主要解决哪些问题？

1.6　经济评价的意义何在？经济评价分为哪几个层次？

1.7　初步设计应遵循的原则是什么？

1.8　初步设计的内容应包括哪些？

1.9　施工图设计应遵循的原则是什么？

1.10　施工图设计的内容应包括哪些？

1.11　设计概算、施工图预算时，编制人员的工作程序是怎样的？

1.12　通信建设工程设计概算的编制依据有哪些？

1.13　通信建设工程施工图预算的编制依据有哪些？

1.14　设计概算、施工图预算由哪几部分组成？其中表格包括哪些？

1.15　简述通信建设工程项目各单项工程项目总费用的构成。

第 2 章　固定电话网与移动通信网

目前，固定电话通信网是使用历史最为悠久的通信网之一，移动通信网是应用最为广泛的通信网之一。本章主要介绍通信工程设计中涉及的固定电话通信网和移动通信网有关网络组织方面的基础知识。

2.1　固定电话网网络结构

2.1.1　电话网的基本结构

（1）网状网

网状网也称全互联网，是电话局间的直接中继法，如图 2.1(a)所示。在网中的每个电话局均有直达路由与所有其他电话局连接。这种网的优点是：任何两个电话局之间的接续一般不需要经过第三个电话局，接续迅速；当某两个电话局的中继线出现故障时，又可组织迂回通信，并只需经过另一个局的转接就可完成接续，因此电路调度灵活，可靠性高。但是，整个电话网所需的中继线较多，线路利用率较低，投资和维护费用大。故这种全互联网只适用于电话局局间话务量较大的情况，或电话局数量较少、电话局所在地理位置相对集中的城市。

（2）星形网

星形网的结构如图 2.1(b)所示。在星形网中设有一个中心局 T，该中心局也称汇接局。其他各局至汇接局设有直达中继线，各局之间的通信都需要经由汇接局转接，构成一辐射的形状，所以又称为辐射式电话网。

星形网的优点是减少了电路群数和中继线的总长度，如果有 N 个局，则电路群数只有 $N-1$。由于各局至其他局的通信只能通过一个电路群，显然其局间话务量较为集中，电路利用率也较高。但它的缺点也由此产生，即各局之间的通信都要经过汇接局，一旦汇接局出现故障不能转接，将使全网的局间通信中断。星形网可作为局部地区网。例如，当一个地区比较分散，其中心的位置有一个较大的局，而周围是一些较小的局时，可采用星形网结构。

（3）复合网

复合网一般是网状网和星形网的综合。复合网以星形网为基础，在局间话务量小的地区采用汇接接续；在局间话务量较大的地区设置直达电路，构成部分直达式网。这是根据实际情况汲取上述两种基本形式的优点的组网方法。这种复合形式的网如图 2.2 所示。

从图 2.2 可以看出，这种形式的网在 H、I、J 三个汇接局之间采用网状网结构，而汇接局以下的各局分别采用星形网结构。复合网既提高了电路利用率，又有适当的灵活性，并且根据需要还可以在局间话务量较大的 F 局和 G 局之间，设置直达电路。显然，复合形式的网在实用中显得经济、合理，且具有一定的可靠性。

2.1.2　市内电话网

市内电话网的结构与城市的大小有着密切的关系，小城市可以只设一个电话局；中等城市可以设较少数量的电话分局，并一般以网状网形式建立局间中继线；而大城市设的电话分局数量较多，通常采用复合网形式建立局间中继线。

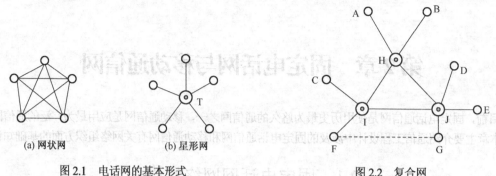

图 2.1　电话网的基本形式

图 2.2　复合网

2.1.2.1　单局制市话网

任何一个市内电话局不仅应该负责市内电话用户之间的电话通信，还应该为本市电话用户与其他城市电话用户间沟通通话电路，而且市内有些机关、工厂、学校等单位为了内部通话方便装有用户小交换机，市话用户也常常要和小交换机的用户（分机）进行通话。另外，还需要设置为电信业务和社会服务的特种用户。所以，市话局除连接普通电话用户的线路外，还和长途电话局、用户小交换机、特服台及特种用户连接，组成一个电话通信的整体，构成市内电话网。只有一个市话局的市话网称单局制市话网。

从理论上说，单局制市话网的用户号码，一般采用四位制。由于我国电话普及率迅速提高，用户数量迅猛增加，因此，只有偏远地区有极少数的单局。

2.1.2.2　分局制市话网

市话网的容量超过 7000 号时，一般就要实行分区建立分局，构成分局制市话网。每个分局的理论最大容量为 10 000 号。

（1）全互联市话网

当市话网的容量在 70 000 号以下时，分局数不超过 7 个，各分局之间一般采用全互联的形式建立局间中继线，即直接中继法。

全互联市话网局间中继线路可双向或单向使用，两局之间的双向中继线路能传送任何一局的呼叫，而单向中继线路只能传送一个端局的呼叫。因此，两局之间的路由可能是一个双向中继线群，或两个单向的中继线群。当业务量大时，局间中继线一般均单向使用。

（2）汇接制市话网

当市话容量发展到上百万号时，由于分局数量可以多达数十个乃至上百个，采用网状网将导致中继线群急剧增加，无论是从技术上还是从经济上来说，这种全互联形式显然是不可行的。由于分局数量很多，服务区域扩大，局间中继线的数量和平均长度都相应增大，使得中继线投资比重增加。在这种情况下，可在市话网内分区，然后，把若干分区组成一个联合区，整个市话网由若干联合区构成，这种联合区称为汇接区。在每个汇接区内设汇接局，下属若干电话分局。汇接制市话网是复合网，一般有三种方式：来话汇接、去话汇接和去话来话合并汇接。

在实际的汇接制市话网中，一般多将汇接局设备装在某一个分局内，这种电话局既是汇接局，也是分局。另外，由于我国近年电话用户密度加大，在许多大城市里常出现几个分局设备安装于一处的情况，显然，在这种情况下，这些分局必然采用直接中继法。一些不在同一个汇接区内的分局，只要地理位置允许，也可以直接相连。

2.1.3　用户交换机的入网方式

用户交换机主要用于机关、企业、工矿等社会集团的内部通信，即主要完成内部分机之间的接续而不经过市内交换局。但用户交换机也可以以一定的方式接入公用电话网，与公用电话网的用户进行电话通信。用户交换机进入市内公用电话网的方式可有多种，其考虑因素主要有：交换机容量的大小、用户交换机与市话网之间话务量的大小、市话接口局的设备要求等。

用户交换机的入网方式的设计原则有：节约用户投资；提高接口局设备和线路的利用率；与传输设计配合，达到信号传输标准要求，以保证通话质量；有利于实现长途自动化。用户交换机的入网方式设计的内容主要是：确定用户交换机的号码制度与对接口端局、长话局及其他电话局之间的中继线连接方式，同时还应考虑交换设备间的中继电路配合方案。

2.1.3.1　全自动直拨中继方式

（1）DOD_1 + DID 中继方式

DOD_1 方式就是用户摘机呼出时可以直接拨号，但需要加拨一个字冠，无须经过话务员转接，而且只听一次拨号音。DID 方式就是从市话网呼入时可以直接呼叫到分机用户，也不需要经过话务台转接，因此对主叫用户来说，不知道被叫用户是经过用户交换机的分机用户。DOD_1 + DID 中继方式如图 2.3 所示。

当用户交换机的呼入话务量 ≥ 40 Erl 时，宜采用全自动直拨呼入中继方式，即 DID 方式；当呼出话务量 ≥40 Erl 时，宜采用全自动直拨呼出中继方式，即 DOD_1 方式。

DOD_1 + DID 中继方式具有以下特点：

① 从市话接口交换机角度看，用户交换机只是市话交换机的延伸，即将市话交换机的一部分设备搬到机关、企业中，而且分机用户号码和市话网中其他用户号码位数相同，因此占用号码资源较多。

② 用户交换机的中继线接入市话局的数字中继，从而中继线中话务量较大。

③ 一般不采用出、入合用中继线，而采用出、入分开中继线。

④ 用户交换机和市话接口局之间采用局间信号，信号种类多，也可以送主叫号码。

⑤ 长途自动化容易实现，可对分机用户直接计费。

（2）DOD_2 + DID 中继方式

DOD_2 + DID 中继方式与 DOD_1 + DID 中继方式的区别，分机用户呼出时接到市话接口局的用户电路，不是接到数字中继，所以出局要听二次拨号音。呼出时要加拨一个字冠，一般都用 "9" 或 "0"，拨字冠后听二次拨号音。呼入时仍采用 DID 方式。DOD_2 + DID 中继方式如图 2.4 所示。

当用户交换机的呼出话务量 < 40 Erl 时，宜采用 DOD_2 方式。

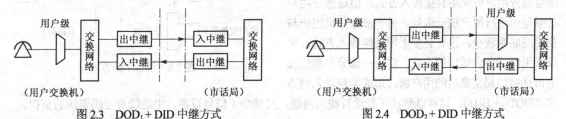

图 2.3　DOD_1 + DID 中继方式　　　　　　　图 2.4　DOD_2 + DID 中继方式

2.1.3.2　半自动中继方式

半自动中继方式将用户交换机的出、入中继线均接至市话接口局的用户级，如图 2.5 所示。

当分机用户在出局呼叫时，采用 DOD_2 中继方式。当市话接口局呼叫用户交换机的分机用户时，

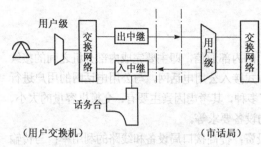

图 2.5　DOD₂+BID 中继方式

拨中继线号码到话务台，由话务台话务员拨分机号码叫出分机用户，称为 BID 方式。因而半自动入网方式又称为 DOD₂+BID 方式，这是当前大部分用户交换机所采用的入网方式。

当用户交换机的呼入话务量小于 40 Erl 时，宜采用半自动中继方式，即 BID 方式。

半自动中继方式具有以下特点：

① 从市话接口交换机角度看，用户交换机的每条中继线相当于一条用户线（即一个用户），一条中继线给号。当市话接口局交换呼叫用户交换机时，一旦选到空闲出线时，就认为是"被叫用户空闲"，并送出振铃信号，用户交换机的话务员（或电脑话务员）摘机应答。这时对市话接口局来说被叫已经应答，进入通话阶段。但对用户交换机来说尚未到达真正的被叫用户，而这部分工作由话务员（或电脑话务员）来完成。因此在呼叫用户交换机用户时，常遇到的用户号码是 PQR（S）ABCD 转××××，其中 PQR（S）ABCD 是中继线的号码，×××× 是分机号码。

② 因用户线的话务量较小，所以用户交换机的出、入中继线上的话务量也较小。

③ 用户交换机的出、入中继线可以是出、入分开的，也可以是合用的，根据话务量而定。

④ 用户交换机与市话接口局交换机之间采用用户线信号，信号种类少，一般不能向公用网送真正的主叫用户号码，影响通话计费。

⑤ 因计费不准，对长途自动化不利。

2.1.3.3　人工中继方式

人工中继方式是用户对公用网呼出及呼入时，都要经过用户交换机话务台的转接。

一般呼出或呼入话务量≤10 Erl 时，可采用人工中继方式。另外，在某些特殊发情况下，如有些单位要控制分机用户拨打市话网电话，尤其是公用网的长途电话，以节省电话费的支出，或为便于管理，也可采用人工中继方式。

2.1.3.4　混合中继方式

所谓混合，是指呼入时 DID 与 BID 的混合，如图 2.6 所示。

根据用户交换机分机用户的性质，部分用户与公用网联系较多，而且有一定的数量，用户交换机将一部分中继线按全自动方式接入市话接口局交换机的选组级，形成全自动入网方式（DOD₁+DID），则这部分用户可采用直接拨入方式，但这部分用户必须与市话网用户统一编号。另一部分分机用户与公用网联系较少，没有必要采用直接拨入方式，可以采用经话务台转接的方式，将另一部分中继线接至市话接口局交换机的用户级，形成半自动入网方

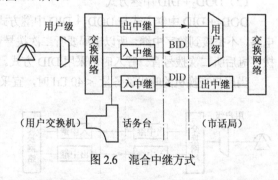

图 2.6　混合中继方式

式（DOD₂+BID）。这样既解决了长途直拨的问题，又减少了信号设备、中继线及号码资源的负担。

2.1.4　本地网

本地电话网简称本地网。本地网是指在同一个长途编号区范围内，由若干端局或由若干端局和汇接局及局间中继、长市中继、用户线和话机终端所组成的电话通信网络。

一个本地电话网属于长途电话网中的一个长途编号区，且仅有一个长途区号。本区用户呼叫本编号区内的用户时，按照本地区的统一编号只需拨 8（或 7）位市话用户号码，而无须拨长途区号。

我国本地电话网有下述五种类型：

（1）京、津、沪、穗、渝特大城市本地电话网。

（2）大城市本地电话网。

（3）中等城市本地电话网。

（4）小城市本地电话网。

（5）县本地电话网。

这些不同类型的网路是本地网的基本形式，具有网路的普遍性。由于经济发展的需要，我国本地电话网已经得到迅速扩大，除一些偏远地区有少数县本地网目前尚存在外，其他各省区均已实现本地电话网。本地电话网的端局可以根据服务范围的不同设置市话端局、县城端局、卫星城镇端局及农话端局。

在本地网中根据汇接的端局种类的不同，汇接局可分为以下几种：

（1）市话汇接局：汇接市话端局。

（2）市郊汇接局：汇接市话端局、郊县县城端局、卫星城镇端局及农话端局。

（3）郊区汇接局：汇接郊县县城端局、卫星城镇端局、农话端局。

（4）农话汇接局：汇接农话端局（含县城端局）。

以上各类本地电话网的服务范围视通信发展的需要而定，为保证本地网内用户的通话质量，本地电话网的最大服务范围一般不超过 300 km，通常以行政地级市为单位设立一个本地电话网。本地电话网的建立，打破了原有市话、郊话和农话的界限，进行统一组网和统一编号，从而可使组网更加灵活，节约号码资源，方便用户，有利于电话通信的发展。但在建立本地电话网后，对不同的电话业务，在计费方式和费率上仍然可以有市话、郊话和农话的区别。

2.1.5　长途电话网

长途电话网的任务是，在全国范围内提供各地区之间的长途电话通信电路。长途电话与市内电话相比，不仅要求设备性能更稳定可靠，而且要求具备适合长途电话通信的外部条件，如全国要有统一的网络组织、编号计划、信令系统等。长途电话通信的一个主要特点是线路长、投资大，所以如何提高长途线路的利用率是一个重要的问题。

2.1.5.1　我国长途电话网的结构

截至 1999 年初，我国的长途电话网仍是四级汇接辐射式长途网。但随着四川、甘肃及西藏两省一区的少数本地网建立后，全国的长途电话已从四级汇接辐射式变成为二级汇接辐射式长途网，也就是绝大多数省市区均为二级汇接辐射式长途网，如图 2.7 所示。

第一级为省中心局，即 DC1 级（局），是汇接一个省内各地区之间的电话通信中心。省中心局一般为各省会所在地的长话局，DC1 局之间的电话业务量一般较大。因此，对这一级的各中心局间都有低呼损电路相连，组成网状网结构。

第二级为地区（省辖市）中心局，即 DC2 级（局），是汇接本地区（省辖市）内各县（县级市）的电话通信中心，要求省中心局至本省的各地区中心局之间采用辐射式连接。

2.1.5.2　国际长途电话网的结构

国内长途电话网通过国际局进入国际电话网。ITU-T 于 1964 年提出等级制国际自动局的规划，国际局分一、二、三级国际交换中心，分别以 CT1、CT2 和 CT3 表示，其基干电路所构成的国际电话网结构如图 2.8 所示。

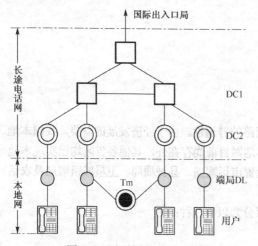

图 2.7　我国等级制电话网结构

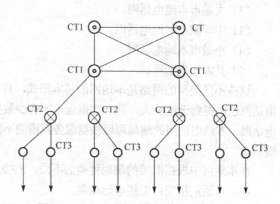

图 2.8　基干电路所构成的国际电话网结构

从图 2.8 可知，国际电话网的结构是各 CT1 之间均有直达电路，为网状网的结构；CT1 到所属的 CT2，CT2 到所属的 CT3，均有直达电路，是星形网结构。实际的国际电话网结构不仅有这种基干连接，还可在各 CT 局之间根据业务量的需要，在经济上合理的条件下，设置直达电路。

各国的国际电话从国内长话网通过 CT3 局进入国际网，因此，国际网中的 CT3 局通常称为国际出入口局，也称为国际接口局，每一个国家可有一个或几个 CT3 局。CT2 局负责某部分范围的话务交换和接续任务，在领土非常大的国家中，CT2 负责交换的区域可以是一个国家或一个国家的一部分。CT1 局负责一个洲或洲内一部分范围的话务交换和接续任务，其数量较少。

2.1.6　路由选择

2.1.6.1　路由的含义及种类

在电话交换网中，路由（Route）的含义，是指在两个交换局之间建立一个呼叫连接或传送消息的途径。路由可以由一个电路群组成，也可以由多个电路群经交换局串接而成。

一个路由是由全利用度电路群组成的。组成一个路由的电路群可以包括各种传输系统所组成的电路群。例如，两个交换局之间既有微波载波电路，又有电缆载波电路，但如果是组成一个全利用度的电路群，则称为一个路由。

在电话自动交换网中，除常用的路由以外，还有路由选择或选路（Routing）的术语。其含义是指从某一个交换中心呼叫另一个交换中心时的路由选择。对于一次呼叫而言，直至选到了目标局，路由选择才算结束。

路由及路由选择，在电话自动交换网的路由选择计划中，常常因其特征和使用场合的不同而有不同的分类，并随之有不同的名称。如按呼损分，有高效路由和低呼损路由；如按路由选择分，有直达路由、迂回路由、多次迂回路由、常规与非常规路由、终端路由等；如按连接该两个交换中心在网中的地位分，有基干路由、跨级路由、跨区路由（包括跨区、跨级路由）。

我国自动电话交换网中常用的几种路由设置如下。

（1）基干路由

基干路由是构成长途电话网基干结构的路由，是特定的交换中心之间所构成的路由，即在我国电话网中的一级交换中心（C1 局）之间的电路群和同一交换区内相邻两级之间的电路群，均为基干路由。基干路由如图 2.9 所示。

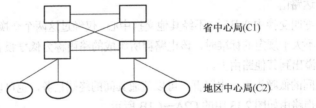

省中心局(C1)

地区中心局(C2)

图 2.9　基干路由示意图

基干路由上电路群的呼损标准是为保证全网的接续而规定的。基干路由的呼损应小于或等于 1%。由于基干路由上的电路群的设置已经满足了呼损小于或等于 1% 的规定，因此基干路由上的话务量不应该溢出到其他路由上。

（2）高效直达路由

电话交换网中设置高效直达电路群的目的，就是使呼叫连接的电路长度尽量短，而且有较好的传输质量。高效直达路由的主要特征是高效与直达。所谓直达，就是两个交换中心之间所建立的路由不经过第三个交换局。其次，由于是高效路由，所以在该路由上电路群的呼损会超过规定的呼损标准，所以该路由上的话务在负荷过大时，必然要溢出到其他路由。因此，有高效直达路由就一定会有迂回路由。

图 2.10 中虚线所示是各交换中心之间设置的高效直达电路群示意。这些高效直达电路群又分别作为各交换中心之间的直达路由。如 C2A 至 C2B 之间的高效电路群是 C2A 呼叫 C2B 的高效直达路由；同理，C2A 至 C1B 之间的高效直达电路群是 C2A 呼叫 C1B 的高效直达路由。

一般情况下，两个交换局间的高效直达电路群既可以疏通这两个交换局间的终端话务，也可以疏通经过这两个交换局转接的话务。

（3）迂回路由与多级迂回路由

迂回路由的选择，是指某一交换中心 A 呼叫另一个交换中心 B 时，在第一次选择遇忙时可以进行再选择，即更换路由。如果进行多次更换选择，则称为多级迂回。一个交换局对某一目标局的选择可以有多个路由，当第一次路由选择遇忙时就迂回到第二路由或第三路由，此时，第二路由或第三路由称第一路由的迂回路由。

如图 2.11 所示，C2A 呼叫 C2B，第一路由为 C2A→C2B，如果 C2A→C2B 遇忙，则可选 C2A→C1B，经 C1B 到达 C2B。同样，如果 C2A→C1B 仍忙，则可选第三路由 C2A→C1A，此时，第二路由与第三路由称为第一路由的迂回路由。

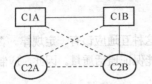

图 2.10　设置高效电路群示意

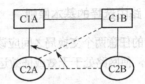

图 2.11　设置迂回路由群示意

迂回路由是由两个以上的路由串接而成的。需要说明的是，迂回路由并不是与直达路由直接对应的，不要理解为非直达路由即是迂回路由。迂回路由是与首选路由相对应的，首选路由因为遇忙才会迂回到其他路由。在图 2.12 中，当 C2A 呼叫 C2B 时，第一路由是 C2A→C1B→C2B，但该路由并不是 C2A 至 C2B 的直达路由，而是跨区路由。如果路由 C2A→C1B 遇忙，则迂回到路由 C2A→C1A，此时所选的路由 C2A→C1A 称为 C2A 至 C1B 所选路由的迂回路由，即 C2A→C1A→C1B→C2B 路由可称为 C2A→C1B→C2B 的迂回路由。

（4）低呼损直达路由

当交换中心 A 呼叫交换中心 B 时，不经其他交换中心，仅经过这两个交换中心之间设置的电路群，而且电路群的呼损不大于规定的标准时，该电路群所组成的路由称为低呼损直达路由。此时，该路由上的话务量不允许溢出到其他路由上。

两交换中心之间的低呼损直达电路群，可以疏通其间的终端话务，也可以疏通经该两个交换中心转接的话务。低呼损路由如图 2.13 中的 C2A→C1B 所示。

在电话自动交换网中，低呼损直达路由的建立是有必要的。特别是当两个交换中心之间的话务量较大时，如果不建立低呼损电路群，则允许该路由上的话务溢出，而一旦该路由上的话务过负荷的比例又增加很快，就会影响迂回路由上的话务疏通，在这种情况下，一般以建立低呼损直达路由为宜。

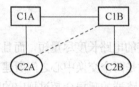

图 2.12　选择迂回路由示意

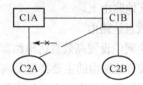

图 2.13　设置低呼损路由示意

（5）最终路由

当一个交换中心呼叫另一个交换中心，在选择无溢出的低呼损电路群建立呼叫连接时，由这些无溢出的低呼损电路群所组成的路由，称为最终路由。

最终路由可以由一段低呼损路由组成，也可以由几段低呼损路由串接组成。最终路由的组成可以有以下三类情况：

① 仅由一段基干路由或几段基干路由串接而成，如图 2.14 所示。

② 由部分低呼损路由、部分基干路由串接组成，如图 2.15 所示。

③ 仅由低呼损路由组成。

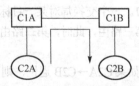

图 2.14　由基干路由组成的最终路由示意

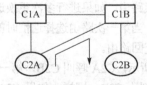

图 2.15　由低呼损路由和基干路由组成的最终路由示意

2.1.6.2　路由选择的基本原则

电话网中的任意两个交换局之间应该是可以互通的，但这种互通应该有一定规律。否则，不但会虚占很多电路，使网路处于无效或低效运转状态，而且也不能保证通话质量。因此，应制定路由选择规则。

路由选择的基本原则有如下几条。

（1）应确保传输质量和信令信号的可靠传送。

根据电话自动交换网技术规定，我国电话自动交换网的长途部分，最长允许由三段电路串接组成。如 C2A 至 C2B 的呼叫连接经基干路由就可能出现三段长途电路，而从一个长途交换中心至另一个长途交换中心，应不超过 6500 km，并且可以根据这样一个极长连接，评估它的服务质量和用户满意度。

此外，根据我国信令方式，长途局间的局间记发器信号有可能采用随路信令的端到端传送，如果转接段数过多，信号端至端的传送可能存在问题，从而增加接续的时延。

（2）路由选择应有明确的规律性，确保路由选择中不会出现死循环。

例如，A、B 和 C 三个局位于三角形的三个顶点，当 A 局呼叫 C 局时，因直达电路遇忙时，可迂回经 B 局再到 C 局的路由，但如果此时 B 至 C 之间也遇忙，则不允许回来再选 B 至 A 的路由，否则 A 局与 B 局之间的路由在瞬间被一个呼叫占满，出现死循环。因此路由选择一定要有规律。

（3）为使网路设计或对交换设备的要求不过于复杂，规定路由选择顺序如下。

① 如果有直达电路时，先选高效直达路由，次选高效迂回路由，最后选最终路由。

② 在选择高效迂回路由时，遵循由远及近的原则，即先在被叫端一侧自下向上，再在主叫端一侧自上向下的原则。

③ 在特殊情况下，允许在一级交换中心之间同级迂回一次。

2.1.7 话务量概念和呼损的计算

2.1.7.1 话务量的概念

话务量是表达电话网内机线设备负荷数量的一种量值，所以也称为电话负荷。电话用户或其他入线是产生话务量的来源，因此被称为话源。广义地说，上一级设备向下一级设备输送话务量，上一级设备的出线就是下一级设备的话源。话务量之值也反映了话源对所使用的电话通信设备数量上的要求。话务量之值的大小，取决于在一定时间内话源发生了多少次呼叫，每次呼叫各占用机线设备多长的时间等。显然，话源发生呼叫次数越多，话务量值也越大；每次呼叫占用公用设备的时间越长，形成的话务量也越大。

明确了上述概念，就可对话务量给出如下定义：在时间 T 内发生的呼叫次数和平均占用时长的乘积，称为话务量，用公式表达为如下：

$$A = C_T \times t$$

式中，A 为 T 时间里的话务量，t 为平均占用时长，C_T 为 T 时间内一群话源产生的呼叫次数。

显然，话源群越大，所产生的呼叫次数就越多，因此，在讲到话务量数值时，一定要指明话源群的范围。

通常使用的话务量单位为 Erl（爱尔兰），一条中继线被连续占用 1 小时，则该中继线的话务量为 1 Erl（爱尔兰）。

传统的话务量单位有：以小时作为时间单位的称为小时呼（T. C）；以分钟作为时间单位的称为分呼（C. M）；以一百秒作为时间单位的称为百秒呼（C. C. S）。

以上 4 种单位的换算关系如下：

$$1 \, \text{Erl} = 1 \, \text{小时呼} = 60 \, \text{分呼} = 36 \, \text{百秒呼}$$

2.1.7.2 呼损的计算

（1）线群的概念

一群（或一组）为话源服务的设备及其出线，这一总体称为线群。

线群的结构形式分为全利用度线群和部分利用度线群两种。

线群中的任一入线可以选到该线群中的任一条出线，这种线群称为全利用度线群。或者说，线群中的任一条出线能被该线群的任一条入线所选用，这种线群就是全利用度线群。

线群中的一条入线只能选到该线群中的一部分出线，这种线群称为部分利用度线群。或者说，线群中有一些出线不能被该线群的某些入线所选用，这种线群就是部分利用度线群。

（2）交换系统处理话务的两种方法

因为呼叫的产生是随机的，有时候发生的呼叫少，有时候发生的呼叫多，这样，有些呼叫可能会遇到交换设备全忙的情况。对于这些呼叫，根据交换系统处理接续请求的方法，分为呼损工作制和待接工作制。

① 呼损工作制。呼叫系统服务工作方式是当用户呼叫不能立即接通时，公用设备不再受理这次呼叫，因此给用户送忙音信号，用户听到忙音时必须放弃这次呼叫，如果仍要求服务，就需要重新摘机呼叫。例如，交换网络、出中继、入中继等机线设备通常采用呼损工作制，因此，这些系统也称为呼损系统。

② 待接工作制。待接工作制的系统也称等待系统、排队系统。它的服务工作方式是在用户不能立即接通时，可以等待，待公用设备空闲时，按某种规定的秩序（如按先后次序或按随机方式）将等待呼的呼叫接通。这种服务方式，不向用户送忙音信号，用户也不必重新呼叫，只要等待总可以接通。例如，数字交换机的处理机采用待接工作制服务方式。

（3）线群的呼损

在呼损制工作方式中，表达线群服务质量的服务指标就是呼损。有三种呼损计算方法：一是按时间计算的呼损（用 E 表示），二是按呼叫计算的呼损（用 B 表示），三是按负载计算的呼损（用 H 表示）。下面分别叙述它们的含义。

① 按时间计算的呼损 E

按时间计算的呼损，表示的是线群发生阻塞的概率。在什么情况下线群发生阻塞？对于全利用度线群来说，当线群的出线都被占用时，便发生阻塞。因此，按时间计算的呼损等于出线全忙的概率；或者说，按时间计算的呼损等于全部出线都被占用的时间与总统计时间的比值，即

$$E = \frac{\text{全部出线被占用的时间}}{\text{总统计时间}}$$

得到的是全部出线都被占用的概率。用公式表示如下：

$$E = \frac{T_\text{阻}}{T_\text{总}}$$

式中，$T_\text{阻}$ 为全部出线被占用的时间，$T_\text{总}$ 为总统计时间。总统计时间一般为最繁忙的一小时，即前述的忙时。

② 按呼叫计算的呼损 B

按呼叫计算的呼损 B，表示的是发生线群阻塞而产生的损失呼叫次数占总呼叫次数的比值。或者说，呼叫呼损等于一个呼叫发生后，它被损失掉的概率，即

$$B = \frac{\text{损失呼叫次数}}{\text{总呼叫次数}}$$

用公式表达如下：

$$B = \frac{C_\text{损}}{C_\text{总}}$$

③ 按负载计算的呼损 H

按负载计算的呼损，表示的是在忙时内损失的话务量与在忙时内流入的总话务量的比值：

$$H = \frac{A_\text{损}}{A_\text{入}}$$

式中，$A_\text{损}$ 是因线群发生阻塞而损失的话务量，$A_\text{入}$ 是流入该线群的总话务量。

（4）局间中继电路数的计算

全利用度线群的呼损公式，是描述话务量 A、呼损 P 和线群出线数 V 三者之间的关系式。呼损公式有多个，其中最常用的是爱尔兰呼损公式，具体形式如下：

$$P = \frac{\dfrac{A^V}{V!}}{\displaystyle\sum_{i=0}^{V} \dfrac{A^i}{i!}}$$

式中，A 为流入话务量（单位为爱尔兰），V 为全利用度线群的出线数，P 为呼损值。

为了书写方便，上式常用符号 $P_V(a)$ 来表示，即

$$P = P_V(a)$$

应用上述计算公式时，要注意以下几个问题。

① 上述爱尔兰呼损计算公式，只适用于全利用度非链路系统的线群。

② 该公式计算时很麻烦，为了避免每次都进行复杂计算，话务理论研究工作者已预先把爱尔兰呼损公式列成爱尔兰呼损表格或绘制成爱尔兰曲线。爱尔兰呼损表见附录 B，爱尔兰曲线的例子如图 2.16 所示。在曲线中，通常用 E 表示呼损，已知 A、V、E 三个变量中的任何两个变量，即可根据爱尔兰呼损表得出第三个变量。

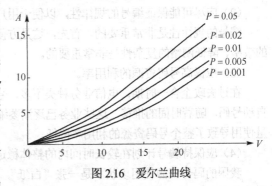

图 2.16　爱尔兰曲线

③ 呼损计算公式表达了 P、V 和 A 三个变量之间的函数关系，其计算结果可得出下列结论。

在呼损 P 保持不变的条件下，如果话务量 A 增大，则出线数 V 必须要增加；或者说，在 V 增加时，线群所能承受的话务量 A 可以增大。

在话务量 A 不变时，出线数 V 增加，呼损 P 就会减小；或者说，如果要减小呼损 P，就必须增加出线数 V。

当出线数 V 一定时，话务量 A 增大，呼损值 P 会增大；或者说，若允许 P 增大时，线群承受的话务负荷 A 可以增大。

2.2　固定电话网的编号计划

电话交换网中，为使用户可以呼叫网路中的其他任一用户，需要对网中的每一用户或终端分配一个唯一的号码。电话网的编号计划就是完成对网中各个用户、终端局及长途局的号码分配。此外，还须向用户提供呼叫各种特种业务所需的号码及使用各种新服务项目的操作号码，同时为了使电话网能与其他一些网路互通，还需要提供相应的接入码。

2.2.1　电话网编号的原则

2.2.1.1　电话网的编号原则

通常一个编号计划应包括以下主要内容：

（1）确定编号位长。

（2）确定编号结构，包括是否采用等位编号。

（3）字冠及特种业务号码的分配，新服务项目的操作码及与其他网路互通的接入码。

（4）拨号程序。

上述编号内容不管对哪一类网路都是必须要考虑的，对于国际电话网路需要一个国际的编号计划，对于国内电话网路需要一个全国的编号计划，而对于本地电话网，需要制定一个用于该本地电话网的编号计划。这些不同层次的编号计划相互之间既有一定的独立性，又有一定的关系。

随着我国电信业的迅速发展，早期的电信网编号计划已不适应电信市场竞争和新业务的发展需要。为了保障公平竞争和电信业的长远发展，原信息产业部按照"统筹全局、抓住重点、各个突破、逐步推进"的思路，遵循实事求是的原则，既考虑号码使用历史和现状，又兼顾近期需求和长远发展，于 2003 年 4 月发布并实施了《电信网编号计划》（2010 年版）。其中编制原则如下：

（1）应使号码资源容量具有延续性和扩展性，满足用户、业务和网路增长对号码资源的需求。

制订编号计划不仅应考虑当前的需求，而且要考虑 5～10 年中长期或更远的发展需要。尤其是近 20 年世界电信业发展迅猛，网络规模和用户数增长很快，因此制定编号计划要对未来码号需求有一个正确且充分的预期，为未来业务的发展预留充足的号码资源。

（2）应尽可能保证编号的规律性，以便于用户使用和网络识别。

编号的规律性是非常重要的。首先，这是方便使用的需要；其次，编号的规律性对提高网络寻路的效率、降低网络的复杂性是非常重要的。

（3）应提高号码资源的利用率。

在过去政企合一时期，电信业务种类不多，号码资源也相对充裕。如当时使用了大量的人工、半自动号码，随着时间的推移，这些业务已逐渐萎缩，而新业务不断涌现，因此人工、半自动号码的大量使用导致了整个号码资源的利用率降低。

（4）应保持编号计划在较长时间内的整体稳定性。

我国的码号资源使用现状不是一张"白纸"，现阶段大量的业务在使用号码资源，而且基本格局是先按业务划分，后按运营商划分，并呈交叉态势。编制编号计划必须要立足国情，立足现实，坚持实事求是的原则。必须要考虑运营商和用户利益，尽可能降低规划涉及的号码调整对业务的影响，坚持现行的我国固定网和移动网的基本编号架构。

（5）应坚持各运营商一律平等的原则。

在过去政企合一体制下，原中国电信扮演了号码资源"使用者和管理者"的双重角色，占用了大量的号码资源，由于独家经营，所以当时资源使用效率的问题和公平的问题均不突出。随着多运营商局面的出现和近年来移动业务及其他新业务的迅速增长，资源使用效率和配置的公平性问题日益显露。新运营商开展业务需要大量号码资源，但原中国电信占用的大量资源又不可能在短时间内清退出来，所以新运营商无法获得所需的电信资源，这妨碍了运营商间的公平竞争，妨碍了业务和市场的发展。鉴于此，电信主管部门在制定编号计划时，要对不合理的码号占用局面进行调整，充分考虑各运营商的利益，保证只要运营商真正有业务需求，就应该从号码资源上做好供给。

2.2.1.2 国内和国际编号中的常用术语

（1）前缀（Prefix）

前缀也称字冠，由一位数字或多位数字组成，以表示选择不同类型的号码，例如表示选择的是本地号码、国内号码或国际号码等。前缀还表示不同类型的网路或业务。

（2）国际前缀（International Prefix）

当一个主叫用户呼叫另外一个国家的用户时，首先需拨的一位或几位数字，这一位或几位数字表示该次呼叫是国际呼叫，称为国际前缀。我国的国际前缀是"00"。

（3）长途前缀（Trunk Prefix）

当一个主叫用户呼叫本长途编号区以外的国内用户时首先需拨的一位或几位数字，表示该次呼叫为国内长途呼叫，称为长途前缀。我国的国内长途前缀为"0"。

（4）长途区号（Trunk Code）

通常一个国家根据本国的情况将全国划分为一定数量的长途编号区，每一个长途编号区分配一个具有一位或几位数字（不包括前缀）的长途区号，用以表征国内被叫所在编号区。

（5）用户号码

呼叫同一个本地网或长途编号区内的用户时所拨的号码。

（6）国内有效号码（National Significant Number）

当呼叫本地网或本长途编号区以外的国内其他用户时，在长途前缀后所拨的号码称为国内有效号码。国内有效号码由长途区号加用户号码组成，用户号码由局号加用户号所组成。

（7）等位编号（Uniform Numbering）

号码长度相等的编号方式称为等位编号。如果一个国家的国内有效码对任一用户都采用相同位长时，则称国内号码为等位编号；如果在同一个长途编号区内，每一个用户号码长度相等，则称为本地电话网号码等位。反之则称为不等位编号，比如美国全国电话号码统一采用 10 位的等位编号，而同一个本地电话网内用户间的相互呼叫统一采用 7 位编号。我国全国电话号码采用的是不等位编号，而我国的本地电话网内采用的是等位编号。

2.2.2　本地网的编号

2.2.2.1　本地网内电话编号的原则

（1）在同一本地网内，为了用户使用方便，应尽可能地采用等位编号。对于用户小交换机的分机，在内部呼叫和对外呼叫时，可以使用不等位长的号码。

（2）对 6 位号码或 6 位以下号码的本地网，在特殊情况下（如因交换机陈旧不便升位、临时性电话局等），可以不强求采用等位编号，而暂时采用不等位编号，但号长只能差一位。

（3）对 7 位或 8 位号码（PQR(S)ABCD）的本地网，其 PQR(S)这 3 个或 4 个号码应尽量避免相同（如 777ABCD），以减少错号。

（4）要珍惜号码资源，编号要合理安排，节约使用。如果安排不当，就可能造成网内容量不大的局空占许多号码，号码利用率低；而另外一些容量很大的局，出现没有号码资源的现象。

2.2.2.2　本地网的编号方案

（1）电话号码 P 位（即首位）的分配

"0"为国内长途电话业务字冠，"00"为国际长途电话业务字冠。

首位为"1"的号码作为全国统一使用的号码，按位长不同分为两类：短号码，常用做各种业务的接入码；长号码，用做用户号码和业务用户号码，如移动电话号码、宽带用户号码和信息服务号码等。

首位为"2"～"8"的号码主要用做固定本地电话网的用户号码，部分首位为"2"～"8"的号码用做全国和省内智能业务的接入码。

首位为"9"的号码用做社会公众服务号码，位长为 5 位或 6 位。95XXX(X)号码是在全国范围统一使用的号码。96XXX(X)号码是在省（自治区、直辖市）区域内统一使用的号码。

（2）本地用户号码

本地用户号码由本地端局的局号和用户号两部分组成，具体形式如下：

$$PQR(S) \quad + \quad ABCD$$
$$局号 \quad + \quad 用户号$$

总位长为 7 位或 8 位。局号一般由前 3 位（或 4 位）数组成，用户号由后 4 位数组成。例如，7654321 就是 765 局的 4321 号用户。

（3）本地网号码的升位

随着本地网容量的增加，电话号码位数必须增长。一个电话网在何时要增加位长，应视该电话网的发展情况而定。比较好的做法是根据预测结果，做好发展规划，按规划阶段安排编号，到一定时期按照预定计划升位。

常用的加号升位方法有如下三种：

① 在原局号之前加一个号码 X，例如 ABC 局变为 XABC 局。

② X 插在原局号的中间，例如 ABC 局变为 AXBC 局或 ABXC 局。

③ 在原局号末尾加 X，例如 ABC 局变为 ABCX 局。

2.2.3　国内长途网的编号

2.2.3.1　国内长途电话网的编号原则

（1）编号方案的适应性要强，因为长途编号一经使用要改动是十分困难的，所以要考虑近期和远期相结合的编号方案。具体来说，近期要适应目前我国按行政区域建立的长途网；而对于远期，一方面要预留一定数量的备用长途区号，另一方面要能较为方便地过渡到按区域编号。

（2）编号方案应尽可能缩短号长，使长途交换机接收、存储、转发的位数较少，换算、识别容易，以节省投资。

（3）长途编号也应有规律性，让用户使用方便，易于记忆。

（4）在全国长途自动电话网中只应有一个编号的计划，在任何不同的地点呼叫同一用户都是拨相同的号码，即不能因主叫用户所在地的不同而有所变异，并且用户和长途话务员也均拨相同的号码。

（5）国内长途电话编号应符合 ITU-T 的建议，使之能进入国际电话网。

2.2.3.2　国内长途编号方案

我国国内长途电话号码由长途冠号、长途区号和本地网内号码三部分组成，具体形式为

$$0 \quad + \quad XY(Z) \quad + \quad PQR(S)ABCD$$
$$长途冠号 \quad + \quad 长途区号 \quad + \quad 本地号码$$

我国长途字冠为 "0"。

长途区号采用不等位制编号，区号位长分别为 2～3 位，具体分配是：

编号为 "10"，北京。

编号为 "2Y"，其中 Y 可为 0～9 共 10 个号，均为我国特大城市本地长途区号。

编号为 "XYZ"，其中 X 为 3～9。

在 C3 本地网建立前，全国各县的长途区号均为 4 位，但 C3 本地网建立后，各县的长途区号均与上级 C3 局一致，因此基本已没有 4 位的长途区号，只有个别少数偏远地区尚未建立 C3 本地网的县仍保持 4 位长途区号。

2.2.4　国际电话编号

ITU-T 建议的国际电话编号方案规定，国际长途全自动号码由国际长途冠号、国家号码和国内号码三部分组成，即

$$00 \quad + \quad N_1(N_2N_3) \quad + \quad XY(Z)PQR(S)ABCD$$
$$国际长途字冠 + \quad 国家号码 \quad + \quad 国内有效号码$$

国际长途字冠是呼叫国际电话的标志，由国内长话局识别后把呼叫接入国际电话网。国际长途冠号由各国自行规定，例如，我国规定为"00"，而比利时规定为"91"，英国规定为"010"。

国家号码由 1～3 位数组成，第一位数是分区号码，各区域的划分及其编号如表 2.1 所示。从表2.1 可以看出，每个编号区原则上给定一个号码，而欧洲区的电话用户较多，所以分配了两个号码。国家号码的位数分配视各国地域大小和电话用户数目的多少来定。北美的美国、加拿大和墨西哥是统一的电话网，编号区为"1"，独联体各国的国家号码也是一位数"7"。在其他编号区内，电话用户数多的国家号码为两位数，电话用户数少的国家号码为三位数，例如我国为 86 号，日本为 81 号，柬埔寨为 855 号。

国家号码规定后，早期 ITU 又对各国提出以下几点要求：

（1）国际长途全自动拨号位长限制在 12 位，由于我国的国家号码是 86，已占用 2 位，因此，国内编号的有效位数最多为 10 位。

（2）电话编号应全部用数字 0～9 表示，不能有字母和数字的组合。对于过去有些国家在使用的号码中包括有字母的（例如 ABC2345），应改为全部是数字号码才允许进入国际网。

（3）各国的国际长途冠号的首位字，应和国内编号的首位字不同，以免含糊不清。

（4）对能直拨国际电话的用户小交换机分机的号码，应纳入本地电话网内。

根据我国电信网的现状及发展趋势，原信息产业部于 2003 年颁布了《电信网码号资源管理办法》。其中要求 PSTN 的国际长途号码最大位长为 15 位（不含前缀），目前我国已使用的国际长途号码最大位长为 13 位（86XYZPQRSACBD）。

表 2.1　国家号码的区域划分及其编号

号 码	地 区	号 码	地 区
1	北美（包括夏威夷、加勒比海群岛，不包括古巴）	7	原苏联地区
2	非洲	8	北太平洋（东亚）
3 和 4	欧洲	9	中亚
5	南美和古巴	0	备用
6	南太平洋（澳大利亚）		

2.3　移动通信系统组成与网络结构

2.3.1　总体结构

为了便于各设备之间的互连互通，国际电信联盟的电信标准化组织 ITU-T 于 1988 年对公共陆地移动通信网（Public Land Mobile Network, PLMN）的结构、功能和接口及其与公共电话交换网（PSTN）互通等，做出了详尽的规定。PLMN 的网络结构如图 2.17 所示。其组成部分为：移动台（MS）、基站子系统（BSS）和网络交换子系统（NSS）等。其中基站子系统（BSS）包括：基站收发信台（BTS）、基站控制器（BSC）；网络交换子系统（NSS）包括：移动交换中心（MSC）、原籍（归属）位置寄存器（HLR）、访问位置寄存器（VLR）、设备标识寄存器（EIR）、认证中心（AUC）和操作维护中心（OMC）等。

在构成实际网络时，根据网络规模、所在地域及其他因素，上述功能实体可有各种配置方式。通常将 MSC 和 VLR 设置在一起，而将 HLR、EIR 和 AUC 合设于另一个物理实体中。在某些情况下，MSC、VLR、HLR、AUC 和 EIR 也可合设于一个物理实体中。

移动台和基站设有收、发信机和天馈线等设备。移动台通过空中接口和分布设置的固定基站接入系统；每个基站都有一个可靠通信的服务范围，称为无线小区。无线小区的大小，主要由发射功率和基站天线的高度决定。通常，各基站均通过专用通信链路和移动业务交换中心相连，移动业务交换中心主要用来处理信息的交换和整个系统的集中控制管理。

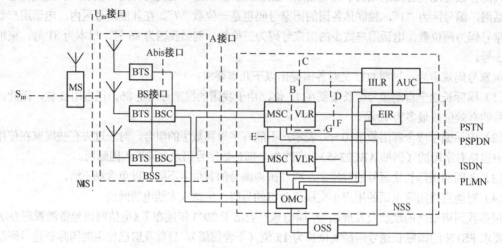

MS：移动台　BSS：基站子系统　BSC：基站控制器　BTS：基站收发信台
MSS：网路子系统　MSC：移动交换中心　HLR：原籍位置寄存器
VLR：访问位置寄存器　EIR：设备识别寄存器　AUC：认证中心
PSPDN：分组交换公用数组网　OMC：操作维护中心
PLMN：公用陆地移动网　PSTN：公用电话网　ISDN：综合业务数字网

图 2.17　PLMN 的网络结构

大容量移动电话系统可以由多个基站构成一个移动通信网。通过基站、移动业务交换中心，就可以实现在整个服务区内任意两个移动用户之间的通信，也可以经过中继线与其他通信网连接，实现移动用户和其他通信网用户之间的通信，从而构成一个有线、无线综合的移动通信系统。

2.3.2　功能实体

（1）移动台（Mobile Station, MS）

MS 由用户设备构成。用户使用这些设备可接入 PLMN 中，得到所需的通信服务。MS 可分为车载台、便携台和手持台等类型。

（2）基站子系统（Base Station System, BSS）

BSS 由可在小区内建立无线电覆盖并与移动台通信的设备组成。一个 BSS 可为一个或多个小区服务。BSS 分别由基站控制台（BSC）和基站收发信台（BTS）这两类功能实体来完成控制和无线传输功能。

基站控制台（Base Station Controller, BSC）的功能是对基站收发信台进行控制。每个 BSC 可控制一个或多个 BTS。

基站收发信台（Base Transceiver Station, BTS）是覆盖一个小区的无线电收发信设备，由 BSC 控制。

（3）网络交换子系统 NSS

网络交换子系统 NSS 由移动交换中心（MSC）、原籍（归属）位置寄存器（HLR）、访问位置寄存器（VLR）、设备标识寄存器（EIR）、认证中心（AUC）和操作维护中心（OMC）等功能实体构成。

① 移动交换中心（Mobile Service Switching Center, MSC）。MSC 是一个数字交换机，负责对位于其服务区内的移动台的呼叫进行接续和控制，是数字蜂窝网的核心。除具有固定交换机所有的呼叫接续功能外，还具有无线资源管理和移动特性管理等功能。同时是 PLMN 与固定网之间的接口设备。

② 归属位置寄存器（Home Location Register, HLR）。HLR 是负责移动用户管理的数据库。它存储所有管辖用户的签约数据及移动用户的位置信息（如移动台漫游号码、VLR 地址等），可为建立至某移动用户的呼叫提供路由信息。

③ 访问位置寄存器（Visitor Location Register, VLR）。VLR 是存储用户位置信息的动态数据库，其中包含有所管辖区域内出现的移动用户的数据，以及处理呼叫建立或接收呼叫所需的信息。

④ 设备标识寄存器（Equipment Identity Register, EIR）。EIR 是存储有关移动台的国际移动设备识别码（IMEI）的数据库，用于确保网络内移动设备的唯一性和安全性。

⑤ 认证中心（Authentication Center, AUC）。AUC 存储鉴权算法和加密密钥，用来防止无权用户接入系统和保证通过无线接口的移动用户通信的安全。

⑥ 操作维护中心（Operation and Maintenance Center, OMC）。OMC 是网络操作者对全网进行监视和操作的功能实体。也可以把 OMC 称为操作支持子系统（Operation Support Subsystem, OSS）。

2.3.3 组网技术

移动通信组网涉及的技术问题大致可分为网络结构、网络接口和网络的控制与管理等几个方面。

2.3.3.1 网络结构

在通信网络的总体规划和设计中，必须解决的一个问题是：为了满足运行环境、业务类型、用户数量和覆盖范围等要求，通信网络应该设置哪些基本组成部分和这些组成部分应该怎样部署，才能构成一种实用的网络结构。

数字蜂窝移动通信系统的网络结构的组成部分为：移动交换中心（MSC）、基站分系统（BSS）〔含基站控制器（BSC）、基站收发信台（BTS）〕、移动台（MS）、归属位置寄存器（HLR）、认证中心（AUC）和操作维护中心（OMC）〕。网络通过移动交换中心（MSC）还与其他移动网、PSTN、智能网、宽带网、Internet 及专用网连接。

2.3.3.2 网络接口

如前所述，移动通信网络由若干基本部分（或称功能实体）组成。在这些功能实体进行网络部署时，为了相互之间交换信息，有关功能实体之间都要用接口进行连接，同一通信网络的接口，必须符合统一的接口规范。蜂窝系统所用的各种接口如图 2.18 所示。

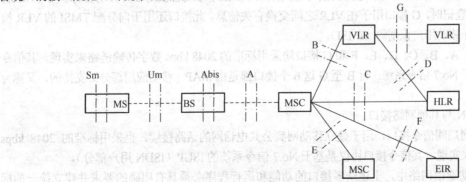

图 2.18　蜂窝系统所用的接口

各接口的主要功能如下。

（1）人机接口（Sm 接口）。Sm 是用户与移动网之间的接口，在移动设备中包括键盘、液晶显示及实现用户身份卡识别功能的部件。

（2）移动台与基站之间的接口（Um 接口）。Um 是移动台与基站收发信机之间的无线接口，是移动通信网的主要接口，其包含信令接口和物理接口两方面的含义。无线接口的不同是不同数字移动网的主要区别之一，即不同数字移动网选用的无线接口标准不同。

（3）基站控制器（BSC）与基站收发台（BTS）之间的接口（Abis 接口）。基站系统包括 BSC 与 BTS 两部分。BSC 与 BTS 之间的 Abis 接口支持所有用户提供的服务，并支持对 BTS 无线设备的控制和对无线资源的分配。

（4）基站控制器（BSC）与移动交换中心（MSC）之间的接口（A 接口）。A 接口是网络中的重要接口，因为 A 接口连接着系统的两个重要组成部分：基站和移动交换中心。此接口所传递的信息主要有：基站管理、呼叫处理与移动特性管理等。

（5）移动交换中心（MSC）与访问位置寄存器（VLR）之间的接口（B 接口）。VLR 是移动台在相应 MSC 控制区域内进行漫游时的定位和管理数据库。每当 MSC 需要知道某个移动台的当前位置时，就查询 VLR。当移动台启动与某个 MSC 有关的位置更新程序时，MSC 就会通知存储着有关信息的 VLR。同样，当用户使用特殊的附加业务或改变相关的业务信息时，MSC 也通知 VLR。需要时，相应的 HLR 也要更新。

（6）移动交换中心（MSC）与归属位置寄存器（HLR）之间的接口（C 接口）。C 接口用于传递管理与路由选择的信息。呼叫结束时，相应的 MSC 向 HLR 发送计费信息。

（7）归属位置寄存器（HLR）与访问位置寄存器（VLR）之间的接口（D 接口）。D 接口用于有关移动台位置和用户管理的信息交换。为支持移动用户在整个服务区内发起或接收呼叫，两个位置寄存器间必须交换数据。VLR 通知 HLR 某个归属自己的移动台的当前位置，并提供该移动台的漫游号码；HLR 向 VLR 发送支持对该移动台服务所需要的所有数据。当移动台漫游到另一个 VLR 服务区时，HLR 应通知原先为此移动台服务的 VLR 以消除有关信息。当移动台使用附加业务，或者用户要求改变某些参数时，也要用 D 接口交换信息。

（8）移动交换中心（MSC）之间的接口（E 接口）。E 接口主要用于 MSC 之间交换有关越区切换的信息。当移动台在通话过程中从一个 MSC 服务区移动至另一个 MSC 服务区时，为维持连续通话，就要进行越区切换。此时，相应的 MSC 之间通过 E 接口交换在切换过程中所需的信息。

（9）移动交换中心（MSC）与设备标志寄存器（EIR）之间的接口（F 接口）。F 接口用于在 MSC 与 EIR 之间交换有关移动设备管理的信息，例如国际移动用户识别码（IMSI）等。

（10）访问位置寄存器（VLR）之间的接口（G 接口）。当某个移动台使用临时移动台标识号（TMSI）在新的 VLR 中登记时，G 接口用于在 VLR 之间交换有关信息。此接口还用于向分配 TMSI 的 VLR 检索此用户的国际移动用户识别码（IMSI）。

上述 Abis、A、B、C、D、E、F 和 G 接口均采用标准的 2048 kbps 数字传输链路来实现，其信令接口协议均基于 No.7 信令系统。自 B 至 G 这 6 个接口都是由 MAP（移动应用部分）支持的，又称为 MAP 接口。

（11）PLMN 与其他网络接口

常规电话网局间信令接口，用于建立移动网到公共电话网的话路接续。也采用标准的 2048 kbps 数字传输链路来实现，其信令接口协议是基于 No.7 信令系统的 ISUP（ISDN 用户部分）。

在一个移动通信网络中，上述众多接口的功能和运行程序必须具有明确的要求并建立统一的标准，这就是接口规范。只要遵守接口规范，无论哪一厂家生产的设备都可以用来组网，而不必限制这些设备在开发和生产中采用何种技术。显然，这为厂家的大规模生产和不断进行设备的改进提供了方便。

　　在一个地区或国家中，常常会设置多个移动通信网络，为了使移动用户能在更大的范围内实现漫游，不同网络之间应实现互联。若两个网络的技术规范相同，则二者可通过 MSC 直接互联；若两个网络的技术规范不同，则需设立中间接口设备实现互联。

2.3.3.3　网络的控制与管理

　　无论何时，当某一移动用户在接入信道向另一移动用户或有线用户发起呼叫，或者某一有线用户呼叫移动用户时，移动通信网络就要按照预定的程序开始运转，这一过程会涉及网络的各个功能部件，包括基站、移动台、移动交换中心、各种数据库及网络的各个接口等；网络要为用户呼叫配置所需的控制信道和业务信道，指定和控制发射机的功率，进行设备和用户的识别和鉴权，完成无线链路和地面线路的连接和交换，最终在主呼用户和被呼用户之间建立起通信链路，提供通信服务。这一过程称为呼叫接续过程，即移动通信系统的连接控制（或管理）功能。

　　当移动用户从一个位置区漫游到另一个位置区时，网络中的有关位置寄存器要随之对移动台的位置信息进行登记、修改或删除。如果移动台是在通信过程中越区的，网络要在不影响用户通信的情况下，控制该移动台进行越区切换，其中包括判定新的服务基台、指配新的频率或信道，以及更换原有地面线路等程序。这种功能是移动通信系统的移动管理功能。

　　在移动通信网络中，重要的管理功能还有无线资源管理。无线资源管理的目标是在保证通信质量的条件下，尽可能提高通信系统的频谱利用率的通信容量。为了适应传输环境、网络结构和通信路由的变化，有效的办法是采用动态信道分配（DCA）法，即根据当前用户周围的业务分布和干扰状态，选择最佳的（无冲突或干扰最小）信道，分配给通信用户使用。显然，这一过程既要在用户的常规呼叫时完成，也要在用户越区切换的通信过程中迅速完成。

　　上述控制和管理功能均由网络系统的整体操作实现，每一过程均涉及各个功能实体的相互支持和协调配合。为此，网络系统必须为这些功能实体规定明确的操作程序、控制规程和信令格式。

2.3.4　我国数字移动电话网网络结构

　　我国数字移动电话网网络结构由业务网（话路网）和信令网组成。其中的业务网又由移动业务本地网、省内网（省内数字移动通信网）和全国网（全国数字移动通信网）组成。

2.3.4.1　业务网

（1）移动业务本地网网络结构（见图 2.19）。

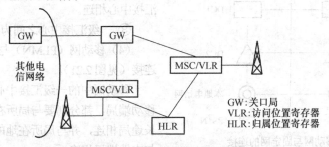

图 2.19　移动业务本地网

① 全国划分为若干移动业务本地网，原则上以固定电话网的一个长途编号区为单位建立移动业务本地网，每个移动业务本地网中应相应地设立一个 HLR（归属位置登记器，必要时可增设 HLR），

用于存储归属该移动业务本地网的所有用户的有关数据。每个移动业务本地网中可设一个或若干移动业务交换中心 MSC（移动端局），每个 MSC 区可划分成若干蜂窝式小区。

② 随着通信技术的发展和市场的逐步开放，电信网络运营成多样化的趋势。不同的运营商（中国移动、中国联通、中国电信等），不同种类的通信网（固定网、数字移动网 GSM/GRPS、CDMA 网、ISDN 网、IP 网）陆续出现。随着网络规模的逐渐扩大，为实现不同网络间的互联互通，方便不同网络间互通业务结算的问题，各个电信网络均需设立关口局。

在移动业务本地网中，设立关口局（GW）的目的，主要是完成网间各种业务的互联互通、网间结算等功能。可以选择一个或两个 MSC 兼做 GW，也可以设置独立的 GW。

（2）省内网（见图 2.20）。

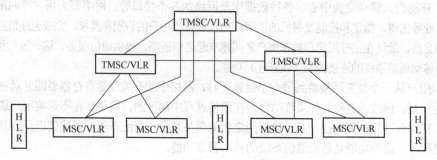

图 2.20　移动业务省内网

① 省内的移动通信网由省内的各移动业务本地网构成，省内设若干移动业务汇接中心（也称二级汇接中心）。根据业务量的大小，二级汇接中心可以是单独设置的汇接中心（即不带用户，没有 VLR，没有至基站的接口，只做汇接），也可以是既作为移动端局（与基站相连，可带用户），又作为汇接中心和移动交换中心。

② 省内移动通信网中的每一个移动端局，至少应与省内两个二级汇接中心相连。

③ 省内的二级汇接中心之间为网状网。

④ 任意两个 MSC 之间若有较大业务时，可建立话音专线。

⑤ 在建网初期，为节约投资，可先设一个二级汇接中心，每个 MSC 以单星形结构与汇接中心相连，以后逐步过渡。

（3）全国网。

① 在大区设立一级移动业务汇接中心，通常为单独设置的移动业务汇接中心。

② 各省的二级汇接中心应与其相应的一级汇接中心相连。

③ 一级汇接中心之间为网状网。

（4）移动网（PLMN）与固定网（PSTN）的连接（见图 2.21）。

移动网中的一级汇接中心、二级汇接中心和移动端局，都分别要与局所在地的固定电话网的长途局相连，并与局所在地的汇接局相连，亦可与本地端局相连。

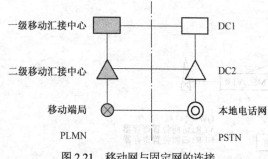

图 2.21　移动网与固定网的连接

2.3.4.2　信令网

目前是独立的 No.7 信令网，采用三级结构，即 HSTP、LSTP 和 SP。

2.3.5　3G 核心网

　　尽管在 GSM 时代话音仍然在移动通信业务中占据统治地位，但随着技术的发展，加之市场需求的变化和刺激，数据增值业务已快速增长。因此，核心网的主要功能已经不能仅仅局限于只提供话音交换功能了，在 2G 后，一个逐步完善的移动网络架构如图 2.22 所示。此时，核心网被分成两大主要功能模块：CS 域，又称电路交换系统，处理话音通信等低速业务，主要包括 MSC 和 GMSC；PS 域，又称分组交换系统，提供上网功能，包括网关 GPRS 支撑节点（GGSN）和 GPRS 支撑节点（SGSN）。除 CS 和 PS 之外，核心网还包含 HLR、EIR 和 AUC 等设备，用于处理用户登记数据和提供安全功能。

　　3G 网络相对于 2G 网络的区别仅仅体现在无线部分，而在核心网方面，2G 网络可以顺利实现向 3G 网络的平滑演进。尽管理论上说 3G 网络可以在保留原有 2G 核心网的基础上，以重新布设无线网的方法实现组网，但在 3G 时代来临后，移动通信网所支持的数据增值业务变得更加丰富多样，核心网中 PS 部分的比重不断增大。为了更好协调 CS 部分与 PS 部分之间的工作，3G 网络的核心网部分也开始演进升级。

　　通用移动通信系统（UMTS）是国际标准化组织第三代合作伙伴计划（3GPP）制定的全球 3G 标准之一。作为一个完整的 3G 移动通信技术标准，UMTS 并不仅限于定义了空中接口，主体还包括 CDMA 接入网络和分组化的核心网络等一系列规范和接口协议。除 WCDMA 作为首选空中接口技术获得不断完善外，UMTS 还相继引入了 TD-SCDMA 和 HSDPA 技术。TD-SCDMA 网络的规范是按照 R99→R4→R5 阶段演进的。

　　移动核心网正在向分组网过渡，最终目标是将包括话音业务在内的全部业务都过渡到分组网中。在 GSM 系统中，话音业务与传统的固定电话一样，是通过 MSC 进行电路交换的。而 TD-SCDMA 移动网络逐步从电路交换话音传送向分组话音传送过渡，并最终实现以分组形式在核心网上传送话音。

　　移动核心网向分组网演进的过程中，使用了基于软交换的体系结构来实现对分组功能的支持。在软交换结构中，原有的 MSC 被分解为媒体网关（MGW）和移动交换服务器（MSS）。这种网元实体上的变化可以清晰地从基于 R4 的 UMTS 网络结构中发现，如图 2.23 所示。R99 中的 MSC 到 R4 阶段被分成了 MGW 和 MSC Server（MSS）。传统的电路交换将控制和交换功能均集中于 MSC，而软交换将控制功能集中于 MSS，交换功能分布于 MGW。

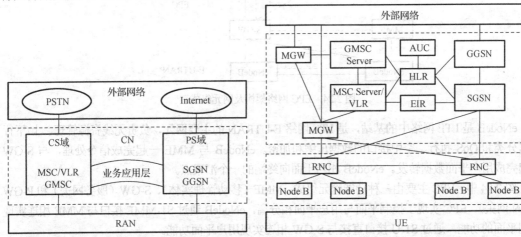

图 2.22　逐步完善的移动网络结构示意图　　　　　图 2.23　基于 R4 的 UMTS 网络结构

　　MSS（包括 GMSC Server）独立于底层承载协议，主要完成呼叫控制、媒体网关接入控制、移动性管理、资源分配、协议处理、路由选择、认证、计费等功能，并向用户提供 3GPP R4 阶段的核心网

CS 域所能提供的业务，以及配合智能 SCP 提供多样化的第三方业务。与 MSC 类似，MSS 通常也包含一个 VLR。

MGW 负责业务的承载，并通过 Iu 接口连接 RAN 和核心网。MGW 可以终接电路交换网络的承载信道和分组交换网络的媒体流。在 Iu 接口上，MGW 支持媒体转化、承载控制和有效载荷处理等功能。MGW 提供用于支持 UMTS/GSM 传输媒体的必要资源，MGW 承载控制和有效载荷处理能力支持特定的移动功能。

在 UMTS R4 网络中 MSS 是控制层面的，MGW 是承载层面的。MSS 主要负责信令交互的相关工作，而 MGW 则负责话路，即用户层面的工作。R4 网络的主要特点是控制面（信令）和用户面（话音）相分离。

从 UMTS R4 到 R5 版本，又增加了 IP 多媒体子系统（IMS），实现在 IP 上的话音、数据、多媒体等业务的提供，使得运营商可以借助于 IP 的应用服务器向用户提供更灵活和更丰富的业务。

2.3.6　4G 核心网

系统架构演进（SAE，System Architecture Evolution）是 PS 网络核心网网络架构向 4G 演进的工作项目。长期演进（LTE，Long Term Evolution）是无线接口部分向 4G 演进的工作项目，SAE 和 LTE 研究的对象分别为 EPC 和 E-UTRAN。EPC 是演进的分组核心网（Evolved Packet Core），即 4G 核心网。E-UTRAN 是演进的 UMTS 陆地无线接入网（Evolved UMTS Terrestrial Radio Access Network），是 3GPP 4G 的空中接口部分。

由于整个通信业，特别是终端行业，在宣传 4G 网络时往往用 LTE 来指代 4G，造成 LTE 这个词成了整个 4G 网络的代名词。

4G 的 EPC 网络架构如图 2.24 所示，主要由 E-UTRAN 和 EPC 组成。E-UTRAN 来处理用户终端到 eNodeB 的无线接入，EPC 作用于终端对核心网的接入附着及承载控制。UE（用户终端）、E-UTRAN 和 EPC 又可合称为 EPS（移动分组核心系统）。

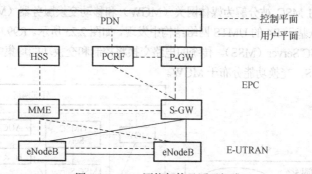

图 2.24　EPC 网络架构及网元组成

eNodeB 是 LTE 网络中的基站，是 LTE 网络 E-UTRAN 的主要网元，负责无线资源管理、上/下行数据分类和 QoS 执行、空中接口的数据压缩和加密。eNodeB 与 MME 一起完成信令处理，与 S-GW 一起完成用户平面数据转发。eNodeB 相当于面向终端的一个汇聚点。

图 2.24 中，EPC 主要由三种功能网元组成：MME（移动管理实体）、S-GW（服务网关）和 P-GW（PDN 网关）。EPC 实现了控制平面与用户平面相分离，eNodeB 通过 S1-MME 接口与 MME 相连实现控制平面的功能，通过 S1-U 接口直接与 S-GW 相连实现用户平面功能。

MME 是 EPC 中唯一的控制平面核心设备，其主要功能有：接入控制、移动性管理、会话管理、网元选择、信息存储、业务连续性、合法监听。

S-GW 是用户平面设备，每个接入到 E-UTRAN 的 UE，每次只能由一个 S-GW 为之服务，其主要功能有：会话管理、路由选择和数据转发功能、QoS 控制、计费信息搜集。

P-GW 位于用户平面，是面向 PDN（如 IMS、Internet）终结于 SGi 接口的网关。在 EPC 网络中，P-GW 既可为通过 E-UTRAN 接入的 LTE 用户提供 PDN 链接，也可以为通过如 UTRAN 接入的 2G/3G 用户提供 PDN 连接，甚至可以为通过非 3GPP 接入（如 WLAN、Wimax）的 UE 提供 PDN 连接。EPC 允许 UE 同时访问多个 PDN，此时 UE 将对应多个 P-GW。其主要功能有：UE 的 IP 地址分配、PCRF 的选择、会话管理、路由选择和数据转发功能、QoS 控制、计费信息搜集、策略和计费执行功能。

S-GW 和 P-GW 通常是物理网元合一部署，被称为 SAE-GW。

HSS（归属用户服务器）是用于存储用户签约信息的数据库，一般归属网络包括一个或者多个 HSS，一个 HSS 网元可以同时服务于 LTE 网络、2G/3G 网络以及 IMS 网络。主要功能有：用户签约数据管理、用户位置信息管理、用户安全信息管理、静态 IP 地址分配信息。

PCRF（策略计费控制单元）是 EPC 中策略与计费控制机制得以实现的一个最重要的网元，可以对用户和业务态 QoS 服务质量进行控制，为用户提供差异化的服务。并且能为用户提供业务流承载资源保障以及流计费策略，真正让运营商实现基于业务和用户分类的更精细化的业务控制和计费方式，以合理利用网络资源，为分组域开展多媒体实时业务提供了可靠的保障。PCRF 是服务数据流和 IP 承载资源的策略与计费控制策略点，它为策略控制与计费执行单元选择及提供可用的策略和计费控制策略。实现业务数据流检测、门限控制、QoS 控制以及基于流的计费。

在 4G 时代，LTE 的 EPC 部分向架构扁平化、承载控制分离、全 IP 组网的形态演进。网络架构扁平化，无线接入部分从 3G 时的 RNC 与 NodeB 两个设备演进为 eNodeB 一个节点，用户平面在核心网网络部分只经过 SAE-GW 一个节点（不再经过 MME）。承载控制分离，MME 只处理信令相关流程，完成控制平面功能。全 IP 组网，整个移动数据网络除空中接口部分外的其他接口均已实现 IP 化、分组化。

2.3.7　5G 核心网架构

目前，5G 的网络架构还未成型，但全球各标准对 5G 架构的需求已经达成一些共识，灵活、高效、支持多样业务、实现网络即服务是 5G 架构设计的目标。

4G 的 EPC 核心网架构主要面向传统的话言和数据业务模型，对新 OTT 业务、物联网业务等难以适配。另外，EPC 网元没有全局的网络和用户信息，无法对网络进行动态的智能调整或快速的业务部署。未来新型网络技术中的 SDN（Software Defined Network，软件定义网络）和 NFV（Network Function Virtualization，网络虚拟化）等与 4G 核心网融合，将满足移动核心网发展的新需求。

为解决传统网络架构控制和转发一体的封闭架构而造成难以进行网络技术创新的问题，2007 年提出了 SDN 的基本思想：将路由器/交换机中的路由决策等控制功能分离出来，统一由集中的控制器进行控制，从而实现控制与转发的分离。

回顾核心网的发展史都是围绕着控制、承载和业务的分分合合。当前 4G 移动分组网，尽管部分控制功能分离出来了，但分组网关依然采用紧耦合架构，这样当控制功能集中而分组网关下沉时，将带来信令的长距离交互。未来 5G 核心网的演进和 SDN 的一脉相承，通过分组网的功能重构，进一步进行控制与承载分离，将网关的控制功能进一步集中化，可以简化转发面的设计，实现网络功能组合的全局灵活调度，包括移动性管理、流量处理能力，进而实现网络功能及资源管理和调度的最优化。

SDN/NFV Based 5G 网络架构包括三层：基础设施层、网络控制平台、各类应用及服务层。底层是基础设施层，主要是为核心网络和无线接入网提供数据传输支持。中间层是网络控制平台 5G 核心网的控制平面中，集中式网络控制负责把网络分离后的流量分配给转发平面的网元，控制功能集中化可以获取全局拓扑、实现无隧道、与接入技术无关，实现无固定锚点、可优化路由、拓扑感知、路由决策和协议等功能。

　　5G 核心网的控制面集中化，实现软件和硬件的解耦，使网络能够根据网络状态和业务特征等信息，实现灵活细致的数据流路由控制。通过利用 IT 虚拟化技术，可以将核心网设备迁移到高性能服务器，将核心网网元功能从专用硬件移植到通用虚拟机平台。

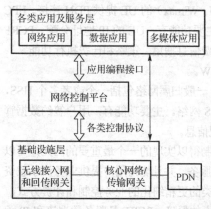

图 2.25　SDN/NFV Based 5G 网络架构

　　ETSI 提出的通用 NFV 网络架构包括：虚拟化资源架构层、虚拟化网络功能层、OSS/BSS 及协同层、NFV 管理和编排功能层。其中 NFV 管理和编排是整个 NFV 的核心，当前 NFV 的解决方案大多是采用云计算和虚拟化技术，将传统的网元部署到虚拟机上，实现对硬件资源更高效的利用。

　　SDN 的控制和转发分离、集中控制的理念，NFV 的虚拟化思想将对 5G 网络架构的设计及网元形态产生重大影响，必将重塑 5G 网络系统。典型的 SDN/NFV Based 5G 网络架构示意图如图 2.25 所示。

　　网络架构包含三层。底层是基础设施层，主要为核心网络和无线接入网提供数据传输支持。中间层是网络控制平台，是整个网络架构的核心，其为上层的各类应用服务，执行面向应用的网络控制功能，可以灵活地配置和管理底层网络的各种资源。上层是各类应用及服务。

　　SDN/NFV 位于网络控制平台，关键的功能是由编排器实现的。通过软件平台配置数据处理功能、组建和操作参数实现网络功能的编排，虚拟化的网络功能组件将底层硬件设备的需求/请求上报/转发给编排器，编排器再对相关的网络资源进行准备、调度和分配处理，可以做到全局最优。

　　目前，SDN/NFV Based 5G 网络架构尚未形成统一的标准，5G 中异构网络将会在一段时期内并存，如何实现新架构和传统网络的兼容，如何规范编程接口，如何发现灵活有效的控制策略，将是 5G 面临的挑战。

2.4　数字移动通信网的编号

1. 移动用户的 ISDN 号码（Mobile Subscriber Integrated Services Digital Network-Number，MSISDN）

　　ISDN 号码是指主叫用户为呼叫数字移动通信网中用户所拨的号码（相当于电话号码）。号码结构如图 2.26 所示。

CC：国家码；NDC：国内网络接入号码；SN：移动用户号码

图 2.26　移动用户 ISDN 号码的结构

　　（1）国家（地区）码（Country Code, CC）：由国际电联管理的用来标识国家或特定地区的代码。如我国的国家码是 86。

　　（2）国内网络接入号码（National Destination Code, NDC）：简称网号，标记一个网路的号码，在号码结构中位于国家号码后面。如 139 为中国移动 GSM 的网号、130 为中国联通 GSM 的网号、133 为中国电信 CDMA 的网号。

　　（3）移动用户号码（Subscriber Number, SN）：具体标识一个用户的号码，采用等长 8 位编号。其中 $H_0H_1H_2H_3$ 为 HLR 的标识码，ABCD 为用户码。

所以国内有效移动用户 MSISDN 号码为一个 11 位数字的等长号码，即 $139H_0H_1H_2H_3$ ABCD。

MSISDN 的前面部分 CC + NDC + $H_0H_1H_2H_3$ 就是用户所属 HLR 的地址。这样在入口移动交换中心（GMSC）查询 HLR 时，可直接利用 MSISDN 进行信令连接与控制部分（SCCP）的寻址。

2. 移动用户漫游号码（Mobile Subscriber Roaming Number, MSRN）

MSRN 是当呼叫一个移动用户时，为使网络进行路由选择，VLR 临时分配给移动用户的一个号码，其作用是供移动交换机路由选择用。MSRN 表示该用户目前路由或呼叫位置信息。

在公用电话网中，交换机是根据被叫号码中的长途区号和交换局号（PQR（S））判知被叫所在地点，从而选择中继路由的。固定电话网用户的位置和其号码簿号码有固定的对应关系，但是移动台的位置是不确定的，移动台的 MSISDN 中的 $H_0H_1H_2H_3$ 只反映它的原籍地。

被叫移动用户所归属的 HLR 知道该用户目前处于哪一个 MSC/VLR 业务区，为了提供给入口 MSC/VLR（GMSC）一个用于选路由的临时号码，HLR 请求被叫所在业务区的 MSC/VLR 给该被叫移动用户分配一个移动客户漫游号码（MSRN），并将此号码送至 HLR，HLR 收到后再发送给 GMSC，GMSC 根据此号码选路由，将呼叫接至被叫客户目前正在访问的 MSC/VLR 交换局。路由一旦建立，此号码就可立即释放。

MSRN 是系统预留的号码，一般不向用户公开，用户拨打 MSRN 号码将被拒绝。

3. 国际移动用户识别码（International Mobile Subscriber Identity, IMSI）

在数字移动通信网中，IMSI 能唯一地识别一个移动用户的号码，它由 15 位数字组成。国际移动用户识别码的结构如图 2.27 所示。

图 2.27　国际移动用户识别码的结构

号码由三部分组成：

（1）移动国家号码（Mobile Country Code, MCC）：由 3 个数字组成，唯一地识别移动用户所属的国家。中国为 460。

（2）移动网号（Mobile Network Code, MNC）：移动用户所属的 PLMN 网号，最多 2 位数字，识别移动用户所归属的移动通信网（PLMN）。如中国移动 GSM 移动通信网的 MNC 为 00，中国联通 GSM 移动通信网的 MNC 为 01。

（3）移动用户识别码（Mobile Subscriber Identification Number, MSIN）：唯一地识别国内的 GSM 移动通信网中的移动用户。

国内移动用户识别码（National Mobile Subscriber Identification, NMSI），由移动网号（MNC）与移动用户识别码（MSIN）组成。

每个移动台可以是多种移动业务的终端（如话音、数据等），相应地可以有多个号码簿号码 MSISDN，但是其 IMSI 号只有一个，移动网据此受理用户的通信或漫游请求，并对用户计费。IMSI 由电信经营部门在用户登记时写入移动台的 EPROM。当任一主叫按 MSISDN 拨叫某移动用户时，终接 MSC 将请求 HLR 或 VLR 将其翻译为 IMSI，然后用 IMSI 在无线信道上寻呼该移动台。

4. 临时移动用户识别码（Temporary Mobile Subscriber Identity, TMSI）

考虑到移动用户识别的安全性，数字移动通信系统提供保密措施，即在空中接口传递的识别码采用 TMSI 代替 IMSI。VLR 可给来访的移动用户分配一个唯一的 TMSI，在每次鉴权成功后分配此号码，每个移动用户的 IMSI 与 TMSI 是对应的，只在 VLR 的管辖区内有效。在呼叫建立和位置更新时可使用 TMSI。

TMSI 总长不超过 4 个字节，其结构可由各运营部门根据当地情况而定。

5. 国际移动设备识别码（International Mobile Equipment Identity, IMEI）

国际移动设备识别码的结构如图 2.28 所示，这是唯一标识移动台设备的号码，又称为移动台串号。

该号码由制造厂家永久性地置入移动台，用户和电信部门均无法改变。其作用是防止有人使用不合法的移动台进行呼叫。

IMEI 唯一识别移动台，是一个 15 位的十进制编码，它由四部分构成：

$$IMEI = TAC + FAC + SNR + SP$$

型号批准码（Type Approval Code, TAC）：6 位，由型号批准中心（Type Approval Authority）分配，其中前 2 位为国家码。只要是同一型号的移动台，前 6 位码一定是一样的，如果不一样，可能是冒牌货！

最后装配码（Final Assembly Code, FAC）：2 位，表示生产厂或最后装配地，由厂家编码。

序号码（Serial Number, SNR）：6 位，独立地、唯一地识别每个 TAC 和 FAC 移动设备，所以同一个牌子的同一型号的 SNR 是不可能一样的。

备用码（Spare, SP）：1 位，通常是 0。

根据需要，MSC 可以发指令要求所有的移动台在发送 IMSI 的同时发送其 IMEI，如果发现两者不匹配，则确定该移动台不合法，应禁止使用。在 EIR（设备身份登记器）中建有一张"非法 IMEI 号码表"，俗称"黑表"，用以禁止被盗移动台的使用。

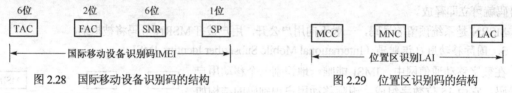

图 2.28　国际移动设备识别码的结构　　　　图 2.29　位置区识别码的结构

6．位置区识别码（Location Area Identity, LAI）

在检测位置更新和信道切换时，要使用 LAI。位置区是指移动台可任意移动而不需要进行位置更新的区域，它可由一个或若干小区组成，为了呼叫移动台，系统在一个位置区内所有基站同时发寻呼信号。

LAI 的组成如图 2.29 所示。

移动国家号码（MCC）：与 IMSI 中的 MCC 相同。

移动网号（MNC）：与 IMSI 中的 MNC 相同。

位置区码（Location Area Code, LAC）：用于识别移动通信网中的一个位置区，最多为 2 个字节长度的 16 位二进制编码，全部为 0 的编码不用于表示某个位置区。LAC 可由各运营部门自定。

7．全球小区识别码（Cell Global Identity, GCI）

CGI 是用来识别一个位置区内的小区，是在所有 GSM PLMN 中用来作为小区的唯一标识，是在位置区识别 LAI 的基础上再加上小区识别 CI 构成的。全球小区识别码的结构如图 2.30 所示。

小区识别码（Cell Identity, CI）：识别一个位置区内的小区，最多为 2 个字节长度的十六进制编码，可由各运营部门自定。

8．基站识别码（Base Station Identity Code, BSIC）

BSIC 用在移动台对于采用相同载频的相邻不同基站收发信台 BTS 的识别，特别用于区别在不同国家的边界地区采用相同载频的相邻不同 BTS。BSIC 为一个 6 比特编码，结构如图 2.31 所示。其组成如下：

网络色码（NCC）：3 比特，识别不同国家及不同运营部门。

基站色码（BCC）：3 比特，由运营部门设定。

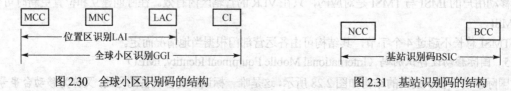

图 2.30　全球小区识别码的结构　　　　图 2.31　基站识别码的结构

9. MSC/VLR、HLR 识别码

MSC、HLR 识别码是在 No.7 信令消息中使用的，用来识别和寻址 MSC、HLR 的号码。

10. VLR 的越局切换号码（HOT）

切换号码 HOT 是在进行局间切换时为了选择路由，由目标 MSC/VLR 临时分配给移动用户使用的一个号码。

11. 语音信箱及短消息号码

语音信箱及短消息业务号码为统一编号，号码由运营部门确定。

12. 移动用户服务中心特服号码

由电信主管部门分配的特服号码。

13. 拨号程序

移动——→固定：	0XY（Z）PQR（S）ABCD
移动——→移动：	$1M_0M_1H_0H_1H_2H_3ABCD$
固定——→本地移动：	$1M_0M_1H_0H_1H_2H_3ABCD$
固定——→外地移动：	$01M_0M_1H_0H_1H_2H_3ABCD$
移动——→特服业务：	$0XYZX_1X_2X_3$
移动——→火警：	119
移动——→匪警：	110
移动——→急救中心：	120

思考题

2.1 用户交换机进入市内电话网有哪几种方式？

2.2 本地电话网是怎样定义的？

2.3 我国长途电话网路由选择的基本原则是什么？

2.4 话务量的定义是什么？其单位是什么？

2.5 描述话务量 A、呼损 P 和线群出线数 V 三者之间的关系。

2.6 电话网的编号原则是什么？

2.7 移动通信的体制根据其服务区域覆盖方式可分为哪几类？

2.8 移动通信系统的组成主要包括哪些？

2.9 移动通信组网涉及的主要技术问题大致有哪几个方面？

2.10 移动业务网由哪几部分组成？

2.11 4G 的 EPC 网络架构主要由哪几部分组成？

第 3 章　电信支撑网

各种通信网本身及通信网之间在一定的技术和条件下实现互联互通后，如何才能使全网及网间能够进行正常沟通、协调控制、维护管理？信令网、同步网、管理网就是实现这些功能的支撑网络。这三个支撑网络从三个不同的方面支撑着各种通信网络的协调、正常运行，是现代通信网的重要组成部分，也通信工程设计必需的内容之一。

3.1　信　令　网

3.1.1　No.7 信令系统

3.1.1.1　No.7 信令产生背景及其基本特征

在 1976 年至 1980 年的研究期内，ITU-T 提出了有关电话网和电路交换数据网应用 No.7 信令的建议（1980 年黄皮书）。在 1980 年至 1984 年的研究期内，又在黄皮书的基础上，进行了综合业务数字网和开放智能网业务的研究。1984 年形成了 No.7 信令系统红皮书建议，截至 1988 年的蓝皮书建议，基本上完成了消息传递部分（MTP）、电话用户部分（TUP）和信令网的监视与测量三部分的研究，并在 ISDN 用户部分（ISUP）、信号连接控制部分（SCCP）和事务处理能力（TC）三个重要领域取得了很大进展，基本可以满足开放 ISDN 基本业务和部分用户补充业务的需要。1993 年的白皮书继续对 ISUP、SCCP、TC 做了深入的研究。

我国于 1984 年制定了第一个 No.7 信令技术规范，经过几年的实践，修改后，于 1990 年经原邮电部批准发布执行《中国国内电话网 No.7 信号方式技术规范》，1993 年发布了《No.7 信令网技术体制》，1998 年经修改后又再次发布了《No.7 信令网技术体制》。

No.7 信令主要用于以下方面：

（1）电话网的局间信令。

（2）电路交换数据网的局间信令。

（3）ISDN 的局间信令。

（4）各种运行、管理和维护中心的信息传递业务。

（5）移动通信。

（6）PABX 的应用。

为了使 No.7 信令满足多种业务的需要，在使用中适应性强，No.7 信令有如下三个特点。

（1）功能模块化

由于国际上许多国家都是首先发展数字电话网，然后再逐步向综合业务数字网过渡的，因此 No.7 信令应当可以在国际和国内的电话网、数据网和 ISDN 同时并存时使用。为此，No.7 信令采用了功能模块化结构，如图 3.1 所示。

No.7 信令系统的基本功能结构由消息传递部分（Message Transfer Part, MTP）和多个不同的用户部分（User Part, UP）组成。消息传递部分的主要功能是作为一个消息传递系统，为正在通信的用户功能之间提供信令消息的可靠传递。MTP 只负责消息的传递，不负责消息内容的检查和解释。用户部分是指使用消息传递部分传送能力的功能实体，是为各种不同电信业务应用设计的功能模块，负责信令消息的生成、语法检查、语义分析和信令控制过程。不同的用户部分体现了 No.7 信令系统对不同应用的适应性和可扩充性。这里的"用户"一词指的是任何 UP 都是公共的 MTP 的使用者，都要用到 MTP 传递功能的支持。上述各种功能模块具有一定的联系，但又相互独立，某一功能模块的改变并不明显影响其他功能模块，各国可以根据本国通信网的实际情况，选择相应的功能模块组成一个实用的系统。采用功能模块的结构，也有利于 No.7 信令的功能扩充，例如在 1984 年新引入的信号连接控制部分（SCCP）和事务处理能力（TC），使得 No.7 信令在原来的基本结构的基础上，很方便地满足了移动电话运行、管理、维护和智能网（IN）的要求。

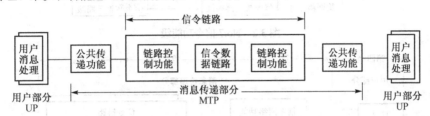

图 3.1 No.7 信令的功能模块化结构

（2）通用性概念

No.7 信令在各种特定应用中也都包含了可以任选的功能，以满足国际和国内通信网的不同要求。一方面，国际网的信号应当尽可能在国内网中使用；另一方面，由于各个国家的国内通信网的业务特点不同，应当允许根据其应用特点选用 ITU-T 建议的功能。

（3）消息传递功能的改进

No.7 信令采用了新的差错控制方法，从而克服了六号信令可能出现的消息传递顺序差错或丢失的问题。因此，No.7 信令既可以很好地完成电话、数据等有关呼叫建立、监视和释放的信号传递，也可以作为一个可靠的消息传递系统，在通信网的交换局和各种特种服务中心间（运行、管理维护中心和业务控制点等）进行各种数据信息的传递。MTP 的功能是提供一个可靠的传递系统，保证两个不同地点对应 UP 之间传送的信令消息无差错、不丢失、不错序、不重复。

由于 No.7 信令是一个具有许多功能的复杂系统，因而有一个发展完善的过程。就我国的情况而言，在使用 No.7 信令的过程中遇到的一大困难是，不同制式交换机互通 No.7 信令时的配合。这是因为我国的数字交换设备制式繁多，各制式交换机参照 No.7 信令规范的版本不尽相同，对规范的理解也有所不同，使得不同制式的交换机之间互通存在一些问题。

3.1.1.2 No.7 信令系统的功能结构

No.7 信令系统分为两个部分、四个功能级。两个部分为消息传递部分（MTP）和用户部分（UP），其中 MTP 分为三级，UP 为第四级。UP 中有各个并行的功能单元，如图 3.2 和图 3.3 所示。

这里的"级"是英文 Level，与 OSI 参考模型中的"层"（Layer）是不同的。

从图 3.2 和图 3.3 可以看出，消息传递部分（MTP）包括三个功能级：第一级为信令数据链路功能级，第二级为信令链路功能级，第三级为信令网功能级；用户部分（UP）主要包括电话用户部分（TUP）、数据用户部分（DUP）和 ISDN 用户部分（ISDN-UP）等。各功能级的主要功能如下。

（1）第一级——信令数据链路功能

第一级定义了信令数据链路的物理、电气和功能特性及链路接入方法。这时，两个信道传输方向相反，在采用数字传输设备的情况下，通常采用 64 kbps 的数字信道，这也是 No.7 信令系统的最佳传送速率。原则上可利用 PCM 系统中的任一时隙作为信令数据链路。实际系统中，常常在 PCM 一次群中首先选用 TS16 作为信令数据链路。这个时隙可以通过交换网络的半固定连接和信令终端相接。

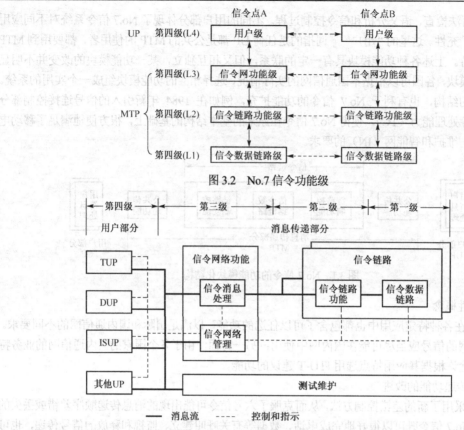

图 3.2　No.7 信令功能级

图 3.3　No.7 信令系统的四级功能结构

　　一般情况下，信令链路还要通过复用设备和其他话路信道复用后，经由物理传输媒体连接至对端。数字交换机中的数字中继电路就可以完成这一复用功能。

　　第一级涉及 No.7 信令的信息载体，而这个信息载体可以是多种多样的，如光纤、PCM 传输线、数字微波等，但是第一级的功能规范并不涉及具体的传输媒体，它只是规定传输速率、接入方式等信令链路的一般特性要求。实际采用的传输媒体的电特性、误差特性、可利用度等指标仍由相应的 ITU G系列建议规定。

　　另外需要注意，信令数据链路的一个十分重要的特性是链路应该是透明的。所谓"透明"，是指某一个实际存在的事物看起来却好像不存在一样。链路透明是指"透明地传送比特流"，也就是比特流经该链路传输后没有发生任何变化，这个电路对该比特流来说是透明的。因此，在信令链路中不能接入回声抑制器、数字衰减器、A/μ 律变换器等设备。

　　（2）第二级——信令链路功能

　　第二级定义信令消息沿信令数据链路传送的功能和过程，它和第一级一起为两信令点之间的消息传送提供了一条可靠的链路。在 No.7 信令系统中，信令消息是以不等长的信号单元的形式传送的。

　　第二级的功能包括如下几个方面。

　　① 信号单元的定界和定位。

　　② 信号单元的差错检测。

　　③ 通过重发机制实现信号单元的差错校正。

　　④ 通过信号单元差错率监视检测信令链路故障。

⑤ 故障信令链路的恢复过程。

⑥ 信令链路流量控制。

（3）第三级——信令网功能

第三级定义关于信令网操作和管理的功能与过程。这些过程独立于各个信令链路，是各个信令链路操作公共的控制过程。第三级功能由两部分组成。

① 信令消息处理（Signaling Message Handing, SMH）功能

其作用是当本节点为消息的目的地点时，将消息送往指定的用户部分；当本节点为消息的转接点时，将消息转送至预先确定的信令链路。该功能又可分为如下三个子功能：

● 消息鉴别：确定本节点是否为消息的目的地点。

● 消息分配：将消息分配至指定的用户部分。

● 消息路由：根据路由表将消息转发至相应的信令链路。

② 信令网管理（Signaling Network Management, SNM）功能

其作用是在信令网发生故障的情况下，根据预定数据和信令网状态信息调整消息路由和信令网设备配置，以保证消息传递不中断。这是 No.7 信令系统中最为复杂的一部分，也是直接影响消息传送可靠性的极为重要的一部分。信令网络管理功能又可进一步分为信令业务管理、信令链路管理和信令路由管理三个子功能。

由图 3.3 可见，第三级各个功能之间及与其他功能之间通过控制和指示信号交互联系。同时，MTP还包括必要的测试和维护功能，该功能和第三级的信令网络管理功能均需要与远端节点交换单独的信令信息，从这一点来看，这些功能犹如 MTP 的用户部分。

（4）第四级——用户部分

第四级由各种不同的用户部分组成，每个用户部分定义与某种电信业务有关的信令功能和过程。最常用的用户部分包括电话用户部分 TUP 和 ISDN 用户部分 ISUP。

3.1.1.3　No.7 信令系统和 OSI 分层结构的关系

由于数字交换和数字传输技术的发展，ITU-T 自 20 世纪 70 年代末开始开发 No.7 信令规范并提出一系列建议，其目标是为全球电信网络的各种电话业务和 ISDN 业务提供一个统一的、高效的、适应未来发展的信令系统。与此同时，由于计算机网络技术的发展，国际标准化组织（International Standardization Organization, ISO）自 1977 年以来致力于开放系统互连（Open System Interconnection, OSI）的研究开发工作，提出了计算机通信的 OSI 七层参考模型。虽然 No.7 信令和 OSI 模型基本上是同时被提出的，但是在很长时间内却互不相关，各自独立发展。No.7 信令的应用环境是电信网络，其主要着眼点是效率。OSI 模型的应用环境是分布式处理的数据通信网络，其主要着眼点是"开放"，这里的开放是指："符合这个参考模型和相应标准的任何两个系统，均可相互连接的这个能力"。也就是说，该系统对于符合这个参考模型以进行信息交换的任何计算机都是开放的。正因为如此，开始之初 No.7 信令系统就采用了紧凑的四级功能结构，其体系层次少，处理开销较小。这一结构虽能很好地满足电话网的要求，但本质上只是一个封闭的系统，因为其应用局限于电路交换业务，主要是实现全球电信网的互联。

随着通信和计算机两大领域的互相渗透及各种电信新业务的问世，电信网需要和许多智能数据终端相连，需要传送大量与电路无关的数据，包括各种复杂的网络管理和业务控制信息。这就要求信令系统具有更大的灵活性和开放性，能够适应计算机通信和电信网智能化发展的需要。因此，自 20 世纪 80 年代中期开始，ITU 在扩充 No.7 信令系统的过程中，充分考虑了 No.7 信令与 OSI 参考模型的一致性。新增设的功能模块均注意与 OSI 层次结构的对应，并且参照 OSI 结构预留了未来功能模块的位置。

按照 OSI 模型，任何两个网络节点间的通信协议可以划分为七层：物理层、数据链路层、网络层、运输层、会话层、表示层和应用层。每一层都具有特定的功能，相邻层的关系是：低层向高层提供服务，是高层的服务提供者；高层是低层的用户，由低层为其提供通信连接。No.7 信令系统在设计和实现上，考虑了和 OSI 模型的一致性。从图 3.4 可以看出，No.7 信令系统的第一级信令数据链路功能级和 OSI 的第一层物理层对应，该层的主要功能是确定互连两端的通信设备与物理电路相关的功能和特性；No.7 信令系统第二级信令链路功能级和 OSI 的第二层数据链路层对应，保证消息的可靠传输；No.7 信令系统的第三级信令网功能级和信令连接控制部分（SCCP）与 OSI 的第三层网络层对应，完成路由控制功能。TUP、ISUP 和 TCAP 对应于 OSI 的第七层应用层。

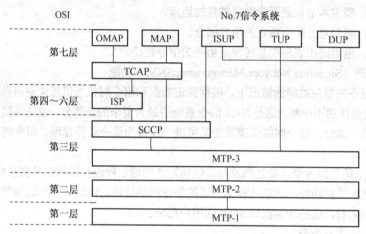

图 3.4　No.7 信令系统与 OSI 层次结构的对应关系

3.1.2　信令网

数字交换机的基本结构由两部分组成，一是接续网络，二是处理机，共路信令就是在处理机之间建立的数据链路上传送的。考虑到全国有许多数字交换机，也就有许多处理机，这些处理机之间都通过数据链路连接起来，这就形成了一个网，因为这个网专门用于传送信令，故称信令网。显然，有了共路信令才有信令网，但 ITU-T 建议的第一个信令系统是六号信令，是针对模拟电话网的，故现在已经被 No.7 信令所取代，通常所讲的信令网实际上是指 No.7 信令网，为简化起见，本书所说的信令网均指 No.7 信令网。

3.1.2.1　与信令网有关的术语和定义

源点：生成信令消息的起点，即源端用户部分所在点。

目的地点：信令消息发往的地点，即接收端用户部分所在点。

信令点（Signaling Point, SP）：配备有共路信令系统的通信网节点，信令点可以是信令消息的源点，也可以是信令消息的目的地点。通常信令点就是通信网中的交换或处理节点，例如交换局（电话交换局、电路交换的数据交换局和 ISDN 交换局）、各种专用服务中心 [如网络管理中心（NMC）、操作维护中心（OMC）、网络数据库等]。

信令转接点（Signaling Transfer Point, STP）：是将从某一信令链路上接收的消息转发至另一信令链路上去的信令转接中心。为与此区别，一般用缩写 SP 表示该信令点只是消息的端点（源点或目的地点），不具备信令转接功能。无 SP 功能的 STP 又称之为独立式（Stand-alone）STP，通常容量较大，即可以连接较多的信令链路；兼具 SP 功能的 STP 则称之为综合式（Integrated）STP，通常容量较小。

应当指出，信令点一词有时指 SP，而有时在某些资料中又是 SP 和 STP 的通称。因此，在阅读有关书籍时，应当通过上下文去体会"信令点"是指信令的端点，还是指信令端点和信令转接点的通称。

信令网：逻辑上独立于通信网、专门用于传送信令的网络，由信令点、信令转接点及用于互连信令点或信令转接点的信令链路组成。一般说来，在物理上信令网和通信网是融为一体的。

信令链路（Signaling Link, SL）：连接各个信令点、信令转接点而传送信令消息的物理链路。通常信令链路就是通信网中通信链路的一部分，它可以是透明的数字通路，也可以是高质量的模拟通路，可以是有线传输媒体，也可以是无线传输媒体。例如，光纤、PCM 中继线中的某一时隙，或卫星、数字微波中的某一波道。

信令链路组（Signaling Link Set）：直接互连两个信令点的一束平行的信令链路。

信令链路群（Signaling Link Group）：在同一信令链路组中具有相同物理特性（如相同传输速率）的一组信令链路。

信令关系（Signaling Relation）：若两个信令点的对应用户部分功能（如 No.7 信令的电话用户部分 TUP、ISDN 的用户部分 ISUP）有通信联系，则称这两个信令点之间存在信令关系。

信令传送方式（Signaling Mode）：信令消息传送路径和该消息所属信令关系之间的结合方式，也就是说，消息是经由怎样的路线由源点发送至目的地点的。在共路信令网中，规定有如下三种信令传送方式：

直连方式（Associated Mode）：属于两个邻接信令点之间某信令关系的消息沿着直接互连这两个信令点的信令链路组传送，这种方式称为直连方式。

非直连方式（Non-associated Mode）：属于某信令关系的消息沿着两条或两条以上串接的信令链路组传送，除了源点和目的地点外，消息还将经过一个或多个 STP，这种方式称为非直连方式。一般来说，传送路径经过哪些 STP 事先并未规定，可以根据信令网负荷或时间任意选定。

准直连方式（Quasi-associated Mode）：这是非直连方式中的一种特殊情况。在这种方式中，一个源点到一个目的地点的消息所走的路线是预先确定的，在给定的时刻是固定不变的。

在 No.7 信令系统中，规定只采用直连方式和准直连方式，其中直连方式主要用于 STP 之间。为了充分利用信令链路的容量，两个非 STP 交换局之间采用直连方式的条件是，这两个局之间应有足够大的中继电路群。图 3.5 是这两种传送方式的示意。

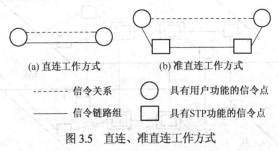

(a) 直连工作方式　　　　(b) 准直连工作方式

------- 信令关系　　　○ 具有用户功能的信令点

———— 信令链路组　　□ 具有 STP 功能的信令点

图 3.5　直连、准直连工作方式

信令路由（Signaling Route）：信令消息从源点到目的地点所行的路径，它决定于信令关系和信令传送方式。

信令路由集（Signaling Route Set）：一个信令关系可利用的所有可能的信令路由。对于一个给定的消息，在正常情况下其信令路由是确定的，在故障情况下，将允许转往替换路由。

3.1.2.2　信令网的拓扑结构和特点

确定信令网的拓扑结构应考虑如下几个因素：

（1）网络容量：应能容纳所有的信令点，并需要考虑今后 30～50 年的发展。

（2）信令传输时延：主要是 STP 转接引起的时延，减小时延的关键是尽量减少信令连接需要经过的 STP 次数。

（3）网络成本：应在保证网络可靠、易于选路和维护的条件下，尽量降低网络的成本。

（4）网络结构：应易于扩充。

（5）信令网络部件的容量：主要是 STP 和信令链路的容量。

与电信网络一样，信令网也有无级网和分级网两类。

信令网中的无级网是指没有独立 STP 的网络，如线性网、环形网、格形网、蜂窝状网和网状网。除网状网以外的所有无级网的共同特点是：需要很多综合的 STP；信令传输时延大；技术性能和经济性能都很差。网状网虽然传输时延小，不需要 STP，但是需要大量的信令链路，在信令点数量很大时，很不经济。

分级网的特点是：网络容量大，且只要增加级数就能增加很多信令点；信令传输只经过不多的几个 STP 转接，传输时延不大；网络设计和扩充简单。另外，在信令业务量较大的信令点之间，特别是 STP 之间还可以设置直达短接链路，进一步提高性能和经济性。

3.1.2.3　信令网的可靠性措施

由于共路信令链路要传送大量话路的信令信息，共路信令网犹如电信网络的神经系统，因此它必须具有极高的可靠性。其基本要求是信令网的不可利用度至少要比所服务的电信网低 2～3 个数量级，而且当任一信令链路或信令转接点发生故障时，不应该造成网络阻断或容量下降。要实现这一目标，在网络结构上必须有冗余配置，使得任意两个信令节点之间有多个信令路由。

图 3.6 所示的双平面结构是最为经济实用的网络冗余结构。在这个结构中，所有 STP 均为双份配置，构成 A、B 两个完全相同的网络平面。任一 SP 的信令业务按负荷分担方式由网络的两个平面传送，每一平面分担 50%的业务量。两个平面中对应的 STP 对应连接。当任一平面发生故障时，另一平面可以承担全部信令负荷。为了确保安全，两个平面的信令设备至少应相距 50 km，避免因自然灾害等原因同时遭受破坏。

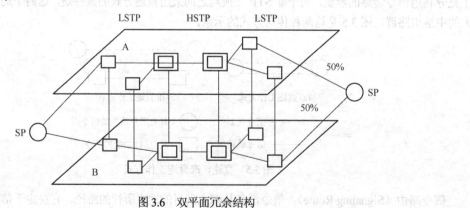

图 3.6　双平面冗余结构

通常有两种负荷分担方法：按呼叫分担和按电路分担。前一种方法在正常情况下，属于同一呼叫的所有消息都沿同一路由传送，属于另一呼叫的消息则沿另一路由传送。对于后一种方法，属于同一话路的消息都沿同一路由传送，属于另一话路的消息则沿另一路由传送。后一种方法的实现更为简单。No.7 信令系统目前主要采用了这一方法，利用电路标识号（CIC）标志话路，凡 CIC 相同的消息均经由同一信令链路发送。

在双平面结构中，每两个邻接信令转接点之间的信令链路还可以双份配置，两条链路也采用负荷分担方式工作。进而形成所谓的四备份冗余结构，这种结构具有更高的可靠性。另外，每一信令点都要设置一定数量的冗余信令终端设备，这些终端设备可以自动地或人工地分配给信令链路。

为了确保信令网的可靠性，除了上述冗余结构外，还必须有完善的信令网管理功能，其主要作用是在信令链路发生故障时，利用网络的冗余结构重组信令网络，将故障链路上的信令业务倒换到替代链路和路由上传送。同时，一旦信令网发生拥塞，及时调整信令话务或路由。

3.1.2.4 我国的 No.7 信令网

我国的 No.7 信令网由全国的长途 No.7 信令网和大、中城市的本地 No.7 信令网组成。

（1）全国长途 No.7 信令网

根据我国网络的发展规划和目前生产厂家能提供的 STP 设备的容量与处理能力，我国长途 No.7 信令网采用三级结构。第一级是信令网的最高级，称高级信令转接点（HSTP），第二级是低级信令转接点（LSTP），第三级是信令点（SP）。

长途 No.7 信令网各级的功能如下。

第一级（HSTP）负责转接其所汇接的第二级 LSTP 和第三级 SP 的信令消息。HSTP 应尽量是独立式信令转接点。

第二级（LSTP）负责转接其所汇接的第三级 SP 的信令消息。LSTP 可以是独立式 STP，也可以是综合式 STP。

第三级（SP）是信令网中各种信令消息的源点或目的地点。

（2）我国大、中城市本地 No.7 信令网

大、中城市本地 No.7 信令网采用两级结构，一般由全国 No.7 信令网中的第二级（LSTP）和第三级（SP）组成。

LSTP 的功能是负责转接其所汇接的第三级 SP 的信令消息。SP 则是本地信令网中各种信令消息的源点或目的地点。

（3）信令区的划分

我国 No.7 信令网目前以省和直辖市为单位共分成 33 个主信令区（包括台湾地区、香港特别行政区和澳门特别行政区），每个主信令区再进一步分成若干信令区。

① 主信令区的划分

在划分主信令区时，应根据信令点的预测数量和地理分布情况，使得大量的呼叫处理简单、迅速。同一信令区应该是话务流量比较集中的地区。具体划分原则如下：

a. 各主信令区内的信令业务量应尽可能平衡。

b. 从传输系统角度考虑，各主信令区之间应易于组织 A、B 平面的信令网。

c. 主信令区之间和主信令区内的信令网运行管理和维护方便。

d. 全国范围的信令网建设费用低。

e. 主信令区划分应保持相对稳定且应能适应我国电信网的发展。

根据上述原则，我国以省、自治区和中央直辖市为一个主信令区。

在一个主信令区内，HSTP 的设置应遵守下列原则：

a. 一个主信令区内一般只设置一对 HSTP，而且从便于维护管理出发，原则上应设在省、自治区邮电管理局或直辖市电信管理局所在地。但为了保证配对的两个 HSTP 不至于同时瘫痪，这两个 HSTP 之间应保证有一定的距离。这两个 HSTP 一般应设在同一个城市内，在能确保迅速配合处理的条件下，也可以分设在两个城市。

　　b. 对于信令业务量比较大的主信令区，因 HSTP 容量的限制而必须突破一对 HSTP 的限制时，或设置多对 HSTP 更为经济可行时，可以设置两对或多对 HSTP，但数量必须严格控制。

　　c. HSTP 所在地应能提供满足要求的优质信令链路。

　　d. HSTP 所在地信令业务量比较集中。

　　e. 维护人员技术水平较好。

　　f. 交通方便、自然灾害较少。

　② 分信令区的划分

　分信令区的划分应遵守下列原则：

　　a. 各分信令区内的信令业务量应尽可能平衡。

　　b. 分信令区之间和主信令区 HSTP 易于维护管理。

　　c. 组网成本低。

　　d. 相对稳定、便于发展。

　　根据上述原则，我国确定一个地区或一个地级市为一个分信令区。

　　一个分信令区内一般只设置一对 LSTP，且应设在同一个地区或地级市交换局所在地。为了可靠起见，这两个 LSTP 应有一定的距离。在能保证配合工作和便于管理的条件下也可分设在两个城市。信令业务量小的几个地区或地级市可以合并设置成一个分信令区。信令业务量较大的县级市或县，也可单独设置为一个分信令区。

　（4）信令网组织

　　为了提高信令网可靠性，我国的三级信令网规定每个 SP 应与两个 LSTP 相连，每个 LSTP 应与两个 HSTP 相连。HSTP 对应于主信令区，LSTP 对应于分信令区。HSTP 采用双平面连接。一个主信令区的两个 HSTP 分属 A、B 两个平面，同一平面内所有 HSTP 为网状连接。不同平面之间为格子状连接，即仅在属于同一主信令区的两个 HSTP 之间设置对应连接。以上连接关系如图 3.7 所示。

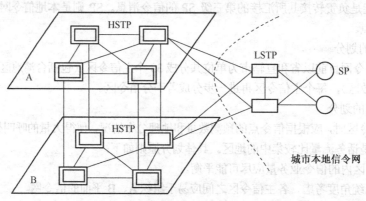

图 3.7　我国三级信令网结构示意图

　　由图 3.7 可见，大中城市本地二级信令网中的 STP，相当于全国长途三级信令网中的 LSTP。这些 LSTP 之间采用网状连接方式，各 SP 通过它们与 HSTP 相连。为了提高网络可靠性，图中每个信令连接至少包括两条信令链路。另外，在 SP 之间、STP 之间还可以设置直达信令链路。

　（5）我国信令网与固定电话网的对应关系

　　如图 3.8 所示，我国固定电话网为三级结构（二级长途加本地网），根据主信令区和分信令区的划分原则，国际局、DC1 局与 HSTP 相连，DC2 局与 LSTP 相连，DC1 局、DC2 局、本地电话网交换局实际上也都是 SP。

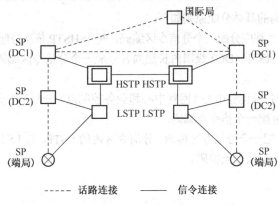

图 3.8　我国信令网与电话网的对应关系

3.1.2.5　信令网编码计划与信令路由

（1）信令网编码计划

No.7 信令网由信令点、信令转接点及用于互连信令点或信令转接点的信令链路组成。为了识别每一个信令点、信令转接点，就需要给每个信令点、信令转接点分配一个编码；这与在电话网中为了识别每个交换局，要给每个交换局分配一个局号是同一个道理。

在考虑信令点编码时，应考虑以下原则：

① 编码方案应有足够的备用容量，能够满足电话网远期发展的需要。

② No.7 信令网的引入，应能增加电话网的灵活性并能促进向智能网过渡。

③ 尽量向国际标准靠拢，借鉴国外通信发达国家的经验，结合我国国情充分进行研究。

④ 编码方案应相对稳定，且应考虑我国目前的实际情况和能力。

⑤ 编码方案应有规律性，并尽可能使信令设备简单。

⑥ 对于目前未估计到的因素，应有相当大的适应能力。

根据 ITU-T 建议，各个国家的 No.7 信令网可以是一个网，也可以是两个网，即有两种编码方案：长途市话统一编码或长市分开编码。我国采用 24 位统一编码方案。

我国信令点编码格式如图 3.9 所示，由于我国信令网采用三级结构，全网首先划分成 33 个主信令区，每个主信令区又划分成若干分信令区，每个分信令区内又有若干信令点和信令转接点。因此，我国信令点编码由三部分组成。第三个 8 比特用来识别主信令区，第二个 8 比特用来识别分信令区，第一个 8 比特用来识别各分信令区内的信令点。

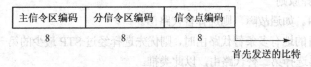

图 3.9　我国 No.7 信令网编码格式

主信令区的编码基本上按照主信令区在地图上的位置，按顺时针方向从小到大连续编排，例如北京是 001，天津是 002，等等。

分信令区的编码方法有两种方案：一种是采用与电话网编号相同的方法，就用一个城市的长途区号作为分信令区编码，这种方法的优点是便于记忆，但不利于信令网的发展；另一种方法与电话网编号无关，这种方法能灵活地满足今后信令网发展的需要。我国采用后一种方法来分配分信令区和信令点编码。

分信令区和信令点编码的具体分配原则如下：

① 主信令区内的 HSTP 都应分配一个分信令区编码，每个 HSTP 依次分配一个信令点编码。

② 国际局（如果有）、DC1、DC2 级国内长途局各分配一个分信令区编码，每个国际局、长途局依次分配一个信令点编码。

③ 与 HSTP 相连接的各种特服中心（网管中心和业务控制点）分配一个分信令区，按特服中心的分类，每个特服中心依次分配一个信令点编码。

④ 每一个分信令区分配一个分信令区编码，分信令区内的 LSTP、与 LSTP 相连的各种特服中心、汇接局和端局依次各分配一个信令点编码。

（2）信令路由

① 信令路由的分类

在 No.7 信令网中，由产生消息的信令点、消息经过的信令转接点及消息所指定的目的信令点所组成的预定通道，称为信令路由。根据其用途可分为正常路由和替代路由。

正常路由是指在正常工作情况下（未出现故障时）传送信令业务的路由。如果至目的地点有直达信令链路，则该链路则为正常路由；若没有直达链路，则所经中间 STP 数最少的路由为正常路由。一个信令点通往双平面的负荷分担的信令链路地位平等，都应视为正常路由。如图 3.10 所示。

当正常的信令路由出现故障导致不能传送信令时，另外选择用来传送该信令的路由，称为替代路由或迂回路由。替代路由可以是一个路由，也可以是多个路由，当有多个替代路由时，应按经过信令转接点的多少，由小到大依次作为第一替代路由、第二替代路由等，如图 3.11 所示。

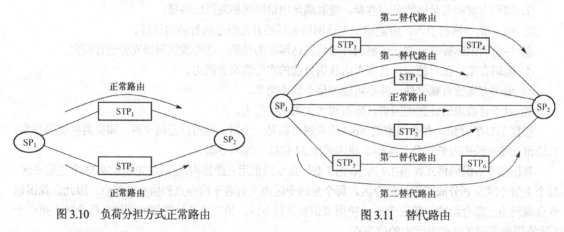

图 3.10　负荷分担方式正常路由　　　　　　图 3.11　替代路由

② 信令路由的选择原则

首先选择正常路由。如遇故障，则选择替代路由。

如果某信令点到目的地有多条替代路由时，则优先选择经过 STP 最少的第一替代路由；当第一替代路由不能使用时，再选择第二替代路由，以此类推。

如果在正常路由或替代路由中有 N 条同一优先等级的路由，且它们之间采用负荷分担方式，则每个路由上将载送 $1/N$ 总信令负荷。当采用负荷分担方式工作的某个路由故障时，应将该路由上的信令业务转移到采用负荷分担方式的其他路由上。

3.1.3　信令网规则中的链路数量计算

在信令网规划中，必须根据《国内 No.7 信令网 STP 设备技术规范（YD/T1144—2001）》、《No.7 信令网工程设计规范（YD/T5094—2000）》等国家标准要求，进行详细的设备选型和网络工程设计，其中 STP 局点所需的链路数量,是信令网规划的重要一环。信令网 STP 局点的链路数量,是根据网络组网结构和需要经过 STP 节点转发、处理的消息量来确定的。下面主要以移动信令网为模型,介绍信令网链路数量的计算方法。

3.1.3.1 MSC 信令链路计算

(1)TUP/ISUP 信令所需链路数量

MSC 内 TUP/ISUP 链路数量 N 可用下式计算:

$$N = \frac{信令与 LSTP 相关的话路话务总量}{每条 64K 信令链路可以承载的局间话路数量/中继话务负荷}$$

式中,中继话务负荷一般取常数 0.7。

信令与 LSTP 相关的话路话务总量 = MSC 话务总量 × 本地移动用户主叫长途话务百分比

MSC 话务总量 = 用户容量总数 ×(1 - 漫游出百分比 + 漫游入百分比)×每用户平均忙时话务量

每条 64K 信令链路可以承载的局间话路数量 = $64 × 1000 × T × G /(e × M × L)$

式中,T 为呼叫时长;G 为信令链路负荷,每条信令链路的最大负荷为 0.4 Erl;e 为话路平均负荷;M 为一次呼叫的信令单元数量;L 为信令单元平均长度;$M × L$ 为每呼叫信令消息平均长度,经统计计算:TUP 信令流程的 $M × L = 54.75$ 字节,ISUP 信令流程的 $M × L = 67.5$ 字节。

以上计算过程同样适用于固定网中 TUP/ISUP 信令链路计算。

(2)漫游入用户的位置更新、鉴权、取漫游号码所需链路数量

① 外地漫游入用户到归属位置更新占用字节数

外地漫游入用户到归属位置更新占用字节数 A = 漫游入用户忙时位置更新次数 ×
每次位置更新消息信令的单向最大的字节长度

式中,

漫游入用户忙时位置更新次数 = 用户到 HLR 的位置更新次数 × 漫游入用户比例

经统计计算:每次位置更新消息信令的单向最大的字节长度为 247 字节。

② 外地漫游入用户到归属位置鉴权占用字节数

外地漫游入用户到归属位置鉴权占用字节数 B = 漫游入用户忙时取鉴权消息次数 ×
每次取鉴权参数信令消息单向最大的字节长度

式中,

漫游入用户忙时鉴权消息次数 = 每用户忙时周期性鉴权次数 × 漫游入用户比例

经统计计算:每次取鉴权参数信令消息单向最大的字节长度为 259 字节。

③ 提取漫游号码信息占用字节数(在本地漫游的外地移动用户作为被叫)

本地移动用户呼叫外地移动用户(漫游入)提供漫游号码次数(取长话比例)D =
话务量 × 漫游入比例 ×[移动呼移动的呼叫比例 × 长途呼叫比例 ×
(1 - 漫游出比例 + 漫游入比例)]×3600/长途通话时长

外地用户呼叫外地移动用户(漫游入)提供漫游号码次数(取市话比例)E = 话务量 ×
漫游入比例 ×[固定呼移动的市话比例 + 移动呼移动的市话比例]×3600/本地通话时长

经统计计算:每次漫游号码消息单向最大的字节长度为 128 字节。提取漫游号码信息占用字节数 $C = (D + E) × 128$。因此,

本 MSC 内漫游入用户部分位置更新、鉴权、取漫游号码所需信令链路数量 =
[MSC 用户容量 × 漫游入比例 ×$(A + B + C)$×8]/$(64 × 1000)$

（3）本地移动用户呼叫外地移动取路由信息所需链路数量

本 MSC 内本地移动呼叫外地移动取路由信息所需信令链路数量 =(MSC 用户容量 ×
漫游入比例 × 路由信息字节数 ×8) / (64×1000)

路由信息字节数 = 本地用户呼叫外地移动取路由信息次数 ×133

本地用户呼叫外地移动取路由信息次数 = 话务量 ×(移动呼移动的长话比例) ×
(1 − 漫游出比例 ＋ 漫游入比例) ×3600/市话通话时长

经统计计算：每次提供路由信息的单向最大的字节长度为 133 字节。

（4）短信业务所需链路数量

本 MSC 内移动用户提交、接受短信所需信令链路数量 =[MSC 用户容量 ×
每用户忙时提交、接受短信信令消息占用字节数量 ×8]/ (64×1000)

经统计计算：

每用户忙时提交、接受短信信令消息占用字节数量 =(128＋X)× 每用户忙时提交短信次数 ＋
(134＋X)× 每用户忙时接受短信次数

式中，X 为平均每短信内容所占字节数，其中每个汉字占用两个字节，每个英文及数字占用一个字节。

（5）预付费业务（Payment by Phone Service, PPS）所需链路数量

本 MSC 内 PPS 用户所需 MSC 至 LSTP 链路数量 = 本 MSC 内 PPS 用户容量/
每链路支持的本地 PPS 用户数

每链路支持的本地 PPS 用户数 =64×1024× 信令链路负荷 × 链路不平衡系数/
(PPS 每用户每秒的 CAP 消息字节数 ×8)

PPS 每用户每秒的 CAP 消息字节数 =(PPS 每充值查询 CAP 消息数 × 充值查询比例
＋ PPS 平均每呼叫 CAP 消息数 × 呼叫比例)× PPS 每用户每秒在 VMSC 发起智能对话次数
× PPS 用户平均每 CAP 消息字节数

PPS 每用户每秒在移动交换终端局(VMSC)发起智能对话次数 = PPS 每用户话务量 ×
每次呼叫在 VMSC 触发系数 ×(1 − PPS 用户拨打 WAD 业务比例) /PPS 用户平均时长

PPS 平均每呼叫 CAP 消息数（双向）为 7 个，PPS 每充值查询 CAP 消息数（双向）为 5 个，PPS 用户平均每 CAP 消息字节数为 130 字节。

根据话务模型设定反映链路上下行的负荷不平衡度的链路不平衡系数，根据呼叫次数及比例关系确定呼叫在 VMSC 触发系数和呼叫在 GMSC 触发系数。

一般情况下，取链路不平衡系数为 1.6，取呼叫在 VMSC 触发系数为 0.6，取呼叫在 GMSC 触发系数为 0.4。

（6）本地用户位置更新、鉴权、漫游、取路由等（MSC 至 HLR 准直联）所需链路数量

本地未漫游用户位置更新、鉴权、漫游、取路由所需链路数量 =(1 − 漫游出比例)×
用户数量 × 未漫游每用户每秒字节数量/(64×1000)

本地未漫游每用户每秒信令字节数量 =(F＋G) /3600＋(H＋I)

本地未漫游每用户的位置更新字节数量 F=247× 用户忙时更新次数 ×(1− 漫游出比例)× 用户数量

本地未漫游每用户鉴权占用字节数 G=259× 用户周期性鉴权消息次数 ×(1 − 漫游出比例)× 用户数量

本地未漫游每用户作为被叫取漫游号码占用字节数 H=128× 本地移动作为被叫比例 ×
(1 − 漫游出比例)× 用户数量

本地未漫游每用户作为被叫取路由占用字节数 I=133× 本地移动作为被叫比例 ×
(1 − 漫游出比例)× 用户数量

3.1.3.2　HLR 信令链路计算

（1）位置更新所需链路数量

位置更新所需链路数量 ＝ 忙时到 HLR 进行位置更新所需字节数量 ×8/（64×1000×3600）

> 忙时到 HLR 进行位置更新所需字节数量 ＝ 普通用户更新忙时更新次数 ×
> 普通用户每次更新所需字节 × 普通用户比例 × 用户数量+
> 智能用户更新忙时更新次数 × 智能用户每次更新所需字节 ×
> 智能用户比例 × 用户数量

每普通用户每次位置更新所需字节数量为 247 字节，每智能用户每次位置更新所需字节数量为 275 字节。

（2）鉴权所需链路数量

> 平均每用户忙时鉴权流程所需链路数量 ＝ 每用户每次取鉴权所需字节数量 × 用户忙时鉴权次数 ×
> 用户漫游出比例 ×8/(64×1000×3600)

经统计每用户每次取鉴权所需字节数量为 64.75 字节。

（3）取路由信息所需链路数量

> 取路由信息所需链路数量 ＝ 平均用户忙时取路由信息字节数量 ×8/（64×1000×3600）

> 平均用户忙时取路由信息字节数量 ＝ 每普通呼叫流程取路由最大字节数量 ×X× 普通用户比例 ×
> 用户数量 ＋ 每智能呼叫流程取路由最大字节数量 ×Y× 智能用户比例 × 用户数量

根据话务模型，设忙时本地普通用户作为被叫次数为 X 次/用户/小时；忙时本地智能用户作为被叫次数为 Y 次/用户/小时。

每普通呼叫流程取路由最大字节数量为 133 字节，每智能呼叫流程取路由最大字节数量为 325 字节。

（4）漫游号码所需链路数量

取漫游号码所需链路数量 ＝ 每用户忙时提供漫游号码所需字节数量 ×8×用户总量/(64×1000×3600)

> 每用户忙时提供漫游号码所需字节数量 ＝ 每呼叫提供漫游号码所需字节数量 ×X× 漫游出比例

设本地移动参与呼叫类型的总次数为 X 次/用户/小时。

每呼叫提供漫游号码所需字节数量为 128 字节。

3.1.3.3　GMSC 信令链路计算

（1）传递话路接续 ISUP 消息所需链路数量

> 所需 TUP/ISUP 链路数量 ＝GMSC 话务总量/每条 64K 信令链路可以承载的
> 局间话路数量/话路中继负荷

GMSC 话务总量根据话务模型可得。

每条 64K 信令链路可以承载的局间话路数量可用下式计算：

$$C = \frac{64 \times 1000 \times T \times G}{e \times M \times L}$$

式中，T 为呼叫时长；G 为信令链路负荷，每条信令链路的最大负荷为 0.4 Erl；e 为话路平均负荷；M 为一次呼叫的信令单元数量；L 为信令单元平均长度；$M \times L$ 为每呼叫信令消息平均长度，经统计计算：每呼叫 TUP 信令消息平均字节为 54.75 字节，每呼叫 ISUP 信令消息平均字节为 67.5 字节。

（2）取路由信息所需链路数量

> 取路由信息所需链路数量 ＝ 平均用户忙时取路由所需字节数量 ×8/（64×1000×3600）

$$取路由信息 GMSC 所需链路数量 = 平均每用户忙时取路由信息字节数量 \times 8 \times$$
$$GMSC 用户数量/(64 \times 1000 \times 3600)$$

设忙时移动普通用户需通过 GMSC 的呼叫次数为 X 次/用户/小时；忙时移动智能用户需通过 GMSC 的呼叫次数为 Y 次/用户/小时（X、Y 根据话务模型为常数，按目前运营商话路接续原则，本地固定呼叫本地移动等呼叫类型需通过 GMSC 取路由信息）。

每普通呼叫流程取路由最大字节数量为 133 字节，每智能呼叫流程取路由最大字节数量为 325 字节。

$$平均用户忙时取路由信息字节数量 = 133 \times X \times 普通用户比例 + 325 \times Y \times 智能用户比例$$

（3）智能业务所需链路数量

只有针对主被叫的智能业务在本 GMSC 触发才会对 GMSC 至 STP 之间的 CAP 消息数量产生影响，而这主要取决于本地智能业务开展的种类及各类呼叫的话务模型。

每种智能业务产生的 CAP 计算如下：

$$每用户每秒在 GMSC 触发智能呼叫次数 = 本地智能业务话务量 \times 此类型智能业务拨打比例 \times$$
$$呼叫在 GMSC 触发系数/此业务平均通话时长$$
$$智能业务每秒 CAP 数量 = 每用户每秒在 GMSC 触发智能呼叫次数 \times 每呼叫 CAP 消息$$
$$个数（根据呼叫类型取常数）\times 每消息字节数量（根据呼叫类型取常数）$$
$$每条 CAP 链路支持智能业务用户数量 = 64K 链路带宽 \times CAP 链路负荷 \times 链路不平衡$$
$$系数/（智能业务每秒 CAP 数量 \times 8）$$
$$GMSC 触发智能业务所需链路数量 = GMSC 用户总容量/每条 CAP 链路支持智能业务用户数量$$

3.1.3.4　TMSC 与 STP 之间链路数量

汇接移动交换中心（TMSC）与 STP 链路是为了完成长途呼叫的 ISUP 消息传递，可参照 GMSC 中计算 ISUP 的计算步骤：

$$每呼叫 TUP/ISUP 信令消息平均字节 = M \times L$$

$$每条 64K 信令链路可以承载的局间话路数量 = \frac{64 \times 1000 \times T \times G}{e \times M \times L}$$

计算与 TMSC 相关的呼叫类型占话务总额百分比 X：根据话务模型测算在一定范围内为常数，包括本地移动呼叫省内省外移动、固定等呼叫类型，得出 TMSC 相关话务总量。

所需 ISUP 链路数量 = TMSC 相关话务总量/每条 64K 信令链路可以承载的局间话路数量/话路中继负荷

3.1.3.5　SMC 与 STP 链路数量

假设每条短信汉字平均字数为 10 个，对于短信中心（SMC）来说，接收一条短消息所需传送的信令字节数为 386 字节，发送一条短消息所需传送的信令字节数为 380 字节。比较接收和发送两个流程以信令消息数量较多的作为计算依据，信令链路的传输速率单向为 64 kbps，取定每条 STP 至短信中心链路负荷为 0.8 Erl。

每条信令链路支持每秒转发短信数（取单向最大值）= $(64 \times 1000 \times 0.8 \text{ Erl})/(386 \times 8) = 17$ 条/秒

设 SMC 处理能力为每秒 X 条短信，则 SMC 与 STP 链路数量需求为 $X/17$。

3.1.3.6　SCP 与 STP 链路数量

SCP 到 STP 链路数量 = SCP 总 CAP 消息字节数量 $\times 8/$（链路不平衡系数 $\times 64 \times 1000 \times$ 信令链路负荷）
SCP 的总 CAPs 消息字节数量 = 话务总量 $\times$ 每呼叫平均 CAP 数量 $\times$ 平均每 CAP 消息字节数量

一般设每呼叫平均 CAP 数量为 7 个；平均每 CAP 消息字节数量为 130 字节；链路不平衡系数为 1.6。

3.2 数字同步网

3.2.1 数字同步网概述

3.2.1.1 基本概念

（1）同步网（Synchronization Network）：是一个提供同步参考信号的网络，是通过同步链路将同步网节点连接起来而形成的物理网。同步网节点由各级时钟构成。

（2）网同步（Network Synchronization）：是一个广义上的概念，用来描述在网络中将公共频率信号或时间信号传送到所有网元的方法。

（3）同步的网（Synchronous Network）：指这样一个网络，其所有时钟在正常工作状态下，都具有相同的长期频率准确度。

（4）同步单元（Synchronization Element）：为所连接的网络单元提供定时服务的时钟，包括符合G.811、G.812、G.813 建议的时钟。这是一种广义上的定义，包括：

① 基准时钟，即性能满足 G.811 建议的时钟。

② 定时供给单元，即性能满足 G.812 建议的时钟，包括独立型和混合型定时供给单元。

③ 设备时钟，即各种设备中的时钟或同步单元，其性能满足 G.812 建议或 G.813 建议。

（5）定时供给单元（SSU）：一个逻辑功能单元，能够对参考信号进行选择、处理和分配，并且符合G.812 建议规定的性能。定时供给单元可分为独立型定时供给单元和混合型定时供给单元。

（6）独立型定时供给单元（SASE）：能够完成对定时信号选择、处理和分配，并且具有自己的管理功能的独立设备。在北美，独立型定时供给单元又被称为通信楼定时供给系统（BITS）。

（7）混合型定时供给单元：能够完成对定时信号选择、处理和分配等功能，但是这些功能与其他功能结合在一套设备中。例如 DXC 设备时钟，具有 G.812 功能，但不是一套独立设备，可以做同步网设备使用。

（8）同步网设备时钟：一般包括基准时钟和定时供给单元。其中，多数定时供给单元是独立型的，但有些定时供给单元是由设备时钟构成的，即混合型定时供给单元。

（9）同步链路（Synchronization Link）：连接两个同步网节点的物理链路，用来承载定时信号和同步信息。

（10）同步链（Synchronization Chain）：由同步网节点和同步链路组成的物理路由，用来承载定时信号和同步信息。

（11）同步参考链（Synchronization Reference Chain）：一个假设的同步链，用来模拟计算同步网中的抖动和漂移。

3.2.1.2 网络工作状态

（1）异步状态（Asynchronous Mode）：指网络中的所有时钟都工作在自由运行状态。网络内各时钟间可以存在较大频率偏差。

（2）同步状态（Synchronous Mode）：是这样一种状态，网络中的所有时钟都跟踪到同一个或一组基准源上。正常情况下，网络内时钟间没有频率偏差。

（3）准同步状态（Plesiochronous Mode）：指网络中所有时标或信号都工作在几乎相同的速率上，任何变化都不能超过规定的范围。在国与国之间或不同的运营者之间的同步网一般采用准同步状态，而网内采用同步状态。处于准同步状态运行的时钟有很高的准确度和稳定度，使时钟之间的频率变化很小。

（4）伪同步状态（Pseudo-synchronous Mode）：是这样一个状态，网络中的所有时钟在正常工作状态下与一个符合 G.811 建议的基准时钟的长期频率准确度相同，但不是所有时钟都跟踪到同一个基准时钟上。网络中的时钟可能跟踪到不同的基准钟上，但时钟运行时的准确度很高，时钟间频率偏差很小。

3.2.1.3　网络中时钟地位

（1）主钟（Master Clock）：一个信号发生器，可以产生一个准确的频率信号去控制其他信号发生器。

（2）从钟（Slave Clock）：一个时钟，其输出信号的频率和相位均锁定到一个高质量的时钟上。

（3）基准钟（Primary Reference Clock, PRC）：一个参考频率基准，其可以提供一个符合 G.811 规范的频率参考信号。PRC 一般指能够自主运行的原子钟组，一般由铯钟组成。

（4）基准源（Primary Reference Source, PRS）：一个参考频率基准，它可以提供一个符合 G.811 规范的频率参考信号。一般由 GPS（全球定位系统，它也能给出定时信号）配置铷钟或精选高级晶振组成。在失去 GPS 信号后，PRS 将降质为二级时钟。在国内又称 PRS 为区域基准，即 LPR（Local Primary Reference）。

（5）全球定位系统（Global Postioning System, GPS）：由美国军方开发研制的一套卫星系统，可以向全球范围内提供定时和定位的功能。GPS 由 21 颗工作卫星和 3 颗在轨备用卫星组成，这 24 颗卫星等间隔分布在 6 个互成 60°角的轨道面上，这样的卫星配置基本上保证了地球上任何位置均能同时观测到至少 4 颗 GPS 卫星。全球各地通过 GPS 接收机接收卫星发出的信号，调整本地时钟的准确度，使其跟踪国际标准时间（Coordinated Universal Time, UTC，受巴黎国际时间局和国际地球旋转服务机构维护的时标）。

3.2.1.4　时钟的工作状态

下面的定义主要针对通信网中的从钟，不包括自主运行的基准钟。

（1）自由运行状态（Free Running Mode）：时钟的一个运行状态。此时，时钟的输出信号取决于内部的振荡源，并且不受伺服锁相环系统的控制。在这种状态下，时钟就从来没有网络参考输入信号，或者已经丢失了参考输入信号并且没有与外参考信号相关的存储数据及可供捕获外参考信息。

当时钟的输出信号不受外参考信号的直接控制或间接影响时，时钟进入自由运行工作状态。一旦时钟的输出信号锁定到外参考信号时，则自由运行状态结束。

（2）保持工作状态（Hold Over）：时钟的一个运行状态。此时，时钟丢失其外参考信号，使用在锁定状态下存储的数据来控制时钟的输出信号。存储数据用来控制相位和频率变化，使时钟在指标范围内重建锁定状态的性能。

当时钟的输出信号不受外参考信号的直接或间接控制时，时钟进入保持工作状态。一旦时钟的输出信号锁定到外参考信号时，保持状态结束。

（3）锁定状态（Locked Mode）：也称为跟踪状态，是时钟的一个运行状态。此时，时钟的输出信号受外参考信号的控制，这样时钟的输出信号的长期平均频率与输入参考信号一致，并且输出信号和输入信号间的定时错误是相关联的，即当主钟信号在从钟的牵引范围内劣化时，从钟也随之劣化。

锁定状态是从钟的正常工作状态。

3.2.1.5　关于时钟性能的参数

（1）频率准确度。频率准确度是指在一定的时间内，实际信号相对于定义值的最大频率偏差。

时钟自由运行频率准确度：在时钟的寿命期内，在没有外参考定时信号的情况下，即自由运行状态下，时钟的最大长期频率偏差的限度。一般时钟的寿命期规定为 20 年。

（2）频率稳定度。由于时钟的内部各种因素的影响或外部环境因素的影响，时钟振荡频率会出现随机起伏。这种随机起伏的程度用频率稳定度来表示。

（3）频率漂移率。频率准确度在单位时间内的变化量称为频率漂移率。包括日漂移率、月漂移率、年漂移率等。

漂移是时钟的固有特性。大多数时钟经过足够长的预热时间后，振荡频率将随着时间做单方向漂移，频率准确度也随之发生变化。引起时钟频率漂移的主要有内在因素（如老化）和外界因素（如辐射、压力、温度、湿度、电源、负载等）。

频率漂移率可以比较准确地进行测量，并可以利用测量结果对频率准确度进行修正。

晶体时钟的频率漂移：主要是由石英晶体的老化和温度变化引起的。

原子钟的频率漂移：原子钟没有老化，且温度恒定，因此原子钟的漂移主要由内部器件造成，包括由量子结构的频率漂移、相检及运放的漂移引起。

3.2.2 数字同步网和网同步

同步网和网同步是两个不同的概念，比较容易混淆。

同步网是数字同步网的简称，是指由同步网节点设备（各级时钟）和定时链路组成的一个物理网。同步网的作用是面向基准频率的生成、传送、分配和监控，同步网的作用是为其他网络提供定时参考信号。

网同步是指将定时信号（频率或时间）分配到所有网元的方法。同步网和各种业务网都要进行网同步。网同步包括很多方面内容，例如，在同步网中，节点定时设备是如何同步的？是采取主从同步，还是采取互同步？在业务网中，定时是如何提取、如何分配的？

一般而言，对一个运营者来说，同步网只有一个（当采用分区同步时，可以有若干同步子网）。而很多业务网都需要解决网同步的问题。目前，已建成的同步网只能提供频率同步，还不能实现时间同步。

3.2.3 数字同步网的构成

3.2.3.1 数字同步网的结构

数字同步网由节点时钟设备和定时链路组成，并根据网络的同步方式和节点时钟的同步方法形成一定的网络结构。另外，为了保证同步网的正常运行，还建立了监控管理网。

节点时钟设备主要包括独立型定时供给单元和混合型定时供给单元。

定时链路用来承载定时信号和同步信息。定时链路包括专用定时链路（简称专线）和业务线。在专线上只承载定时信号和同步信息。在业务线上，定时信号和同步信息与业务信号一起传送。

在一个同步网内，节点时钟之间的同步方式可以分为如下三种：

① 主从同步方式：网络中的时钟分为多级，各级时钟具有不同的准确度和稳定度。但网络中有一个处于最高级的主基准时钟，作为同步网的主钟，去同步其他从时钟。在网络正常工作状态下，从钟具有与主钟相同的频率准确度；在故障情况下，即时钟失去基准信号后，从钟的频率准确度由自身保持性能或自由运行性能决定。

② 互同步方式：网络中的时钟不分级，时钟具有几乎相同的准确度和稳定度。网中的时钟在一定程度上接收其他时钟的同步，各时钟间进行频率的比对计算，获得一个网络参数，用于调整各个时

钟，使网内各个时钟具有相同的准确度，即处于同步状态，如图 3.12 所示。由于这种方式实现起来较为复杂，因此适用于结构简单、规模小的网络。

③ 准同步方式：网内的时钟独立运行，互不控制，所有时钟节点都使用高精度时钟。虽然时钟频率不能绝对相等，但频差很小，产生的滑动可以满足指标要求。

数字同步网的结构主要取决于同步网的规模、网络中的定时分配方式和时钟的同步方法。此外还取决于业务网的规模、结构和对同步的要求。

目前建设的同步网主要有以下三种结构：全同步网、全准同步网和混合同步网。

（1）全同步网

在这种类型的同步网中，最常见的为主从同步网，如图 3.13 所示。整个同步网分为三级，最高一级时钟为符合 G.811 规定的性能的时钟，即基准时钟，也称为一级时钟。一级时钟作为主钟为网络提供基准定时信号，该信号通过定时链路传递到全网。二级时钟和三级时钟是一级时钟的从钟，从与一级时钟相连的定时链路提取定时，并滤除由于传输带来的损伤，这样同步网内的其他时钟都同步到该基准钟上，形成了主从全同步网结构。

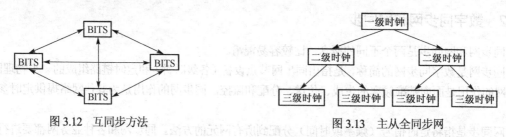

图 3.12　互同步方法　　　　　　　　　　　图 3.13　主从全同步网

由于 GPS 的广泛应用，这种方法被大量采用。其优点是实现方法简单，只需配备 GPS 接收机，并且成本低。但其缺点是可靠性低。由于 GPS 系统归美国政府所有，受控于美国国防部，对世界各地的 GPS 用户没有任何政府承诺，且用户只付了购买 GPS 接收机的费用，并未支付 GPS 系统的使用费用，因此这种方法自主性差，也带来一些不稳定因素。

（2）全准同步网

网络采用分布式结构，时钟具有相同的级别，网内的所有时钟都独立运行，不接受其他时钟的控制，因此，这种网络结构简单、灵活。但这种全准同步网要求网内各个时钟都具有很高的准确度和稳定度以保证业务网的同步性能，因此，这种全准同步网应用不太普遍，只有一些地域小的国家或国际间同步时采用。当网络规模较大时，这种结构的网络不仅成本高，而且难以控制管理，网络的同步性能难以保证。

（3）混合同步网

混合同步网将同步网划分为若干同步区，每个同步区为一个子网，在子网内采用全同步方式，在子网间采用准同步方式。

3.2.3.2　定时分配

为了同步通信网中的各种设备，需要将基准定时信号逐级传递下去。这就需要进行定时分配。定时分配包括局内定时分配和局间定时分配。

（1）局内定时分配

局内定时分配是指在同步网节点上直接将定时信号送给各种通信设备，即在通信楼内直接将同步网设备（BITS）的输出信号连接到通信设备上。此时，BITS 跟踪上级时钟信号，并滤除由于传输所带来的各种损伤，例如抖动和漂移，重新产生高质量的定时信号，用此信号同步局内通信设备。

　　局内定时分配一般采用星形结构，如图 3.14 所示。从 BITS 到被同步设备之间的连线采用 2 Mbps 或 2 MHz 的专线。

　　在通信楼内需要同步的设备主要包括：数字交换机、ATM、No.7 信令转接点设备、数字交叉连接设备（DXC）、SDH 网的终端复用设备（TM）和分插复用设备（ADM）、DDN 网设备、智能网设备等，另外还有一些其他需要同步的设备。

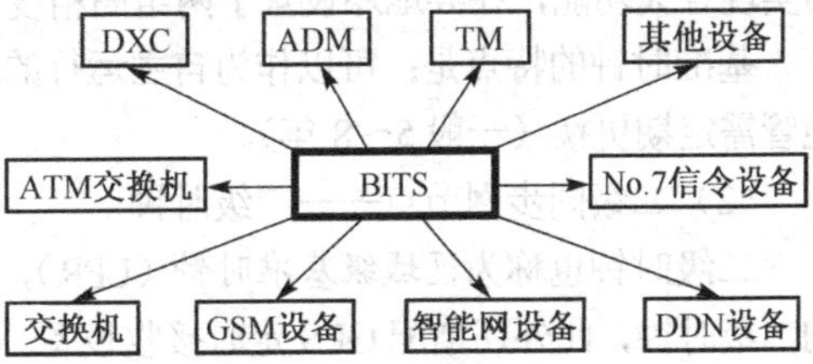

　　这些设备一般都有单独的外时钟输入口。接口类型

图 3.14　局内定时分配

包括 2 Mbps 或 2 MHz 等。BITS 提供的定时信号可以通过 2 Mbps 或 2 MHz 专线直接连到设备的外时钟输入口上，然后通过设备的管理系统将设备的同步方式设置为外同步，这样该设备就可以直接同步于同步网了。

　　这种星形结构的优点是：同步结构简单，直观，便于维护。缺点是外连线较多，发生故障的概率增大，同时，由于每个设备都直接连到同步设备上，这样就占用了较多的同步网资源。

　　（2）局间定时分配

　　局间定时分配是指在同步网节点间的定时传递。

　　根据同步网结构，局间定时传递采用树状结构，通过定时链路在同步网节点间，将来自基准时钟的定时信号逐级向下传递。上级时钟通过定时链路将定时信号传递给下级时钟。下级时钟提取定时，滤除传输损伤，重新产生高质量信号，提供给局内设备，并再通过定时链路传递给自己的下级时钟。

　　目前采用的定时链路主要有两种：PDH 定时链路和 SDH 定时链路。

　　传统的同步网建立在 PDH 环境下，由于 PDH 传输系统对定时是透明的，因此，PDH 传输设备的 2 Mbps 通道适合传送同步网定时信号，定时链路包括 2 Mbps 专线和 2 Mbps 业务线。

　　SDH 定时链路是指利用 SDH 传输链路传送同步网定时。与 PDH 定时链路不同，SDH 定时链路采用 STM-N 信号传递定时，SDH 中普通的 2 Mbps 信号不能用于传送同步网定时。在定时链路始端的 SDH 网元通过外时钟信号输入口接收同步网定时，并将定时信号承载到 STM-N 上，通过 SDH 系统传递下去。

　　在 SDH 系统内，由于 STM-N 信号是同步传输的，因此当采用 SDH 系统传递同步网定时时，SDH 网元时钟将串入到定时链路中，这样 SDH 网元时钟和传输链路就成为同步网的组成部分，需要纳入到同步网的管理维护范围内。

　　SDH 网传送同步网定时具有以下三个特点。

　　① SDH 网络对定时信号不透明。

　　② 容易产生定时环路。

　　③ 定时传递距离受限。ITU-T G.803 规定，基准定时链路上 SDH 网元时钟个数不能超过 60。

　　由此可见，SDH 传递定时比 PDH 传送定时要复杂得多。

3.2.3.3　数字同步网节点时钟

　　同步网节点是同步网上设置各级时钟的地方，一般是在各个通信中心或通信楼内。一个物理地点为一个同步网节点，在一个同步网节点上可以有多套同步网设备。在同步网节点上，各种通信设备可以直接从节点时钟上获取同步网定时。

　　在全同步网内和混合同步网的子网内，节点时钟采用主从同步方法。同步网节点可以分为三级。

　　（1）一级同步网节点——一级时钟（即基准时钟）

　　基准时钟（PRC）是指符合 G.811 建议规定的性能的时钟，能够为全网提供定时基准。基准钟输出信号的频率准确度应优于 1×10^{-11}。基准时钟由铯（原子）钟或 GPS 配铷钟组成，是数字网中最高等级的时钟，是其他所有时钟的唯一基准。

基准时钟一般设置在国家的首府或地域中心。我国在北京设置了三组铯钟（一组主用，两组备用），为实现容灾功能，在异地还设置了两组高精度铯钟及两个 GPS。

基准时钟的特点是：可以作为自主运行的基准源，不受外界控制。但维护成本较高，铯钟内部的铯管需定期更换（一般 5～8 年）。

（2）二级同步网节点——二级时钟

二级时钟也称为区域级基准时钟（LPR），主要有两类：由铷钟构成的二级钟和由晶体振荡器组成的二级时钟，此外还增配 GPS 定时接收设备。但是，无论哪种类型的二级时钟都应满足二级时钟的性能指标。二级时钟输出信号的频率准确度应优于 1×10^{-8}。

二级时钟一般设置在各省、自治区、直辖市的通信中心局内，或在地、市级长途通信楼及一些重要的汇接局内。

二级时钟的特点是：成本低，寿命长，便于维护。

GPS 是美国国防部组织建立并控制的卫星定位系统，可以提供三维定位（经度、纬度、高度）、时间同步和频率同步，是一套覆盖全球的全方位导航系统。由于 GPS 受控于美国，因此可能带来一些不稳定因素，例如故意降低 GPS 精度，关闭 GPS 在某个区域的发送信号，增加随机扰码，周围环境对 GPS 无线信号的干扰等。为此，有些国家也使用 GLONASS 系统（Global Navigation Satellite System），该系统是前苏联在美国 GPS 系统之后研究发展的卫星导航定位系统。

（3）三级同步网节点——三级时钟

三级时钟一般由晶体振荡器组成，满足三级时钟的性能指标。时钟输出信号的频率准确度应优于 1×10^{-6}。

三级时钟一般设置在本地网内的汇接局或端局。

数字同步网节点时钟设备包括两种：独立型定时供给单元和混合型定时供给单元，绝大多数节点时钟为独立型定时供给设备。

目前常见的 BITS（通信楼综合定时供给系统）一般指二、三级时钟，即普通铷钟或晶体钟，一般具有多个基准时钟输入，并能输出局内所需的各种定时信号。另外，还有可用于网络管理的网管接口。

3.2.4　同步网与各种业务网之间的关系

数字同步网作为支撑网，虽然不直接产生经济效益，但数字同步网由于为各种业务网提供精确的定时，因此，时钟性能的好坏将直接影响到业务网的服务质量。

从网同步的角度来说，所有业务网都可以按设备的工作原理划分为需要同步的网络和不需要同步的网络。

从通信网构成的角度划分，通信网可划分为传输和交换两大部分。目前传输网主要包括 PDH 和 SDH 网。PDH 网是不需要网同步的。SDH 网从其设计原理上看，要求严格同步。

在交换领域，新技术层出不穷。传统的电路交换需要严格的网同步，例如数字交换机组成的电话通信网、GSM 网、CDMA 网等。而分组交换技术，从理论上讲是不需要网同步的。但经分组交换处理后，信号以一定速率复用/去复用，经传输网时需要同步，因此这些网络也需要考虑同步问题，例如帧中继网、ATM 网和 Internet 等。

3.3　网　络　管　理

3.3.1　网管基本概念

网络管理简称网管，电话通信网的网管是指实时或近实时地对网络的运行状态和运行效率进行监视，必要时采取控制措施，以达到最大限度地利用网络资源的目的，提高服务质量。通常所说的网管包括话务管理、网络控制和设备监控。在具体建设时，常把话务管理和网络控制功能集成到一个系统中，称为网管系统。而设备监控功能由另一个系统来承担，称为设备监控系统。广义的网络管理包括了这两个系统的功能。

对于电话通信网而言，网管具体包括下列内容。

（1）从各交换机收集话务数据进行话务统计，对全网的话务流量、流向进行统计分析，即对网路进行话务管理。

（2）对交换机和传输设备进行监视，并显示告警。

（3）对电路进行调度。

3.3.2　电话网管数据

网管数据包括静态数据和动态数据两种。静态数据指的是不经常发生变动的数据，如电路群数、电路数、路由等数据。动态数据指的是随时间变化的数据，如电路群的试占次数、接通次数和有效话务量等。动态数据通常有 A、B、C 三类。

（1）A 类动态数据

A 类动态数据是周期性（其周期可以是 5 分钟、15 分钟或 30 分钟等）地采集自交换机的信息，或下级网管中心的设备利用情况与各种数据。从交换机采集的信息包括：呼叫次数与及话务负荷、收发码负荷、处理机负荷；对电路群采集的信息包括：应答占线比（应答次数与总占用次数之比）、溢出百分比（一条电路溢出的试呼次数和总试呼次数之比）、每条电路每小时试呼次数、每条电路每小时占用次数与电路总数之比、占用率（每条电路每小时占用时长与总时长之比）；对目的码采集的信息包括：应答占用比、溢出百分比、电路全忙率（即对目的码的试呼中，迂回电路全忙的次数与总试呼次数的比）。

（2）B 类动态数据

B 类动态数据是按指令要求索取的信息，如去话电路群目的码的话务量统计、收发码器工作情况的统计、按目的码接续情况的统计等。这类数据主要用来分析交换机的接续情况，对提高通信质量和维护水平是十分必要的。

（3）C 类动态数据

这类数据为重大告警信息。当交换机发生重大故障（例如系统中断时），应立即发出告警，并逐级上报。各级网管中心经过分析后采取相应措施和发出控制命令。这类信息的传送具有最高优先级。

3.3.3　电话网的控制

网管系统对采集的网管数据进行分析，然后根据情况采取相应的控制措施，对网路进行控制。对电话网来说，网路的控制分为扩张性控制和保护性控制两大类。

（1）扩张性控制

扩张性控制使可能遇到阻塞的话务通过网路中负荷较轻的部分疏通，以提高呼叫的接通率，并且在一定程度上控制无效的试呼次数，达到恢复网路正常运行的目的。扩张性控制措施有：建立临时的迂回路由、跨越异常路由、变双向电路为单向电路等。在网路发生异常情况时，首先应采用扩张性控制方法。

（2）保护性控制

保护性控制通过控制来减少加入到异常网路（接通率低或处于拥塞状态的网路）中的话务量，达到恢复网路正常运行的目的。保护性控制措施通常有：限制对某目的码（如至国际去话接续中包括冠号"00"、对端国家代码及后续 1～3 位号，国内长途冠号"0"、长途区号，本地接续时的局号等）的呼叫，取消某迂回路由，取消到达某一路由的所有转接（迂回）话务等。通常在不能使用扩张性控制或控制无效时，才采用保护性控制。

上述控制通常采用控制不同百分比的话务负荷来逐步实施，如 25%、50%、75%直至 100%。

3.3.4　电信管理网

ITU-T M.3010 建议对 TMN 的定义如下：电信管理网（Telecommunication Management Network, TMN）是各类操作系统（OS）之间、操作系统与电信设备之间采用标准化协议和信息接口进行管理信息交换的体系结构。

提出 TMN 的目的，是为了支持电信网和电信业务的规划、配置、安装、操作及组织。TMN 通过对电信网进行集中和有效的管理，来提高网路运行效率和用户服务质量。其管理范围包括全部电信网和电信设备；管理功能域主要包括性能管理、故障（或维护）管理、配置管理、账务管理和安全管理，如表 3.1 所示。

表 3.1　TMN 管理功能域

功能域	说　　明
性能管理	提供有关通信设备状况、网络或网元通信活动效率的报告和评估，主要作用是收集各种统计数据以用于监视和校正网络、网元的状态和效能，并协助进行网络规划和分析
故障管理	允许对网络中不正常的运行状况或环境条件进行检测、隔离和纠正，如告警监视、故障定位、故障校正等
配置管理	配置管理涉及网络的实际物理结构的安排，主要实施对网元的控制、识别和数据交换，以及增加和去掉网元、通路、电路等操作
账务管理	允许对网络业务的使用建立记账机制，主要是收集账务记录、设立使用业务的计费参数，并基于以上信息进行计费
安全管理	提供授权机制、访问机制、加密机制、密钥机制、验证机制、安全日志等

对各网系（如电话网、传输网、移动网、IP 网等）的管理，往往通过各自的网管系统来实施，因此，各管理网可以认为是 TMN 的一个逻辑子集，它们的管理范围和内容可进一步具体化。例如电话网的管理范围是电话交换网，但应实现 TMN 的全部功能。随着网管技术的发展和电信运营支撑的需要，各专业网系的管理网将逐步向综合的电信管理网演变。

从理论和技术标准的角度来看，TMN 就是一组原则和为实现原则中定义的目标而制定的一系列技术标准和规范；从逻辑和实施角度来看，TMN 是一个完整而独立的管理网络，是各种不同应用的管理系统，按照 TMN 的标准接口互联而成的网络。这个网络在有限的点上与电信网络接口，与电信网的关系是管与被管的关系，也就是管理网与被管网络的关系。

TMN 与电信网的总体关系如图 3.15 所示。图 3.15 中操作系统代表实现各种管理功能的计算机处理系统，工作站代表实现人机界面的装置，数据通信网提供管理系统与被管网元之间的数据通信能力。

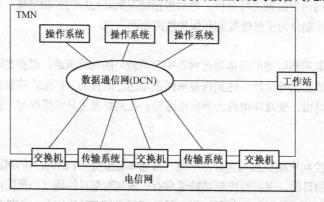

图 3.15　TMN 与电信网的关系

（1）TMN 的体系结构

TMN 具有支持多厂商设备、可扩展、可升级和面向对象的特点，通过它运营商可以管理复杂、动态变化的网络和业务，维护服务质量，扩展业务，保护既有投资等。

TMN 要完成的目标决定了它的整个体系结构具有相当的复杂度，为易于理解和方便实现这样一个复杂的系统，ITU-T M.3000 系列建议从以下三个角度对 TMN 的结构进行描述，它们中的每一个都非常重要，并且它们之间是相互依赖的。

① 信息结构：提供了描述被管理的网络对象的属性和行为的方法，以及为了实现对被管对象的监视、控制、管理等目的，管理者和被管理者之间消息传递的语法语义，信息模型的说明主要采用 OO 方法。

② 功能结构：主要用不同的功能块，以及功能块之间的参考点对 TMN 的实现进行说明。

③ 物理结构：对应功能结构的物理实现。在物理结构中，一个功能块变成一个物理块，参考点则映射成物理接口。其中 OS 是重要的一个物理块，它配置了实施各类管理操作的业务逻辑；最重要的接口是 Q3 接口（OS 与被管资源之间，以及同一管理域内 OS 之间）和 X 接口（不同管理域 OS 之间）。

TMN 的功能块映射成物理实体就构成了 TMN 的物理结构。如图 3.16 所示，TMN 中基本的物理块有操作系统 OS、中介设备 MD、Q 适配器 QA、工作站 WS、网元 NE 和数据通信网 DCN。

TMN 物理结构中，各基本块之间的接口必须是标准的，以保证各部分之间的互操作，这些接口有 Q 系列、F 系列、X 系列等。

功能块与物理块之间并不一定是一一对应的，如 NE 主要完成 NEF 功能，但实际系统中，往往也具备 OSF、MF 和 QAF 功能。

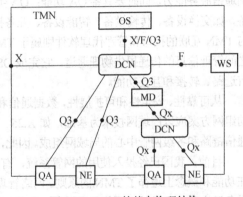

图 3.16 TMN 的基本物理结构

（2）TMN 的网络组织

TMN 的网络结构包含两方面的内容，一是实现不同网管业务的 TMN 子网之间的互联方式，二是完成同一管理业务的 TMN 子网内部各 OS 之间的互联方式。至于采用何种网络结构，通常与电信运营商的组织结构、管理职能、经营体制、网络结构、管理性能等因素有关。我国电信运营商组织结构大体上分为三级：总部、省公司、地区分公司。同时，网络结构也可分为全国骨干网、省内干线网、本地网三级，因此，各网系的管理网组织结构一般采用如图 3.17 所示的三级结构。

图 3.17 TMN 分级网管结构

TMN 的目标是将现有的固定电话网、传输网、移动通信网、信令网、同步网、分组网、数据网等不同网系的管理都纳入到 TMN 的管理范畴中，实现综合网管。由于目前各网系都已建立了相应的网管系统，因此采用分布式管理结构，用分级、分区的方式构建电信管理网，实现各网系的互联是合理的选择。电信运营商综合网管系统与各专业网管系统的互联关系如图3.18所示。

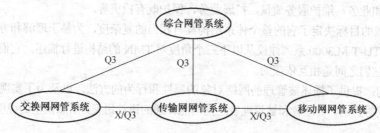

图3.18　综合网管系统与专业网管系统的互联

（3）TMN 设备配置

由 TMN 的物理结构可知，构成 TMN 的物理设备主要有 OS、MD、WS、QA 和 NE。另外，还有为构成 TMN 专用的 DCN 所需的网络互连设备。通常，OS、MD、WS 采用商用计算机系统来实现，对实现 OS 的计算机系统，要求具有高速处理能力和 I/O 吞吐能力；对实现 WS 的计算机系统，侧重要求接口功能的实现，并具有图形用户接口（GUI）以方便管理操作；对实现 MD 的计算机系统则强调通信服务能力，同时要具备 QA 功能；QA 主要实现不同管理协议的转换；NE 主要是指各种电信设备，如交换设备、传输设备、智能设备、业务控制设备等，它主要实现相应的电信业务。但在 NE 中，与 TMN 互联的接口和管理代理软件则属于 TMN 范畴。在 TMN 中，DCN 负责为 OS、QA、NE、MD 之间管理信息的传递提供物理通道，它完成 OSI/RM 模型中的低三层功能，为保证可靠性，DCN 应具有选路、转接和互连功能。

从可靠性、安全性和可扩展性，数据通信和网络技术发展，我国电信网地域辽阔等特点出发，DCN 的组网方案应以广域网技术为基础，如 X.25、PSTN、DDN、IP 等，网络设备主要由路由器、广域网通信链路和各级网管中心的局域网组成。因此，从网络结构看，TMN 实际上是一个广域计算机通信网。

目前，我国已经投入使用的网管系统，有的是基于 TMN 标准的（如 SDH 网管），但大多数只是在功能和概念上遵循了 TMN 的原则。网络管理向 TMN 标准过渡是一个逐步演进的过程，当各类电信设备及电信业务的管理系统都遵循 TMN 的标准去发展时，最终才会演变为一个完整的符合国际标准的电信管理网。

思考题

3.1　No.7 信令有哪些特点？

3.2　No.7 信令的功能结构包括哪几个部分和哪几个功能级？

3.3　什么是信令传送方式？有几种信令传送方式？

3.4　我国的 No.7 信令网分为哪几级？各级功能如何？

3.5　同步网内的同步方式有哪几种？

3.6　同步网与各种业务网之间的关系是什么？

第 4 章　无线网设计基础

无线网的设计包括现网测试分析、链路预算、站址选择、覆盖预测、网络结构、容量规划、频率规划、关键小区参数规划、编号计划等工作。本章重点介绍移动通信无线传播理论，无线网的基站设置、覆盖区设计、无线传播模型及覆盖预测，无线网组网单元选用。

4.1　无线传播理论

4.1.1　移动通信环境电波传播的特点

无线通信系统通常由无线收发信设备、天馈线系统和无线电信道三部分组成。无线通信系统性能的优劣，很大程度上与无线电信道的特性有关。因此，要研究移动通信系统的电波传播性能，就必须研究移动通信中所使用的频段及其电波在移动环境下的传播特性。

不同频段的无线电波，其电波传播方式是不同的。对于工作在 VHF 和 UHF 频段的移动通信系统来说，其无线电波传播的形式主要是直射波及其直射波与反射波的合成波。

无论是移动无线电环境中还是固定无线电环境中，电波传播的固有特性，如反射、散射、折射、绕射和吸收都是一样的。但是，传输信号的衰落特性及其机理在移动和固定两种无线电环境中差别很大。造成这种差别的主要原因有：

① 移动台的天线离地面比较低（移动台天线高度离地一般为 1～4 m），传播路径易受到地形及人为环境的影响。

② 移动台总是在不断移动，使基站与移动台和移动台与移动台之间的传播路径不断发生变化，影响电波传播特性的地形、地物也不断变化。

③ 移动台不断移动的结果是经常不能保持传播路径的余隙，场强因受地形和人为建筑物的阻挡而衰减很大，且随位置的改变而变化。

移动通信的电波传播的基本特点如下：

① 受地形、地物影响大。
② 存在严重的多径衰落现象。
③ 存在固定通信中没有的阴影衰落。
④ 存在由相对运动引起的多普勒效应。
⑤ 存在由时延散布引起的信号波形展宽。

总之，移动通信电波传播特性要比固定通信复杂得多。

以自由空间或平面大地为模型的电波传播损耗的计算公式已不再适用陆地移动通信。为了掌握在各种地形、地物条件下不同工作频率的电波传播特性，通常需要做大量的电波传播试验，得到大量的实测数据，研究统计其规律，从而得到各种地形、地物条件下的传播损耗和工作频率、距离与天线高度之间的关系，绘出电波传播特性的计算图表，或得到计算电波传播损耗的计算模型，以便用它来预测移动通信中接收信号的强度（或传播损耗）。

4.1.2　传输损耗的定义

传输损耗概念中的术语可用图解表示，如图 4.1 所示。

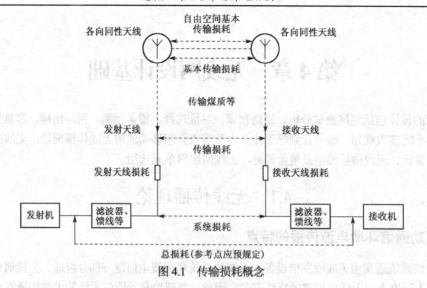

图 4.1 传输损耗概念

图 4.1 中，基本传输损耗是指发射系统的等效全向辐射功率与各向同性接收天线所得到的可用功率之比；系统损耗是指发射天线输入端的射频功率与接收天线输出端的可用射频功率之比；总损耗是指由发射机输出的功率和接收机输入功率之比。

4.1.3 自由空间传输损耗的计算

自由空间是指充满均匀理想介质（电导率 $\sigma = 0$，介电常数 $\varepsilon_0 = \dfrac{1}{36\pi} \times 10^{-9}$ F/m 和导磁率 $\mu_0 = 4\pi \times 10^{-7}$ H/m 的介质）的空间，而且不存在地面和障碍物的影响。在自由空间中传播的电波不产生反射、折射、散射、绕射和吸收等现象，只存在因扩散而造成的衰减。

当天线之间的距离满足 $d \gg \lambda$ 时，自由空间基本传输损耗可由下式计算：

$$L_{bS} = 32.45 + 20\lg f + 20\lg d$$

式中，f 为工作频率，单位为 MHz；d 为收发天线间的距离，单位为 km。

自由空间基本传输损耗是各种模型计算传输损耗的基础，各种模型的传输损耗都以自由空间基本传输损耗为基准，即

实际传输损耗 ＝ 自由空间基本传输损耗 ＋ 模型预测损耗

4.1.4 地形与人为环境的分类

（1）地形的分类

为了计算移动信道中信号的电场强度中值（或传播损耗的中值），在电波传播预测模型中，将地形分为中等起伏地形（准平滑地形）和不规则地形两大类，并以中等起伏地形（准平滑地形）作为传播基准。

① 中等起伏地形（准平滑地形）是指在传播路径的地形剖面上，地形起伏高度不超过 20 m，且起伏较平缓（峰点与谷点之间的水平距离大于起伏高度）的地形。

② 不规则地形。除中等起伏地形（准平滑地形）之外的所有地形，统称为不规则地形。如丘陵地形、孤立山岳、斜坡地形及水陆混合地形等。

（2）人为环境的分类与定义

按照建筑物及树林的密集和屏蔽程度，将人为环境分为下列三类。

① 开阔区：指传播路径上没有或很少有高建筑物及大树的开阔空间，以及前方 300～400 m 内没有任何障碍物的地区，如农田及很少树木的荒地等。

② 郊区：由村庄或公路组成，有分散的树和小房子。在郊区可能有些障碍物靠近移动台，但不十分密集。

③ 市区：指城市或大的城镇，有密集的大建筑物和多层住宅，或者在较大的村庄附近散布着房屋及茂密生长的大树。

（3）天线有效高度定义

由于天线架设在高度不同的地形上，天线的有效高度不一样。因此必须合理规定天线的有效高度。

① 基站天线有效高度 h_b。若基站天线顶点的海拔高度为 h_{ts}，从天线设置地点开始，沿电波传播方向 3～15 km 的平均海拔高度为 h_{ga}（如图 4.2 所示），则定义基站天线有效高度为 $h_b = h_{ts} - h_{ga}$。如果传输距离不足 15 km，h_{ga} 则是 3 km 到实际距离之间的平均海拔高度。

② 移动台天线有效高度 h_m。移动台天线有效高度 h_m 是指移动台天线在当地地面上的高度。

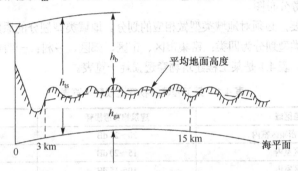

图 4.2　基站天线有效高度 h_b

4.2　无线网路设计

4.2.1　基站设置

基站设置的内容包括基站区的结构、基站数量、基站容量、站址布局、站址选择等。本节将在简单介绍用户密度分布预测的基础上，介绍基站区的结构（全向区、扇形小区）、基站容量及基站数量计算、站址布局与站址选择。

4.2.1.1　用户预测

业务量是设计移动电话网的基础数据。网路设计、设备配置、建设规模及分期扩建方案都取决于业务量预测结果。实际上，工程建设的可行性也是由用户预测结果所决定的，如果用户太少，那么工程建设为不可行或设局不可行。所以，业务量预测是工程设计的前提。

业务量预测的内容应包括用户数预测和话务量估算，用户密度分布的预测则主要用于计算基站应配置的信道数。

由于移动通信仍处于高速发展时期，往往预测赶不上发展，所以预测期不宜太长，一般可取为：近期 5 年（包括建设期 2 年）和远期 10 年（包括建设期 2 年）。

近期用户预测有以下几种方法：① 话机类比法；② 社会调查及城市类比法；③ 车船电话安装率方法；④ 移动电话分布密度法。

在网络规划设计中，实际可采用以下几种预测方法：① 增长趋势预测法；② 人口普及率法；③ 成长曲线法；④ 二次曲线法。

4.2.1.2　用户密度分布预测（话务分布预测）

我国蜂窝移动业务的话务分布特点是：话务量主要集中在大中城市，在城市的市中心又形成一个较为集中的话务密集区，在这样的区域内，一般还存在局部的更高的话务热点，而郊近的话务量较低。建网时如果不考虑这些因素，均匀布点，不仅会造成低话务密度区设备资源的浪费，还会导致高话务密度区容量的不足，影响网络的投资效益和服务质量。要解决这个问题，必须进行话务密度分布预测，并且根据预测结果进行基站布设和信道配置。

话务密度预测的方法目前主要有两种：一是线性预测法，二是线性预测与人工调整相结合的方法。线性预测法的做法如下：利用小区规划软件，借助于数字电子地图，将现有基站统计的忙时话务量实事求是地分配到每个小区中去；将目标年的总话务量输入计算机，小区规划软件就根据现有话务分布情况，生成目标年的话务分布图。

为了网络规划的需要，必须对地域类型做相应的划分。地域类型划分的原则是依据建筑物的穿透损耗，可将大城市地域类型划分为四类：密集市区、市区、郊区、乡村；一般城市地域类型划分为三类：市区、郊区、乡村。表4.1是某工程建筑物穿透损耗一览表。

表 4.1　某工程建筑物穿透损耗一览表

序号	覆盖区域	建筑物穿透损耗	备注
1	特大城市密集区室内	20～25 dB	必须小于等于25 dB
2	市区室内	15～20 dB	
3	郊区室内	10～15 dB	
4	乡村室内	10 dB	
5	车内	6 dB	

也可根据用户密度，将服务区划分成不同密度用户区。对于大城市，通常将移动通信网的服务区分成高密度用户区、中密度用户区和低密度用户区。高密度用户区一般位于市中心商业、外企、娱乐场所较为集中的繁华区，用户密度达到或大于 1000 户/km²；中密度用户区位于城市边缘或一般住宅区、政府部门、国有企业所在地、县城，用户密度达到 500 户/km²；低密度用户区位于远郊的农村、山区，这些地区的用户密度低于 20 户/ km²。

4.2.1.3　基站区的结构

基站区可以根据覆盖半径大小分成大区、小区、微蜂窝区，也可以根据采用的天线类型分成全向区、扇形小区。一个基站区是否要划分成扇形小区，主要取决于用户密度分布和可用频道数。对于高密度用户分布，应采用扇形小区基站；对于中密度用户分布区，一般也采用扇形小区基站；对于低密度用户分布区，则宜采用全向基站。

对于 GSM 系统，扇形小区基站的结构与 GSM 的频率复用方式有关。GSM 的频率复用结构有 4×3、3×3、7×1 等。频率复用一般都是把有限的频率分成若干组，依次形成一簇频率分配给相邻小区使用。

4.2.1.4　典型区域的基站设置

以 3G 移动通信系统的典型区域的基站设置为例。

（1）密集市区和市区

基站以三扇区定向基站为主，小区方位角以原有 GSM 方位角为准，结合周边基站分布情况进行调整。

（2）开发区和乡镇

基站以三扇区定向基站为主。

（3）山谷、盆地

对于面积不大的盆地，可采用全向基站覆盖，站址宜选择在盆地中央；对于狭长形的山谷，可采用两扇区基站覆盖，若话务量不大，也可选择将全向基站分裂为两扇区来实现。

（4）山坡地区

位于山坡上的城镇覆盖，基站宜设置在山坡底部，而不是山顶，天线挂高应足够。

（5）偏远山区、丘陵地区

为了达到良好的广覆盖效果，基站宜选择位置较好的山顶，并应特别考虑交通线、乡镇的分布情况。

（6）交通干线

对于重点建设的高速铁路，应尽量使基站和铁路垂直距离在 150～300 m 之间，过近会引起较大的多普勒频移，过远会造成覆盖不足。天线挂高以高出车顶 15～20 m 为宜。

对于孤立的交通干线，可采用两扇区配置基站，结合窄波瓣、高增益天线，达到远距离覆盖；对于众多乡村、旅游点等分布在交通干线周边时，基站设置应结合交通干线和周边地区的覆盖，宜采用多扇区结构、使用宽波瓣天线。

（7）海域、草原等开阔区域

基站站址尽量选择地势较高的地点或山顶，充分提高天线有效挂高；采用超远覆盖基站，同时可采用高功率功放、塔放等措施，改善上下行链路。

4.2.2　基站覆盖区设计

4.2.2.1　基站初始布局、站址选择与勘察

（1）基站初始布局

蜂窝小区设计是在基站初始布局的基础上进行的，基站初始布局确定好以后，要根据勘察、小区设计、覆盖预测、容量规划的结果进行反复调整，如图 4.3 所示。

基站布局主要受场强覆盖、话务密度分布和建站条件三个方面因素的制约，对于一般的大中城市来说，场强覆盖的制约因素已经很小，主要受话务密度分布和建站条件两个因素的制约。基站布局的疏密要对应于话务密度分布情况。但是，目前对大中城市市区还做不到按街区预测话务密度。因此，对市区可按照：① 繁华商业区，② 宾馆、写字楼、娱乐场所集中区，③ 经济技术开发区、住宅区，④ 工业区及文教区，⑤ 城市边缘近郊区等进行分类。一般来说：①和②类地区应设最大配置的定向基站，如 8/8/8 站型，站间距在 0.6～1.6 km；③ 类地区也应设较大配置的定向基站，如 6/6/6 站型或 4/4/4 站型，基站站间距取 1.6～3 km；④类地区可设小规模定向基站，如 2/2/2 站型，站间距为 3～5 km；⑤类地区可设小规模不规则定向基站或全向基站，站间距在 5 km 以上。以上几类地区内都按用户均匀分布要求设站。主要公路一般设全向或二小区基站，站间距离为 10～20 km。

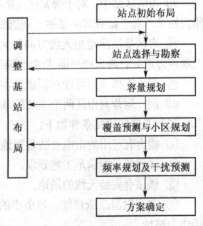

图 4.3　基站初始布局

基站初始布局还要考虑如下几个方面：

① 基站布局应符合蜂窝结构及蜂窝分裂要求，站址应尽量选择在规则蜂窝网中规定的理想位置，

以便频率规划和以后的小区分裂。允许站址偏离范围为：a）4×3 复用方式小于等于 $R/5$（R 为基站区半径）；b）3×3 复用方式小于等于 $R/10$。

② 结合当地规划和地形进行基站布局。

a. 基站布局要结合城市发展规划，可以适度超前。

b. 有重要用户的地方应有基站覆盖。

c. 市内话务量"热点"地段增设微蜂窝站或增加载频配置。

d. 地铁、地下商场、体育场馆的覆盖，如有必要可用微蜂窝或室内分布系统解决。

e. 对于 GSM 系统，在基站容量饱和前，可考虑采用 GSM900/1800 双频解决方案；对于 CDMA 系统，可采用多载波覆盖。

（2）站址选择与勘察

在完成基站初始布局以后，工程设计单位的网络规划工程师要与建设单位一起，根据站点布局图进行站址的选择与勘察。市区站址在初选时，应做到业主（房主）基本同意用做基站。初选完成之后，由工程设计单位与建设单位进行现场查勘，确定站址条件是否满足建站要求，并确定站址方案，最后由建设单位与业主（房主）落实站址。选址要求如下：

① 交通方便、市电可靠、环境安全及占地面积小。

② 在建网初期设站较少时，选择的站址应保证重要用户和用户密度大的市区有良好的覆盖。

③ 在不影响基站布局的前提下，应尽量选择现有的电信枢纽楼、邮电局或微波站作为站址，并利用其机房、电源及铁塔等设施。

④ 避免在 UHF TV 台设站。如果一定要设站，应核实是否存在相互干扰或是否可采取措施避免干扰。

⑤ 避免在雷达站附近设站。如要设站应采取措施防止相互干扰并保障安全。

⑥ 避免在高山上设站。高山站干扰范围大，影响频率复用。在农村高山设站往往对处于小盆地的乡镇覆盖不好。

⑦ 避免在树林中设站。如要设站，应保持天线高于树顶。

⑧ 市区基站中，对于蜂窝区（$R = 1 \sim 3 \text{ km}$），宜选高于建筑物平均高度但低于最高建筑物的楼房作为站址，对于微蜂窝区基站，则选低于建筑物平均高度的楼房设站，且四周建筑物屏蔽较好。

⑨ 市区基站应避免天线方向与大街方向一致而造成对前方同频小区基站的严重干扰，也要避免天线前方近处有高大楼房而造成障碍或反射后干扰其后方的同频小区基站。

⑩ 避免选择今后可能有新建筑物影响覆盖区或同频干扰的站址。

⑪ 同一运营商市区两个系统的基站尽量共址或靠近选址。

（3）必要的建站条件如下：

① 楼内有可用的市电及防雷接地系统。

② 楼面负荷能满足工艺要求。

③ 楼顶有安装天线的场地。

④ 选择机房改造费低、租金少的楼房作为站址，如有可能，应选择本部门的局、站机房、办公楼作为站址。

4.2.2.2 蜂窝小区各参数的设计

蜂窝小区设计要考虑三个设计参数：覆盖场强、覆盖半径、边缘可通概率。这些参数又与下面的各类参数有关：系统余量、快衰落及人为噪声引起的恶化量的储备、各类馈线损耗、路径损耗、基站天线输入功率、天线参数、分集增益、塔顶低噪声放大器、移动台射频性能、上下行链路平衡的计算等。

（1）通信概率的设定

通信概率是指移动台在无线覆盖区边缘（或区内）进行满意通话（指话音质量达到规定指标）的成功概率，包括位置概率和时间概率。

对于 GSM 900/1800 系统，由于覆盖半径一般在 50 km 以内，接收信号中值电平随时间的变化远小于随位置的变化，也就是说，由于时间的变化给通信概率带来的影响很小，以至于可以忽略。而接收信号的中值电平随位置的变化服从正态分布，因此，通常所说的通信概率是位置概率的概念。

在我国，一般采用覆盖区边缘的无线可通率指标。一般按车载台计算：郊区为 75%，城市为 90%。近来，运营商为了提高市场竞争力，提高服务质量，这一指标有了提高，即郊区为 80%，城市为 95%。

（2）系统余量的设定

系统余量是由覆盖区边缘（或区内）的无线可通率指标带来的。

① 系统余量的计算

系统余量的计算公式为

$$D_L = K(L)\sigma_L$$

式中，L 为百分制的覆盖区边缘的无线可通率。$K(L)$ 为与无线可通率有关的系统余量系数。$K(L)$ 值的计算公式为

$$K(L) = \sqrt{2}\,\text{erf}^{-1}(0.02L - 1)$$

式中，$\text{erf}^{-1}(x)$ 为误差函数的反函数。σ_L 为接收信号中值场强随位置变化的标准偏差。

② 接收信号中值场强随位置变化的标准偏差 σ_L 和随时间变化的标准偏差 σ_t

CCIR 第 567-4 号报告中列出的接收信号中值场强随位置及时间变化的标准偏差 σ_L 和 σ_t 列于表 4.2 和表 4.3。这些数据是假定场强随时间和位置的分布为对数正态分布的情况下取得的。合成的标准偏差 $\sigma_T = \sqrt{\sigma_L^2 + \sigma_t^2}$。

表 4.2　标准偏差值 σ_L

频率（MHz）	σ_L 值（dB）				
	准平坦地形		不规则地形，$\Delta h/D$(m)		
	城市区	郊区	50	150	300
900	6.5	8	10	15	18

表 4.3　标准偏差值 σ_t

地形	σ_t（dB）/D (km) = 50 km
陆地	2
海面	9
水、陆混合路径	3

σ_L 值也可按如下方式计算。

对于市区及林区（Okumura 实验曲线的拟合结果）：

$$\sigma_L = 4.92 + 0.02(\lg f)^{4.08}$$

对于其他地区（CCIR567 号报告）：

$$\sigma_L = \begin{cases} 6 + 0.69(\Delta h/\lambda)^{0.5} - 0.0063(\Delta h/\lambda) & \Delta h/\lambda \leqslant 3000 \\ 25 & \Delta h/\lambda > 3000 \end{cases}$$

1800 MHz 的 σ_L 值未有报告，可以取与 900 MHz 相同的值。

③ 系统余量的计算

例如，求覆盖区边缘的无线可通率为 75% 及 90% 的系统余量。

$K(L)$ 值分别为

$$K(75\%) = \sqrt{2}\,\text{erf}^{-1}(0.02 \times 75 - 1) = \sqrt{2}\,\text{erf}^{-1}(0.5) = 0.675$$

$$K(90\%) = \sqrt{2}\,\text{erf}^{-1}(0.02 \times 90 - 1) = \sqrt{2}\,\text{erf}^{-1}(0.8) = 1.28$$

于是，系统余量分别为

$$D_{75\%} = 0.675\sigma_L$$
$$D_{90\%} = 1.28\sigma_L$$

以准平坦地形城市市区为例，$\sigma_L = 6.5\text{dB}$，则

$$D_{75\%} = 0.675\sigma_L = 0.675 \times 6.5 = 4.3875 \text{ dB}$$
$$D_{90\%} = 1.28\sigma_L = 1.28 \times 6.5 = 8.2 \text{ dB}$$

即准平坦地形城市市区，覆盖区边缘的无线可通率为 75%及 90%的系统余量分别取 4.4 dB 和 8.2 dB。

系统余量也可以通过查表、查曲线等形式获取。

（3）快衰落及人为噪声引起的恶化量的储备的设定

恶化量是指存在多径传播效应及人为噪声（主要是汽车火花干扰）的情况下，为了达到只有接收机内部噪声条件下的同样的话音质量所必需的接收电平的增加量。

由于多径传播造成的快衰落，使信号瞬时电平的中值电平起伏 10～20 dB，甚至更大，但这并不等于它引起的恶化量。而且多径传播只对运动着的车载台引起信号的快衰落，这种快衰落的信号听起来好像是声音颤动。对于静止着的车载台或缓慢移动的手持机而言，多径传播的效应是在覆盖区内造成一些信号很低的小洞，这时，在低功率的手持机中，话音听起来很嘈杂。所以，多径传播效应对于行进中的车载台和对于停着的车载台及手持机所造成的恶化量是不同的，但都引起噪声增加，故将其与人为噪声影响一并考虑。

对于 GSM 900/1800 移动通信网，只需考虑 3 级话音质量，移动台的恶化量储备为 5 dB，基站台接收的恶化量储备为 12 dB（车辆在行驶中）和 0 dB（车辆在停止中或移动台缓慢移动）。

对于 VHF 频段，移动台接收时引起话音质量恶化的主要因素是人为噪声，而在 UHF 频段的恶化量则主要由快衰落引起。在基站接收时，由于接收天线远离人为噪声源，快衰落引起的恶化量比人为噪声引起的恶化量要大得多。

一般恶化量储备为 8～10 dB。

需要注意的是，对于噪声受限的覆盖区，恶化量和系统余量是必须要考虑的；对于干扰受限的覆盖区，场强覆盖一般没有问题，可根据实际情况酌情处理。

（4）各类损耗的确定

① 建筑物的穿透损耗。建筑物的穿透损耗是指电波通过建筑物的外层结构时所受到的衰减，它等于建筑物外与建筑物内的场强中值之差。建筑物的穿透损耗与建筑物的结构、门、窗的种类和大小、楼层有很大关系。穿透损耗随楼层高度的变化，一般为–2 dB/层，因此，一般都考虑一层（底层）的穿透损耗。

下面是一组针对 900 MHz 频段，综合国外测试结果的数据。

中等城市市区一般钢筋混凝土框架建筑物，穿透损耗中值为 10 dB，标准偏差为 7.3 dB；郊区同类建筑物，穿透损耗中值为 5.8 dB，标准偏差为 8.7 dB。

大城市市区一般钢筋混凝土框架建筑物，穿透损耗中值为 18 dB，标准偏差为 7.7 dB；郊区同类建筑物，穿透损耗中值为 13.1 dB，标准偏差为 9.5 dB。

大城市市区金属整体结构或特殊金属框架结构的建筑物，穿透损耗中值为 27 dB。

由于我国的城市环境与国外有很大的不同，一般比国外同类名称要高 8～10 dB。在工程实践中，建筑物的穿透损耗的经验值见表 4.4。

表 4.4　建筑物穿透损耗的经验值

序号	覆盖区域	建筑物穿透损耗
1	特大城市密集区室内	20～25 dB
2	市区室内	15～20 dB
3	郊区室内	10～15 dB
4	乡村室内	10 dB
5	车内	6 dB

1800 MHz 的建筑物的穿透损耗比 900 MHz 的要大。对于 GSM 系统，GSM 规范 3.30 中提到，城市环境中的建筑物的穿透损耗一般为 15 dB，农村为 10 dB。1800 MHz 的建筑物的穿透损耗一般取比同类地区 900 MHz 的穿透损耗大 5～10 dB。

② 人体损耗。对于手持机，当位于使用者的腰部和肩部时，接收的信号场强比天线离开人体几个波长时将分别降低 4～7 dB 和 1～2 dB。人体损耗一般设为 3 dB。

③ 车内损耗。金属结构的汽车带来的车内损耗不能忽视。尤其在经济发达的城市，人的部分时间是在汽车中度过的。一般车内损耗为 8～10 dB。

（5）基站天线 EIRP 的计算

基站天线输入功率是指进入基站发射天线的功率，包含了发射机输出功率，合路器的损耗、馈线损耗、接头损耗及其他器件的损耗等因素。计算公式为（用 dB 值表示）

$$基站天线输入功率（dB）= 发射机输出功率-（合路器的损耗 + 馈线损耗 +$$
$$接头损耗 + 其他器件的损耗）$$

如果再考虑基站发射天线的增益，就为 EIRP（等效全向辐射功率），即有

$$基站天线 EIRP（dB）= 基站天线输入功率 + 基站天线的增益$$

（6）天线的选定

① 天线性能参数的选定

天线增益：一般天线的发射方向（垂直方向或水平方向）越集中，那么获得的天线增益也就越高。对于一个全向性天线，在所有方向上的增益都是相同的。对于定向性天线，其主发射方向的增益最大。

前后比：对于定向天线，有明显的最大增益方向，前后比是指最大主方向增益与反方向增益之比，它可以表示出天线的定向性情况。

极化：天线对发射波束的极化方式，有水平极化和垂直极化两种。

波束宽度：一般指天线发射的主方向与发射功率下降 3 dB 点的一个夹角，并把这个区域称为天线的波瓣，如图 4.4 所示。波束宽度又可以用水平 3 dB 宽度和垂直 3 dB 宽度来表示，在天线说明书方向图上可以明确地查到。

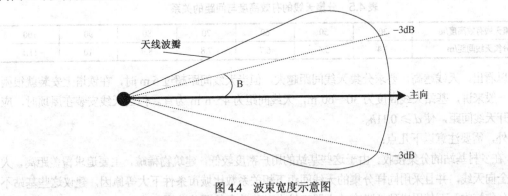

图 4.4　波束宽度示意图

根据组网的要求建立不同类型的基站，而不同类型的基站需要选择不同类型的天线。选择的依据就是上述技术参数。比如全向站就采用了各个水平方向增益基本相同的全向型天线，而定向站采用了水平方向增益有明显变化的定向型天线。一般在市区选择水平波束宽度 B 为 60° 的天线，在郊区选择水平波束宽度 B 为 90° 的天线，而在乡村选择能够实现大范围覆盖的全向天线则是最为经济的。

② 天线有效高度与倾角

在工程设计中，基站天线有效高度的选择一般为：市区 30～40 m，郊区 40～50 m，乡村 50～60 m。

天线倾角：当天线以垂直方向安装后，它的发射方向是水平的，由于要考虑到同频干扰、时间色散等问题，小区制的蜂窝网络的天线一般有一个下倾角度。天线的下倾方式可以分为机械下倾和电子下倾两种。天线的机械下倾角度过大时，会导致天线方向图严重变形，给网络的覆盖和干扰带来许多不确定因素，因此不主张天线下倾超过25°。

③ 天线分集技术的应用

采用分集技术，可以抑制衰落的影响。分集增益与通信概率（覆盖区边缘无线可通率）有关，概率越大，分集增益越大，一般为3～5 dB。

一般天线分集常采用空间分集或极化分集。空间分集是指两副接收天线架设的间距相隔一定的距离，从而使接收到的信号相关性小，提高接收质量。极化分集是指使两副接收天线的极化角度互成90°，这样就可以获得较好的分集增益，并且可以把这种分集天线集成于一副天线内实现，即所谓的双极化天线。这样，对于一个扇区，就只需一副Tx天线和一副Rx天线，若采用双工器，则只需一副收发合一的天线，但对天线要求较高。

经验表明，对于室内用户来说，空间分集和极化分集的效果大致相近，而对于室外用户，空间分集效果要优于极化分集效果。在GSM组网中，普遍采用空间分集接收来减小深衰落的影响及改善检波后的信噪比。另外，对于移动台在功率上与基站的差额是一种有效的补偿措施。

空间分集的具体实施就是在同一基站或小区，采用两副水平间隔数十个波长的天线接收同一信号，再通过分集组合技术（也称合并技术）选出最强信号或组合成衰落较小的信号。可以用分集增益来表示空间分集的改善情况，其大小与采用组合技术有关，但主要改善取决于分集天线的有效高度（h_b）与水平间距（d）之比值（$h_b/d = \eta$）及接收信号到达角（来波角）α。当接收正面来的信号（即$\alpha = 0°$）时，两副分集接收天线上信号相关系数最小，分集增益最大；当接收侧面来的信号（即$\alpha = 90°$）时，则其相关系数最大，分集增益最小。

为了获得较好的分集增益并在工程实施中可以实现，通常取分集接收天线上的信号其相关系数$\rho \leq 0.7$来决定天线间距。对于900 MHz频段，不妨取一个折中的来波角（$\alpha = 45°$）进行计算，则得到其分集天线的有效高度与间距的关系如表4.5所示。

表4.5　分集天线的有效高度与间距的关系

分集天线有效高度/m	30	50	60	70	80	90	100
分集天线间距/m	3.4	5.6	6.7	7.8	8.9	10	11.1

可以看出，天线越高，要求分集天线间距越大，但当天线间距超过6 m时，在铁塔上安装就很困难了。一般来讲，基站天线高度为30～60 m，天线间距为4～6 m为宜。但当天线安装在屋顶时，应尽量拉开天线间距，使$d \geq 0.11h_b$。

另外，需要注意以下几点：

a. 在乡村基站的分集接收。由于这些基站的用户密度较低，建筑物稀疏，主要追求覆盖距离，大多采用全向天线，并且采用同样分集的天线间距下相关系数比城市条件下大等原因，建议这些基站不要采用分集接收，而使用塔顶低噪声放大器来扩大对移动台的覆盖范围。

b. 分集天线的排列。要按照水平间隔布置，不要按垂直间隔排列。因为在同样间距条件下，垂直布置比水平布置的相关系数要大得多。如果为了得到同样的相关系数，垂直间距将很大，安装困难，并且分集性能也可能变坏。

c. 分集天线有效高度小于30 m的天线间距。一定要保证大于等于3 m，因为虽然按照0.11h_b得到的间距小于3 m，但为了使两副天线的相互影响造成的方向图畸变保持在2 dB以内，分集天线间距应取大于等于3 m。

④ 基站使用塔顶低噪声放大器带来的增益

使用塔顶低噪声放大器（塔放）可以降低系统的噪声系数，相当于提高了基站的接收机的灵敏度。使用塔放，其增益的计算较为复杂，可用下列例子说明。

不加塔顶低噪声放大器：

系统噪声：
$$\mathrm{NF}_{系统}\,(\mathrm{dB}) = \mathrm{NF}_1 + L_1$$

其中，NF_1 为接收机自身噪声系数，L_1 为馈线损耗。设 $\mathrm{NF}_1 = 6\,\mathrm{dB}$，$L_1 = 2\,\mathrm{dB}$，则 $\mathrm{NF}_{系统}\,(\mathrm{dB}) = \mathrm{NF}_1 + L_1 = 6 + 2 = 8\,\mathrm{dB}$。

加塔顶低噪声放大器：

系统噪声：
$$\mathrm{NF}_{系统}\,(\mathrm{dB}) = F_1 + (F_2 - 1)/G_1 + (F_3 - 1)/G_1 \cdot G_2$$

其中，F_1 为塔放的噪声系数，G_1 为塔顶低噪声放大器的增益，F_2 为馈线的噪声系数，G_2 为馈线的增益，F_3 为接收系统的噪声系数。设 $G_1 = 12\,\mathrm{dB} = 15.85$，$F_1 = 2\,\mathrm{dB} = 1.58$，$F_2 = 2\,\mathrm{dB} = 1.58$，$G_2 = 0\,\mathrm{dB} = 1$，$F_3 = 6\,\mathrm{dB} = 3.98$，则 $\mathrm{NF}_{系统}\,(\mathrm{dB}) = F_1 + (F_2 - 1)/G_1 + (F_3 - 1)/G_1 \cdot G_2 = 2.58\,\mathrm{dB}$。

通过比较，发现系统噪声系数降低了 5.42 dB，相当于在系统中加装塔顶低噪声放大器后的灵敏度提高了约 5 dB。

在噪声受限的覆盖区中，使用塔放可以改善上行信号；在干扰受限的系统中，一般不考虑使用塔放。

⑤ 移动台性能参数的设定

移动台的发射功率考虑的是最大发射功率，有 1 W 的和 2 W 的，因为要兼顾到性能比较差的移动台也能接入系统，一般考虑为 1 W（30 dBm）。

移动台天线的增益视移动台的性能而定，一般设为 0 dB。

4.2.2.3　上下行链路平衡的计算

对于实现双向通信的 GSM 系统来说，上下行链路平衡是十分重要的，是保证在两个方向上具有同等的话务量和通信质量的主要因素，也关系到小区的实际覆盖范围。

下行链路（DownLink）是指基站发，移动台接收的链路；上行链路（UpLink）是指移动台发，基站接收的链路。上下行链路平衡的算法如下。

（1）下行链路（用 dB 值表示）

$$P_{\mathrm{inMS}} = P_{\mathrm{outBTS}} - L_{\mathrm{duplBTS}} - L_{\mathrm{pBTS}} + G_{\alpha\mathrm{BTS}} + C_{\mathrm{ori}} + G_{\alpha\mathrm{MS}} + G_{\mathrm{dMS}} - L_{\mathrm{slantBTS}} - \mathrm{LP}_{\mathrm{down}}$$

式中，P_{inMS} 为移动台接收到的功率；P_{outBTS} 为 BTS 的输出功率；L_{duplBTS} 为合路器、双工器等的损耗；L_{pBTS} 为 BTS 的天线的馈线、跳线、接头等损耗；$G_{\alpha\mathrm{BTS}}$ 为基站发射天线的增益；C_{ori} 为基站天线的方向系数；$G_{\alpha\mathrm{MS}}$ 为移动台接收天线的增益；G_{dMS} 为移动台接收天线的分集增益；L_{slantBTS} 为双极化天线的极化损耗；$\mathrm{LP}_{\mathrm{down}}$ 为下行路径损耗。

（2）上行链路（用 dB 值表示）

$$P_{\mathrm{inBTS}} = P_{\mathrm{outMS}} - L_{\mathrm{duplBTS}} - L_{\mathrm{pBTS}} + G_{\alpha\mathrm{BTS}} + C_{\mathrm{ori}} + G_{\alpha\mathrm{MS}} + G_{\mathrm{dBTS}} - \mathrm{LP}_{\mathrm{up}} + G_{\mathrm{ta}}$$

式中，P_{inBTS} 为基站接收到的功率；P_{outMS} 为移动台的最大输出功率；L_{duplBTS} 为合路器、双工器等的损耗；L_{pBTS} 为 BTS 的天线的馈线、跳线、接头等损耗；$G_{\alpha\mathrm{BTS}}$ 为基站发射天线的增益；C_{ori} 为基站天线的方向系数；$G_{\alpha\mathrm{MS}}$ 为移动台发射天线的增益；G_{dBTS} 为基站接收天线的分集增益；$\mathrm{LP}_{\mathrm{up}}$ 为上行路径损耗。G_{ta} 为使用塔放的情况下，由此带来的增益。

根据互易定理，即对于任一移动台位置，上行路径损耗等于下行路径损耗，即

$$\mathrm{LP}_{\mathrm{down}} = \mathrm{LP}_{\mathrm{up}}$$

设系统余量为 D_{L}，移动台的恶化量储备为 D_{NMS}，基站的恶化量储备为 D_{NBTS}，移动台的接收灵敏

度为 MS_{sense}，基站的接收机灵敏度为 BTS_{sense}，L_{other} 为其他损耗，如建筑物穿透损耗、车内损耗、人体损耗等。于是，对于覆盖区内的任一点，应满足

$$P_{inMS} - D_L - D_{NMS} - L_{other} \geqslant MS_{sense}$$
$$P_{inBTS} - D_L - D_{NBTS} - L_{other} \geqslant BTS_{sense}$$

上下行链路平衡的目的是调整基站的发射功率，使得覆盖区边界上的点（离基站最远的点）满足

$$P_{inMS} - D_L - D_{NMS} - L_{other} = MS_{sense}$$

于是，得到了基站的最大发射功率的计算公式：

$$P_{outBTS} \leqslant MS_{sense} - BTS_{sense} + P_{outMS} + G_{BTS} - G_{dMS} + L_{slantBTS} - G_{ta} + D_{NMS} - D_{NBTS}$$

4.2.3 无线传播模型及覆盖预测

4.2.3.1 无线传播模型概述

在移动通信网的规划阶段和网络优化期间，最重要的传播问题是路径损耗。

路径损耗是无线网规划设计的一个重要依据，对蜂窝移动通信系统设计中的覆盖范围、信噪比、远近效应都有影响。因此，在移动通信网络的最初规划阶段，或今后的扩容、网络优化期间，都需要进行路径损耗预测。

无线传播模型的作用就是用来预测不同传播环境下的路径损耗，从而更好地建设当地的无线通信网络。

电波（无线）传播预测模型是指一定地形、地貌、人为环境下的无线电传播路径损耗的计算图表或公式。

精确地描述复杂环境中传播信号的变化特征，是一项非常艰巨的任务。

下面介绍的各种模型，通过大量的实测数据或精确的电磁理论计算，预测了当地无线信号的变化。为了掌握在各种地形、地物条件下，不同工作频率的电波传播特性，通常需要做大量的电波传播试验，得到大量的实测数据，研究统计规律，从而得到各种地形地物条件下的传播损耗和工作频率、距离、天线高度之间的关系，绘出电波传播特性的计算图表或得到电波传播损耗的计算公式，以便用它来预测移动通信中接收信号的强度（或传播损耗）。

4.2.3.2 常用的传播预测模型

电波传播模型可提供一定地形、地貌、人为环境下的无线电传播路径损耗的计算公式。在无线网设计中一般使用下面的传播模型。

根据无线传播模型的性质，可以分为下面几类：经验模型（也称统计型模型）、确定性模型（也称决定型模型）和半经验或半确定性模型。

（1）经验模型是根据大量的测量结果，进行统计分析后得到的传播模型。用经验模型预测路径损耗的方法很简单，一般计算量较小，对电子地图的数据要求也较低，不需要相关环境的详细信息，一般可以利用测试数据加以修正。因此经常使用，但不能提供非常精确的路径损耗值。

（2）确定性模型是根据传输路径上的地物、建筑物的几何信息，利用电磁波的绕射、反射理论得到的模型。对具体现场环境直接应用电磁理论计算的方法，环境描述从地形、地貌数据库中得到。一般计算量大，对电子地图要求也较高，它需要建筑物的信息，一般不能利用测试数据加以修正。

不同的传播模型，其使用条件是不同的，即使是同一传播模型，应用于不同的地区时，其效果也可能完全不同。引起这种现象的主要原因是，不同地区的地物特征千差万别。为了体现这些差别，需要进行实际测试，利用测试数据对理论值进行校正。

由于移动通信所在环境的多样性，每个传播模型都是对某种特定类型环境设计的。因此，可以根据传播模型的应用环境对它们进行分类。

通常考虑如下三类应用环境（小区）：

① 宏小区（宏蜂窝）。宏小区是面积很大的区域，覆盖半径为 1～25 km，基站发射天线通常架设在周围的建筑物上方。通常，在收发天线之间没有直达射线。

② 微小区（微蜂窝）。微小区的覆盖半径为 0.1～1 km，覆盖区域不一定是圆的。发射天线的高度可以和周围建筑物的高度相同，或者略高于或低于周围建筑物的高度。通常，根据收发天线和环境障碍物的相对位置可分成两类情况：LOS（视距）情况和 NLOS（非视距）情况。

③ 微微小区（微微蜂窝）。微微小区的典型半径为 0.01～0.1 km。微微小区可以分为两类：室内和室外。发射天线在屋顶下面或者在建筑物内。无论是在室内还是在室外，通常要分别考虑 LOS 和 NLOS 这两种情况。

一般来说，三种类型模型和三种小区类型之间有相互适应的关系，如图 4.5 所示。

经验模型和确定性模型的选择：1 km 是分水岭。经验模型在 1～35 km 范围内的预测准确性较高，常见的经验性模型有 Okumura-Hata 模型和 COST-231 模型；确定性模型在 1 km 内的预测准确性较高，常见的确定性模型有 COST-231-Walfish-Ikegami 模型。

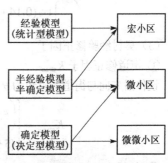

图 4.5　三类模型和三种小区的关系

1. Okumura-Hata 模型

日本人奥村（Okumura）等人曾于 1962 年和 1965 年在东京近郊地区，在 VHF、UHF 频段内，用宽范围的频率、几种固定天线高度、几种移动台天线高度，在各种各样的不规则地形和地物环境条件下对接收信号强度，做了大量的场强测试，并利用这些测试数据的统计分析结果和 E. Shimiza 等人先前在 VHF 频段（200 MHz）的测试结果，提出了一套较完整的陆地移动无线电波传播设计曲线及各种地形修正因子，这就是目前应用较为广泛的 Okumura 场强预测方法。

为了能在系统设计中，使用计算机预测 Okumura 场强，Hata 根据 Okumura 基本中值场强预测曲线提出了传播损耗的经验公式，这就是所谓的 Okumura-Hata 模型。

Hata 在提出这个经验公式时做了下列三点假设，以求简化：

① 作为两个全向天线之间的传播损耗处理。

② 作为中等起伏地形（准平滑地形）而不是不规则地形处理。

③ 将城市市区的传播损耗公式作为标准，其他地区采用校正公式进行修正。

（1）Okumura-Hata 模型的适用条件

① 频率 f 为 150～1500 MHz。

② 基站天线有效高度 h_b 为 30～200 m。

③ 移动台天线高度 h_m 为 1～10 m。

④ 通信距离为 1～35 km。

城区类型：城市、郊区、开阔地、准开阔、农村等。

地形类型：丘陵、斜坡、孤立山峰、水陆混合等。

城市特有的修正因子：街道走向、建筑物密度。

（2）Okumura-Hata 公式

按照 Okumura-Hata 模型，城市中等起伏地形（准平滑地形）中值路径损耗 $L_{b城}$ 的公式为

$$L_{b城} = 69.55 + 26.16\lg f - 13.82\lg h_b - a(h_m) + (44.9 - 6.55\lg h_b)(\lg d)^r$$

式中，h_b、h_m 分别为基站、移动台天线有效高度，单位为 m；d 是基站与手机之间的距离，单位为 km；f 为工作频率，单位为 MHz；$a(h_m)$ 为移动台天线修正因子；γ 为远距离传播修正因子。

① 移动台天线修正因子

$$a(h_m) = \begin{cases} (1.1\lg f - 0.7)h_m - (1.56\lg f - 0.8), & \text{中小城市} \\ 8.29(\lg 1.54 h_m)^2 - 1.1, & 150 < f < 200 \text{ MHz} \\ 3.2(\lg 11.75 h_m)^2 - 4.97, & 400 < f < 1500 \text{ MHz} \\ 0, & h_m = 1.5 \text{ m} \end{cases} \Bigg\} \text{大城市}$$

② 远距离传播修正因子

$$\gamma = \begin{cases} 1, & d \leqslant 20 \\ 1 + (0.14 + 1.87 \times 10^{-4} f + 1.07 \times 10^{-3} h_b)\left(\lg \dfrac{d}{20}\right)^{0.8}, & d > 20 \end{cases}$$

（3）奥村经验修正因子

① 街道修正因子 K_{street}

设传播方向与街道的夹角为 θ，K_{street} 为街道修正因子，则

$$K_{street} = \begin{cases} \left(5.9 - \dfrac{11}{6}\lg d\right)\sin\theta - \left(7.6 - \dfrac{10}{6}\lg d\right)\cos\theta, & 1 \leqslant d \\ (5.9\sin\theta - 7.6\cos\theta), & d < 1 \end{cases}$$

② 郊区修正因子 K_{mr}

$$K_{mr} = -(2(\lg(f/28))^2 + 5.4)$$

③ 开阔地修正因子 Q_o

$$Q_o = -(4.78(\lg f)^2 - 18.33\lg f + 40.94)$$

④ 准开阔地修正因子 Q_r

$$Q_r = Q_o + 5.5$$

⑤ 农村修正因子 R_u

$$R_u = -\left(\lg \dfrac{f}{28}\right)^2 - 2.39(\lg f)^2 + 9.17\lg f - 23.17$$

⑥ 丘陵地修正因子 K_h

$$K_h = \begin{cases} 0, & \Delta h < 5 \\ -(-5.7 + 0.024\Delta h + 6.96\lg \Delta h) - (9.51 g h_1 - 7.2), & \Delta h \geqslant 15, h_1 > 1 \\ -(-5.7 + 0.024\Delta h + 6.96\lg \Delta h) + 7.2, & \Delta h \geqslant 15, h_1 \leqslant 1 \end{cases}$$

式中，Δh 为地形起伏高度，如图 4.6 所示。由移动台算起，向基站方向延伸 10 km（不足 10 km，则以实际距离计算），在此范围内计算地形起伏高度的 10% 到 90% 之间的差值（适用于多次起伏的情况，起伏次数大于 3）。$h_1 = h_{mg} - \Delta h/8 - h_{min}$，$h_{mg}$、$h_{min}$ 为 Δh 计算剖面上的平均地形高度、最小地形高度。

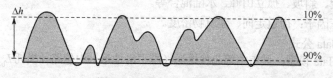

图 4.6　地形起伏高度示意图

⑦ 一般倾斜地形修正因子 K_{sp}

模拟一般倾斜地形示意图如图 4.7 所示。斜坡地形有可能产生第二次地面反射。在水平距离 $d_2 > d_1$ 时，图 4.7 中所示的正负斜坡都有可能产生第二次地面反射。

近似归纳斜坡地修正因子为

$$K_{sp} = 0.008d\theta_m - 0.002d\theta_m^2 + 0.44\theta_m$$

式中，θ_m 以毫弧度为单位，d 的单位为 km。

⑧ 孤立山峰修正因子 K_{im}

模拟孤立山峰示意如图 4.8 所示。

$$v = h_p\sqrt{\frac{2}{\lambda}\left(\frac{1}{r_1} + \frac{1}{r_2}\right)}$$

$$K_{im} = \begin{cases} 6.9 + 20\lg(\sqrt{(v-0.1)^2+1} + v - 0.1), & v > -0.7 \\ 0, & v \leqslant -0.7 \end{cases}$$

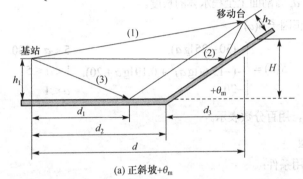

(a) 正斜坡$+\theta_m$

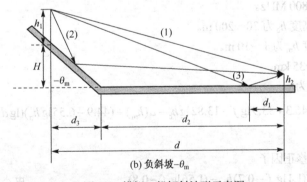

(b) 负斜坡$-\theta_m$

图 4.7　模拟一般倾斜地形示意图

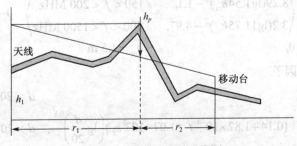

图 4.8　模拟孤立山峰示意图

⑨ 水陆混合路径修正因子 K_{ts}

传播路径遇上水域时分两种情况考虑，如图 4.9 所示。

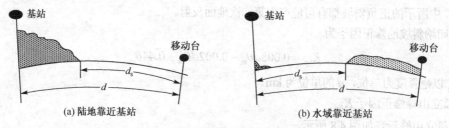

图 4.9　传播路径遇水域示意图

定义修正因子为

$$K_{ts} = \begin{cases} (a): -(-7.0/q + 0.68q - 0.8q^2 d) \\ (b): -(-0.48qd + 9.6q^2) \end{cases}$$

式中，$q = d_s/d(\%)$，d_s 为剖面上全程水体的长度。

⑩ 建筑物密度修正因子 $S(a)$

$$S(a) = \begin{cases} -(30 - 25\lg a), & 5 < a \leqslant 100 \\ -(-15.6(\lg a)^2 + 0.19\lg a + 20), & 1 < a \leqslant 5 \\ -20, & a \leqslant 1 \end{cases}$$

式中，a 为建筑物密度，用百分数表示。

2.　COST-231 模型

COST-231 模型适用条件：

（1）工作频段 900/1800 MHz。

（2）基站天线有效高度 h_b 为 30～200 m。

（3）移动台天线高度 h_m 为 1～10 m。

（4）通信距离为 1～35 km。

COST-231 模型公式为

$$L_{b城} = 46.3 + 33.9\lg f - 13.82\lg h_b - a(h_m) + (44.9 - 6.55\lg h_b)(\lg d)^\gamma$$

参数说明：

① 移动台有效高度修正因子

$$a(h_m) = \begin{cases} (1.1\lg f - 0.7)h_m - (1.56\lg f - 0.8), & \text{中小城市} \\ \left.\begin{array}{ll} 8.29(\lg 1.54h_m)^2 - 1.1, & 150 < f < 200 \text{ MHz} \\ 3.2(\lg 11.75h_m)^2 - 4.97, & 400 < f < 1500 \text{ MHz} \end{array}\right\} \text{大城市} \\ 0, & h_m = 1.5 \text{ m} \end{cases}$$

② 远距离传播修正因子

$$\gamma = \begin{cases} 1, & d \leqslant 20 \text{ km} \\ 1 + (0.14 + 1.87\times10^{-4}f + 1.07\times10^{-3}h_b)\left(\lg\dfrac{d}{20}\right)^{0.8}, & d > 20 \text{ km} \end{cases}$$

式中，h_b、h_m 分别为基站、移动台天线有效高度，单位为 m，d 的单位为 km。

③ 各种修正因子

同 Okumura-Hata 模型。

3. COST-231-Walfish-Ikegami 模型

Okumura-Hata 模型不适用于基站区半径 ≤1 km 的传播预测。对于基站区半径 ≤1 km 的微蜂窝区，覆盖区预测模式宜采用 COST-231-Walfish-Ikegami 模型。

COST-231-Walfish-Ikegami 模型可应用于宏蜂窝、微蜂窝及微微蜂窝中做传播模型损耗预测。

（1）适用条件

① 工作频段 900/1800 MHz。

② 基站天线有效高度 h_b 为 4～50 m。

③ 移动台天线高度 h_m 为 1～3 m。

④ 通信距离为 0.02～5 km。

（2）中值路损的模型公式

① 视通

$$L_b = 42.6 + 26 \lg d + 20 \lg f \qquad 仅限于 d \geqslant 20 \text{ m}$$

式中，d 是基站与手机之间的距离，单位为 km；f 为工作频率，单位为 MHz。

② 非视通

$$L_b = L_0 + L_{rts} + L_{msd}$$

$$L_{rts} = \begin{cases} -16.9 - 10 \lg w + 10 \lg f + 20 \lg \Delta h_{Mobile} + L_{ori}, & h_{roof} > h_{Mobile} \\ 0, & L_{rts} < 0 \end{cases}$$

$$L_{rts} = \begin{cases} -10 + 0.354\varphi, & 0 \leqslant \varphi < 35° \\ 2.5 + 0.075(\varphi - 35), & 35° \leqslant \varphi < 55° \\ 4.0 - 0.114(\varphi - 55), & 55° \leqslant \varphi < 90° \end{cases}$$

$$L_{msd} = \begin{cases} L_{bsh} + K_a + K_d \lg d + K_f \lg f - 9 \lg b \\ 0, & L_{msd} < 0 \end{cases}$$

$$L_{bsh} = \begin{cases} -18 \lg(1 + \Delta h_{Base}), & h_{Base} > h_{roof} \\ 0, & h_{Base} \leqslant h_{roof} \end{cases}$$

（3）参数说明

L_0 为自由空间传输损耗；L_{rts} 为屋顶至街道的绕射及散射损耗：

$$\Delta h_{Mobile} = h_{roof} - h_{Mobile} \qquad \Delta h_{Base} = h_{Base} - h_{roof}$$

w 为街道宽度（m）；f 为计算频率（MHz）；Δh_{Mobile} 的单位为 m；φ 的单位为度；L_{msd} 为多重屏障的绕射损耗。

参数说明示意如图 4.10 所示。

$$K_a = \begin{cases} 54, & h_{Base} > h_{roof} \\ 54 - 0.8\Delta h_{Base}, & d \geqslant 0.5 \text{ km 且 } h_{Base} \leqslant h_{roof} \\ 54 - 0.8\Delta h_{Base} \times \dfrac{d}{0.5}, & d < 0.5 \text{ km 且 } h_{Base} \leqslant h_{roof} \end{cases}$$

$$K_d = \begin{cases} 18, & h_{Base} \leqslant h_{roof} \\ 18 - 15 \times \dfrac{\Delta h_{Base}}{h_{roof}}, & h_{Base} > h_{roof} \end{cases}$$

$$K_f = -4 + \begin{cases} 0.7\left(\dfrac{f}{925}-1\right), & \text{用于中等城市及具有中等} \\ & \text{密度的树的郊区中心} \\ 1.5\left(\dfrac{f}{925}-1\right), & \text{用于大城市中心} \end{cases}$$

上面的表达式中，K_a 表示基站天线低于相邻房屋屋顶时增加的路径损耗，K_d 及 K_f 分别控制 L_{msd} 与距离 d 及频率 f 的关系。

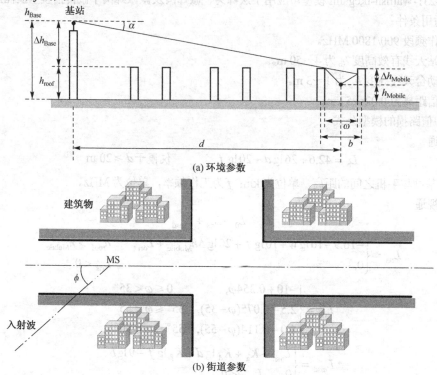

(a) 环境参数

建筑物

MS

入射波

(b) 街道参数

图 4.10　参数说明示意图

4. 其他传播模型

其他用于微小区的传播模型有双射线模型（地面反射模型）、多射线模型和多缝隙波导模型。

（1）双射线传播模型

双射线传播模型 ［也称地面反射（二线）模型，英文名为 Ground Reflection （2-ray） Model］，在计算接收处的场强时，只考虑直达射线和地面反射射线的贡献，如图 4.11 所示。

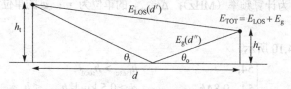

图 4.11　双射线传播模型示意图

该模型对平坦的农村环境是可以胜任的，而且它也适合于具有低基站天线的微蜂窝小区，在那里收发天线之间有视距（LOS）路径。

$$\begin{aligned} \left[L_P\right](\text{dB}) &= 40\lg d - (20\lg h_t + 20\lg h_r) \\ &= 120 + 40\lg d(\text{km}) - 20\lg h_t(\text{m}) - 20\lg h_t(\text{m}) \end{aligned}$$

实测结果表明：① 传输损耗与频率有关；② 与接收天线高度的一次方而非二次方成正比例；③ 未考虑地形、地物的影响。

（2）多射线模型

多射线模型已被用在 LOS 情况下的市区微蜂窝小区中。当收发天线比屋顶平面低得多时，这些模型假设所谓的街道为"介质峡谷"结构（也称为波导结构），接收端的场来自收发之间的直达射线、沿地面的反射射线及峡谷的垂直平面（建筑物墙）反射的射线。

双射线模型可以视为只考虑两条射线的多射线模型。四射线和六射线模型已被提出：四射线模型由直达射线、地面反射射线和两条被建筑物墙壁反射一次的射线相加得到；六射线模型和四射线模型机理相同，只是再加上两条被建筑物反射两次的射线。

当多射线模型用到市区环境时，通常假设街道的建筑物是连续排列的，建筑物之间没有间隙。

（3）多缝隙波导模型

Blaunstein 和 Levin 提出了一个多缝隙波导结构模型，考虑了建筑物墙的实际介质特性、实际分布的街道宽度及从马路上的反射，如图 4.12 所示。

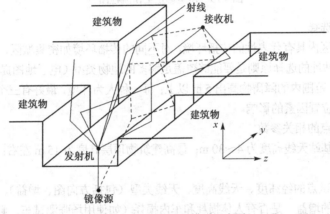

图 4.12　多缝隙波导模型示意图

这个模型假设城市结构是由两排平行的具有随机分布缝隙（建筑物之间的缺口）的屏（模拟建筑物墙）所形成，考虑了直达场、建筑物墙的多次反射、墙角拐角处多次 UTD（一致性劈绕射理论）及地面的反射。

实验研究指出，在建筑物内对于有障碍物的非视距传播路径（NLOS）将经历瑞利衰落，对于视距路径（LOS）将经历莱斯衰落，与建筑物类型无关。莱斯衰落是强的视距（LOS）路径加上许多弱反射的地面路径联合引起的。

其他用于室内的传播模型还有对数距离路径损耗模型和衰减因子模型等。

4.2.3.3　传播模型的修正

1. 传播模型修正的必要性

在实际的蜂窝无线网络设计与测试优化工程中，设计优化人员需要针对各个地区不同的地理环境进行测试，通过分析与计算等手段对传播模型的参数进行修正。通过实际架设发射机进行 CW 测试，设计优化人员可获得最准确的无线信号路径损耗值，与仿真模拟的结果进行反复修正，最终得出最能反映当地无线传播环境的、最具有理论可靠性的传播模型。

由于经验传播模型的传播环境与实际使用的传播环境不一定相似，而且我们身边的无线环境也不是一成不变的，尤其在城市中，高大建筑、密集居民区的增多，都会引起无线传播环境的变化，当这种变化达到一定程度时，就需要对传播模型参数进行修正，以提高无线仿真模拟的真实性和传播预测的准确性。

2. 传播模型修正的步骤

传播模型参数修正的主要步骤如图4.13所示。

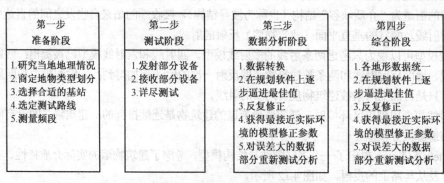

第一步 准备阶段	第二步 测试阶段	第三步 数据分析阶段	第四步 综合阶段
1.研究当地地理情况 2.商定地物类型划分 3.选择合适的基站 4.选定测试路线 5.测量频段	1.发射部分设备 2.接收部分设备 3.详尽测试	1.数据转换 2.在规划软件上逐步逼进最佳值 3.反复修正 4.获得最接近实际环境的模型修正参数 5.对误差大的数据部分重新测试分析	1.各地形数据统一 2.在规划软件上逐步逼进最佳值 3.反复修正 4.获得最接近实际环境的模型修正参数 5.对误差大的数据部分重新测试分析

图4.13　模型修正工作流程图

（1）测试站址的选择

尽可能选择服务区内具有代表性的传播环境，对不同的传播环境如密集城区、一般城区、郊区等，分别设置测试站点；站址的选择原则是要能够覆盖足够多的地物类型（电子地图提供）；测试站点的天线比周围150～200 m范围内的障碍物高出5 m以上；每一种人为环境，最好有三个或三个以上的测试站点，以尽可能消除位置因素的影响。

（2）确定测试站点的相关参数

采用全向天线，基站天线高度为4～30 m；最高建筑物顶层高度为15 m左右；移动台天线高度为1～2 m。

另外，要记录测试点的经纬度、天线高度、天线类型（包括方向图、增益）、馈线损耗、发射机的发射功率、接收机的增益、是否有人体损耗和车内损耗（如使用场强测试车，则没有人体损耗和车内损耗）、确保测试频点的干净等。

（3）确定测试路线

测试路线直接关系到测试数据的准确性，测试前要预先设置好路线。设定测试路线必须考虑以下几个问题。

① 能够得到不同距离、不同方向的测试数据。

② 在某一距离上至少有4～5个测试数据，以消除位置影响。

③ 尽可能经过各种地物。

④ 尽量避免选择高速公路或较宽的公路，最好选择宽度不超过3 m的狭窄公路。

有两种测试路线：一种是沿基站走"8"字形路线，以保证离基站不同距离的地方都有数据，最好能测试到距离基站1～10 km的区域；另一种是螺旋测试路径。

实际测试时，在遵循上述原则的基础上，可视实际道路的分布而定。

（4）对电子地图的要求

进行传播模型修正时，必须要有电子地图（又称数字化地图）。移动通信所用的电子地图包括地形高度、地物、街道矢量、建筑物等对电波传播影响的地理信息，是传播模型修正的重要基础数据。

电子地图的精度要求：电子地图的精度要求与传播模型及规划的精度有关，一般来说，50 m、100 m精度用于农村，20 m精度用于城市和郊区，5 m精度用于微蜂窝。

（5）传播模型的修正方法

将测试数据导入网络规划软件，软件可以对测试数据进行处理，并修正相关模型。通常可以对测试数据做如下考虑和处理：

① 将无效数据过滤掉

考虑到接收机的接收灵敏度，一般认为接收功率在–105～–50 dBm 或–105～–30 dBm 的范围之外的数据是无效的，可以过滤掉。由于基站附近的接收功率主要受基站附近的建筑物和街道走向的影响，因此基站附近的测试数据不能用于修正传播模型。

在宏模型校正时，使用距离过滤器。

当 $d \le \dfrac{4h_b h_m}{\lambda}$ 时，属于近场距离，其中 h_b、h_m 分别为基站天线高度和移动台天线高度，λ 为波长。因此，用做模型修正时，近场数据需要过滤掉，远点的距离值的选取视覆盖范围而定。一般认为过滤器的设置可以为 1～10 km，此范围外的数据可以过滤掉。

另外，有效距离的区域内，最好具有相似的人为环境，这样有利于模型的细分，如密集城区模型、一般城区模型等。

② 测试数据定位在实际线路上

由于 GPS 存在偏差，因此测试数据在显示的时候并不是总在测试路径上，因此需要进行数据定位，以消除地理偏差。

③ 考虑街道"波导效应"对测试数据的影响

电波传播测试一般都在街道上进行，但由于街道存在着"波导效应"，使得平行于传播方向的信号强度比垂直于传播方向的信号强度高出 10 dB 左右，且由于传播模型不是只为预测道路上的传播情况使用，因此与道路有关的因素应该去掉，否则会导致修正后的传播模型整体偏大或偏小。

如果不做去除街道走向因素的工作，则测试数据中纵向街道和横向街道的采样数据最好差不多，但这对测试的要求太高，且纵向街道和横向街道的效应难以完全抵消。

④ 路测数据所处的地物类型考虑

有些电子地图上，城市街道类型为"城市开阔地"，而路测一般是在路上做的。因此，对于通用模型的修正，如果只考虑测试数据本身所在的地物，则难以得到其他地物类型的修正值。因此，应考虑传播路径上靠近测试点的周围环境因素，即测试结果应该是周围环境综合影响的结果。

4.2.3.4　各类损耗的确定

（1）建筑物的穿透损耗

建筑物的穿透损耗是指电波通过建筑物的外层结构时所受到的衰减，它等于建筑物外与建筑物内的场强中值之差。建筑物的穿透损耗与建筑物的结构、门窗的种类和大小、楼层有很大关系。穿透损耗随楼层高度的变化，一般为–2 dB/层，因此，一般都考虑一层（底层）的穿透损耗。

下面是一组针对 900 MHz 频段，综合国外测试结果的数据。

① 中等城市市区的一般钢筋混凝土框架建筑物，穿透损耗中值为 10 dB，标准偏差为 7.3 dB；郊区同类建筑物，穿透损耗中值为 5.8 dB，标准偏差为 8.7 dB。

② 大城市市区的一般钢筋混凝土框架建筑物，穿透损耗中值为 18 dB，标准偏差为 7.7 dB；郊区同类建筑物，穿透损耗中值为 13.1 dB，标准偏差为 9.5 dB。

③ 大城市市区的金属壳体结构或特殊金属框架结构的建筑物，穿透损耗中值为 27 dB。由于我国的城市环境与国外有很大的不同，穿透损耗一般比国外同类建筑高 8～10 dB。

对于 1800 MHz，虽然其波长比 900 MHz 的短，但贯穿能力更大，绕射损耗也更大。因此，实际上，1800 MHz 的建筑物的穿透损耗比 900 MHz 的要大。对 GSM 系统，GSM 规范 3.30 中提到，城市环境中的建筑物的穿透损耗一般为 15 dB，农村为 10 dB。1800 MHz 的穿透损耗一般取比同类地区 900 MHz 的穿透损耗大 5～10 dB。

（2）人体损耗

对于手持机，当位于使用者的腰部和肩部时，接收的信号场强比天线离开人体几个波长时，将分别降低 4～7 dB 和 1～2 dB。人体损耗一般设为 3 dB。

（3）车内损耗

金属结构的汽车带来的车内损耗不能忽视。尤其在经济发达的城市，人的一部分时间是在汽车中度过的。车内损耗一般设为 8～10 dB。

（4）馈线损耗

对 GSM 系统，在 GSM 900 中经常使用的是 7/8″的馈线，在 1000 MHz 的情况下，每 100 m 的损耗是 4.3 dB；在 2000 MHz 的情况下，每 100 m 的损耗则为 6.46 dB，多了 2.16 dB。

4.2.3.5　无线覆盖区设计及覆盖预测

将以上初步设定的各种参数和在基站初始布局时确定的经纬度输入网络规划软件，通过软件完成无线覆盖预测计算，并根据计算结果反复调整以上各种参数，直至得到满意的覆盖预测要求。

各个国家的不同运营商对网络场强覆盖的理解和要求都不相同，香港 CSL 公司要求室外场强覆盖达到–75 dBm 才算满意；德国 DI 公司要求室外覆盖为–88 dBm，室内场强覆盖为–76 dBm；瑞典要求室外覆盖为–90 dBm，室内覆盖为–76 dBm，车内场强覆盖为–85 dBm。

我国各地的移动公司对覆盖的标准也稍有不同，大体如下：大城市繁华市区室内覆盖电平为–70 dBm，一般城市室内覆盖电平为–80 dBm，市区室外覆盖电平为–90 dBm，乡村覆盖电平为–94 dBm。

4.3　组网单元的使用

4.3.1　宏基站

宏基站是构建无线网络覆盖的主要设备类型，广泛应用于市区、郊区、农村、道路等各种环境。宏基站的优点是：容量大，可靠性高，维护方便；缺点是：价格昂贵，安装施工工程量大，不宜搬迁，机动性差。

宏基站可以应用于城区、郊区、农村、乡镇等的广域覆盖，也可以用于解决城区话务密集区域的覆盖、室内覆盖等深度覆盖。

4.3.2　微基站

微基站是无线网络覆盖的一种重要补充方式，它具有发射功率高、集成传输电源、安装方便灵活、适应力强、综合投资低等优点，此外还具有能满足边际网广覆盖、低话务、快速建站、节约投资等特点。微基站也可作为城市中覆盖补盲的重要手段，同射频拉远起到同样的作用。另外，微基站作为室内分布系统的信号源，可解决有一定话务量大楼的室内覆盖和容量问题。

相对于射频拉远，微基站的主要优点表现在自带集成传输，在有传输资源的地方接入方便。因此，微基站设计同射频拉远的差异在于接入传输方面。射频拉远需要裸纤资源，有拉远距离的限制，微基站则没有这方面的要求。

微基站设备分支持智能天线的微基站及支持普通天线的微基站两类。支持智能天线的微基站的天馈系统设计与宏基站的相同。支持普通天线的微基站，其天馈系统的设计与 2G 或其他 3G 系统的微基站天馈设计相同。这类微基站由于没有智能天线，基站覆盖能力有限，一般作为室内分布系统的信号源或用于局部覆盖补盲。

微基站的配套主要有传输、电源和塔桅。微基站一般支持 E1、STM-1 的传输接入，在设计中可就近解决传输。微基站的电源解决方案与射频拉远相同，主要是交流 220 V 接入，也有支持 24 V、48 V 直流接入的。微基站的塔桅与射频拉远的相同，主要有桅杆、简易塔、H 杆等。

微基站具有体积小、安装方便等优点；但室外条件恶劣，可靠性差，维护不方便。

微基站广泛应用于城区小片盲区覆盖、室内覆盖、导频污染区覆盖等环境深度覆盖，采用大功率微蜂窝覆盖农村、乡镇、公路等容量相对较小的区域，解决这类地区的广域覆盖。

4.3.3 射频拉远

射频拉远是指将基站的单个扇区的射频部分，用光纤拉到一定的距离之外，占用一个扇区的容量。

使用射频拉远技术，可以灵活、有效地根据不同环境，构建星形、树形、链形、环形等构造的各种网络。例如，该技术可以用于扩展购物中心、机场、车站等人流密集区域的容量，以及改善企业总部、办公楼或地下停车场等信号难以到达区域的覆盖质量。

射频拉远具有体积小、安装方便的特点；同样，由于通常工作于室外条件，可靠性差，维护不方便。

射频拉远的建议应用环境：①机房位置不理想时，使用射频拉远来减小馈线损耗；②容量需求大，但无法提供机房的区域；③广域覆盖：用于农村、乡镇、高速公路等区域。④深度覆盖：城区地形、地貌复杂的区域。

4.3.4 直放站

4.3.4.1 直放站定义

直放站（中继器）属于同频放大设备，是指在无线通信传输过程中起到信号增强的一种无线电发射中转设备，其构成如图 4.14 所示。直放站的基本功能就是一个射频信号功率增强器。直放站在下行链路中，由施主天线在现有的覆盖区域中拾取信号，通过带通滤波器对带通外的信号进行极好的隔离，将滤波的信号经功放放大后再次发射到待覆盖区域。在上行链接路径中，覆盖区域内的移动台手机的信号以同样的工作方式由上行放大链路处理后发射到相应基站，从而达到基地站与手机的信号传递。

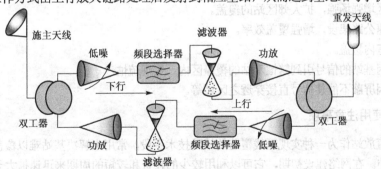

图 4.14 直放站组成示意图

直放站是一种中继产品，衡量直放站好坏的指标主要有智能化程度（如远程监控等）、低噪声系数（NF）、整机可靠性、良好的技术服务等。

4.3.4.2 优点

使用直放站作为实现"小容量、大覆盖"目标的必要手段之一的原因有两个：一是在不增加基站数量的前提下保证网络覆盖，二是其造价远远低于有同样效果的微蜂窝系统。直放站是解决通信网络延伸覆盖能力的一种优选方案。它与基站相比具有结构简单、投资较少和安装方便等优点，可广泛用于难以覆盖的盲区和弱区，如商场、宾馆、机场、码头、车站、体育馆、娱乐厅、地铁、隧道、高速公路、海岛等各种场所，可以提高通信质量，解决掉话等问题。

移动通信直放站作为一种实现无线覆盖的辅助技术手段，常用来解决基站难以覆盖的盲区或将基站信号进行延伸。它与基站相比具有结构简单、投资较少和安装方便等优点。

在网络建设初期，它可以利用较少的投资和较短的周期来迅速扩大无线覆盖范围。

4.3.4.3 分类

从不同的角度看，直放站可以有不同的分类方法。

（1）从传输信号来分，可以分为 GSM 直放站和 CDMA 直放站。

（2）从安装场所来分，可以分为室外型机和室内型机。

（3）从传输带宽来分，可以分为宽带直放站和选频（选信道）直放站。

（4）从传输方式来分，可以分为同频（直放式）直放站、光纤传输直放站和移频传输直放站。

4.3.4.4 应用

直放站应用如图 4.15 所示，其主要应用场合包括以下几种。

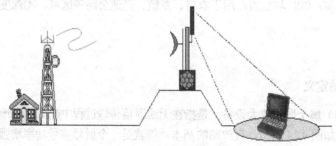

图 4.15　直放站应用示意图

（1）扩大服务范围，消除覆盖盲区。

（2）在郊区增强场强，扩大郊区站的覆盖。

（3）沿高速公路架设，增强覆盖效率。

（4）解决室内覆盖。

（5）将空闲基站的信号引到繁忙基站的覆盖区内，实现疏忙。

（6）其他因屏蔽不能使信号直接穿透之区域等。

4.3.4.5 使用注意事项

移动通信直放站作为一种实现无线覆盖的辅助技术手段，常用来解决基站难以覆盖的盲区或将基站信号进行延伸。在网络建设初期，它可以利用较少的投资和较短的周期来迅速扩大无线覆盖范围。它的设置应充分考虑以下几个环节：主要解决诸如郊县主要交通公路、铁路等狭长地形的覆盖；对于基站载频利用率不高的区域，可以通过直放站将富余的通信能力转给需要的地方，提高设备利用率；尽量设在相对隔离区域，以免产生无线干扰；选择合适的基站作为信号源。

在使用 CDMA 直放站时的注意事项有以下几个方面：

① 时延问题。直放站与信号源基站之间存在着 4 ms 时延，因此在设计其覆盖范围时，要同时考虑多径引起的时延和固有时延，使之不超过一个码片时间长度，才不会引起码间串扰。

② 天线设置。直放站的引入会引起基站的背景噪声增加，噪声的增加量与直放站的噪声系数、系统增益、天线增益和传播损耗等参数有关。在考虑其覆盖环境，使之具有一定的传播损耗的同时，也需慎重选择天线增益，从而使直放站的引入不会导致基站的通信质量下降。

③ 分集技术。对于多径信号较多、移动用户移动速度较快的地区，若采用直放站技术，则必须考虑使用分集天线系统，才能保证通话质量，如高速公路地区；对于多径信号较少、移动用户移动速度较慢的地区，可以不必采用分集系统，如室内分布系统。

4.3.5　室内分布系统

仅仅采用室外的宏蜂窝基站无法保证充分覆盖，不可避免地会产生盲区，解决问题的最有效方法是引入室内分布系统。室内覆盖可以解决高端用户密集城区覆盖问题，减少室外基站的数量和配置，降低室外网络的整体干扰水平，从而提高整个系统的容量，更好地满足用户对质量的要求。

室内分布系统通过将宏基站、微基站等的射频输出信号引入到需要覆盖的室内环境，提高室内覆盖性能，不提供容量。

室内分布系统主要由信号源、信号分布系统和覆盖单元三部分组成。

信号源包括节点 B、射频远端、直放站等设备。根据话务量的不同，选择不同的信号源引入室内，可以满足多种室内话务量的覆盖。通常情况下，对于大话务量地区，如大型建筑物和购物中心，可使用宏基站作为信号源，能够插入多块基带处理板，可以满足话务密集地区的需求；对于商业办公楼等中等话务量地区，可以采用微蜂窝作为室内覆盖的信号源；对于地下停车场等话务量不高的地区，可以选择直放站作为信号源。

信号分布系统可以分为无源分布系统、有源分布系统和混合分布系统三种形式。无源分布系统及覆盖方案是通过无源器件进行分路，经由馈线将无线信号尽可能平均地分配到分散安装在建筑物各个区域的每一副低功率天线上，从而实现室内信号的均匀分布。有源分布系统中加入了功率放大器这一类有源设备，信号经过各级衰耗后，到达末端时，可以利用放大器放大以达到理想的强度，保证覆盖效果。针对无源系统的损耗和有源系统无法同时放大所有频段信号的缺陷，在室内分布系统中可以混合采用无源系统和有源系统的部分器件，建立一套混合的室内分布系统以达到放大和合路的目的，最终将多系统无线信号进行全面的覆盖。

室内分布系统的特点：① 通过光纤、同轴电缆等把信号引入，系统复杂；② 多制式系统共用室内分布系统；③ 只用于室内环境覆盖，不提供容量。

室内分布系统的应用环境：① 室内覆盖盲区或者弱区，如地下商场等；② 建筑物高层存在导频污染的区域；③ 建筑物内话务量密集区。

思考题

4.1　按小区半径大小和采用的天线的类型来分，基站区结构各可分成哪几类？

4.2　根据所给参数，按 Okumura-Hata 公式填写下表，并在表格下面写出计算过程。

地区类型	单位	密集城区	一般城区	郊区	农村
中心频率	MHz	878.49	878.49	878.49	878.49
信道功率	W	3	3	3	3
信道功率	dBm				
基站馈线损耗	dB	3	3	3	3
基站天线高度	m	35	35	40	45
基站发射天线增益	dBi	17	17	17	17

（续表）

地区类型	单位	密集城区	一般城区	郊区	农村
基站导频 EIRP	dBm				
接收机灵敏度	dBm	−122.67	−122.67	−122.67	−122.67
移动台接收天线增益	dB	0	0	0	0
移动台馈线损耗	dB	0	0	0	0
移动台天线高度	m	1.5	1.5	1.5	1.5
人体损耗	dB	3	3	3	3
衰落余量	dB	5.44	5.44	5.44	5.44
干扰余量	dB	3.000	3.000	3.000	3.000
穿透损耗	dB	25	20	15	10
地域纠正因子	dB	8	0	−9.74	−18.95
最大允许路径损耗	dB				
小区半径	km				

4.3 在低、高话务密度区覆盖区大小受限于哪些因素？为什么？

4.4 GSM 网络规划中，常用的频率复用方式有哪几种？GSM 每个小区最多使用几个频道取决于哪些因素？

4.5 4×3、7×1 频率复用方式是什么含义？频率配置 3/2/2 是什么含义？

4.6 宏基站的特点是什么？应用在哪些环境？

4.7 微基站的特点是什么？应用在哪些环境？

4.8 什么是射频拉远？射频拉远的特点是什么？应用在哪些环境？

4.9 什么是直放站？直放站有哪些种类？直放站的特点是什么？应用在哪些环境？

4.10 什么是室内分布系统？室内分布系统的特点是什么？应用在哪些环境？

4.11 为什么要进行业务预测？实用的用户预测方法有哪几种？

4.12 站点分布规划过程是怎样的？

4.13 如何实现数字蜂窝移动通信系统的扩容？

4.14 某城市的高用户密度区面积约为 18 km^2，设此高用户密度区的用户密度为 1500 户/km^2，现在此区域建 GSM 基站，采用 4×3 频率复用方式，每个基站设 3 个扇区，站型为 3/2/2（相应的话音信道数为 22/14/14），设无线 GOS = 5%，每用户忙时话务量为 0.02 Erl，试问需建多少个基站？

4.15 某业务区 GSM 扩容工程，拟将一个 2/1/2 基站（相应的话音信道数为 14/6/14）扩容至 3/2/2 基站（相应的话音信道数为 22/14/14），设无线 GOS = 5%，按每用户忙时话务量 0.025 Erl 计算，该基站扩容后，新增多少无线用户？

4.16 案例分析：某业务区 GSM 四期工程部分新建基站配置表见下表，假定无线呼损为 5%，每用户平均忙时话务量 0.025 Erl，每载波 7 个业务信道，试填表统计：①载频（TRX）数；②业务信道数；③话务量；④用户数。

序号	基站编号	基站名称	站型	载频数	业务信道	话务量（Erl）	用户数
1	BTS0614116	阮涌路	S222				
2	BTS0614121	附城主山	S212				
3	BTS0614122	西湖酒店	S11				
4	BTS0614125	万江新村	S111				
5	BTS0614126	万江谷涌	S112				
	小计						

第 5 章 无线网设计

本章主要介绍典型移动通信系统的无线网设计，内容包括无线链路预算、频道配置、基站容量等；介绍的系统既有 2G 的 GSM 和 CDMA 移动通信系统，又有 3G 的 WCDMA 移动通信系统和 4G 的 TD-LTE 移动通信系统；既有系统各自特征的描述又有不同系统间的差异比较。

5.1 链 路 预 算

链路预算是无线网络规划中必不可少的一步，通过它能够指导规划区内小区半径的设置、所需基站的数目和站址的分布。具体而言，链路预算要做的工作就是在保证通话质量的前提下，确定基站和移动台之间的无线链路所能允许的最大路径损耗。通话质量是一个主观量，反映到客观上，表现为一定的误帧率和中断率，通常对语音要求 1%的误帧率和 2%的中断概率。

5.1.1 CDMA 系统的链路预算

一个 CDMA 小区的有效尺寸是指上行链路和下行链路能够可靠工作的最大距离。由于链路距离正比于传播损耗，最大路径损耗也就意味着最大链路距离，从而可以确定出小区有效尺寸。许多经典的传播模型描述了传播损耗与距离的关系，如 HATA 模型、Lee 模型、Walfish-Ikegami 模型等。假设小区是正六边形的，基站位于正六边形中间，小区的最大传播距离设为 R，则对于三扇区结构的小区设置，每个扇区的覆盖面积为 $\sqrt{3}R^2/2$，对于全向小区的配置，每个小区的覆盖面积为 $3\sqrt{3}R^2/2$。用规划区的总面积除以每个小区的覆盖面积就可以得到规划区所需的基站数目。

前向链路（或称下行链路）是指基站发、移动台收的通信链路。CDMA 的前向链路采用正交的 Walsh 码进行扩频，基站与基站之间通过 GPS 同步，对干扰具有较强的抑制作用。反向链路（或称上行链路）是指移动台发、基站收的通信链路。在 IS-95 系统中，反向链路无法进行同步，不具有前向链路的优点。同时，由于受到体积、重量和电池容量的制约，手机的发射功率不可能做得很大。因此，CDMA 小区的大小常常受限于反向链路。

5.1.1.1 CDMA 系统的反向链路预算

由于受手机发射功率的限制，CDMA 系统的覆盖首先由反向链路决定。因此，反向链路预算通常决定了小区的大小，从而决定了整个规划区在覆盖受限情况下的基站数。反向链路预算模型如图 5.1 所示。

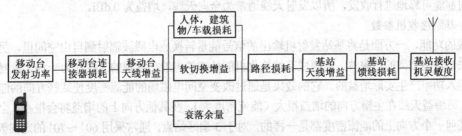

图 5.1 反向链路预算模型

由图 5.1 可知，反向链路允许的最大路径损耗为：

移动台业务信道 EIRP － 人体损耗 － 建筑穿透损耗 － 衰落余量 ＋ 软切换增益
＋基站接收天线增益 － 基站馈线损耗 － 基站接收机灵敏度

再通过合适的传播模型，将最大路径损耗映射为传播距离，就可以得到小区的覆盖半径。

1. 反向链路预算参数

用于反向链路预算的参数大致可分为四类：系统参数、移动台发射机参数、基站接收机参数、预留余量。系统参数是指网络运行相关的一些参数，如载频、扩频增益等；基站接收机参数是指接收反向链路信号时接收机的性能、相关的增益和损耗等；移动台发射机参数包括手机的射频参数，如发射功率、天馈部件的参数等，以及相关的增益和损耗等；而预留余量是为了保证系统稳定运行而需要预留的各种余量，包括阴影衰落、干扰余量、软切换增益和穿透损耗等参数。

（1）系统参数

① 载波频率。载波频率影响传播损耗，不同的频率，其传播损耗不同。

② 扩频带宽。CDMA 扩频后的带宽，也是进入接收机的噪声的带宽。IS-95 与 cdma2000 1x 的扩频带宽都是 1.2288 MHz。

③ 数据速率。数据速度是指无线信道的数据速率。在 IS-95 标准中，语音业务的全速率为 9.6 kbps，对应的半速率是 4.8 kbps，1/4 速率是 2.4 kbps，1/8 速率是 1.2 kbps，由语音的激活情况决定。cdma2000 1x RC3 中定义的数据速率还有 19.2 kbps、38.4 kbps、76.8 kbps、153.6 kbps 等。

④ 处理增益。也称扩频增益，在数值上等于扩频带宽与数据速率的比值。它表示经过解调后，用户信噪比可增加的倍数。对于 IS-95 的语音业务，扩频带宽是 1.2288 MHz，业务信道数据速率是 9.6 kbps，处理增益为 21.07 dB。

⑤ 背景噪声。也称热噪声，是指由电子的热运动产生的噪声。热噪声的公式如下：

$$N_{\text{th}} = \frac{hfB}{e^{hf/kT} - 1}$$

式中，h 为普朗克常量，$h = 6.546 \times 10^{-34}$ J/s；K 为玻尔兹曼常数，$k = 1.38 \times 10^{-23}$ J/K；T 为热力学温度（K）；f 为中心频率；B 为系统带宽。

当 $hf \ll kT$（这在微波频段是成立的）时，由泰勒级数展开，得 $N_{\text{th}} = kTB$。

热噪声谱密度为 kT。设室温为 300K，计算热噪声谱密度得 –174 dBm/Hz。

（2）移动台发射机参数

① 业务信道最大发射功率。对于一个业务信道，发射机所能发射功率的最大值。

② 接头损耗。发射机至天线沿途各种器件对信号产生的衰减。对于移动台，这个值通常忽略不计，为 0 dB。

③ 发射天线增益。对于移动台而言，天线的尺寸不可能做得很大。同时移动台天线需要保证在任何方向都能可靠地进行收发，所以发射天线通常为全向天线，增益为 0 dBi。

（3）基站接收机参数

天线的功能，一方面是将基站发射机输出的信号能量转换成电磁波辐射到自由空间里，另一方面是接收来自自由空间的电磁波，转换成基站接收机能处理的电能。常规的天线作为一种无源器件，是不会对输入功率产生实际增益的。它的效果是通过改变空间电磁场的能流密度使某些方向的能流密度大一些。高增益天线在主瓣方向的增益很大（能流密度大），在其他方向上的增益将会很小。全向天线对空间任何一个方向上的能流密度都是一样的。对于 3 扇区站点，通常采用 60°～70° 的定向天线，增益通常是 16～18 dB。

① 馈线、连接器与合并器等损耗。是指天线至接收机沿途各种器件对信号产生的衰减。实际上，应该根据实际的电缆类型、长度及各种接头等器件的损耗值计算。通常取 3 dB 作为链路预算用。

② 业务信道所需的 E_b/N_t。为了满足 FER 要求，用户的信噪比需要达到一定的值。E_b/N_t 为每个业务信道信息比特能量与总的噪声和干扰功率谱密度的比值，反映了信噪比的大小。这个 E_b/N_t 的目标值随传播环境、移动速度、链路实现方案的不同而不同。通常，E_b/N_t 的目标值需通过计算机仿真或现场测试来确定。对于 IS-95 的 9.6 kbps 语音方案，7 dB 是一个业界公认的值。

③ 噪声系数。噪声系数有多种定义，常用于：

a．度量天线端接收的环境噪声比热噪声高出的部分。

b．信号通过接收机后，度量 SNR 降低的部分。

c．考虑到天线端来的噪声源（常用于卫星天线），度量天线的噪声温度比接收机的噪声温度高出的部分。

在移动通信网络的链路预算中，噪声系数指的是基站接收机的噪声系数和移动台接收机的噪声系数。当信号通过接收机时，接收机将对信号增加噪声，噪声系数就是对增加的噪声的一种度量方法，在数值上等于输入信噪比与输出信噪比的比值，定义为

$$F = \frac{S_i / N_i}{S_o / N_o}$$

或

$$F = 10 \lg \left[(S_i / N_i)/(S_o / N_o) \right]$$

当信号与噪声输入到理想的无噪声的接收机时，两者同样地被衰减或放大，信噪比不变，$F = 1$ 或 0 dB。实际接收机本身都是有噪声的，输出的噪声功率要比信号功率要增加得多，所以输出信噪比减小了，即 $F > 1$。

当有 n 个接收机级联时，等效的噪声系数为

$$F = F_1 + \frac{F_2 - 1}{G_1} + \frac{F_3 - 1}{G_1 G_2} + \cdots + \frac{F_n - 1}{G_1 G_2 \cdots G_n}$$

上式表明，级联系统的噪声主要由第一级决定。

噪声系数属于接收机本身的属性。在 CDMA 移动网络中，常用的基站接收机噪声系数是 4～6 dB，移动台接收机的噪声系数是 6～8 dB。

④ 接收机灵敏度。接收机灵敏度是指接收机输入端为保证信号能成功地检测和解码（或保持所需要的 FER）而必须达到的最小信号功率。

在 CDMA 系统中，接收机灵敏度与其他系统有些不同。由于 CDMA 系统的所有用户是在同一频段上发送信号，接收机除了需要克服热噪声、接收机内部噪声外，还需要克服来自系统内部的噪声。因此，CDMA 接收机的最小接收功率由所需的 E_b/N_t、处理增益和全部的干扰噪声决定。一般情况下，CDMA 接收机灵敏度是指系统无负载时，接收机输入端所需的最小信号功率。因为

$$\frac{S_{\min} / R}{N_{th} F} = (E_b / N_t)_{req}$$

所以

$$S_{\min} = (E_b / N_t)_{req} N_{th} F R$$

或

$$S_{\min}(dBm) = (E_b / N_t)_{req}(dB) + N_{th}(dBm/Hz) + F(dB) + R(dB \cdot Hz)$$

式中，S_{min} 为基站接收机灵敏度；$(E_b/N_t)_{req}$ 为所需的 E_b/N_t 值；N_{th} 为热噪声谱密度；F 为噪声系数；R 为信息速率；当 $F = 5$ dB，$E_b/N_t = 7$ dB，信息速率 $= 9.6$ kbps 时，接收机灵敏度为 -122.2 dBm。

（4）预留余量

① 阴影衰落标准差。发射机和接收机之间的传播路径非常复杂，譬如从简单的视距传播，到遭遇各种复杂的地物阻挡等。因此，无线信道具有极度的随机性，接收信号的场强快速波动，难以进行准确具体的分析。传统上的传播模型，集中于对给定范围内平均接收场强的预测。从大量实际数据统计来看，在一定距离内，本地的平均接收场强在中值附近上下波动。这种平均接收场强因为一些人造建筑物或自然界阻隔而发生的衰落现象称为阴影衰落（或慢衰落）。在计算无线覆盖范围时，通常认为阴影衰落值呈对数正态分布。阴影衰落的标准差随本地环境的不同而不同。在城市环境中，阴影衰落标准差大约为 8～10 dB。

② 边缘覆盖效率。由于无线信道是一个极度随机的信道，因此无法使覆盖区域内的信号一定大于某个门限。但是，必须保证接收信号能以一定的概率大于接收门限。决定覆盖质量的一个指标，就是小区边缘的覆盖效率，定义为在小区边缘接收信号大于接收门限的时间百分比。75%的边缘通信概率被认为是一个比较合适的值。图 5.2 是对数正态衰落余量与边缘覆盖效率的关系曲线。

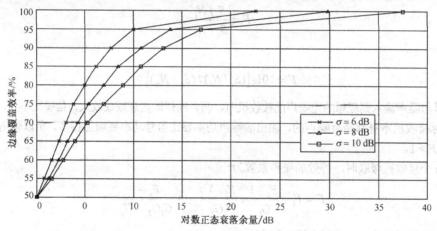

图 5.2　对数正态衰落余量与边缘覆盖效率的关系

③ 面积覆盖效率。实际工程中，人们常常也对面积覆盖效率非常感兴趣。面积覆盖效率定义为在半径为 R 的圆形区域内，接收信号强度大于接收门限的位置占总面积的百分比。设接收门限是 x_0，接收信号大于 x_0 的概率是 P_{x_0}，则面积覆盖效率由下式得到：

$$F_u = \frac{1}{\pi R^2} \int P_{x_0} dA$$

由上式推出的面积覆盖效率为

$$F_u = \frac{1}{2}\left[1 - \mathrm{erf}(a) + \exp\left(\frac{1-2ab}{b^2}\right)\left(1 - \mathrm{erf}\frac{1-ab}{b}\right)\right]$$

式中，$b = 10n\lg e / \sigma\sqrt{2}$；$a = -M/(\sigma\sqrt{2})$；$\mathrm{erf}(x) = \frac{2}{\sqrt{\pi}}\int_0^x e^{-t^2} dt$；$M$ 为给定门限 x_0 的阴影衰落余量；N 为路径损耗指数；σ 为阴影衰落的对数标准差。

图 5.3 给出了小区边界覆盖效率、面积覆盖效率与阴影衰落余量的关系。

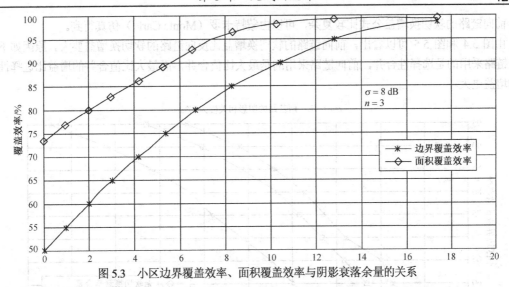

图 5.3 小区边界覆盖效率、面积覆盖效率与阴影衰落余量的关系

④ 衰落余量。无线信道的路径损耗不是一个定值，而是在中值附近上下波动的。一般认为，无线信道的阴影衰落呈对数正态分布。为保证小区边缘一定的覆盖效率，在链路预算中，必须预留出一部分的余量，以克服阴影衰落对信号的影响。设计的小区边缘的接收信号的中值与接收机灵敏度之差，就是衰落余量的值：

$$P_{x_0} = \int_{x_0}^{\infty} \frac{1}{\sigma\sqrt{2\pi}} \exp\left[\frac{-(x-\overline{x})^2}{2\sigma^2}\right] \mathrm{d}x = \frac{1}{2} + \frac{1}{2}\mathrm{erf}\left(\frac{M}{\sigma\sqrt{2}}\right)$$

式中，$\mathrm{erf}(x) = \frac{2}{\sqrt{\pi}}\int_0^x \mathrm{e}^{-t^2}\mathrm{d}t$；$x$ 为接收信号功率；x_0 为接收机灵敏度；P_{x_0} 为接收信号 x 大于门限 x_0 的概率；σ 为阴影衰落的对数标准差；$\overline{x}$ 为接收信号功率的中值；M 为衰落余量，$M = \overline{x} - x_0$。

⑤ 分集增益是指基站采用分集技术带来的增益。分集增益可以根据接收路径的相关性计算出来。一般情况下，分集增益在 E_b / N_t 的要求中已经包括，这里不用再单独计算。

⑥ 软切换增益是在两个小区或多个小区的边界处通过切换而得到的增益，在这个边界上，平均损耗对每个小区都是相同的。软切换增益对链路预算的影响很大。

软切换增益有几种定义：

a. 处于软切换时，用户在小区边界处的发射功率比无软切换时的减少量。

b. 处于软切换时，中断概率（用户发射功率超过门限的概率）比无软切换时的减少量。

c. 处于软切换时，为保证一定的边缘覆盖效率所需的阴影衰落余量比无软切换时的减少量。

链路预算是在用户以最大功率发射时，为保证一定的覆盖效率所能允许的最大路径损耗。因此，在链路预算中，使用第三种定义更为恰当。

当用户处于两路软切换时，反向链路预算所需的阴影衰落余量与覆盖效率的关系为

$$1-\eta = \frac{1}{\sqrt{2\pi}}\int_{-\infty}^{\infty} \mathrm{e}^{-x^2/2}\left[Q\left(\frac{\gamma_{\mathrm{rev}}/\sigma^{-ax}}{b}\right)\right]^2 \mathrm{d}x$$

式中，$Q(x) = \int_x^{\infty} \mathrm{e}^{-\gamma^2/2}/\sqrt{2\pi}\mathrm{d}t$；$\eta$ 为覆盖效率；γ_{rev} 为反向链路衰落余量；σ 为对数衰落标准差；a 和 b 分别是阴影衰落近场系数和阴影衰落远场系数，$a^2 + b^2 = 1$。两基站的阴影相关性为 50%时，$a^2 = b^2 = 1/2$。

前向链路的软切换增益公式比较复杂，可以由蒙特卡罗（Monte Carlo）仿真得到。

由图 5.4 和图 5.5 可以看出，前向链路的软切换增益比反向链路的软切换增益要大。原因如下：反向链路采用的是选择性合并，前向链路采用的是最大比值合并，而最大比值合并的增益比选择性合并的增益更大。

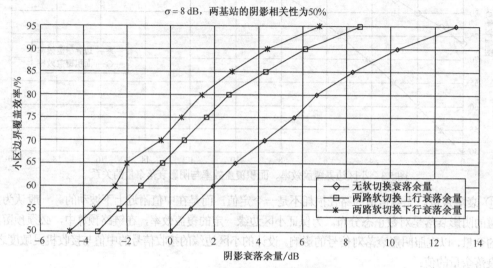

图 5.4 软切换状态下所需阴影衰落余量与覆盖效率的关系

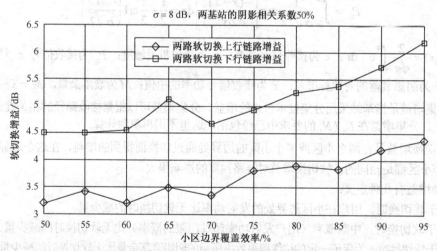

图 5.5 软切换增益与小区边界覆盖效率的关系

⑦ 人体损耗是指手持话机离人体很近时造成的信号阻塞和吸收引起的损耗。人体损耗取决于手机相对于人体的位置，链路预算中一般取 3 dB。

⑧ 建筑物/车辆穿透损耗是指当人在建筑物内或车内打电话时，信号穿过建筑物和车体所造成的损耗。这些穿透损耗随环境、建筑物及汽车类型的不同而不同。通常，对于密集城区，建筑物穿透损耗取 20～25 dB，对于一般的城区，取 15～20 dB，对于郊区和乡村，取 5～10 dB，车辆穿透损耗通常取 6～10 dB。

⑨ 小区负载与干扰余量。CDMA 系统工程师通常用负载因子来监视干扰情况和网络拥塞。反向链路的小区负载因子 β 定义为工作用户数与最大允许用户数的比值：

$$\beta = \frac{\text{工作用户数}}{\text{最大允许用户数}} = \frac{M}{M_{\max}}$$

前向链路的负载因子可以定义为 BTS 实际平均发射功率与 BTS 的最大平均发射功率之比。当系统全负载时，负载因子为 1。通常把负载因子控制在 75%以下，当负载因子高于 75%时，系统可能进入不稳定状态。

在 CDMA 系统中，所有的用户在同一频段内发射，每一用户的信号对其他用户来说都是干扰。CDMA 系统的这种自干扰提高了接收机的噪声基底，使接收机灵敏度降低，增加了接收机的最低接收门限。因为干扰而增加的接收机接收门限，在链路预算中以干扰余量的方式来体现。

干扰余量定义为总干扰与热噪声的比值，表示了干扰使背景噪声提高的程度：

$$\eta = \frac{I_t + N_0}{N_0}$$

式中，η 为干扰余量，I_t 为干扰功率，N_0 为热噪声功率。

干扰余量与小区负荷密切相关。对于反向链路，干扰余量（dB）与小区负荷的关系为

$$\eta = 10\lg[1/(1-\beta)]$$

图 5.6 描述了上行链路干扰余量与小区负荷的关系曲线。

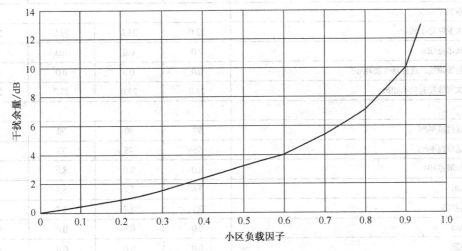

图 5.6　上行链路干扰余量与小区负荷的函数关系

⑩ 多用户检测效率。在 3G 通信系统中，引入了多用户检测（MUD）技术。在基站中利用多用户检测可以减轻本小区其他用户的干扰，部分避免小区覆盖范围随负载的增加而下降，扩展有负载网络的覆盖范围。在网络规划中，这又引入了一个新的参数——MUD 效率 β。实际上，MUD 效率 β 取决于信道预测算法、干扰消除算法、移动速度、小区负载等，通常需要通过仿真来预测。MUD 效率 β 定义为采用 MUD 技术后，本小区干扰减少的百分比：

$$\beta = \frac{I_{\text{intra,MUD}} - I_{\text{intra}}}{I_{\text{intra}}}$$

2. 反向链路预算举例

为方便使用，通常将链路预算制成表格形式。表 5.1 和表 5.2 分别给出了 IS-95 和 cdma2000 1x 语音业务的反向链路预算的例子。

表 5.1 IS-95 语音业务的反向链路预算表

反 向 链 路	密集城区	城区	郊区	乡村
系统参数				
载波频率/MHz	850	850	850	850
扩频带宽/kHz	1228.8	1228.8	1228.8	1228.8
噪声温度/K	290	290	290	290
热噪声功率/dBm	−113.1	−113.1	−113.1	−113.1
数据速率/kbps	9.6	9.6	9.6	9.6
处理增益/dB	21.1	21.1	21.1	21.1
基站接收机				
接收机噪声系数/dB	4.0	4.0	4.0	4.0
基站反向要求的 E_b/N_t/dB	7.0	7.0	7.0	7.0
基站接收机灵敏度/dBm	−123.2	−123.2	−123.2	−123.2
基站天线增益/dBi	17.0	17.0	17.0	17.0
基站接收端馈线、连接器等损耗/dB	3.0	3.0	3.0	3.0
基站天线输入端的最小信号功率/dBm	−137.2	−137.2	−137.2	−137.2
移动台发射机				
移动台最大发射功率/dBm	23.0	23.0	23.0	23.0
移动台天线增益/dBi	0.0	0.0	0.0	0.0
移动台发射端馈线、连接器等损耗/dB	0.0	0.0	0.0	0.0
移动台最大有效发射功率/dBm	23.0	23.0	23.0	23.0
余量计算				
小区面积通信概率/%	90	90	90	90
小区边缘通信概率/%	75	75	75	75
阴影衰落标准差/dB	8.0	8.0	8.0	8.0
衰落余量/dB	5.4	5.4	5.4	5.4
软切换增益/dB	3.7	3.7	3.7	3.7
分集增益/dB	0.0	0.0	0.0	0.0
其他增益/dB	0.0	0.0	0.0	0.0
负载因子/%	50	50	50	50
干扰余量/dB	3.0	3.0	3.0	3.0
建筑物穿透损耗/dB	24.0	15.0	7.0	0.0
人体损耗/dB	3.0	3.0	3.0	3.0
室外总预留余量/dB	7.7	7.7	7.7	7.7
室内总预留余量/dB	31.7	22.7	14.7	7.7
最大允许路径损耗/dB				
室外最大允许路径损耗/dB	152.5	152.2	152.5	152.5
室内最大允许路径损耗/dB	128.5	138.5	145.5	152.5
小区最大传播距离	Okumura-Hata 模型			
小区室外最大传播距离/km	5.74	5.76	10.89	36.50
小区室内最大传播半径/km	1.20	2.16	6.89	36.50

表 5.2　cdma2000 1x 语音业务的反向链路预算表

反 向 链 路	密集城区	城区	郊区	乡村
系统参数				
载波频率/MHz	850	850	850	850
扩频带宽/kHz	1228.8	1228.8	1228.8	1228.8
噪声温度/K	290	290	290	290
热噪声功率/dBm	−113.1	−113.1	−113.1	−113.1
数据速率/kbps	9.6	9.6	9.6	9.6
处理增益/dB	21.1	21.1	21.1	21.1
基站接收机				
接收机噪声系数/dB	4.0	4.0	4.0	4.0
基站反向要求的 E_b/N_t/dB	4.5	4.5	4.5	4.5
基站接收机灵敏度/dBm	−125.7	−125.7	−125.7	−125.7
基站天线增益/dBi	17.0	17.0	17.0	17.0
基站接收端馈线、连接器等损耗/dB	3.0	3.0	3.0	3.0
基站天线输入端的最小信号功率/dBm	−139.7	−139.7	−139.7	−139.7
移动台发射机				
移动台最大发射功率/dBm	23.0	23.0	23.0	23.0
移动台每业务信道最大发射功率/dBm[①]	22.4	22.4	22.4	22.4
移动台天线增益/dBi	0.0	0.0	0.0	0.0
移动台发射端馈线、连接器等损耗/dB	0.0	0.0	0.0	0.0
移动台最大有效发射功率/dBm	22.4	22.4	22.4	22.4
余量计算				
小区面积通信概率/%	90	90	90	90
小区边缘通信概率/%	75	75	75	75
阴影衰落标准差/dB	8.0	8.0	8.0	8.0
衰落余量/dB	5.4	5.4	5.4	5.4
软切换增益/dB	3.7	3.7	3.7	3.7
分集增益/dB	0.0	0.0	0.0	0.0
其他增益/dB	0.0	0.0	0.0	0.0
负载因子/dB	60%	60%	60%	60%
干扰余量/dB	4.0	4.0	4.0	4.0
建筑物穿透损耗/dB	24.0	15.0	7.0	0.0
人体损耗/dB	3.0	3.0	3.0	3.0
室外总预留余量/dB	8.7	8.7	8.7	8.7
室内总预留余量/dB	32.7	23.7	15.7	8.7
最大允许路径损耗/dB				
室外最大允许路径损耗/dB	153.4	153.4	153.4	153.4
室内最大允许路径损耗/dB	129.4	138.4	146.4	153.4
小区最大传播距离		Okumura-Hata 模型		
小区室外最大传播距离/km	6.087	6.110	11.546	38.714
小区室内最大传播半径/km	1.268	2.292	7.306	38.714

① 此处考虑了 cdma2000 1x 系统中反向导频信道所占用的功率。

5.1.1.2　CDMA 系统的前向链路预算

与反向链路相比，前向链路有一些不同：业务信道功率为所有的用户共享；软切换时，一个移动台同时和多个基站通信；前向链路所需的 E_b/N_t 随数据速率、移动速度和多径条件的不同，变化范围很大。这就使得前向链路预算变得困难。幸运的是，CDMA 通常是反向受限的，前向链路的目的在于保证由反向链路预算所确定的小区覆盖内基站有足够的功率分配给各个移动台。

前向链路预算需要确定功率的信道主要有导频信道和业务信道，基本公式分别如下：

$$\frac{\delta_{\text{pitot}} P_{\text{host}}}{FN_{\text{th}}W + P_{\text{host}} + P_{\text{other}}} \geq d_{\text{pilot}}$$

$$\frac{g\delta_{\text{traffic}} P_{\text{host}}}{FN_{\text{th}}W + \xi P_{\text{host}} + P_{\text{other}}} \geq d_{\text{traffic}}$$

式中，δ_{pilot} 和 δ_{traffic} 分别为导频信道和单条业务信道占基站总发射功率的比例；F 为移动台处的噪声系数；N_{th} 为移动台处的热噪声功率谱密度；W 为扩频带宽；P_{host} 为用户接收到的本小区总功率，P_{host} 为

$$P_{\text{host}} = P_{\text{T}} - L_{\text{all}}$$

式中，P_{T} 为基站平均发射功率，L_{all} 为从基站发射机到移动台接收机之间总的增益损耗。

P_{other} 为用户接收到的其他小区功率；d_{pilot} 和 d_{traffic} 分别为导频信道所需的 E_c/I_0 和业务信道所需的 E_b/N_t，其中 E_c/I_0 为导频信道每个码片的能量与移动台接收到的总的功率谱密度之比；g 为处理增益；ξ 为小区内各个业务信道间的正交因子。

定义其他小区的干扰因子为

$$\beta = \frac{P_{\text{other}}}{P_{\text{host}}}$$

对于靠近小区边缘的移动台，取 $\beta = 2.5$ dB 作为前向链路估算中的最坏情况。

1. 前向链路预算参数

前向链路预算的参数和反向链路预算的参数既有相同之处，也有不同的方面。其中固定的系统参数、天线增益和馈线损耗及在传播过程中的预留余量是相同的。不同点在于前向链路发射、接收的信号和干扰功率等不同。

（1）系统参数

导频信道的码片速率为 1.2288 Mchip/s。前向链路不仅要考虑业务信道在反向覆盖范围内能否成功地解调，还要考虑导频信道能否在反向链路预算确定的小区边缘上实现覆盖。

（2）基站发射机参数

① 基站最大发射功率。基站最大发射功率是指基站额定的最大发射功率，通常为 20 W，即 43 dB。

② 导频信道发射功率比例。导频信道发射功率占基站最大发射功率的比例，通常为 15%。

③ 基站平均发射功率。由于不同时刻与基站通信的移动用户数目、信息速率及它们在小区中所处的位置不断变化，因此基站的发射功率也处在不断的调整中。基站平均发射功率表示基站发射功率的平均值。当基站平均发射功率为最大发射功率的 60%，即负载因子为 60% 时，其值为 40.78 dBm。

（3）增益损耗

① 反向最大允许路径损耗。是指反向链路从移动台发射天线端到基站接收天线端的无线传播过程中所能允许的最大路径损耗。由于 CDMA 系统往往是反向受限的，为了考查前向链路能否在反向覆盖的范围内实现正常的通信，近似用反向链路的路径损耗来表示前向链路的路径损耗。实际上，由于 CDMA 系统的上下行链路使用了不同的载波频率，所以这两个方向的路径损耗是不同的。

此外，反向最大允许的路径损耗与小区边缘所支持的数据速率有关。对于不同的小区边缘数据速率要求，小区反向中最大允许的路径损耗或小区半径不同。

② 总的增益损耗。包括基站发射机到移动台接收机之间的全部损耗，即

$$总的增益损耗 = 基站发射端馈线、连接器损耗 - 基站天线增益 +$$
$$路径损耗 - 移动台天线增益 + 移动台连接器损耗 +$$
$$阴影衰落余量 - 软切换增益 + 人体损耗 + 穿透损耗$$

（4）干扰功率

在前向链路，移动台接收到的总干扰功率包括来自本小区的干扰功率、来自其他小区基站的干扰功率及移动台自身的噪声功率。对于导频信道而言，由于解调导频信道时业务信道还无法解调，因此接收到的本小区功率都是干扰功率。对于业务信道而言，由于前向信道通过 Walsh 码正交，并经过了信道的解调，所以理想情况下，来自本小区的干扰功率为 0。但是由于无线环境中多径的存在，使得各个码信道之间不再正交，而且对单个码信道的多径信号也带来干扰，所以对于前向链路，来自本小区的干扰功率为接收到的本小区总功率乘以正交因子。

① 其他小区干扰因子：是指来自其他小区的干扰功率与接收到的本小区总功率之比。经过蒙特卡罗仿真可以得到其他小区干扰因子的典型值为 2.5 dB。

② 移动台端噪声功率：是指移动台端的噪声功率，包括热噪声和移动台接收机部分增加的噪声。

③ 正交因子：表示前向链路各信道由于多径而不再完全正交所引起干扰的程度。正交因子的取值在 0～1 之间，值越大，意味着前向信道的正交性越差。

2. 前向链路预算举例

前向链路预算制成表格后，如表 5.3 所示。9.6 kbps 语音业务的业务信道前向链路预算表如表 5.4 所示。

表 5.3 导频信道的前向链路预算表

前 向 链 路	密集城区	城区	郊区	乡村
系统参数				
载波频率/MHz	850	850	850	850
扩频带宽/kHz	1228.8	1228.8	1228.8	1228.8
噪声温度/K	290	290	290	290
热噪声功率谱密度/（dBm/Hz）	-174	-174	-174	-174
导频信道码片速率/（kchip/s）	1228.8	1228.8	1228.8	1228.8
处理增益/dB	0	0	0	0
基站发射机				
基站最大发射功率/dBm	43	43	43	43
导频信道发射功率比例/%	15	15	15	15
导频信道发射功率/dBm	34.76	34.76	34.76	34.76
基站平均发射功率/dBm	40.78	40.78	40.78	40.78
基站天线增益/dBi	17	17	17	17
基站接收端馈线、连接器等损耗/dB	3	3	3	3
移动台接收机				
移动台天线增益/dBi	0	0	0	0
移动台连接器等损耗/dB	0	0	0	0
移动台噪声系数/dB	8.0	8.0	8.0	8.0
总的增益损耗				
反向最大允许路径损耗/dB	152.5	152.5	152.5	152.5
小区面积通信概率/%	90	90	90	90

（续表）

前 向 链 路	密集城区	城区	郊区	乡村
小区边缘通信概率/%	75	75	75	75
阴影衰落标准差/dB	8.0	8.0	8.0	8.0
衰落余量/dB	5.4	5.4	5.4	5.4
软切换增益/dB	3.7	3.7	3.7	3.7
分集增益/dB	0.0	0.0	0.0	0.0
其他增益/dB	0.0	0.0	0.0	0.0
人体损耗/dB	3.0	3.0	3.0	3.0
穿透损耗/dB	0.0	0.0	0.0	0.0
总的增益损耗/dB	143.2	143.2	143.2	143.2
干扰功率				
移动台接收的本小区总功率/dBm	−102.42	−102.42	−102.42	−102.42
其他小区干扰因子/dB	2.5	2.5	2.5	2.5
其他小区干扰功率/dBm	−99.92	−99.92	−99.92	−99.92
移动台端噪声功率（$N_{th}FW$）/dBm	−105.1	−105.1	−105.1	−105.1
总干扰加噪声功率/dBm	−97.21	−97.21	−97.21	−97.21
干扰加噪声功率谱密度/（dBm/Hz）	−158.10	−158.10	−158.10	−158.10
导频 E_c/I_o				
E_c/（dBm/Hz）	−169.33	−169.33	−169.33	−169.33
移动台接收到的导频（E_c/I_o）/dB	−11.23	−11.23	−11.23	−11.23

表 5.4　9.6 kbps 语音业务的业务信道前向链路预算表

前 向 链 路	密集城区	城区	郊区	乡村
系统参数				
载波频率/MHz	850	850	850	850
扩频带宽/kHz	1228.8	1228.8	1228.8	1228.8
噪声温度/K	290	290	290	290
热噪声功率谱密度/（dBm/Hz）	−174	−174	−174	−174
语音业务信道信息速率/（kchip/s）	9.6	9.6	9.6	9.6
处理增益/dB	21.07	21.07	21.07	21.07
基站发射机				
基站最大发射功率/dBm	43	43	43	43
每条业务信道最大发射功率占总功率的比例/%	7%	7%	7%	7%
每条业务信道最大发射功率/dBm	31.45	31.45	31.45	31.45
基站平均发射功率/dBm	40.78	40.78	40.78	40.78
基站天线增益/dBi	17	17	17	17
基站接收端馈线、连接器等损耗/dB	3	3	3	3
移动台接收机				
移动台天线增益/dBi	0	0	0	0
移动台发射端馈线、连接器等损耗/dB	0	0	0	0
移动台噪声系数/dB	8.0	8.0	8.0	8.0
总的增益损耗				
反向最大允许路径损耗/dB	152.5	152.5	152.5	152.5
小区面积通信概率/%	90	90	90	90
小区边缘通信概率/%	75	75	75	75

（续表）

前 向 链 路	密集城区	城区	郊区	乡村
阴影衰落标准差/dB	8.0	8.0	8.0	8.0
衰落余量/dB	5.4	5.4	5.4	5.4
软切换增益/dB	3.7	3.7	3.7	3.7
分集增益/dB	0.0	0.0	0.0	0.0
其他增益/dB	0.0	0.0	0.0	0.0
人体损耗/dB	3.0	3.0	3.0	3.0
穿透损耗/dB	0.0	0.0	0.0	0.0
总的增益损耗/dB	143.2	143.2	143.2	143.2
干扰功率				
移动台接收的本小区总功率/dBm	−102.42	−102.42	−102.42	−102.42
正交因子	0.4	0.4	0.4	0.4
本小区其他用户的干扰/dBm	−106.40	−106.40	−106.40	−106.40
其他小区干扰因子/dB	2.5	2.5	2.5	2.5
其他小区干扰功率/dBm	−99.92	−99.92	−99.92	−99.92
移动台端噪声功率（$N_{th}FW$）/dBm	−105.1	−105.1	−105.1	−105.1
总干扰加噪声功率/dBm	−98.08	−98.08	−98.08	−98.08
干扰加噪声功率谱密度/（dBm/Hz）	−158.97	−158.97	−158.97	−158.97
接收 E_b/N_t				
移动台接收到的业务信道功率谱密度/（dBm/Hz）	−151.57	−151.57	−151.57	−151.57
移动台接收到的业务信道的（E_b/I_t）/dB	7.40	7.40	7.40	7.40

从以上前向链路预算表中可以看出，移动台接收到的导频信道 $E_c/I_o > −15$ dB，$E_b/N_t > 7$dB，都高于解调所需的最小指标，所以前向链路可以覆盖到。

5.1.1.3 CDMA 系统的数据业务链路预算

在 cdma2000 1x 系统中，网络规划还要考虑数据业务的覆盖。由于高速数据需要更高的发射功率，高速数据的覆盖范围通常比话音用户的覆盖范围小。如果系统规划的目标是要针对高速数据业务，则链路预算应该基于 SCH 信道，小区边界由数据业务边界决定。如果规划的目标是以语音业务为主，数据业务在小区内部支持，则小区边界由语音业务的链路预算确定。

同语音业务相比，数据业务的链路预算有以下不同之处：

（1）业务信道速率更高，而且支持多个不同的信道速率。

（2）对于语音用户通常有 3 dB 的人体损耗，而数据用户的人体损耗可以忽略。

（3）非实时性数据业务可以采取重传等措施来保证业务质量，因此允许更高的 FER，所要求的 E_b/N_t 更低。

数据业务的反向链路预算与语音业务方法上基本相同，只是某些项的取值不同，见表 5.5。

SCH 信道的前向链路预算如表 5.6 所示，此处假设小区的边界由 cdma2000 1x 系统中话音业务的链路预算确定。

表 5.5　cdma2000 1x SCH 信道反向链路预算

SCH 信道反向链路预算	19.2 kbps	38.4 kbps	76.8 kbps	153.6 kbps
系统参数				
扩频带宽/kHz	1228.8	1228.8	1228.8	1228.8

（续表）

SCH 信道反向链路预算	19.2 kbps	38.4 kbps	76.8 kbps	153.6 kbps
噪声温度/K	290	290	290	290
热噪声功率谱密度/（dBm/Hz）	−174	−174	−174	−174
信息速率 10lg（R_b）/dB	42.8	45.8	48.9	51.9
基站接收机				
接收机噪声系数/dB	4	4	4	4
接收噪声谱密度/（dBm/Hz）	−170	−170	−170	−170
所需的 E_b/N_t/dB	3.4	3.4	1.8	1.0
接收机灵敏度/dBm	−123.8	−121.6	−119.3	−117.1
基站天线增益/dBi	17	17	17	17
基站接收端馈线、连接器等损耗/dB	3	3	3	3
基站天线输入端的最小信号功率/dBm	−137.8	−135.6	−133.3	−131.1
移动台接收机				
移动台业务信道最大发射功率/dB	21	21	21	21
移动台天线增益/dB	0	0	0	0
移动台发射端连接器等损耗/dB	0	0	0	0
移动台业务信道最大有效发射功率/dBm	21.0	21.0	21.0	21.0
余量计算				
小区面积通信概率/%	90	90	90	90
小区边缘通信概率/%	75	75	75	75
阴影衰落标准差/dB	8	8	8	8
衰落余量/dB	5.4	5.4	5.4	5.4
人体损耗/dB	0	0	0	0
软切换增益/dB	3.7	3.7	3.7	3.7
分集增益/dB	0.0	0.0	0.0	0.0
其他增益/dB	0.0	0.0	0.0	0.0
负载因子	75%	75%	75%	75%
干扰余量/dB	6.0	6.0	6.0	6.0
总预留余量/dB	7.7	7.7	7.7	7.7
最大允许路径损耗				
最大允许的路径损耗/dB	151.1	148.9	146.6	144.4

表 5.6　cdma2000 1x SCH 信道前向链路预算

SCH 信道前向链路预算	19.2 kbps	38.4 kbps	76.8 kbps	153.6 kbps
系统参数				
扩频带宽/kHz	1228.8	1228.8	1228.8	1228.8
噪声温度/K	290	290	290	290
热噪声功率谱密度/（dBm/Hz）	−174	−174	−174	−174
SCH 信道信息速率/kbps	19.2	38.4	76.8	153.6
SCH 信道信息速率 10lg（R_b）/dB	42.83	45.84	48.85	51.86
处理增益/dB	18.06	15.05	12.04	9.03
基站发射机				
基站最大发射功率/dBm	43	43	43	43
导频信道功率比例/%	15	15	15	15
同步信道功率比例/%	1.5	1.5	1.5	1.5

（续表）

SCH 信道前向链路预算	19.2 kbps	38.4 kbps	76.8 kbps	153.6 kbps
寻呼信道功率比例/%	5.25	5.25	5.25	5.25
业务信道功率可用比例/%	78.25	78.25	78.25	78.25
每条 SCH 最大功率比例/%	18	30	50	70
每条 SCH 最大发射功率/dBm	35.55	37.77	39.99	41.45
基站天线天线增益/dBi	17	17	17	17
基站接收端馈线、连接器等损耗/dB	3	3	3	3
移动台接收机				
移动台天线增益/dBi	0	0	0	0
移动台发射端连接器等损耗/dB	0	0	0	0
移动台噪声系数/dB	8.0	8.0	8.0	8.0
总的增益损耗				
反向最大允许路径损耗/dB	153.4	153.4	153.4	153.4
小区面积通信概率/%	90%	90%	90%	90%
小区边缘通信概率/%	75%	75%	75%	75%
阴影衰落标准差/dB	8.0	8.0	8.0	8.0
衰落余量/dB	5.4	5.4	5.4	5.4
软切换增益/dB	3.7	3.7	3.7	3.7
分集增益/dB	0.0	0.0	0.0	0.0
其他增益/dB	0.0	0.0	0.0	0.0
人体损耗/dB	0	0	0	0
穿透损耗/dB	0.0	0.0	0.0	0.0
总的增益损耗/dB	141.1	141.1	141.1	141.1
干扰功率				
移动台接收的本小区总功率/dBm	−98.1	−98.1	−98.1	−98.1
正交因子	0.4	0.4	0.4	0.4
本小区其他用户的干扰功率/dBm	−102.08	−102.08	−102.08	−102.08
其他小区干扰因子/dm	2.5	2.5	2.5	2.5
其他小区干扰功率/dBm	−95.6	−95.6	−95.6	−95.6
移动台接收机噪声功率/dBm	−105.1	−105.1	−105.1	−105.1
总干扰加噪声功率/dBm	−94.34	−94.34	−94.34	−94.34
干扰加噪声功率谱密度/（dBm/Hz）	−155.23	−155.23	−155.23	−155.23
接收 E_b/N_t				
移动台接收到的业务信道的 E_b/N_t/dB	6.85	6.05	5.26	3.71

5.1.2　WCDMA 系统的链路预算

5.1.2.1　链路预算流程

3G 是自干扰系统，存在着业务质量、覆盖和容量相互制约的问题。在保证网络质量一定的条件，调整上下行链路空中接口的负载会影响覆盖，通常情况下，3G 系统覆盖受限于上行链路，而容量受限于下行链路。同时在无线设计时，对前向链路进行人工计算实际意义不大，原因如下：

（1）在反向链路预算中，各种因素或为已知，或可准确估计，因此结果较为可靠。而前向链路不可预测因素较多（如周围基站的干扰情况、移动台的移动速度、移动台的位置等），因网络具体情况而不同，无法给出一个通用的取值。

（2）尽管通常取周围基站的干扰系数 3 dB 进行前向链路预算，但与实际情况相比，在不同网络、不同地区，结果相差悬殊，取值很难确定。

因此，我们一般采用反向链路预算，通过反向链路预算表对无线网络规划提供依据。主要流程图如图 5.7 所示。

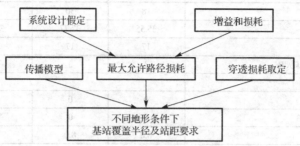

图 5.7　反向链路预算主要流程

5.1.2.2　链路预算算法

与 GSM 链路预算不同，WCDMA 链路预算引入基于 WCDMA 技术的新特性。

WCDMA 是一个自干扰系统，随着网络接入用户的变化，小区覆盖会呈现动态的"呼吸"效应。

同时 WCDMA 系统可提供语音、视频电话、中低高速数据业务，不同速率业务覆盖上体现出极大的差异性。承载速率越高，处理增益越小，覆盖距离越小。

WCDMA 由于采用部分新技术，因此会带来参数设置上与 GSM 存在差异。如软切换增益、快速功控余量、发射分集增益等。

WCDMA 网络的业务量是非对称的，即网络上行和下行链路的数据传输量不相同。

以上因素均需要在做 WCDMA 链路预算时予以考虑。

针对 WCDMA，从无线覆盖而言，要完成通信建立，需考虑几方面的问题：

导频信道覆盖（其他公共信道通常基于导频信道进行功率设置，故只计算导频信道链路预算即可）。

业务信道上行链路覆盖预算。

业务信道下行链路覆盖预算。

对于 WCDMA 不同业务而言，又分为 R99 业务和 HSDPA 以及 HSUPA 业务。

对于 WCDMA 单小区容量，可简单考量下行功率承载容量，作为网络规划的简单参考。

在 WCDMA 系统中存在与链路相关的结构及网元，如图 5.8 所示。

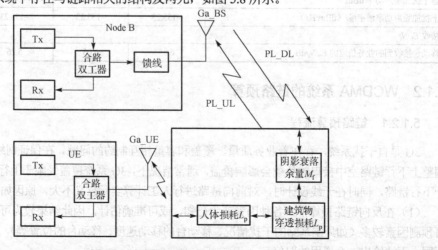

图 5.8　链路损耗网络拓扑示意图

1. 上行链路预算

PL_UL：上行链路最大传播损耗；

PL_UL=EIRP−EIAP+M

EIRP=Pout_UE+Ga_UE

EIAP= S_BS +Ga_BS−Lf_BS+Ga_Ta

M=Mf-Mi−Lp−Lb+G_Ho

式中，EIRP：等效发射功率；

EIAP：等效接收功率；

M：系统余量及增益；

Pout_UE：移动台业务信道最大发射功率；

Lf_BS：馈线及接头损耗；

Ga_BS：基站天线增益；

Ga_UE：UE 天线增益；

G_Ho：软切换增益；

Mf：阴影衰落余量（与传播环境相关）；

MI：干扰余量（与系统设计容量相关）；

Lp：建筑物穿透损耗（要求室内或车内覆盖时使用，密集市区考虑 20 dB，一般市区、县城考虑 20 dB，郊区考虑 12 dB，主要交通干线考虑 5 dB，铁路客运专线考虑 20 dB）；

Lb：人体损耗；

S_BS：基站接收机的灵敏度（与业务、多径条件等因素相关）。

2. 下行链路预算（基于覆盖）

PL_DL：下行链路最大传播损耗；

PL_DL=EIRP−EIAP+M

EIRP=Pout_BS+Ga_BS−Lf

EIAP= S_UE +Ga_UE

M=Mf−Mi−Lp−Lb+G_Ho-L_O

式中，Pout_BS：基站业务信道最大发射功率；

Lc_BS：基站内合路器损耗；

Lf_BS：馈线损耗；

L_O：下行非正交性储备；

Ga_BS：基站天线增益；

Ga_UE：移动台天线增益；

Mf：阴影衰落余量（与传播环境相关）；

MI：干扰余量（与系统设计容量相关）；

Lp：建筑物穿透损耗（要求室内覆盖时使用）；

Lb：人体损耗；

S_UE：移动台接收机灵敏度（与业务、多径条件等因素相关）。

3. 下行链路预算（基于容量）

PL_DL= PL_UL+L_frenq−L_D

式中，PL_UL：上行业务最大路径损耗，可以为连续覆盖业务的路径损耗；

L_frenq：上下行频率差带来的上下行链路损耗的差异；

L_D：终端分布不均衡系数，由于终端分布不均衡，导致小区发射功率计算时进行必要的调整。

则：Pout_BS=PL_DL+Lc_BS+Lf_BS-Ga_BS-Ga_UE+Mf+Mi+Lp+Lb+S_UE

这样，可以计算单承载平均每用户小区的发射功率，然后考虑下行功率负载门限，公共信道发射功率，即可计算单小区在下行承载用户的大概数目，使规划工程师对网络容量有理性的认识。

5.1.2.3　链路预算结果

网络规划中，连续覆盖业务常基于 R99 业务定义，对于 HSPA 业务，多用于向业务密集地区提供不连续覆盖或者降低速率至 R99 业务，对于 HSPA 业务链路预算可做覆盖规划的参考。

下面给出几种典型环境的链路预算，见表 5.7～表 5.11。

表 5.7　密集市区环境链路预算

	业务种类	speech 12.2	CS64	PS64
	覆盖区域	密集市区	密集市区	密集市区
上行链路预算	系统参数			
	频率/MHz	1950	1950	1950
	扩频带宽/MHz	3.84	3.84	3.84
	玻尔兹曼常数（K）/W/（Hz·K）	1.38E-23	1.38E-23	1.38E-23
	室温 T/K	290	290	290
	热噪声/dBm	-108.1	-108.1	-108.1
	数据速率/kbps	12.2	64	64
	处理增益/dB	25.00	17.80	17.80
	移动台发射机			
	移动台天线平均高度/m	1.5	1.5	1.5
	最大移动台发射机功率/W	0.125	0.125	0.125
	最大移动台发射机功率/dBm	21	21	21
	移动台发射机天线增益/dBi	0	0	0
	总共移动台发射机 EIRP/dBm	21.0	21.0	21.0
	基站接收机			
	基站接收机噪声系数/dB	5	5	5
	基站接收机（E_b/N_o）/dB	4.5	1.7	1.1
	基站接收机灵敏度/dBm	-123.60	-119.20	-119.80
	基站接收机天线增益/dBi	18	18	18
	基站接收机馈线和接头损耗/dB	3.105	3.105	3.105
	塔顶放大器增益（无塔放为 0）/dB	0	0	0
	基站接收 EIAP/dBm	-138.50	-134.10	-134.70
	最大路径损耗/dB	159.50	155.10	155.70
	各种储备			
	小区负载	50.00%	50.00%	50.00%
	干扰储备（由于小区负载）/dB	3.0	3.0	3.0
	快衰落储备/dB	2	2	2
	人体损耗/dB	3	0	0
	小区面积覆盖率（室外）	90%	90%	90%
	对数正态衰落标准偏差（室外）/dB	10	10	10
	对数正态衰落储备（室外）/dB	7.38	7.38	7.38
	软切换增益/dB	2	2	2

（续表）

	业务种类	speech 12.2	CS64	PS64
	覆盖区域	密集市区	密集市区	密集市区
上行链路预算	小区面积覆盖率（室内）	90%	90%	90%
	对数正态衰落标准偏差（室内）/dB	11.7	11.7	11.7
	对数正态衰落储备（室内）/dB	9.44	9.433	9.43
	总储备（室外）/dB	13.4	10.4	10.4
	允许路径损耗（室外）/dB	146.10	144.70	145.30
	总储备（室内）/dB	15.45	12.45	12.45
	允许路径损耗（室内）/dB	144.05	142.65	143.25

表 5.8　市区、县城环境链路预算

	业务种类	speech 12.2	CS64	PS64
	覆盖区域	市区/县城	市区/县城	市区/县城
	系统参数			
	频率/MHz	1950	1950	1950
	扩频带宽/MHz	3.84	3.84	3.84
	玻尔兹曼常数（K）/W/（Hz·K）	1.38E-23	1.38E-23	1.38E-23
	室温（T）/K	290	290	290
	热噪声/dBm	−108.1	−108.1	−108.1
	数据速率/kbps	12.2	64	64
	处理增益/dB	25.00	17.80	17.80
	移动台发射机			
	移动台天线平均高度/m	1.5	1.5	1.5
	最大移动台发射机功率/W	0.125	0.125	0.125
	最大移动台发射机功率/dBm	21	21	21
	移动台发射机天线增益/dBi	0	0	0
	总共移动台发射机 EIRP/dBm	21.0	21.0	21.0
上行链路预算	**基站接收机**			
	基站接收机噪声系数/dB	5	5	5
	基站接收机（E_b/N_o）/dB	4.5	1.7	1.1
	基站接收机灵敏度/dBm	−123.60	−119.20	−119.80
	基站接收机天线增益/dBi	18	18	18
	基站接收机馈线和接头损耗/dB	3.105	3.105	3.105
	塔顶放大器增益（无塔放为 0）/dB	0	0	0
	基站接收 EIAP/dBm	−138.50	−134.10	−134.70
	最大路径损耗/dB	159.50	155.10	155.70
	各种储备			
	小区负载	40.00%	40.00%	40.00%
	干扰储备（由于小区负载）/dB	2.2	2.2	2.2
	快衰落储备/dB	2	2	2
	人体损耗/dB	3	0	0
	小区面积覆盖率（室外）	90%	90%	90%
	对数正态衰落标准偏差（室外）/dB	8	8	8
	对数正态衰落储备（室外）/dB	5.4	5.4	5.4
	软切换增益/dB	2	2	2
	小区面积覆盖率（室内）	90%	90%	90%
	对数正态衰落标准偏差（室内）/dB	9.4	9.4	9.4

（续表）

业务种类		speech 12.2	CS64	PS64
覆盖区域		市区/县城	市区/县城	市区/县城
上行链路预算	对数正态衰落储备（室内）/dB	6.95	6.95	6.95
	总储备（室外）/dB	10.6	7.6	7.6
	允许路径损耗（室外）/dB	148.88	147.48	148.08
	总储备（室内）/dB	12.16	9.16	9.16
	允许路径损耗（室内）/dB	147.33	145.93	146.53

表 5.9　郊区环境链路预算

业务种类	speech 12.2	CS64	PS64
覆盖区域	郊区	郊区	郊区
系统参数			
频率/MHz	1950	1950	1950
扩频带宽/MHz	3.84	3.84	3.84
玻尔兹曼常数（K）/W/（Hz·K）	1.38E-23	1.38E-23	1.38E-23
室温（T）/K	290	290	290
热噪声/dBm	−108.1	−108.1	−108.1
数据速率/kbps	12.2	64	64
处理增益/dB	25.00	17.80	17.80
移动台发射机			
移动台天线平均高度/m	1.5	1.5	1.5
最大移动台发射机功率/W	0.125	0.125	0.125
最大移动台发射机功率/dBm	21	21	21
移动台发射机天线增益/dBi	0	0	0
总共移动台发射机 EIRP/dBm	21.0	21.0	21.0
基站接收机			
基站接收机噪声系数/dB	5	5	5
基站接收机（E_b/N_o）/dB	4.5	1.7	1.1
基站接收机灵敏度/dBm	−123.60	−119.20	−119.80
基站接收机天线增益/dBi	18	18	18
基站接收机馈线和接头损耗/dB	3.105	3.105	3.105
塔顶放大器增益（无塔放为 0）/dB	0	0	0
基站接收 EIAP/dBm	−138.50	−134.10	−134.70
最大路径损耗/dB	159.50	155.10	155.70
各种储备			
小区负载	30.00%	30.00%	30.00%
干扰储备（由于小区负载）/dB	1.5	1.5	1.5
快衰落储备/dB	2	2	2
人体损耗/dB	3	0	0
小区面积覆盖率（室外）	90%	90%	90%
对数正态衰落标准偏差（室外）/dB	6	6	6
对数正态衰落储备（室外）/dB	4.05	4.05	4.05
软切换增益/dB	2	2	2
小区面积覆盖率（室内）	90%	90%	90%
对数正态衰落标准偏差（室内）/dB	7.8	7.8	7.8

（续表）

业务种类	speech 12.2	CS64	PS64
覆盖区域	郊区	郊区	郊区
对数正态衰落储备（室内）/dB	5.02	5.02	5.02
总储备（室外）/dB	8.6	5.6	5.6
允许路径损耗（室外）/dB	150.90	149.50	150.10
总储备（室内）/dB	9.57	6.57	6.57
允许路径损耗（室内）/dB	149.93	148.53	149.13

表 5.10　主要交通干线

业务种类	speech 12.2	CS64	PS64
覆盖区域	主要交通干线	主要交通干线	主要交通干线
系统参数			
频率/MHz	1950	1950	1950
扩频带宽/MHz	3.84	3.84	3.84
玻尔兹曼常数（K）/W/（Hz·K）	1.38E-23	1.38E-23	1.38E-23
室温（T）/K	290	290	290
热噪声/dBm	−108.1	−108.1	−108.1
数据速率/kbps	12.2	64	64
处理增益/dB	25.00	17.80	17.80
移动台发射机			
移动台天线平均高度/m	1.5	1.5	1.5
最大移动台发射机功率/W	0.125	0.125	0.125
最大移动台发射机功率/dBm	21	21	21
移动台发射机天线增益/dBi	0	0	0
总共移动台发射机 EIRP/dBm	21.0	21.0	21.0
基站接收机			
基站接收机噪声系数/dB	5	5	5
基站接收机（E_b/N_o）/dB	4.5	1.7	1.1
基站接收机灵敏度/dBm	−123.60	−119.20	−119.80
基站接收机天线增益/dBi	18	18	18
基站接收机馈线和接头损耗/dB	3.105	3.105	3.105
塔顶放大器增益（无塔放为0）/dB	0	0	0
基站接收 EIAP/dBm	−138.50	−134.10	−134.70
最大路径损耗/dB	159.50	155.10	155.70
各种储备			
小区负载	20.00%	20.00%	20.00%
干扰储备（由于小区负载）/dB	1.0	1.0	1.0
快衰落储备/dB	2	2	2
人体损耗/dB	3	0	0
小区面积覆盖率（室外）	90%	90%	90%
对数正态衰落标准偏差（室外）/dB	5	5	5
对数正态衰落储备（室外）/dB	3.86	3.86	3.86
软切换增益/dB	2	2	2
小区面积覆盖率（室内）	90%	90%	90%
对数正态衰落标准偏差（室内）/dB	6.6	6.6	6.6
对数正态衰落储备（室内）/dB	4.04	4.04	4.04
总储备（室外）/dB	7.8	4.8	4.8
允许路径损耗（室外）/dB	151.66	150.26	150.86
总储备（室内）/dB	8.01	5.01	5.01
允许路径损耗（室内）/dB	151.48	150.08	150.68

表 5.11　铁路客运专线

	业务种类	speech 12.2	CS64	PS64
	覆盖区域	铁路客运专线	铁路客运专线	铁路客运专线
	系统参数			
	频率/MHz	1950	1950	1950
	扩频带宽/MHz	3.84	3.84	3.84
	玻尔兹曼常数（K）/W/（Hz*K）	1.38E-23	1.38E-23	1.38E-23
	室温（T）/K	290	290	290
	热噪声/dBm	−108.1	−108.1	−108.1
	数据速率/kbps	12.2	64	64
	处理增益/dB	25.00	17.80	17.80
	移动台发射机			
	移动台天线平均高度/m	1.5	1.5	1.5
	最大移动台发射机功率/W	0.125	0.125	0.125
	最大移动台发射机功率/dBm	21	21	21
	移动台发射机天线增益/dBi	0	0	0
	总共移动台发射机 EIRP/dBm	21.0	21.0	21.0
上行链路预算	基站接收机			
	基站接收机噪声系数/dB	5	5	5
	基站接收机（E_b/N_0）/dB	5.5	2.7	2.1
	基站接收机灵敏度/dBm	−122.60	−118.20	−118.80
	基站接收机天线增益/dBi	18	18	18
	基站接收机馈线和接头损耗/dB	3.105	3.105	3.105
	塔顶放大器增益（无塔放为 0）/dB	0	0	0
	基站接收 EIAP/dBm	−137.50	−133.10	−133.70
	最大路径损耗/dB	158.50	154.10	154.70
	各种储备			
	小区负载	20.00%	20.00%	20.00%
	干扰储备（由于小区负载）/dB	1.0	1.0	1.0
	快衰落储备/dB	0	0	0
	人体损耗/dB	3	0	0
	小区面积覆盖率（室外）	90%	90%	90%
	对数正态衰落标准偏差（室外）/dB	5	5	5
	对数正态衰落储备（室外）/dB	3.86	3.86	3.86
	软切换增益/dB	2	2	2
	小区面积覆盖率（室内）	90%	90%	90%
	对数正态衰落标准偏差（室内）/dB	6.6	6.6	6.6
	对数正态衰落储备（室内）/dB	4.04	4.04	4.04
	总储备（室外）/dB	5.8	2.8	2.8
	允许路径损耗（室外）/dB	152.66	151.26	151.86
	总储备（室内）/dB	6.01	3.01	3.01
	允许路径损耗（室内）/dB	152.48	151.08	151.68

5.1.2.4　规划站距建议

根据以上链路预算及相关测试结果，各类区域的站距一般控制在如表 5.12 所示的范围内。

5.1.3 TD-LTE 系统的链路预算

5.1.3.1 LTE 链路预算

LTE 基站链路预算与 2G/3G 系统相似，但具有如下特点：

（1）覆盖距离和速率要求相关，随着覆盖距离变远信号强度逐渐下降时，系统可以通过降低调制和编码的等级（即采用低阶和高冗余的编码）而降低对信号强度的要求，以支持更远的覆盖距离。最终表现为降低通信速率，可以增加覆盖距离。这一点和 GSM、WCDMA 不同，后两者设定有特定的业务，每类业务有固定的解调门限。

（2）下行采用固定功率发送，下行速率随着分配到的 RB 数量成比例增长。

（3）上行覆盖通常受限于 UE 发送功率。当 UE 发送功率达到峰值时，增加 RB 数量不能明显增加上行数据速率。反之，可以通过增加 RB 数量增加上行数据速率。

（4）对于覆盖区边缘的用户，下行速率取决于可分配的 RB 数量，上行速率受限于终端功率，所以对于单个边缘用户，FDD 和 TD 制式不影响其上下行速率。

（5）LTE 系统中可以采用多天线接收技术、波束赋形技术获取一定增益。

表 5.12 各类区域规划站距建议情况表

环　　境	链路预算站距（km）	拟设站距（km）
密集市区	0.47	0.4～0.6
普通市区	0.81	0.6～0.9
县城	1.04	0.8～1.3
郊区	1.59	0.9～1.8
铁路客运专线	2.42	1.5～3.0
主要交通干线	2.97	2.5～4.5

5.1.3.2 链路预算结果及分析

从覆盖能力角度分析，有如下结论：2.6 GHz TD-LTE 系统在边缘速率设定为 256 kbps/1024 kbps 时，如果采用 2 天线，其覆盖能力与 WCDMA（导频–85 dBm 连续覆盖）相当；采用 8 天线，覆盖能力比 WCDMA 更好。

综上所述，采用和现网 3G 共站方式建设 TD-LTE 时，基本可以满足建设目标的要求。TD-LTE 基站在市区不同频段的链路预算以及与 WCDMA 的覆盖能力的对比详见表 5.13。

表 5.13 TD-LTE 基站链路预算表

参　数		TD-LTE 2.6GHz		WCDMA
		上行 PS256K	下行 PS1024K	导频–85dBm
发射端	发射天线	1 天线单流	8 天线双流	1 天线单流
	发射功率/dBm	23.0	29.0	33.0
	天线增益/dBi		18.0	18.0
	馈线损耗/dB		1.0	3.0
	总发射功率/dBm	23.0	46.0	48.0
接收端	热噪声/dBm	−115.43	−115.43	
	接收机噪声系数 dB	2.00	2.00	
	接收机噪声/dBm	−113.43	−113.43	
	RB 数/个	4.00	4.00	
	使用的带宽/kHz	720.00	720.00	−85.00
	最佳 MCS 索引	5	8	
	传输块大小/bit	328.00	680.00	
	8 天线增益/dB	6.00	3.00	
	HARQ 误码率	0.10	0.10	
	SINR/dB	1.90	2.70	

（续表）

参　　数		TD-LTE 2.6GHz		WCDMA
		上行 PS256K	下行 PS1024K	导频−85dBm
增益	接收机灵敏度/dBm	−111.53	−110.73	
	负荷/%	50%	50%	
	干扰余量/dB	3.0	3.0	
	天线增益/dBi	18.0		
	馈线损耗/dB	1.0		
	快衰落储备/dB	0.0	0.0	
	切换增益/dB	2.0	2.0	
	慢衰落储备/dB	7.7	7.7	7.7
	穿透损耗/dB	18.0	18.0	
	选频增益/dB	2.0	2.0	
最大允许路径损耗/dB		133	135	125
COST231-Hata 模型参数	频率/MHz	2,555	2,555	2,130
	基站天线有效高度 hb/m	25.0	25.0	25.0
	UE 天线有效高度 hm/m	1.5	1.5	1.5
	UE 天线高度修正因子 a/dB	0.1	0.1	0.0
	市区地形校正因子 Cm/dB	−3.1	−3.1	−3.1
RSRP/RSCP/dBm		−103.8	−109.0	−85.0
小区半径		0.44	0.51	0.32
站间距		0.66	0.76	0.48

5.2　频　道　配　置

5.2.1　GSM 系统的频道配置

5.2.1.1　频率复用方式

　　频率复用也称为频率再用，是指在 GSM 数字移动通信系统中，重复使用相同的频率覆盖不同的地区，这是 GSM 网络普遍采用的一种技术。这些使用同一频率的区域彼此之间需要相隔一定的距离，这个使用同频小区之间的最小距离称为同频复用距离。

　　根据原邮电部颁布的《900 MHz TDMA 数字公用陆地蜂窝移动通信网技术体制》的要求，若采用定向天线，建议采用 4×3 复用方式，业务量较大的地区，根据设备的能力还可采用其他复用方式，如3×3 等。无论采用何种方式，其基本原则是考虑了不同的传播条件、不同的复用方式、多重干扰因素后必须满足干扰保护比的要求，即同频干扰保护比 $C/I \geqslant 9$ dB，邻频干扰保护比 $C/I \geqslant -9$ dB，400 kHz 邻频保护比 $C/I \geqslant -41$ dB。

　　1. 4×3 频率复用技术

　　根据 GSM 技术体制规范的建议，在各种 GSM 系统中常采用 4×3 复用方式。4×3 复用方式是把频率分成 12 组，并轮流分配到 4 个站点，即每个站点可用到 3 组频率。

　　下面对工程应用中的 4×3 的频率分组和复用方式进行讨论。

　　顾名思义，4×3 复用是将可用频率分为 4 × 3 = 12 组，分别标志为 A1、B1、C1、D1、A2、B2、C2、D2、A3、B3、C3、D3，如表 5.14 所示。

表 5.14　4×3 频率复用方式 1

A1	B1	C1	D1	A2	B2	C2	D2	A3	B3	C3	D3
1	2	3	4	5	6	7	8	9	10	11	12
13	14	15	16	17	18	19	20	21	22	23	24
25	26	27	28	29	30	31	32	33	34	35	36

　　这种频率复用方式由于复用距离大，因此能够比较可靠地满足 GSM 体制对同频干扰保护比和邻频干扰保护比指标的要求，使 GSM 网络的运行质量好，安全性好，如图 5.9 所示。

　　按表 5.17 中的排列顺序，将 A1、A2、A3 为一大组分配给某基站的 3 个扇区，B1、B2、B3，C1、C2、C3，D1、D2、D3 分别为一大组分配给相邻基站的 3 个扇区。显然，4×3 频率复用技术有 6 种频率复用方式，如图 5.10 所示。

　　按照上面的频率顺序分组方式，不存在相邻基站同频的问题，但还有相对小区邻频现象，如图中箭头所指位置，即：方式 1：D1—A2；方式 2：D2—A3；方式 3：D1—A2；方式 4：D2—A3；方式 5：D3—A1；方式 6：D3—A1。

　　为此，可以换一种频率分组方式，如表 5.15 所示。

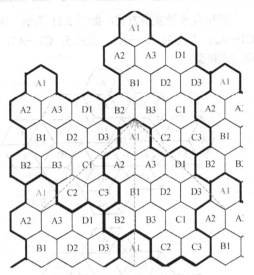

图 5.9　4×3 频率复用方式

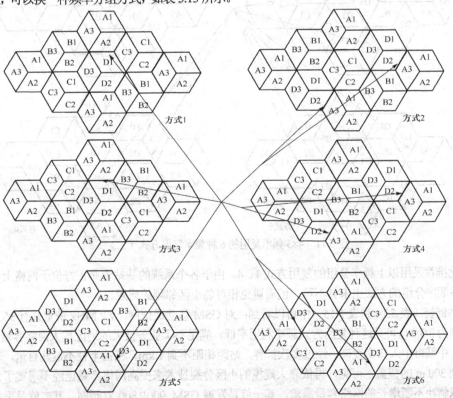

图 5.10　4×3 频率复用的 6 种频率复用方式（一）

表 5.15　4×3 频率分组方式 2

A1	B1	C1	D1	A2	B2	C2	D2	A3	B3	C3	D3
1	2	4	3	5	8	7	6	9	11	10	12
13	14	16	15	17	20	19	18	21	23	22	24
25	26	28	27	29	32	31	30	33	35	34	36

同样有 6 种复用方式，如图 5.11 所示。由图 5.11 可知：方式 1、4 无相对邻频现象；方式 2：C1—A2；方式 3：B2—A3；方式 5：C1—A2，B2—A3，D3—A1；方式 6：D3—A1 之间还有相对小区邻频现象。

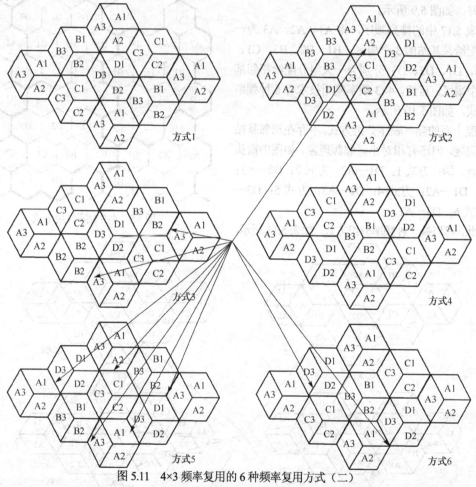

图 5.11　4×3 频率复用的 6 种频率复用方式（二）

因此推荐采用以上频率分组的复用方式 1、4。由于各个系统的基站未必正好位于网格上，采用前面的频率顺序分组的方法也未尝不可，但需避免相对邻小区邻频的问题。

由举例表（表 5.14 和表 5.15）中可以看到：对 GSM 移动通信网，7.2 MHz 带宽共有 36 个频点，最大站型为 3/3/3，可见这种复用方式频率利用率低，满足不了业务量大的地区扩大网络容量的要求。在有些大中城市中人口密度高，经过多次扩容，站距相距不到 1 km，覆盖半径不过几百米，有些站点甚至达到 300 m 的覆盖，可见，再依靠大规模的小区分裂技术来提高网络容量已经不现实了。有两种办法可以解决不断增长的网络容量需求，其一就是发展 GSM 900/1800 双频网，其二就是采用更紧密的频率复用技术。

2. 3×3 频率复用技术

3×3 复用将可用频率分为 9 组，分别标志为 A1、B1、C1、A2、B2、C2、A3、B3、C3，如表 5.16 和图 5.12 所示。

3×3 复用一般采用基带跳频，也有不跳频的，但效果不佳。有两种复用方式，如图 5.13 所示。

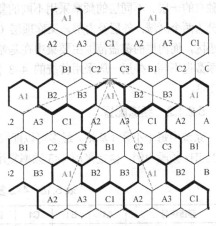

图 5.12 3×3 频率复用方式

表 5.16 3×3 频率分组方式

A1	B1	C1	A2	B2	C2	A3	B3	C3
1	2	3	4	5	6	7	8	9
10	11	12	13	14	15	16	17	18
19	20	21	22	23	24	25	26	27
28	29	30	31	32	33	34	35	36

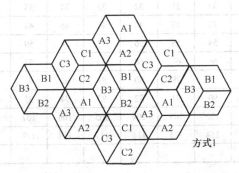
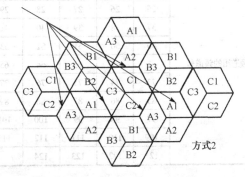

图 5.13 3×3 频率复用的两种频率复用方式

由图 5.13 可知，方式 1：无相对小区邻频现象；方式 2：C1—A2，C2—A3，C3—A1。显然，方式 1 的复用方式更好。

3. 1×3 频率复用技术

工程实践中 1×3 的频率分组和复用方式如图 5.14 所示。1×3 是频率复用最为紧密的一种方式，一般采用在合成器跳频系统中，同时还需采用 DTX、功率控制、天线分集等抗干扰技术，以弥补由于复用距离减小而带来的干扰恶化。它将所有频率分成 A1、A2、A3 三组，将这三组分别作为每个基站 3 个扇区的载频，如表 5.17 所示。

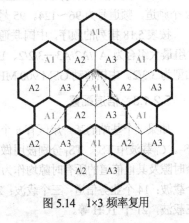

图 5.14 1×3 频率复用

表 5.17 1×3 频率分组方式

A1	1	4	7	10	13	16	19	22	25	28	31	34
A2	2	5	8	11	14	17	20	23	26	29	32	35
A3	3	6	9	12	15	18	21	24	27	30	33	36

此外，频率复用中，还经常使用多重频率复用（Multiple Reuse Pattern, MRP）技术和同心圆（Concentric Cell）技术。

简单地说，MRP 技术将整段频率划分为相互正交的 BCCH 频段和若干 TCH 频段，每一段载频作为独立的一层。不同层的频率采用不同的复用方式，频率复用逐层紧密；同心圆技术就是将普通的小区分为两个区域：外层及内层，又称顶层（Overlay）和底层（Underlay）。外层的覆盖范围是传统的蜂窝小区，而内层的覆盖范围主要集中在基站附近。外层和内层的区别除覆盖范围不同外，它们频率复用系数也不同，外层一般采用传统的 4×3 复用方式，而内层则采用更紧密的复用方式，如 3×3、2×3 或 1×3。

5.2.1.2　频道配置

系统中每个小区（基站）最多可以配置多少无线频道取决于系统带宽、频率复用方式等。以 GSM 900 MHz 频段为例，假定采用 4×3 频率复用方式，则全部 124 个频道如表 5.18 所示。

表 5.18　4×3 复用方式时 GSM 900 频道编号表

频道组号	A1	B1	C1	D1	A2	B2	C2	D2	A3	B3	C3	D3
各频道组的频道号	1	2	3	4	5	6	7	8	9	10	11	12
	13	14	15	16	17	18	19	20	21	22	23	24
	25	26	27	28	29	30	31	32	33	34	35	36
	37	38	39	40	41	42	43	44	45	46	47	48
	49	50	51	52	53	54	55	56	57	58	59	60
	61	62	63	64	65	66	67	68	69	70	71	72
	73	74	75	76	77	78	79	80	81	82	83	84
	85	86	87	88	89	90	91	92	93	94	95	96
	97	98	99	100	101	102	103	104	105	106	107	108
	109	110	111	112	113	114	115	116	117	118	119	120
	121	122	123	124								

其中，中国移动公司共 19 MHz 带宽，94 个频道，频道号为 1～94；中国联通公司共 6 MHz 带宽，29 个频道，频道号为 96～124。95 号频点作为保护频点。

按表 5.18 排列的顺序，中国联通公司 900 MHz 基站采用 4×3 频率复用方式的最高频道配置如下：4 组最大组合为 A1/A2/A3—3/2/2、B1/B2/B3—3/2/2、C1/C2/C3—3/2/2、D1/D2/D3—3/2/3，最高配置站型为 3/3/2。中国移动 GSM 900 MHz 基站采用 4×3 频率复用方式的最高配置站型为 8/8/8。

5.2.1.3　信道配置

如果一个基站的某一扇区有 n 个载频，记为 $C_0, C_1, \cdots, C_{n-1}$，GSM 每个载波 8 个时隙，$TS_0, TS_1, \cdots, TS_7$。$C_0$ 载波中 TS_0、TS_1 分别用做各类广播控制信道（BCCH）与独立专用控制信道（DCCH），其余时隙及其他信道的所有时隙均作为业务信道 TCH，那么 TCH 数目为：单个载波：6 个业务信道；两个载波：14 个业务信道；三个载波：22 个业务信道。实际中，可能做适当调整，如单载波，7 个 TCH；三载波，21 个 TCH 等。

对联通 4×3（4/12）频率复用方式，以 A1/A2/A3—3/2/2 为例。该基站站型为 3/2/2，可用载频数为 3＋2＋2＝7 个，最大业务信道为 22＋14＋14＝50 个。

5.2.1.4　用户容量

根据规划的基站类型，结合无线呼损率可以得到基站的话务容量。其计算过程为：每个小区使用频道数→求得每个扇区的 TCH→根据 TCH 和无线呼损率→由爱尔兰 B 表查得话务量→小区总话务量→再由每用户平均忙时话务量得到小区用户数。例如，当无线呼损率 GOS ＝ 2%时，某地区基站容量规划如表 5.19 所示。

表 5.19　某地区 GSM 网基站容量规划

基站编号	站型	扇区1			扇区2			扇区3			话务总量	用户数（户）
		载频数	TCH	话务量	载频数	TCH	话务量	载频数	TCH	话务量		
LA001	S2/2/2	2	14	8.2	2	14	8.2	2	14	8.2	24.6	984
LA002	S2/1/1	1	7	2.9	1	7	2.9	2	14	8.2	14	560
LA003	S2/2/1	1	7	2.9	2	14	8.2	2	14	8.2	19.3	772
LA004	S3/2/2	3	22	14.9	2	14	8.2	2	14	8.2	31.3	1252

【例】　某城市建设 GSM 蜂窝网，全区预测用户 30000 户，市区占 80%（中心区密度为 700 户/km²，面积为 25 km²；其余市区密度为 300 户/km²，面积为 36 km²），郊区及郊县占 20%，密度为 20 户/km²，面积为 300 km²。各需建设多少基站？

解：设 GSM 蜂窝网使用 6 MHz 带宽，按 4×3 复用方式，单个基站最大配置为 3/2/2，业务信道为 22+14+14，无线呼损为 5%，查爱尔兰 B 表得 36.59Erl。按 0.027Erl 每用户计算，单基站最大可容纳用户 1356 户。中心区用户：700 户/km²×25km²=17500 户；需建设基站 17500/1356=12.9056，取 13。

同理，一般市区密度为 300 户/km²，面积为 36km²，也采用 4×3 复用方式。因此，用户数为 300 户/km²×36 km²=10800 户，需建设基站数为 10800/1356=7.964，取 8。

郊区及郊县采用 7×1 复用方式，单个基站最大配置 4 个载频，业务信道 30，无线呼损 5%，查爱尔兰 B 表得 24.8Erl。按 0.027 Erl 每用户计算，单基站最大可容纳用户 919 户。郊区及郊县用户数为 20 户/km²×300km²=6000 户，需建设基站数为 6000/919=6.5288，取 7。

5.2.1.5　干扰保护比

载波干扰比（C/I）是指接收到的希望信号电平与非希望信号电平的比值，此比值与移动台的瞬时位置有关。这是由于地形不规则性，散射体的形状、类型及数量不同，以及其他一些因素如天线的类型、方向性及高度、站址的标高及位置、当地的干扰源数目等造成的。

同频干扰保护比：$C/I \geqslant 9$ dB。所谓 C/I，是指当不同小区使用相同频率时，另一小区对服务小区产生的干扰，它们的比值即 C/I，GSM 规范中一般要求 $C/I > 9$ dB；工程中一般加 3 dB 的余量，即要求 $C/I > 12$ dB。

邻频干扰保护比：$C/I \geqslant -9$ dB。C/I 是指在频率复用方式下，邻近频道会对服务小区使用的频道进行干扰，这两个信号间的比值即 C/I。GSM 规范中一般要求 $C/I > -9$ dB，工程中一般加 3 dB 的余量，即要求 $C/I > -6$ dB。

载波偏离 400 kHz 的干扰保护比：$C/I \geqslant -41$ dB。

5.2.2　CDMA 系统的频道配置

5.2.2.1　CDMA 工作频段

在我国 CDMA2000 网占用 10 MHz 频段，其工作频段为 825～835 MHz（上行：移动台发、基站收）、870～880 MHz（下行：基站发、移动台收），上下行频率间隔为 45 MHz。

IS-95 系统采用频分双工（FDD）方式。在 IS-95 中，CDMA 载波频带中心频率用 AMPS 频道编号来描述。编号 283 的信道是 CDMA 的基本信道，一个 CDMA 频道（1.23 MHz）占用 41 个 AMPS（30 kHz）信道。

5.2.2.2　CDMA 频道表示方法

CDMA 频道表示。利用 AMPS 信道表示法：

$$f_1(n) = 825 + 0.030 \times n \, (\text{MHz})$$ 　　　（上行：移动台发，基站收）

$$f_h(n) = f_1(n) + 45 \, (\text{MHz})$$
$$= 870 + 0.030 \times n \, (\text{MHz})$$ 　　　（下行：基站发，移动台收）；　$n \in [1, 333]$

其中，n 为频道序号，$n = 1 \sim 333$，共 333 个载频，见表 5.20。

CDMA 频道间隔为 1.23 MHz，占用 41 个 AMPS 信道。CDMA 频道号之间的间隔为 41。

表 5.20　CDMA 频道频率对应表

频道号	上行频率（MHz）	下行频率（MHz）	备注
1	825.03	870.03	AMPS 话音频道
2	825.06	870.06	AMPS 话音频道
3	825.09	870.09	AMPS 话音频道
4	825.12	870.12	AMPS 话音频道
5	825.15	870.15	AMPS 话音频道
⋮	⋮	⋮	⋮
37	826.11	871.11	CDMA 频道
78	827.34	872.34	CDMA 频道
119	828.57	873.57	CDMA 频道
160	829.80	874.80	CDMA 频道
201	831.03	876.03	CDMA 频道
242	832.26	877.26	CDMA 频道
283	833.49	878.49	基本频道
313	834.39	879.39	AMPS 控制频道
⋮	⋮	⋮	⋮
333	834.99	879.99	AMPS 控制频道

5.2.2.3　CDMA 基本频道

我国 CDMA2000 共有 7 个可用 CDMA 频道。

中心频率在 AMPS 的 283 号频道为 CDMA 基本频道，从高端向低端扩展使用的 CDMA 频道的中心频点位置依次为 283 号、242 号、201 号、160 号、119 号、78 号和 37 号，共 7 个频道。频道与频率的对应关系为：283 号频道为 CDMA 基本频道（833.49 MHz、878.49 MHz），扩展 CDMA 频道依次为 242 号（832.26 MHz、877.26 MHz）、201 号（831.03 MHz、876.03 MHz）、160 号（829.80 MHz、874.80 MHz）、119 号（828.57 MHz、873.57 MHz）、78 号（827.34 MHz、872.34 MHz）和 37 号（826.11 MHz、871.11 MHz）。

5.2.3　WCDMA 系统的频道配置

根据工信部规定，WCDMA 系统可用的频段是 1940～1955 MHz（上行）、2130～2145 MHz（下行），上下行各 15 MHz。相邻频率间隔采用 5 MHz 时，可用频率是 3 个。

载波频率是由 UTRA 绝对无线频率信道号（UARFCN）指定的，见表 5.21。

表 5.21　UTRA 绝对无线频率信道号

上行链路	Nu = 5×Fuplink N 为 9612～9888	1922.4 MHz　　　Fuplink　　　1977.6 MHz 其中 Fuplink 是上行频率，单位 MHz
下行链路	Nd = 5×Fdownlink N 为 10562～10838	2112.4 MHz　　　Fdownlink　　　2167.6 MHz 其中 Fdownlink 是下行频率，单位 MHz

根据可用频段和绝对无线频率信道号计算公式，WCDMA 系统可用的频率号见表 5.22。

表 5.22　WCDMA 系统可用频率

序　　号	1	2	3
上行链路	9713	9738	9763
下行链路	10663	10688	10713

频率规划应遵循如下原则：

（1）为了尽可能降低 PHS 对 WCDMA 的干扰，从高端向下顺序使用频率，即单载波基站采用 9763 号频率，二载波基站采用 9763 号、9738 号频率。

（2）原则上室内外采用同频设置，个别区域（如超高楼层）如同频设置确实通过优化无法解决干扰问题，可慎重选择异频设置。一般建议 10 层以上高楼采用异频设置。

5.2.4　LTE FDD 系统的频道配置

LTE FDD 网络可部署在 1800 MHz 频段上行 1755～1785 MHz/下行 1850～1880 MHz，2100 MHz 频段上行 1955～1980 MHz/下行 2145～2170 MHz。信道带宽支持 5 M、10 M、15 M 和 20 M 四种模式。

载波之间的间隔取决于应用场景、可用频率块的大小以及信道带宽。两个相邻的 E-UTRA 载波之间标称的信道间隔按照如下定义：

$$标称信道间隔= [BWChannel(1) + BWChannel(2)]/2$$

其中，BWChannel(1)和 BWChannel(2)是两个单独的 E-UTRA 载波的信道带宽。在特定应用场景下，信道间隔可以为了达到最佳性能而做出调整。

对于所有频段，信道栅格为 100 kHz，即载波中心频率为 100kHz 的整数倍。

载波频率由范围是 0～65535 的 E-UTRA 绝对无线频率信道号（EARFCN）来指定。

下行载波频率（单位：MHz）和 EARFCN 之间的关系由下述公式来定义，NDL 是下行 E-UTRA 绝对无线频率信道号：

$$FDL = FDL\_low + 0.1(NDL–NOffs–DL)$$

上行载波频率（单位：MHz）和 EARFCN 之间的关系由下述公式来定义，NUL 是上行 E-UTRA 绝对无线频率信道号：

$$FUL = FUL\_low + 0.1(NUL–NOffs–UL)$$

E-UTRA 信道号见表 5.23。

表 5.23　E-UTRA 信道号

E-UTRA	下行			上行		
工作频段	FDL_low [MHz]	NOffs-DL	NDL 的取值范围	FUL_low [MHz]	NOffs-UL	NUL 的取值范围
1	2110	0	0～599	1920	18000	18000～18599
2	1930	600	600～1199	1850	18600	18600～19199
3	1805	1200	1200～1949	1710	19200	19200～19949
4	2110	1950	1950～2399	1710	19950	19950～20399
5	869	2400	2400～2649	824	20400	20400～20649
6	875	2650	2650～2749	830	20650	20650～20749
7	2620	2750	2750～3449	2500	20750	20750～21449
8	925	3450	3450～3799	880	21450	21450～21799

（续表）

E-UTRA	下行			上行		
工作频段	FDL_low [MHz]	NOffs-DL	NDL 的取值范围	FUL_low [MHz]	NOffs-UL	NUL 的取值范围
9	1844.9	3800	3800～4149	1749.9	21800	21800～22149
10	2110	4150	4150～4749	1710	22150	22150～22749
11	1475.9	4750	4750～4949	1427.9	22750	22750～22949
12	729	5010	5010～5179	699	23010	23010～23179
13	746	5180	5180～5279	777	23180	23180～23279
14	758	5280	5280～5379	788	23280	23280～23379
⋮						
17	734	5730	5730～5849	704	23730	23730～23849
18	860	5850	5850～5999	815	23850	23850～23999
19	875	6000	6000～6149	830	24000	24000～24149
20	791	6150	6150～6449	832	24150	24150～24449
21	1495.9	6450	6450～6599	1447.9	24450	24450～24599
⋮						

接近工作频段边缘的载波频率所对应的信道号不应该被使用。这意味着，对于 10 MHz 和 20 MHz 的信道带宽，低频段开始的第 7、15、25、50、75 和 100 号频点和高频段最后的第 6、14、24、49、74、99 号频点不应该被使用。

5.2.5　干扰协调

我国现有的移动通信系统有 GSM900、GSM1800、PHS、CDMA800、TD-SCDMA、WCDMA、CDMA2000 和 LTE，为了保证网络质量，需要考虑 LTE 与其他系统的干扰隔离问题，各移动通信系统的频率分配情况见表 5.24。

表 5.24　不同移动通信系统的频率划分

序　号	系　　　统	基站收（MHz）	基站发（MHz）
1	WCDMA	1920～1980	2110～2170
2	GSM900	890～915	935～960
3	GSM1800	1710～1785	1805～1880
4	PHS	1900～1915	
5	CDMA800	825～835	870～880
6	CDMA2000	同 WCDMA	
7	TD-SCDMA	F 频段 1880～1900，A 频段 2010～2025，E 频段 2320～2370 MHz	
8	1.8GHz LTE-FDD	1755～1785	1850～1880
9	2.1GHz LTE-FDD	1955～1980	2145～2170
10	2.6GHz TD-LTE	2500～2690	

1.8 GHz LTE FDD、2.1 GHz LTE FDD 与其他系统的隔离度要求详见表 5.25 和表 5.26。

表 5.25　1.8 GHz LTE-FDD 系统与其他系统隔离度要求

系　　　统	隔离度	隔离距离
GSM900、DCS1800、WCDMA2100、CDMA800、TD-SCDMA（A 频段、E 频段）、TD-LTE（E 频段、D 频段）	30 dB	并排同向安装时，水平隔离距离≥0.4 m，垂直距离≥0.2 m
TD-SCDMA（F 频段）、TD-LTE（F 频段）	50 dB	并排同向安装时，水平隔离距离≥4 m，垂直距离≥0.6 m*

*：对于早期建设的 F 频段 TD-SCDMA 基站（可能不符合工业和信息化部发布 1800 MHz 和 1900 MHz 频段国际移动通信系统基站射频技术指标和台站设置的要求），建站时应尽量拉大与其距离。同向安装时，垂直隔离距离最好能够达到 3.8 m。

表 5.26　2.1 GHz LTE-FDD 与其他系统隔离度要求

系　　　统	隔离度	隔离距离
GSM900、DCS1800、CDMA800、WCDMA2100、TD-SCDMA（A、E 频段）、TD-LTE（E、D 频段）	30 dB	并排同向安装时，水平隔离距离≥0.4 m，垂直距离≥0.2 m
TD-SCDMA/TD-LTE（F 频段）	55 dB	并排同向安装时，水平隔离距离≥8 m，垂直距离≥0.8 m

在天线条件受限而空间隔离无法满足干扰要求时，可通过加装金属隔离板来满足隔离度要求。

5.3　基 站 容 量

5.3.1　GSM 系统基站容量及基站数量计算

基站容量是一个基站或一个小区应配置的信道数，应根据基站区或小区范围及用户密度分布计算出用户数，再按照无线频道呼损率指标及话务量，查爱尔兰 B 表求得应配置的信道数。但是，在大城市和特大城市，由于用户增长很快，对于每个基站或小区都是尽量配足可用频道数。因此，基站容量的计算变成了由频道数计算用户容量，由用户容量计算基站区或小区面积，再计算基站数量的相反程序。不论正反程序，都要用到爱尔兰 B 表、用户忙时话务量及无线频道呼损率等指标。

爱尔兰 B 表又称为爱尔兰呼损率计算表，是由丹麦科学家爱尔兰导出的呼损率公式计算得到的，见附录中的爱尔兰表。表中 GOS 表示无线呼损率，N 为信道数，A 为话务量。利用爱尔兰 B 表，已知无线呼损率 GOS 和话务量 A，可以查出需要的频道数 N；已知无线呼损率 GOS 和频道数 N，可以查出话务量 A。

通过上面的用户预测和话务需求分布，可得出服务区内总的话务量需求和每个特定区域的话务需求量与区域面积。

（1）估算某区域所需基站总数

① 根据将要用到的频率复用方式，估算每个基站所能配置的最大容量（爱尔兰数）。

② 某个区域总话务量除以每个基站的最大容量，可得出这个区域所需的基站总数。

③ 也可以用该区域面积除以基站最小覆盖面积（估算），得出基站数目。

实际中也可采用如下步骤计算：

① 小区配置信道数、呼损率 B→话务量

② 话务量、忙时话务量→小区用户数

③ 小区用户数/用户密度 = 小区面积

④ 总面积/小区面积 = 基站数

（2）估算基站小区容量

估算基站小区容量的一般方法如下：

① 估算小区的覆盖面积，基站小区的覆盖面积乘以相应的话务密度，得到该小区目前需满足的话务量。

② 根据话务量和指定呼损指标查爱尔兰 B 表，得出该基站小区所需的语音信道数。

③ 将语音信道加上应配置的控制信道后，除以 8 得出该基站小区所需的载频。

实际中，对于不同用户密度的地域类型，其计算的出发点也是不一样的。

在低话务密度区，由于电波传播条件的限制，使得基站的半径不能太大，即覆盖区受限于传播而不是容量。对低话务密度区（郊区、乡镇、农村），计算过程为：总面积/单个基站覆盖面积→站数→

每个基站需支持的用户数、用户忙时话务量→基站需提供的话务量、无线呼损→基站信道配置。

在密集城区，由于用户及其容量的限制，使得基站的半径不能太大，即覆盖区受限于容量而不是传播。对于高话务密度区（城区），计算过程为：频带宽度、复用方式→单基站最高配置、无线呼损→单站话务量、每用户忙时话务量→每站需支持的用户数、总用户数→站数。

5.3.2 CDMA 系统的基站容量

对于 IS-95A 系统，全向基站每载波大约可容纳 24 个信道，定向基站每载波大约可容纳 21 个信道。

对于 cdma lx 系统，每个载波的容量大约是 IS-95A 系统每载波容量的 1.2～1.5 倍。如果所有终端均为 1x 系统，则每个载波大约可容纳 35 个话音信道。

为了保证 1x 手机话音及数据通信的质量并提高 1x 载波的容量，建议在系统参数设置时，对于 1x/95A 混合多载波基站，将 95A 手机定义在 95A 载波，将 1x 手机定义在 1x 载波；对于纯 1x 多载波基站，将 95A 手机定义在第一载波，将 1x 手机定义在其他载波。

在 95A 手机大量存在的情况下，为了便于进行容量计算，设定 95A 载波容量仍为 21～24 个信道；当 1x 载波为第一载波时，容量为 25 个信道，当 1x 载波为其他载波时，容量为 35 个信道。

当 cdma lx 手机用户以较高速度移动时，cdma lx 的系统容量将会有所下降。根据对现有 GSM 系统用户的统计，大约有 70%的通话发生在室内，30%的通话发生在室外，而室外的通话中又只有不足 10%的通话在以 50 km/h 以上的速度运动，占总通话的比例不足 3%，所以在计算 CDMA 的容量时，可暂时忽略由用户移动性对容量产生的影响。

基站容量估算是通过对单小区所能满足的话音和数据的用户数目的估算，估计实现系统目标所需要的基站数目。与 TDMA 和 FDMA 方式的移动通信系统不同，CDMA 移动通信网是一个自干扰移动通信系统，基站的容量和覆盖不是一个确定的值，存在着动态关系，难以精确计算。单小区容量估算方法可参考相关资料。

确定基站容量的主要参数有处理增益、E_b/N_0、传输模型、语音激活因子、复用系数及基站天线扇区数等。

单载波定向、全向基站的信道参考取值见表 5.27。

表 5.27 单载波定向、全向基站典型站型容量配置表

站型	信道配置	TCH	TRX	GOS = 2%		GOS = 5%	
				话务量	用户数	话务量	用户数
Omni1	24	24	1	16.631	832	19.031	952
	12	12	1	6.615	331	7.95	398
	8	8	1	3.627	181	4.543	227
1/1/1	21/21/21	63	3	52.48	2624	57.59	2879
	16/16/16	48	3	38.39	1920	42.54	2127
	10/10/10	30	3	21.93	1097	24.80	1240
	8/8/8	24	3	16.63	832	19.03	952
1/1	21/21	42	2	32.84	1642	36.57	1829
	16/16	32	2	23.72	1186	26.75	1337
	10/10	20	2	13.18	659	15.25	762
	8/8	16	2	9.83	491	11.54	577

工程设计中，无线信道呼损率的取定：密集城区取 GOS = 2%，其他地区取 GOS = 5%。

5.3.3 LTE FDD 基站容量配置方案

5.3.3.1 配置方法

LTE 基站设备硬件主要包括以下配置参数，其中和 BBU 部分密切相关的有：处理带宽及支持载频数、单载扇及单站峰值吞吐率、单载扇及单站 RRC 连接数、单载扇及单站 RAB 数、单载扇及单站信令处理能力、单载扇及单站同时支持 VoIP 数量、通道数、单用户峰值吞吐率。与 RRU 部分密切相关的有：工作带宽、瞬时工作带宽、通道数、功放配置等。

LTE 基站软件处理能力用同时 RRC 连接数衡量。

5.3.3.2 LTE FDD 基站配置

典型 LTE FDD 基站配置模型见表 5.28。

表 5.28 LTE FDD 基站配置模型表

基站模型		硬件处理能力						软件处理能力（个）	
		单载扇功放配置	单载扇通道配置	单站载扇处理能力	单站下行/上行峰值吞吐率（Mbps）	单站非DRX RRC连接数（个）	单站支持信令数量（万BHCA）	软件包1—无数据传输RRC连接用户数	软件包2—有数据传输RRC连接用户数
2T2R	S1	2×60W	2T2R	2 个 2×20M	450/225	400	14	40	20
	S11	2×60W	2T2R	4 个 2×20M	450/225	800	28	80	20
	S111	2×60W	2T2R	6 个 2×20M	450/225	1200	42	120	20
	S1111	2×60W	2T2R	8 个 2×20M	600/300	1600	56	160	20
	S11111	2×60W	2T2R	10 个 2×20M	750/400	2000	70	200	20
	S111111	2×60W	2T2R	12 个 2×20M	900/450	2400	84	240	20
	独立 RRU	2×60W	2T2R					小区合并	
1T1R	S1	1×60W	1T1R	2 个 2×20M	200/100	400	14	40	20
	S11	1×60W	1T1R	4 个 2×20M	300/150	800	28	80	20
	S111	1×60W	1T1R	6 个 2×20M	450/225	1200	42	120	20
	S1111	1×60W	1T1R	8 个 2×20M	600/300	1600	56	160	20
	S11111	1×60W	1T1R	10 个 2×20M	750/400	2000	70	200	20
	S111111	1×60W	1T1R	12 个 2×20M	900/450	2400	84	240	20
	独立 RRU	1×60W	1T1R					小区合并	

（1）单用户峰值吞吐率须达到下行 150 Mbps、上行 75 Mbps。

（2）单载扇峰值吞吐率须达到下行 150 Mbps（单通道 75 Mbps）、上行 75 Mbps。

（3）单载扇非 DRX RRC 连接数不少于 200 个，同时在线 VoLTE 用户数不少于 200 个，即非 DRX 连接数须支持全部用于 VoLTE 业务。不对 RRC IDLE 态用户数设限。每 TTI 单载扇调度用户数须达到 12 个。

（4）载扇吞吐能力、同时非 DRX RRC 连接数、信令能力、有数据传输 RRC 连接用户数必须在站内载扇间动态共享。单站能力未达到最大值前，不对单个载扇能力进行限制。

（5）基站的瞬时工作带宽（IBW）须达到 40 MHz。

（6）2T2R 配置，LTE 可使用功率不低于 40 W 每载扇每通道；8T8R 配置，LTE 可使用功率不低于 10W 每载扇每通道。

（7）独立 RRU 包含 RRU 硬件、所级联的上级 RRU 或 BBU 上的接口板、基带处理能力、多小区合并软件、网管软件。

（8）License 设置仅能与载波数、RRC 连接数有关，不另行设置流量、RB 资源、信令、功率等任何其他维度的 License。

（9）软件 License 要求支持在省内自由迁移。

（10）基站同时配置 GPS、1588V2、同步以太网、1PPS+TOD 四种同步功能的软硬件及安装材料。

（11）单载波基站升级为双载波基站时不需要更换或新增硬件。

5.3.3.3　LTE FDD SDR 基站配置

典型 LTE FDD SDR 基站配置模型见表 5.29。

表 5.29　LTE FDD SDR 基站配置模型表

基站模型		硬件处理能力（2:2 配置）						软件处理能力（个）	
		单载扇功放配置	单载扇通道配置	单站载扇处理能力	单站下行/上行峰值吞吐率（Mbps）	单站非DRX RRC连接数（个）	单站支持信令数量（万 BHCA）	软件包1—有数据传输 RRC 连接用户数	软件包2—有数据传输 RRC 连接用户数
S111-2T2R	LTE 模块	2×60W	2T2R	6 个 2×20M	450/225	1200	42	120	20
	G 网模块			3×4 个 GSM 载频					
S111-1T1R	LTE 模块	1×60W	1T1R	6 个 2×20M	450/225	1200	42	120	20
	G 网模块			3×4 个 GSM 载频					

（1）LTE 模块要求同普通基站。

（2）S111 配置 SDR 基站实际开通 GSM 载波数依据现网 GSM1800 实际情况确定。

思考题

5.1　站点分布规划的任务是什么？无线覆盖的规划包含哪几个过程？

5.2　无线网络规划如何选择链路预测模型？GSM 和 CDMA 覆盖有什么区别？

5.3　某城市的高用户密度区面积约为 18 km²，设此高用户密度区的用户密度为 1600 户/km²，现在此区域建 CDMA 基站，拟选用 21/21/21 站型，设无线 GOS = 2%，每用户忙时话务量为 0.02 Erl。试问需要多少个基站？

5.4　某三扇区 CDMA 基站配置了 66 个信道单元，其中每扇区控制信道开销占用两个信道单元，软切换率为 20%，无线呼损为 5%，每用户平均忙时话务量为 0.02 Erl。试问：（1）基站的业务信道数为多少？（2）此基站能容纳多少用户？

5.5　某三扇区 GSM、CDMA 基站，每扇区均配置了 14 个业务信道单元，无线呼损为 5%，每用户平均忙时话务量为 0.02 Erl。试问：（1）GSM 基站能容纳多少用户？（2）CDMA 基站能容纳多少用户？

5.6　案例分析：试统计 CDMA 一期工程湛江业务区基站系统工程建设规模，把数据填入下表中。假定无线呼损 5%，每用户平均忙时话务量为 0.02Erl。

地区	21/21/21	16/16/16	10/10/10	O12	基站合计	直放站	TRX	TCH	配置话务（Erl）	用户数
湛江市	3	8	1	9		3				
吴川市	1	1	2	5		3				
廉江市	1	1	1	7		3				
遂溪县	0	1	0	3		3				
雷州市	0	1	3	5		2				
徐闻县	0	1	2	1		0				
合计	5	13	9	30		14				

第 6 章　光传送技术

同步数字体系（SDH）以其巨大的网络带宽、灵活的组网功能、强大的网管能力、丰富的拓扑结构，已成为主流光传送技术；综合业务传送平台（MSTP）在以 TDM 业务为主，兼容 ATM、IP 业务等场合，能有效整合业务和节省投资；自动光交换网络（ASON）在光传送网络中引入了控制平面，以实现网络资源的实时按需分配，具有动态连接的能力，可以快速的提供业务；无源光网络（PON）主要用于接入层网络，为用户提供廉价的吉比特接入手段；密集波分复用（DWDM）则以"一纤多波"技术极大地发掘了光纤的带宽能力。本章主要介绍 SDH、MSTP、ASON、PON 和 DWDM 技术。

6.1　SDH 技术

同步数字体系（Synchronous Digital Hierarchy, SDH）通过自愈环结构等，可以为 TDM 业务提供成熟、可靠的传输。SDH 技术是 MSTP、ASON 等的技术基础，也是承载于 DWDM 上的主要业务之一。

6.1.1　SDH 的光接口

SDH 系统具有标准的光接口，使得不同厂家的产品在光路上实现互通，即在再生段可以互相兼容。

（1）光接口的位置

普通 SDH 设备的光接口位置如图 6.1 所示。其中 S 点是紧靠发送机输出端的活动连接器（C_{TX}）之后的参考点，R 是紧靠接收机之前的活动连接器（C_{RX}）之前的参考点。需要注意的是，不要把光纤配线架上的活动连接器上的端口认定为 S 点或 R 点。

图 6.1　普通光接口位置

（2）光接口的分类

为了简化横向系统的兼容开发，可以将众多不同应用场合的光接口划分为三类，即局内通信、短距离通信和长距离通信。可以用代码来表示不同的应用场合，即用字母 I 表示局内通信，字母 S 表示短距离局间通信，字母 L 表示长距离局间通信，字母 V 表示甚长距离局间通信，U 表示超长距离局间通信。字母后面的第一位数字表示同步传送模式（Synchronous Transfer Module, STM）的等级，例如 STM-1 用 1 表示。字母后的第二位数字表示工作窗口和所用光纤类型，空白或 1 表示标称工作波长为 1310 nm，所用光纤为 G.652 光纤；2 表示标称工作波长为 1550 nm，所用光纤为 G.652 光纤和 G.654 光纤；3 表示标称工作波长为 1550 nm，所用光纤为 G.655 光纤。

6.1.2　SDH 传送网结构

6.1.2.1　SDH 传送网网络拓扑

网络的物理拓扑泛指网络的形状，即网络节点和传输线路的几何排列，它反映了物理上的连接，基本物理拓扑有链形、星形、树形、环形及网孔形。实际的城域网一般在核心层、汇聚层采用网孔形或环形，在边缘接入层采用环形、树形、星形或链形。

6.1.2.2 SDH 的网元形式

光纤通信网络是由光缆线路和网元节点构成的，SDH 常见的网元形式有终端复用器、分插复用器、再生中继器和数字交叉连接设备等。实际网络应用中，终端复用器常用做网络末梢端节点；分插复用器主要用做链形网的中间节点，或者环形网上的节点；再生器可以应用于各种类型的网络拓扑中，作为长距离通信的再生中继；数字交叉连接设备矩阵容量比较大，接口比较多，具有一定的智能恢复功能，常用于网孔网节点。

6.1.3 SDH 保护技术

SDH 网网络保护和恢复方式有多种，下面介绍常见的二纤单向通道倒换、二纤双向复用段倒换、四纤双向复用段倒换等环形网保护方式及子网连接保护。

6.1.3.1 自愈环网保护

（1）自愈环分类

自愈环按结构可以分为通道保护环和复用段保护环。对于通道保护环，业务的保护是以通道为基础的，倒换与否按离开环的每一个通道的信号质量的优劣而定，通常利用简单的 AIS 信号来决定是否倒换。对于复用段保护环，业务的保护是以复用段为基础的，倒换与否按每一对节点间的复用段信号质量的优劣而定。当复用段出现问题时，整个节点间的复用段业务信号都转向保护环。通道保护环多使用专用保护，正常情况下保护段也传业务，保护时隙为整个坏专用。复用段保护环多使用共用保护，正常情况下保护段是空的，保护时隙由每对节点共享。

按照进入环的支路信号与经由该支路信号分路节点返回的支路信号的方向是否相同，自愈环可以分为单向环和双向环。如果按照一对节点间所用光纤的最小数量来区分，可以分为二纤环和四纤环。按照上述的不同分类方法，可以构成许多不同的自愈环结构，详见表 6.1。

表 6.1 SDH 自愈环结构分类

通道倒换环				复用段倒换环		
专用保护环				公用保护环		专用保护环
单向环	双向环			双向环		单向环
二纤环	二纤环			二纤环	四纤环	二纤环
1+1	1+1	1:1	$M:N$			

（2）二纤单向通道保护环

二纤单向通道保护环通常由两根光纤实现，其中一根光纤用于传送业务信号，称为 S 光纤；而另一根光纤用于保护，称为 P 光纤，如图 6.2（a）所示。单向通道保护环使用"首端桥接，末端倒换"结构，利用 S 光纤和 P 光纤同时携带业务信号并分别向两个方向传输，而接收端只选择其中较好的一路，这是一种 1+1 保护方式。在节点 A 和节点 C 之间进行通信，将要传送的支路信号 AC 从 A 点同时馈入 S1 和 P1 光纤。其中 S1 按顺时针方向将业务信号送入分路节点 C，而 P1 按逆时针方向将同样的支路信号送入分路节点 C。接收端 C 同时收到来自两个方向的支路信号，按照分路信号的优劣决定哪一路作为接收信号。正常情况下，S1 光纤所送信号为主信号。同理，从 C 点以同样的方法完成到 A 点的通信。

当 BC 节点间的光缆被切断时，两根光纤同时被切断，如图 6.2（b）所示。在节点 C，从 A 经 S1 传来的 AC 信号丢失，则按照通道选优的准则，倒换开关将由 S1 光纤转向 P1 光纤，接收由 A 点经 P1 传来的 AC 信号，从而 AC 间业务信号得以维持，不会丢失。故障排除后，开关返回原来的位置。

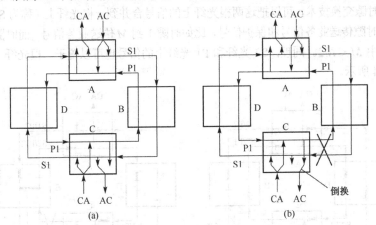

图 6.2　二纤单向通道保护环

（3）四纤双向复用段保护环

这种方式的四根光纤中有两根是业务光纤（一发一收），即 S1 和 S2，两根是保护光纤（一发一收），即 P1 和 P2，如图 6.3 所示。其中业务光纤 S1 形成一顺时针信号环，业务光纤 S2 形成一个逆时针业务信号环，而保护光纤 P1 和 P2 分别形成与 S1 和 S2 反向的两个保护信号环，在每根光纤上都有一个倒换开关做保护倒换用。

正常情况下，信号从节点 A 进入，沿 S1 顺时针传输到节点 C，而由 C 点进入的信号沿 S2 光纤逆时针传输到节点 A，保护光纤 P1 和 P2 是空闲的。

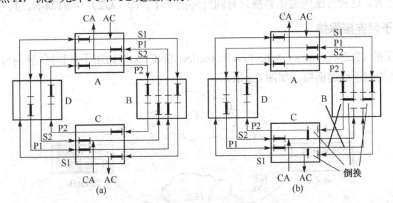

图 6.3　四纤双向复用段保护环

当 BC 节点间的光缆被切断时，四根光纤全部被切断。利用自动保护倒换协议（Automatic Protection Switching, APS）协议，B 和 C 节点中各有两个倒换开关执行环回功能，如图 6.3(b)所示，在 B 节点，从 A 点传来的 S1 上的信号环回到 P1 上，经由节点 A 和 D 到达节点 C，经过倒换回到 S1 光纤上；同样经由 S2 上的从 C 点传向 A 点的信号经过倒换到 P2 上，经由节点 D、A、B 回到节点 A 并经倒换回到光纤 S2 上。故障排除后，倒换开关返回原来位置。

这种方式的保护环中，业务量的路由仅仅是环的一部分，业务通路可以重新使用，相当于允许更多的支路信号从环中进行分插，因而业务容量可以增加很多，极端情况下，每个节点处的全部系统都进行分插，于是整个环的业务容量可达单个节点 ADM 业务容量的 K 倍（K 是节点数），即 $K \times$ STM-N。

（4）二纤双向复用段保护环

在四纤双向保护环中可以看到，业务光纤 S1 上的信号与保护光纤 P2 上的保护信号方向是完全相同的，如果利用时隙交换技术，可以把这两根光纤上的信号合并到一根光纤上（称为 S1/P2 光纤），只不过利用不同的时隙传送业务信号和保护信号，比如时隙 1 到 M 传送业务信号，而时隙 $M+1$ 到 N 留给保护信号，其中 $M \leqslant N/2$。同理，S2 光纤和 P1 光纤上的信号也可以置于一根光纤（称为 S2/P1 光纤）上，如图 6.4 所示。

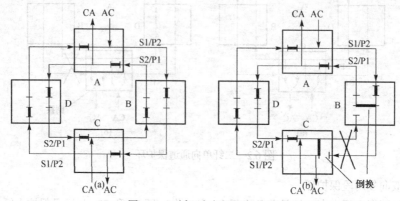

图 6.4　二纤双向复用段保护环

正常情况下，S1/P2 和 S2/P1 光纤上的业务信号利用业务时隙传送信号，而保护时隙是空闲的，但 B 和 C 节点之间的光缆被切断时，二根光纤全部被切断，与切断点相邻的节点 B 和 C 利用倒换开关将 S1/P2 光纤和 S2/P1 光纤沟通，例如在节点 B 将 S1/P2 光纤上的业务信号转换到 S2/P1 光纤的保护时隙，在节点 C 再将 S2/P1 保护时隙的信号转回 S1/P2 光纤的信号时隙，当故障排除后，倒换开关将返回原来的位置。这种方法的通信容量只有四纤环的一半，即（$K/2$）× STM-N，其中 K 为节点数。

6.1.3.2　子网连接保护

子网连接保护（Sub-Network Connection Protection, SNCP）可适用于各种网络拓扑，倒换速度快。SNCP 倒换机理类似于通道倒换，如图 6.5 所示。

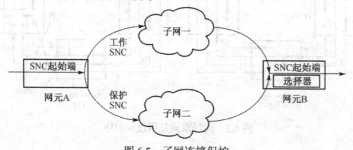

图 6.5　子网连接保护

SNCP 采用"并发选收"的保护倒换规则，业务在工作和保护子网连接上同时传送。当工作子网连接失效或性能劣化到某一规定的水平时，子网连接的接收端依据优选准则选择保护子网连接上的信号。倒换时一般采取单向倒换方式，因而不需要 APS 协议。

6.1.4　本地传输网的分层结构

本地传输网可以分为核心层、汇聚层和边缘接入层，网络分层如图 6.6 所示。

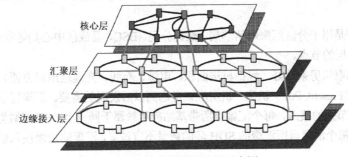

图 6.6 本地传输网分层示意图

目前在本地传输网中常用的拓扑结构主要有三种：环形结构、链形/星形结构、网孔网结构。在实际应用中，往往是多种结构的综合应用。

网络拓扑的选取应根据近远期规划、传输容量、节点和链路安全要求、投资成本、管理方便、技术成熟等方面综合考虑。根据目前技术发展的状况，本地传输网网络拓扑一般以环形为主，辅之以网孔、链形或星形方式，如图 6.7 所示。

（1）核心层

核心层作为多种业务的传输平台，节点数比较少，电路需求量大，电路安全性要求较高。因此，核心层在网络建设初期，可以采用环形结构，或者采用多环相交结构，随着业务的增加，可以逐步过渡到网孔网结构。

较小规模的本地网核心层传输系统一般采用 SDH/MSTP 自愈环技术，速率一般在 10 Gbps 或 2.5 Gbps，局房数量不多，采用单环或多环相交方式。

中型城市核心层节点相对较多，多数核心节点都是多种业务的中心局（MSC、汇接局、ATM 交换局、关口局、数据交换中心等），各个节点间的业务流量比较大，属于分布型业务，若采用环形结构，则采用四纤或二纤复用段共享保护环比较合适。

大型城市核心层一般使用网孔拓扑，有些本地网核心层采用了粗波分复用（Coarse Wavelength Division Multiplexing, CWDM）技术来倍增纤芯。以波长作为核心层链路，应做好波长规划和核心节点扩展性计划。

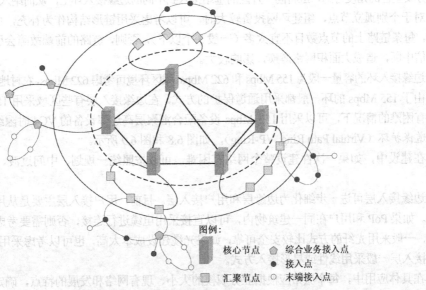

图例：

核心节点　　综合业务接入点

汇聚节点　　接入点

　　　　　　末端接入点

图 6.7 本地传输网网络拓扑典型示例

（2）汇聚层

汇聚层节点主要是用于分区汇聚电信端局、数据分局、BSC、县或区中心局等业务接入点的电路，并将它们转接到核心层的节点。

汇聚层节点应选取机房条件好（包括机房面积、电源、布线、光缆进出局方便）的局站、基站或业务呈现点（Point of Present, PoP）机房，机房应该考虑到以后发展的需要。汇聚层节点应适当分散分布，以便边缘接入层节点的接入，每个汇聚点所带基站应尽量属于同一个BSC或数据中心局，为了保证业务网的安全性，每个汇聚点所汇聚的SDH环的数量不宜过多，汇聚的边缘接入层节点的总数量应适当控制。

为了保证网络的可扩展性，一个汇聚环上的节点数目不应过多，一般控制在6个以下为宜，拓扑多采用环形结构，一般汇聚环容量为10 Gbps或2.5 Gbps，汇聚层设备配置上应选择同一厂家的MSTP设备，便于与核心层、边缘接入层的连接及网络保护方式的实现。

根据汇聚层节点的数量可以组织一个或多个汇聚环，一般来讲，数据业务多的汇聚环应考虑该环上有与核心层数据交换局相交的节点，互连互通电路最好能单独与核心交换局/关口局成环，否则应规划到汇聚层层面。

汇聚环在业务转接上应尽量避免出现过多的跨环业务，在物理连接上与核心层的互连节点最好有两个，避免节点失效影响整个汇聚片区。

（3）边缘接入层

除去汇聚节点以外的所有基站、PoP、营业厅等业务接入点，都属于边缘接入层，边缘接入层传输系统承载的业务基本上都属于汇聚型的，可采用通道保护环结构。

边缘接入层位于网络末端，网络结构易变，发展迅速，一般要求边缘接入层传输设备体积小、供电与安装方式灵活，具有多业务传输能力及灵活的组网能力。

边缘接入层每个环的节点数不应超过16个，考虑到3G与IP业务的开展，一般6～8个左右为宜。如果一个物理路由上的节点数量过多，可以组织多个边缘接入层环网。

边缘接入环与汇聚层或核心层的衔接可以根据业务等级和网络结构特点选择单节点互连（Single Node Interconnection, SNI）或双节点互连（Dual Node Interconnection, DNI）。若其以SNI方式连接汇聚层，从业务安全性的角度考虑，应将同一片区的基站接入到不同的边缘接入环上，从而纳入至不同的汇聚环。

对于个别孤立节点，组建环网投资较大时，可以考虑采用链形结构作为补充，由于链形结构没有保护，每条链路上的节点数目不宜太多（一般3个以下），否则，链路的前端故障会引起链上所有的基站通信中断，造成大面积网络瘫痪，影响较大。

边缘接入环的容量一般为155 Mbps和622 Mbps，城区环境可考虑622 Mbps，农村地区采用155 Mbps。

由于155 Mbps的环一般都采用通道保护的方式，在边缘接入层有些区域采用155 Mbps组成完整环路有困难的情况下，可以采用155 Mbps设备配合汇聚层高速率设备的VC4时隙组环，因此称为虚拟通道保护环（Virtual Path Ring, VP-Ring），如图6.8和图6.9所示。

在建设中，如果一次性建设整个网络有困难，可以按照统一规划、中间过渡、逐步实施的办法建设。

边缘接入层可进一步细化为边缘层和用户接入层。目前，用户接入层主要是从用户到数据PoP的接入。如果PoP和用户在同一建筑物内，可以直接采用电缆进行连接，否则需要考虑从PoP到用户的传输，一般采用光纤的方式比较安全可靠，如果光缆建设成本太高，也可以考虑采用无线接入的方式。用户接入层一般采用线性或星形接入方式。

在具体应用中，每个城市应根据业务规模的大小、现有网络和发展的特点，确定分层组网的各个层面。

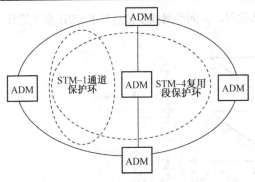

图 6.8　虚拟通道保护环示意图

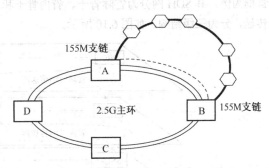

图 6.9　155 Mbps 虚拟通道保护环示意图

6.1.5　SDH 同步设计

6.1.5.1　数字同步网基本概念

作为数字传输系统的支撑网，数字同步网的建设一般要优先于传输网络的建设。我国数字同步网分三级，采用等级主从同步方式，定时基准大都基于 SDH 链路传输。

ITU-T G.803 将 SDH 同步网时钟划分为：主基准时钟（Primary Reference Clock, PRC）、2 级转接局时钟、3 级端局从时钟、SDH 设备时钟（SDH Equipment Clock, SEC）三级 4 类。其中，SEC 有正常工作模式、保持模式和自由运行模式三种工作方式。

在 SDH 中，定时参考信号可以从 STM-N 等级的信号中提取时钟，或直接利用外部输入时钟（2048 kHz/2048 kbps），或从来自纯 PDH 网或交换系统的 2Mbps 支路信号中提取时钟。

当 SDH 网关设备从外同步接口或 STM-N 信号中获得定时基准后，它会将自己的 SEC 与之同步，并将该定时基准作为全网的同步信号承载于 STM-N 信号向需要的方向发送。一般情况下，为了保证定时基准能够可靠地送达每个网元，需在网络内设置主用和备用两条定时基准传送链路，沿途的网元采取和同步网定时路径上的 SDH 网元一样的工作方式。由于 SDH 网络大都是环形拓扑，除了链形拓扑，这个条件比较容易满足。但是，在为网络配置定时基准时需要避免定时路径构成环路，因为那样 SDH 网元设备将同步于自己送出的时钟信息，形成定时环路。

6.1.5.2　SDH 网同步设计原则

（1）一般设计原则

SDH 网的同步定时方案的设计，应该结合我国数字同步网的有关规定，并按照 SDH 网的特点进行。SDH 本地网的同步设计应遵循以下原则：

① 整个本地 SDH 网络都同步于一个主时钟。

② 同步信号不能成环。

③ 保持定时的等级关系，低等级不能向高等级分配基准时钟。

④ 时钟分配路由尽量确保同步链路短、跨越节点数少。

⑤ 充分利用主用和备用大楼综合定时系统（Building Integrated Timing system, BITS）。

⑥ 不能采用 SDH 网络的 2 Mbps 支路信号作为同步信号。

一般同步网系统和传输网系统是分开设计的，因此，在进行 SDH 网络的同步方案设计时，BITS 一般作为传输系统的已知条件，或者按由传输系统提出增加 SSU-L 的要求进行设计。

（2）SDH 本地传输网同步设计

随着各大运营商全国干线网和省内干线网的建设，长途同步骨干网架构也已经基本形成。以某运营商为例，其 SDH 网分为省际骨干、省内骨干和本地传输网，其同步网同步信息基于 SDH 系统进行传送，分为三级结构，如图 6.10 所示。

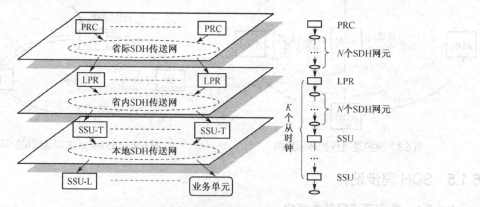

图 6.10　同步网定时基准传输链路

为保证定时基准在长距离传输后的质量，正常情况下，以 LPR 为基准源时，定时路径上的 SSU 从时钟节点数 K 不大于 5；以 PRC 为基准源时，K 不大于 7。两个同步网时钟之间的 SDH 网元数 N 不大于 20；从定时路径始端至末端全程串入的 SDH 网元数不大于 60。

原则上，对于已有 BITS 的城市，本地传输网应采用 BITS 系统作为定时源；对于还没有建设 BITS 系统的地区，可从互连互通关口局 SDH 设备时钟输出端引出同步信号，作为定时源，同步信号可以采用 PDH 或 SDH 系统进行传递。

一般情况下，本地网时钟节点的设置应从核心层节点中选取。网络规模较大时，一个城市内应考虑设置两个 BITS 系统，作为全网的主、备用时钟源。同一个本地网内的所有 BITS 应同步于一个同步源，并通过这些 BITS 系统同步全网各个传输设备，本地传输网各层面的同步应遵循以下原则：

① 核心层网元应直接从 BITS 上引接时钟源。

② 汇聚层网元如果能够直接从 BITS 上引接时钟源最好，否则可以从核心层传输系统的外同步时钟输出端子或支路光接口提取，并采用线路同步方式实现系统同步。

③ 边缘接入层网元一般可以从汇聚层局站的外同步时钟输出端子或支路光接口提取，并采用线路同步方式实现系统同步。

由于在 SDH 环境下，传输系统"传定时"和"用定时"不可分割，因此，在网络规划中应综合考虑传定时和用定时的安排。在传定时与用定时发生矛盾时，用定时应服从于传定时。

在条件允许的情况下，应设置备用时钟，以便主要时钟失效后系统自动启用备用时钟。图 6.11 所示是一个分层网络的定时分配的例子。

图 6.11 中，粗实线表示光线路；细实线表示主用时钟源；虚线表示备用时钟（"A"表示 ADM 传输设备）。

6.1.6　SDH 网络管理

6.1.6.1　SDH 管理网的功能

SDH 的一个显著特点是，在帧结构中安排了丰富的开销比特，从而使其网络的监控和管理能力大大增强。SDH 管理网（SDH Management Network, SMN）是 SDH 传送网的一个支撑网，是 TMN 的一个子集，因而它的体系结构继承和遵从了 TMN 的结构。SDH 管理网的功能包括性能管理、故障管理、配置管理、安全管理及计费管理。

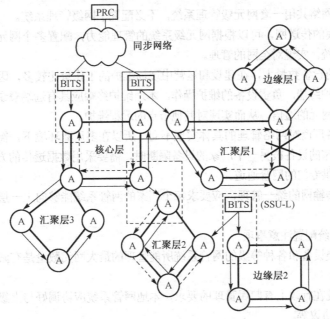

图 6.11　时钟同步设计示意图

6.1.6.2　SDH 管理网的组织

SMN 又可细分为一系列的 SDH 管理子网（SDH Management Sub-Network, SMS），这些管理子网由各自独立的嵌入控制通路（Embedded Control Channel, ECC）和有关的站内数据通信链路将 SDH 的 NE 连接起来。

ECC 在 NE 之间提供逻辑操作通路，并以数据通信通路（Data Communication Channel, DCC）作为物理层，构成可操作的数据通信控制网，或成为 TMN 中的一个 SDH 特定的本地通信网（Local Communication Net, LCN）。具有智能的网元（Network Element, NE）和采用 ECC 通信是 SMN 的一个重要特点。

6.1.6.3　SDH 网管系统配置

（1）SDH 网管系统分级

根据网络运营维护的需要，实际的传输专业网络管理系统往往只实现一部分管理功能，并负责一定的网络规模和等级。网管系统一般可分为网络级管理系统、子网级管理系统、网元级管理系统和本地操作维护终端。

网络级管理系统是具有网络管理层功能的管理系统，用于管理大规模的传输网络，能通过标准的 Q 接口与子网级管理系统、网元级管理系统或其他厂家的网元级管理系统相联，构成分层的管理网。

子网级管理系统管理中等规模的区域性网络，为管理者提供设备配置、故障管理、性能监视等网元管理功能，同时提供端到端的电路配置、保护等网络管理功能。

网元级管理系统用于管理较小规模的网络，一般仅具备网元管理层功能。但是随着网络发展的应用需要，设备厂商提供的网元级管理系统往往也包含部分网络管理层功能。

本地操作维护终端用于对设备的各种参数进行配置和本地维护操作。

（2）SDH 网管系统配置原则

① 对于小规模的传输网，其所有 SDH 传输系统设备尽量由一个集中的网元级管理系统进行管理，

也可以多个小规模的网络共用一套网元级管理系统，不必配置子网级管理系统。

② 对于较大规模的传送网，可以根据网元级系统的管理能力，配置多个网元级管理系统，并配置一套子网级管理系统，实现对全网的管理。

③ 由于传输网的设备数量大，在建设和运营中现场维护的工作量比较多，因此应视网络规模配置一定数量的本地维护终端，负责设备的维护操作。本地维护终端应具有远端登录的能力，通过本地设备接口实现与远端网元的通信，从而实现对其他节点的远程维护。

④ 由于各个设备厂商对网络管理的具体实现不同，所以在多厂商环境下，需要按厂家分别设置网管系统。当一个厂家的设备被另一个厂家的设备隔断时，需要采用数据透传的方式在中继网络中为被隔断的厂家设备提供专门的网管通道。

⑤ 为便于将来传输网的统一管理，应要求每个厂家的网管系统能够向上一层网管系统提供标准的接口。

（3）SDH 网管系统配置注意事项

① 各厂家、各类设备和各种等级的网管系统所能管理的最大网元数量是有限的，所属节点数目不应超出其管理能力。

② 一般网管系统在行政上有归属管理的要求，本地网管系统应协调好与上级如省级网管系统的权限、路由、接口和协议等。

③ 一般网管系统都存在升级的要求，包括平台的升级和厂家对功能的升级。

④ 网管系统需有良好的软、硬件平台、备份方案、供电保障等要求。

⑤ 网管系统宜集中设置，便于管理和维护。

⑥ 网管系统的本地或远程登录维护应有专门的流程和安全措施。

6.2 城域网光传送技术

6.2.1 SDH 上传送以太网 MAC 帧的协议

综合业务传送平台（Multi-Service Transport Platform, MSTP）中将以太网数据帧封装映射到 SDH 帧时经常使用的协议有三种：第一种是 POS（IP over SDH）使用的点到点协议（Point-to-Point Protocol, PPP）/高级数据链路控制协议（High Digital Link Control, HDLC）；第二种是武汉邮电科学研究院代表中国向 ITU-T 提出的链路接入规程（Link Access Procedure SDH, LAPS）；第三种是朗讯和北电提出的通用成帧规程（Generic Framing Procedure, GFP）。从趋势上看，GFP 封装方式具有协议透明性和通用性，适用程度更广。

6.2.1.1 PPP/HDLC 技术

SDH 作为传送网，为业务网提供端到端的通道服务，其提供的通道本质上是一种点到点的物理链路。SDH 网络承载以太网数据帧，需要采用数据链路层协议来完成以太网到 SDH 之间的帧映射。PPP/HDLC 就是早期采用的一种封装协议，实现在 SDH 上承载 IP 业务。

PPP/HDLC 技术采用 PPP 封装，HDLC 成帧。PPP/HDLC 将以太网数据映射至 SDH 虚容器（Virtual Container, VC）的过程是：以太网数据帧先被封装到 PPP 包中，由 PPP 协议提供多协议封装、错误控制和链路初始控制。然后封装在 PPP 中的 IP 包按照 HDLC 协议来组帧并将映射的字节排列到 SDH 的同步净荷封套（Synchronous Payload Envelope，SPE）中，再将字节同步映射进 VC 中。其协议模型如图 6.12 所示。

　　我国武汉邮电科学研究院向 ITU-T 提出使用 LAPS 方式的 IP over SDH 提案，被 ITU-T 接受并被正式批准作为国际电联标准（X.85/Y.1321），可以完全替代 PPP/HDLC 协议，它是一个直接面向因特网核心层和边缘层的 IP 方案。

6.2.1.2　GFP 技术

　　GFP 由朗讯公司提出的简单数据链路（Simple Data Link, SDL）协议演化而来，ITU-T G.7041 对 GFP 进行了详细规范。

　　GFP 提供了一种通用的将高层客户信号适配到字节同步物理传输网络的方法。采用 GFP 封装的高层数据协议既可以是面向协议数据单元（Protocol Data Unit, PDU）的，如 IP/PPP 或以太网介质访问控制（Media Access Control, MAC）帧，又可以是面向块状编码的，还可以是具有固定速率的比特流。

　　（1）GFP 组成

　　GFP 由两个部分组成：通用部分和与客户层信号相关的部分。GFP 的通用部分与 GFP 的通用处理规程相对应，负责到传输路径的映射，适用于所有通过 GFP 适配的业务类型，主要完成 PDU 定界、数据链路同步、扰码、PDU 复用、与业务无关的性能监控等功能。

　　与客户层相关的部分和 GFP 的特定净荷处理规程相对应，负责客户层信号的适配和封装，所完成的功能因客户层信号的不同而有所差异，主要包括业务数据的装载、与业务相关的性能监控，以及有关的管理和维护功能等。

　　GFP 的两层架构如图 6.13 所示。

图像	语音	数据
IP		
PPP/HDLC		
SDH/SONET		
Optical		

封装和成帧
适配和映射
传输

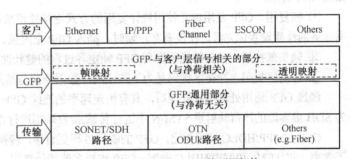

图 6.12　PPP/HDLC 协议模型　　　　　　　　　图 6.13　GFP 的两层架构

　　GFP 的两层架构具有很好的灵活性和扩展性。通用部分专门负责到传输路径的映射，可以适应不同的底层路径，并能对客户层信号进行统计复用。而特定净荷处理规程专门负责客户层信号的适配和封装，可以针对不同客户层信号的特点选择处理过程。

　　（2）客户帧结构

　　GFP 帧分为客户帧和控制帧两类。客户帧包括客户数据帧和客户（信号）管理帧。控制帧包括空闲帧和 OAM 帧。客户数据帧用于承载业务净荷，客户（信号）管理帧用来装载 GFP 连接起始点的管理信息。控制帧是一种不带净荷区的 GFP 帧，用于控制 GFP 的连接。

　　GFP 客户帧提供了 GFP 中基本净荷的传送结构。客户帧结构由 4 个字节的帧头和净荷区两部分构成。

　　（3）帧映射 GFP-F

　　GFP 定义了两种映射模式：透明映射（Transparent Mapped）和帧映射（Frame Mapped）。透明映射模式有固定的帧长度或固定比特率，可及时处理接收到的业务流量，而不用等待整个帧都收到，适合处理实时业务。帧映射模式没有固定的帧长，通常接收到完整的一帧后再进行处理，适合处理 IP/PPP 帧或以太网 MAC 帧。

　　透明映射 GFP 和帧映射 GFP 的帧结构完全相同，所不同的是帧映射的净荷区长度可变，最小为 4

字节，最大为 65535 字节；而透明映射 GFP 的帧为固定长度。GFP 可映射多种数据类型，下面简要说明以太网 MAC 帧的映射。

将所有的以太网 MAC 层信息，从目的地址字段到帧校验序列（Frame Check Sequences, FCS）字段之间的所有字节都被完整地映射到 GFP 的净荷区，字节的次序和字节内的比特标识也被保留下来，避免对业务信号的部分终结。

由 GFP 来封装以太网信号的过程如下：

① 接收以太网 MAC 帧，并计算其长度。

② 确定 GFP 帧头中帧长度标识（Payload Length Indicator, PLI）字段的值，并生成相应的帧头错误检验（Head Error Check, HEC）字节。

③ 确定类型字段的值及其相应的 HEC 字节，其中 UPI 取值为二进制序列 0000 0001。

④ 确定扩展帧头中各项的值。

⑤ 将以太网 MAC 帧从"目的地址"字段开始至末尾所有的字节作为 GFP 的净荷映射进 GFP 帧，由于以太网帧自身带有 4 字节的 FCS，所以 GFP 不用再进行 FCS 计算。

⑥ 完成向 SDH 的映射。

（4）通用处理规程

GFP 通用处理规程对所有业务的处理步骤相同，GFP 通用处理规程主要包括三个处理过程，如图 6.14 所示。

① 帧复用。GFP 复用单元使用统计复用的方式逐帧处理来自多个用户的 GFP 帧，复用时需要根据业务的性质设置优先级。在没有客户帧时，插入 GFP 空闲帧。

② 帧头部扰码。帧头部扰码提高 GFP 帧定界过程的健壮性。

③ 净荷区扰码。净荷区扰码是为了防止用户数据净荷与帧同步扰码字重复。

经过 GFP 通用处理规程处理后，具有恒定速率的连续 GFP 字节流（当然可能包含空闲帧）被作为 SDH 虚容器的净荷映射进 STM-N 中进行传输，接收端则进行相反的处理过程。

GFP 与 PPP/HDLC 技术相比，GFP 的映射过程更直接，转换的协议层次更少，降低了开销，提高了效率，并且能与 IP/PPP/HDLC 兼容。GFP 支持多路统计复用，能更有效地利用带宽。GFP 除了支持点到点链路，还支持环网结构，因此获得了越来越广泛的应用。

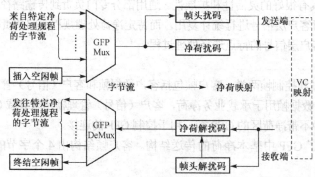

图 6.14　GFP 通用处理规程

6.2.2　MSTP

6.2.2.1　MSTP 概述

（1）MSTP 的功能模型

基于 SDH 的 MSTP 的实现方法是，在传统的 SDH 传输平台上集成二层以太网、异步传输模式

（Asynchronous Transfer Mode, ATM）等处理能力，将 SDH 对实时业务的有效承载和网络二层（如以太网、ATM、RPR 等）乃至三层技术所具有的数据业务处理能力有机结合起来，以增强传送节点对多类型业务的综合承载能力。MSTP 节点的功能模型如图 6.15 所示。

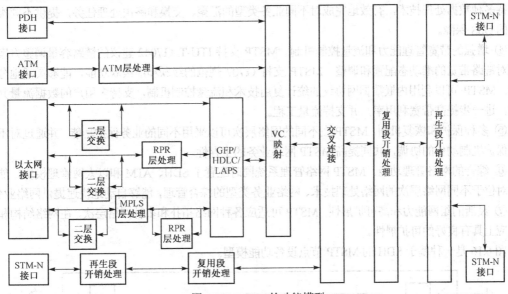

图 6.15　MSTP 的功能模型

从图 6.15 中可以看出，MSTP 功能模块除了包括完成传统 SDH 功能所必需的功能模块外，还增加了 ATM 层处理的功能模块、完成以太网业务承载所需的功能模块。从定义上看，MSTP 传送设备应提供 ATM 接口功能或以太网接口功能中的至少一种功能。

基于 SDH 的 MSTP 可应用于城域网的各个层面，包括核心层、汇聚层和边缘接入层，特别适合于承载以 TDM 业务为主的混合型业务流量。在核心层网络中，MSTP 主要完成城域网核心节点之间高速 SDH、IP、ATM 业务的传送和调度；在汇聚层网络中，MSTP 主要完成多种类型业务从边缘接入层到核心层的汇聚和收敛；在边缘接入层网络中，MSTP 主要负责将不同类型城域网用户所需的各类业务接入到城域网中。

MSTP 的发展非常迅速，例如在对以太网业务的承载上，最初的 MSTP 仅提供以太网二层交换功能，现在的 MSTP 能够提供弹性分组环（Resilient Packet Ring, RPR）或多协议标记交换（MultiProtocol Label Switching, MPLS）处理等多种功能。

（2）MSTP 的特点

传统的 SDH 系统适合传送基于电路交换的 TDM 话音业务。由于高速 Internet、虚拟专网（Virtual Private Network, VPN）、视频点播、电子商务、高速专线互连以及数据中心互连等新兴业务的不断涌现，传送网业务的多样化、宽带化趋势对传送网提出了新的要求。传送体制方面，SDH 技术、ATM 技术、IP 技术在传送效率、服务质量（Quality of Service, QoS）保证和成本等方面针对不同的业务各有优缺点，专门建立单独的数据传送网络无法有效地降低网络的建设和运营成本。

MSTP 正是为了建设综合传送网络应运而生的。基于 SDH 的 MSTP 具有以下特点：

① 具有传统 SDH 的全部功能，继承了 SDH 技术如各种 VC 颗粒度的交叉连接功能、网络的快速自动保护恢复功能等优点，能有效支持 TDM 业务等。

② 强大的接入能力。MSTP 除了提供传统的 PDH 接口、SDH 接口（STM-N）外，还提供对 ATM 业务、以太网业务的协议转换和物理接口支持，如通过 PPP/LAPS/GFP 协议，能够完成以太网 MAC

帧的封装和向 SDH VC 的映射功能。MSTP 节点能够直接提供 10 Mbps、100 Mbps、吉比特以太网的物理接口。

③ 内嵌多种分组网协议。通过内嵌的二层交换技术、RPR 技术和内嵌的 MPLS 技术，MSTP 能够支持多种数据处理技术，有效地完成对不同业务类型的汇聚、交换和路由处理任务，提供不同类型业务的 QoS 保障。

④ 增强的带宽管理能力和流量控制机制。MSTP 支持 ITU-T G.7042 建议的链路容量调整方案，实现对链路带宽的准动态配置和调整。MSTP 支持 G.707 规范的级联和虚级联功能，能够灵活地分配带宽。MSTP 可以利用内嵌数据网协议的统计复用技术和流量控制机制，支持多用户的数据流量共享带宽，进一步提高带宽利用率，并支持流量工程。

⑤ 多种保护和恢复机制。MSTP 在不同的网络层次可以采用不同的业务保护功能，并通过对不同层次保护机制动作的协调，共同提高 MSTP 网络业务的生存性。

⑥ 综合的网络管理功能。MSTP 网络管理系统同时配置了 SDH、ATM 和以太网管理模块，能够提供对位于不同网络层次的网络处理技术、网络业务类型的综合管理，能够自动地快速提供网络业务。

⑦ 灵活的组网能力和高可扩展性。MSTP 可适应各种网络拓扑和多种网络层次，在网络结构和业务适应上具有良好的可扩展性。

图 6.16 是一种基于 SDH 的 MSTP 节点设备功能模型。

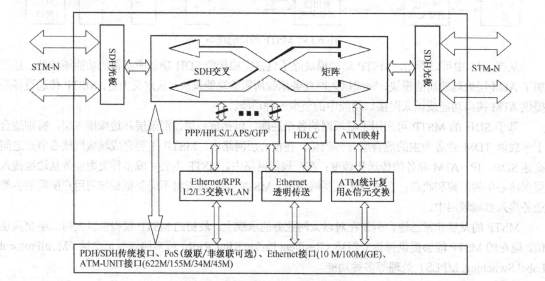

图 6.16　MSTP 的节点设备功能模型

（3）连续级联与虚级联

MSTP 为了有效承载数据业务如以太网的 10 Mbps、100 Mbps 和 1000 Mbps 速率的宽带数据业务，需要采用 VC 级联的方式。ITU-T G.707 标准对 VC 级联进行了详细规范。

级联是将多个虚容器组合起来，形成一个容量更大的组合容器的过程。在一定的机制下，组合容器可以当做仍然保持比特序列完整性的单个容器使用。通过级联方式可以构造不同容量的组合容器，例如通过 VC-3/4 的级联，可以实现容量大于一个 C-3/4 的新容器；5 个 VC-12 的级联，可以实现容量为 10 Mbps 的组合容器。

级联分为连续级联（或相邻级联）和虚级联。两种方法都能够构造容量为单个 VC 容量 X 倍的新容器，它们的主要区别在于参与级联的 VC 的分布位置和所经路由不同。连续级联需要将同一 STM-

N 数据帧中相邻的 VC 级联并作为一个整体进行传送，而虚级联使用多个独立的不一定相邻的 VC，不同的 VC 可以像未级联一样被分别传输，最后在接收端重新组合成为连续的带宽。级联通常用 "VC-*n*-*X*c/v" 表示。其中 VC 表示虚容器，*n* 表示参与级联的 VC 的级别，*X* 表示参与级联的 VC 的数目；c 表示连续级联，v 表示虚级联。

下面以高阶虚容器 VC-4 为例介绍连续级联过程。

为提供 *N* 倍的传送带宽，MSTP 首先需要提供 *N* 倍 C-4 容量的容器装载业务。新的容器作为一个整体，将在 STM-N 中占用一个连续的带宽，其装载的业务在 MSTP 网络里走过了同样的路径，因此 MSTP 只需要为其安排统一的通道开销，形成一个大的虚容器 VC-4-*N*c。而新虚容器的容量是原 C-4 容量的 *N* 倍，除了 *N* 倍 C-4 的容量，还有 *N* 列开销的空间，但 SDH 可用的通道开销只有一列，所以除了首列的通道开销，其余多出来的 *N*−1 列空间都以固定填充比特代替。级联后的新虚容器 VC-4-*N*c 和原虚容器 VC-4 的比较如图 6.17 所示。

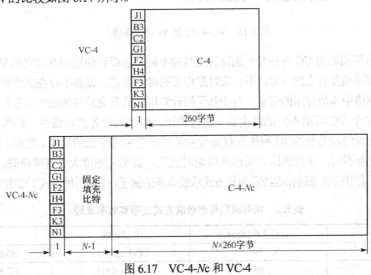

图 6.17　VC-4-*N*c 和 VC-4

C-4-*N*c 和 VC-4-*N*c 是不能直接在 MSTP 中传输的，因为 SDH 的复用映射结构里并没有这样的容器和虚容器。为了与传统的 SDH 兼容和技术的通用性，仍然需要将业务信息分配到 *N* 个实际的 C-4 和 VC-4 中进行传送，而这 *N* 个 C-4 和 VC-4 在 MSTP 中被当做一个整体或一组属性相同的容器进行处理和传送，这便是级联的含义所在。业务信息是以字节为单位按级联顺序分配到各个 C-4 中去的，分配过程如图 6.18 所示。

这样，实际上只有第一个 VC-4 具有真正的通道开销，而后续的 *N*−1 个 VC-4 的通道开销为空。接收端按照首个 VC-4 的通道开销对所有参与级联的 VC-4 进行相同的处理，并将各个 C-4 的内容重新组合成 C-4-*N*c，还原出业务信息。

连续级联的出现实现了在传统 SDH 的复用映射结构和传输体制下通过容器组合提供新的带宽，提高了带宽利用率。由于连续级联将多个相邻的 VC 捆绑在一起，作为一个整体在网络中传送，因此它所包含的所有 VC 都经过相同的传输路径，相应数据的各个部分不存在时延差，进而降低了接收侧信号处理的复杂度，提高了信号传输质量。

SDH 网络在解决超过单个容量的业务传输问题时，最早应用的是相邻级联技术，但相邻级联存在着较大的局限性：一是信道要求难以满足，即便很多 VC 空闲，但没有足够的相邻 VC 就不能进行相邻级联；二是相邻级联对虚容器"时隙上连续相邻"的特点，会导致网络存在大量虚容器碎片，使网络通道利用率降低。因此，当前的 MSTP 多业务平台多采用虚级联方式完成级联业务的传输。

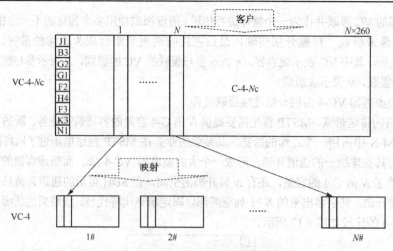

图 6.18　VC-4-Nc 到 VC-4 的映射

与连续级联占用相邻的 VC 并在相同的路径上传输不同，虚级联使用相互独立的 VC 并可沿不同路径传输。虚级联使用相互独立的 VC，不苛求时隙相邻的传送带宽，显然不存在虚容器碎片问题，能够更为有效地利用网络中零散可用的带宽，对于基于统计复用、具有突发性的数据业务有很好的适应性。

虚级联中的单个 VC 可沿不同的路由独立进行传送，以增加业务的可通性，提高多条路径上的资源利用率，能更好地解决传统 SDH 网络承载宽带业务时带宽利用率低的问题。然而，虚级联由于单个 VC 的传输路径可能不同，导致链路之间出现传输时延差，其实现难度大于连续级联。

表 6.2 给出了采用相邻级联和虚级联两种方式承载业务的例子，并将两种方式下带宽效率进行了对比。

表 6.2　相邻级联与虚级联方式及带宽效率比较

业务类型	比特速率/Mbps	相邻级联	虚级联
以太网	10	VC-3（20%）	VC-12-5v（92%）
快速以太网	100	VC-4（67%）	VC-3-2v（100%）
千兆以太网 GE	1000	VC-4-16c（42%）	VC-4-7v（95%）
低速 ATM	25	VC-3（50%）	VC-12-12v（96%）

图 6.19 给出了虚级联能有效利用虚容器碎片的例子。

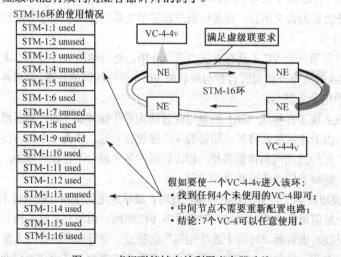

图 6.19　虚级联能够有效利用虚容器碎片

6.2.2.2　内嵌 ATM 处理模块的 MSTP

ATM 的物理接口大部分都是基于 SDH 规范的，因此可以通过 SDH 透传方式实现 ATM 的中继传输。但 ATM 是基于统计复用的数据业务，使用传统 SDH 基于电路交换、占用固定时隙的方式传输，带宽利用率将会极低。

为了解决 MSTP 节点传送 ATM 业务的带宽利用率问题，MSTP 增加了 ATM 处理模块，完成对接入 ATM 业务的汇聚和收敛，然后映射到 SDH VC 上传输，如图 6.20 所示。

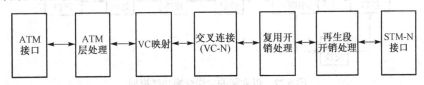

图 6.20　ATM 处理功能块基本模型

支持 ATM 的 MSTP 可以提供如下基本功能：

（1）支持 ATM 承载业务。

（2）支持点到点和点到多点连接功能，包括对 ATM 的 VP、VC 的管理。

（3）提供 ATM 业务的保护，目前一般通过 VP-Ring 的方式实现。

（4）MSTP 网元管理系统中应有 ATM 的管理模块，实施对 ATM 业务的管理功能。

ATM 在 MSTP 中的应用方式，一种是建立 ATM 专线，另一种是通过 MSTP 接入层众多的 ATM 接入节点。

6.2.2.3　内嵌二层交换技术的 MSTP

（1）以太网业务透传

采用封装协议可以直接把 IP 数据帧映射到 SDH 的 VC 中直接进行传输，这就是以太网透传方式。以太网透传功能是将来自以太网接口的信号不经过二层交换直接进行协议封装和速率适配后映射到 SDH 的 VC 中，然后通过 SDH 再进行点到点传送。在这种承载方式中，MSTP 并没有解析以太网数据帧的内容，即没有读取 MAC 地址以进行交换。以太网透传功能模型如图 6.21 所示。

图 6.21　以太网业务透传功能框图

支持以太网透传功能的 MSTP 节点一般还支持以下功能：

① 以太网数据帧的封装采用 PPP、LAPS 或 GFP 协议。

② 能保证以太网业务的透明性，包括支持以太网 MAC 帧、虚拟局域网（Virtual Local Area Network，VLAN）标记等的透明传输。

③ 传输链路带宽可配置。

④ 可采用 VC 通道的连续级联/虚级联映射数据帧，也可采用多链路点到点协议（Multilink-PPP，ML-PPP）封装来保证数据帧在传输过程中的完整性。

⑤ 支持流量工程。

透传功能，特别是采用 GFP 协议封装的透传，能够满足一般情况下的以太网传送功能，处理简单透明，但由于其缺乏对以太网的二层处理能力，存在对以太网的数据缺乏二层的业务保护功能，汇聚节点的数目受到限制，组网灵活性不足等问题。

支持以太网透传功能的 MSTP 节点网元管理系统应配置相应的处理模块。

（2）以太网的二层交换

基于二层交换功能的 MSTP 是指在一或多个用户侧以太网物理接口与多个独立的网络侧 VC 通道之间，实现基于以太网链路层的数据帧交换。MSTP 融合以太网二层交换功能可有效地对多个以太网用户的接入进行本地汇聚，提高网络的带宽利用率和用户接入能力。内嵌二层交换技术的 MSTP 节点在 MSTP 上增加了以太网交换功能，其功能模型如图 6.22 所示。

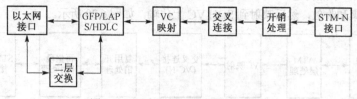

图 6.22　以太网的二层交换功能模型

内嵌二层交换技术的 MSTP 相当于 MSTP 和以太网交换机的融合，它在支持以太网业务透传的基础上，支持转发/过滤以太网数据帧的功能，能够识别 IEEE 802.1q 规定的数据帧并根据 VLAN 信息转发/过滤数据，支持静态配置或自学习的 MAC 地址表维护方式，支持生成树协议（Spanning Tree Protocal，STP），支持多链路聚合，并通过该功能灵活地提高带宽和实现链路冗余，支持以太网端口流量控制等。另外，具备二层交换功能的 MSTP 还可以选择支持组播、基于用户的端口接入速率限制、业务分类等其他功能。

（3）以太环网

MSTP 能提供对以太网业务的环网传送。MSTP 的以太网环网功能是指在 SDH 环路中分配指定环路带宽，用来传送以太网业务。

由于 MSTP 网络本身多为环形拓扑，当环上每个 MSTP 节点都支持以太网二层交换功能后，将环上的节点在数据链路层组成环路就构成了以太环网。以太环网能进一步增强业务承载的灵活性并提高带宽利用率。具有以太网环网功能的 MSTP 节点承载以太网业务的处理过程和功能块模型如图 6.23 所示。

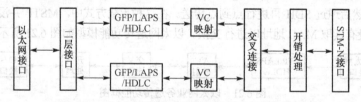

图 6.23　以太网二层交换的处理过程和功能块模型

为了支持以太网业务环形传送，MSTP 需要具备的功能有：生成树协议和快速生成树协议、以太网环路的传输链路带宽可配置、以太网环路中各节点端口带宽的动态配置、以太网环路带宽的统计复用和以太网环路的保护倒换等。

6.2.2.4　内嵌 RPR 技术的 MSTP

（1）RPR

RPR 是一种基于以太网或 SDH 的分组交换机制，属于中间层增强技术，采用一种新的 MAC 层和共享接入方式，将 IP 包通过新的 MAC 层送入数据帧内或裸光纤上，无须进行包的拆分、重组，提高了交换处理能力，改进了性能和灵活性。RPR 的标准化文件为 IEEE 802.17。

RPR 技术吸收了 SDH 技术自愈环的优点，采用环形结构。RPR 是一个双环结构，包括两个传输方向相反的单向环，如图 6.24 所示。两个单向环共享相同的环路径，但传输信号的方向相反。这两个环分别称为环 0 和环 1。RPR 环内的所有链路都具有相同的数据速率，但其时延特性可能并不相同。

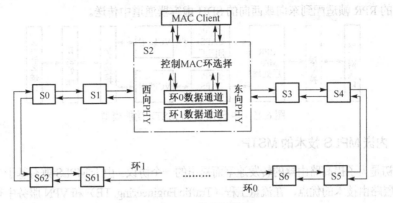

图 6.24   RPR 的环网结构

MAC 控制子层经由 MAC 服务接口向 MAC 客户层提供用来与一个或更多数量的对等客户交换数据的服务原语（Service Primitive, SP），或在 MAC 层和 MAC 客户层之间传递本地控制信息。MAC 控制子层负责控制数据通道子层、维护 MAC 状态、与其他 MAC 的 MAC 控制子层进行协调，并控制MAC 与其客户层之间的数据传递。MAC 数据子层为 RPR 环提供数据传送功能。

MAC 层经由物理服务接口在物理媒质上发送和接收数据帧。物理协调子层提供了特定物理媒质与媒质无关接口（Media Independent Interface, MII）之间的映射，与特定物理媒质类型对应，如以太网、SDH 或 WDM 等。

RPR 节点由一个客户实体、一个 MAC 实体和两个物理实体组成。物理实体和与某一邻居节点共享的跨段相关。MAC 实体包括一个 MAC 控制实体、一个环选择实体和两个数据通道实体（数据通道与特定的单环相关）。向环 0 发送数据并从环 1 接收数据的物理实体称为东向物理实体，而向环 1 发送数据并从环 0 接收数据的物理实体称为西向物理实体。

环 0 数据通道从西向物理接口接收数据，并由东向物理实体发送数据，而环 1 数据通道则从东向物理接口接收数据，并由西向物理实体发送数据。

RPR 简化了数据包处理过程，不必像以太网那样让业务流在网络中的每一个节点进行 IP 包的拆分重组，实施排队、整形和处理，而可以将非落地 IP 包直接前转，明显提高了交换处理能力，较适合分组业务；RPR 又能确保电路交换业务和专线业务的服务质量（能做到 50 ms 的保护倒换时间）；RPR具有自动拓扑发现能力，可以自动识别任何二层拓扑变化，增强了自愈能力，支持即插即用，避免了人工配置带来的耗时费力且易出错的毛病；RPR 可以有效支持两纤双向环拓扑结构，可以在环的两个方向上动态统计复用各种业务，同时还能以每个用户每种业务为基础保留带宽和服务质量，从而最大限度地利用光纤的带宽，简化网络配置和运行，加快业务部署；RPR 还具有较好的带宽公平机制和拥塞控制机制。

（2）内嵌 RPR 的 MSTP

内嵌 RPR 的 MSTP 是指基于 SDH 传输平台，内嵌 RPR 功能，而且提供统一网管的多业务传送节点，将 RPR 嵌入 MSTP 旨在提高承载以太网业务的业务性能及其联网能力。MSTP 内嵌 RPR 技术以后，能够将以太网业务适配到 RPR MAC 层，增加了 RPR MAC 层的功能，从而具有 RPR 的环保护、拓扑发现、公平算法、统计复用和空间重用等功能，并具有服务等级分类并按服务等级调度业务的能力。内嵌 RPR 的 MSTP 功能模块如图 6.25 所示。

　　由以太网接口接入的以太网数据，经过可选的二层交换汇聚后适配到 RPR MAC 层，RPR 功能模块在 MAC 层处理并完成业务在 RPR 环上的调度，然后根据 RPR 帧头中的 RPR 环方向标识信息将封装以太网数据的 RPR 帧适配到东向或西向的 SDH 虚容器通道中传送。

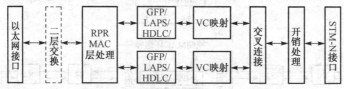

图 6.25　内嵌 RPR 的 MSTP 功能模型

6.2.2.5　内嵌 MPLS 技术的 MSTP

　　MPLS 最初是为了提高路由器的转发速率而提出的一个协议。由于 MPLS 兼有基于二层交换的分组转发技术和三层路由技术的优点，在流量工程（Traffic Engineering, TE）和 VPN 服务中有其独特优势。

　　（1）MPLS 工作原理

　　MPLS 是一种介于第二层和第三层之间的 2.5 层协议，是一种可在多种第二层媒质上进行标记的网络技术。

　　MPLS 把路由选择和数据转发分开，由标签来规定一个分组通过网络的路径。MPLS 网络由核心部分的标签交换路由器（Label Switch Router, LSR）、边缘部分的标签边缘路由器（Label Edge Router, LER）组成。LSR 的作用可以视为 ATM 交换机与传统路由器的结合，由控制单元和交换单元组成；LER 的作用是分析 IP 包头，用于决定相应的传送级别和标签交换路径（Label Switched Path, LSP）。标签交换的工作过程可概括为以下三个步骤：

　　① 由标签分布协议（Label Distribution Protocol, LDP）和传统路由协议（OSPF、IS-IS 等）一起，在 LSR 中建立路由表和标签映射表。

　　② 入口 LER 接收 IP 包，完成第三层功能，并给 IP 包加上标签；在 MPLS 出口的 LER 上，将分组中的标签去掉后继续进行转发。

　　③ LSR 对分组不做任何第三层处理，仅依据分组上的标签通过交换单元对其进行转发。

　　整个操作过程如图 6.26 所示。

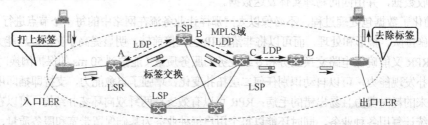

图 6.26　MPLS 工作过程

　　（2）MPLS 技术特点

　　MPLS 技术主要有下述五个特点。

　　① MPLS 具有较高的传输效率和灵活的路由技术。

　　② MPLS 将数据传输和路由计算分开，是一种面向连接的传输技术，能够提供有效的 QoS 保证。

　　③ MPLS 支持大规模层次化的网络结构，支持层次化网络拓扑设计，具有良好的网络扩展性。

　　④ MPLS 支持流量工程和虚拟专用网（VPN）。

　　⑤ MPLS 作为网络层和数据链路层的中间层，不仅能够支持多种网络层技术，而且可应用于多种链路层技术，具有对下和对上的多协议支持能力。

（3）内嵌 MPLS 的 MSTP

将 MPLS 技术内嵌入 MSTP 中，是为了在提高 MSTP 承载以太网业务的灵活性和带宽使用效率的同时，更有效地保证各类业务所需的 QoS，并进一步扩展 MSTP 的联网能力和适用范围。

内嵌 MPLS 的 MSTP 实际上是在 MSTP 具备一般功能的同时，还兼有 LSP 的功能。内嵌 MPLS 的 MSTP 功能框图如图 6.27 所示。

通过内嵌 MPLS 处理模块，MSTP 节点在原有业务处理功能的基础上新增了特定于 MPLS 层的处理功能：

① 控制平面功能，包括信令、路由、QoS 控制、MPLS 的操作维护管理、MPLS 保护、流量工程等。

② 数据平面功能，包括以太网业务的流量分类、以太网业务到 MPLS 层的适配处理、MPLS 标签交换，以及 MPLS 到 SDH VC 的映射等。

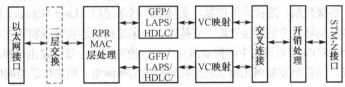

图 6.27　内嵌 MPLS 的 MSTP 的功能框图

6.2.3　ASON 的体系结构

6.2.3.1　ASON 的概念

ITU-T 在 2000 年 3 月正式提出了自动交换光网络（Automatically Switched Optical Network，ASON）的概念。所谓 ASON，是指在 ASON 信令网控制下完成光传送网内光网络连接、自动交换的新型网络。ASON 在光传送网络中引入了控制平面，以实现网络资源的实时按需分配，具有动态连接的能力，可以支持多种业务类型，能实现光通道的流量管理和控制，有利于及时提供各种新的增值业务。

对运营商来说，ASON 可以使业务处理得以简化，网络结构得以扁平化。从某种程度说，ASON 代表了光通信网络的发展和演进方向。

ASON 具有以下特点。

（1）在光层实现动态业务分配，能根据业务需要提供带宽，是面向业务的网络。

（2）适应多种业务类型。

（3）实现了控制和传送的分离。

（4）能实现路由重构，具有快速的故障恢复能力。

（5）结构透明，与所采用的技术无关，有利于网络的逐步演进。

（6）可为用户提供新的业务类型，如按需带宽业务、波长批发、波长出租、光层虚拟专用网（Optical Virtual Private Network，OVPN）等。

（7）降低网络运行维护成本。

6.2.3.2　ASON 的体系结构

传统的传输网只有两个平面，即网管平面和传送平面。ASON 除这两个平面外还引入了控制平面，控制平面用来完成自动交换和连接控制的光传送网。整个网络包括三个平面：传送平面（Transport Plane，TP）、控制平面（Control Plane，CP）和管理平面（Management Plane，MP），此外还包括用于控制和管理通信的数据通信网（Data Communications Network，DCN）。ASON 体系结构模型如图 6.28 所示。

传送平面由作为交换实体的传送网 NE 组成，主要完成连接/拆线、交换（选路）和传送等功能，为用户提供从一个端点到另一个端点的双向或单向信息传送，同时，还要传送一些控制和网络管理信

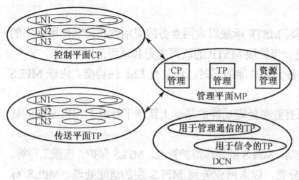

图 6.28　ASON 体系结构

息。传送层是业务传送的通道，传送层的动作是在管理平面和控制平面的作用之下进行的。控制平面和管理平面都能对传送层的资源进行操作，这些操作动作是通过传送平面与控制平面和管理平面之间的接口来完成的。传送平面结构具有分层的特点，它由多个层网络（如光通道层、光复用段层、光传输段层）组成。

控制平面是 ASON 的核心层面，负责完成网络连接的动态建立及网络资源的动态分配。控制平面的基本功能包括：呼叫控制、呼叫许可控制、连接管理、连接控制、连接许可控制、支持用户网络接口（User Network Interface, UNI）与网管系统的联系、多归属环境中的连接管理、支持路由分集连接的连接管理和补充业务的支持等。控制平面由分布于各个 ASON 节点设备中的控制网元组成。控制网元主要由路由选择、信令转发及资源管理等功能模块组成，而各个控制网元相互联系共同构成信令网络，用来传送控制信令信息。

管理平面的主要功能是建立、确认和监视光通道，并在需要时对其进行保护和恢复。ASON 的管理平面有三个管理单元：控制平面管理单元、传送平面管理单元和资源管理单元，这三个管理单元是管理平面同其他平面之间实现管理功能的代理。ASON 控制平面并不是要代替网管系统，它的核心是实现对业务呼叫和连接的有效实时配置与控制，而网管系统将提供性能监测和管理，两者是相辅相成的。

DCN 是一个管理平面与控制平面中的路由、信令及管理信息的传送网络。它用于传送控制平面的信息，信令网可以是带内的，也可以是带外的，信令传送网络拓扑与传送平面网络拓扑结构可以不同，一般来说，信令网的生存性要求更高。

6.2.3.3　ASON 的接口类型

ASON 由请求代理（Request Agent, RA）、光连接控制器（Optical Connection Controller, OCC）、管理域（Administration Domain, AD）和接口（Interface）四类功能构件组成，如图 6.29 所示。

（1）RA：其主要逻辑功能是通过与光连接控制器协商请求接入传送平面内的资源。

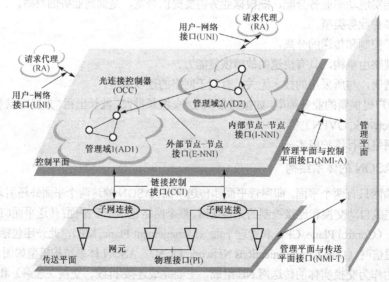

图 6.29　ASON 功能结构模型

（2）OCC：其逻辑功能是负责完成连接请求的接受、发现、选路和连接功能。

（3）AD：其逻辑功能包含的实体不仅处于 AD，也分布在传送平面和管理平面。

（4）Interface：ASON 通过定义接口来完成各网络平面之间和功能实体之间的连接。这些接口包括：用户-网络接口（UNI）、内部网络-网络接口（Internal Network-Network Interface, I-NNI）、外部网络-网络接口（External Network-Network Interface, E-NNI）、连接控制接口（Connection Control Interface, CCI）、网络管理接口（Network Management Interface, NMI）等。

UNI 主要运行在光网络客户端和光网络设备之间，是业务请求者和业务提供者控制平面实体间的双向信令接口。对控制平面而言，它是上层客户的请求代理和信令网之间的接口。I-NNI 是属于一个域内的控制平面实体间的双向信令接口。E-NNI 是属于域间控制平面的不同实体间的双向控制接口，支持呼叫控制、资源发现、连接控制、连接选择、连接路由选择。

在 ASON 中，三个平面之间的信息交互是通过三个接口实现的。

（1）CCI

在 ASON 体系结构中，控制平面和传送平面之间通过 CCI 相连。通过 CCI 可传送连接控制信息，建立光交换机之间的连接。CCI 使得各种不同容量、不同内部结构的交换设备成为 ASON 节点的一部分。CCI 中的交互信息主要分成两类：从控制节点到传送平面网元的交换控制命令和从传送网元到控制节点的资源状态信息。

运行于 CCI 之间的接口信令协议必须支持以下基本功能：增加和删除连接、查询交换机端口的状态、向控制平面传送拓扑信息等。

（2）网络管理 A 接口（NMI-A）

在 ASON 体系结构中，管理平面和控制平面之间通过 NMI-A 相连。通过 NMI-A，管理平面对控制平面初始化网络的资源配置，管理平面对控制平面控制模块的初始参数配置，连接管理过程中控制平面和管理平面之间的信息交互，控制平面本身的故障管理，对信令网进行管理以保证信令资源配置的一致性。对控制平面的管理主要是对路由、信令和链路管理功能模块进行监视和管理。

（3）网络管理 T 接口（NMI-T）

在 ASON 体系结构中，管理平面和传送平面之间通过 NMI-T 相连。通过 NMI-T，管理平面实现对传送网络资源基本的配置管理、性能管理和故障管理。对传送平面的管理主要包括：基本的传送平面网络资源的配置，日常维护过程中的性能监测和故障管理等。

6.2.3.4　ASON 的连接类型

根据不同的连接需求及连接请求对象的不同，ASON 中定义的连接类型有三种：永久连接（Permanent Connection, PC）、交换连接（Switched Connection, SC）和软永久连接（Soft Permanent Connection, SPC）。

（1）PC

这种连接由用户网络通过 UNI 直接向管理平面提出请求，通过网管系统或人工手段对端到端连接通道上的每个网元进行配置。永久连接的路径是由管理平面根据连接请求及网络可用资源情况预先计算确定，然后管理平面通过 NMI-T 接口向网元发送交叉连接命令进行统一配置，最终通过传送平面完成通路建立。由于这种连接建立后的服务时间相对较长，而不频繁地更改连接状态，故这种连接方式又称为永久性连接或硬永久性连接，如图 6.30 所示。

永久连接方式没有控制平面的参与，是静态的。

（2）SC

这种连接是由通信的终端系统（或连接终端点）向控制平面发起请求命令，再由控制平面通过信令和协议来控制传送平面建立端到端的电路连接。交换连接方式涉及控制平面内信令元件间动态交换信令信息，是一种实时的传送交换连接过程。交换连接满足快速、动态的要求，符合流量工程的标准，体现了 ASON 自动交换的本质特点。交换连接过程如图 6.31 所示。

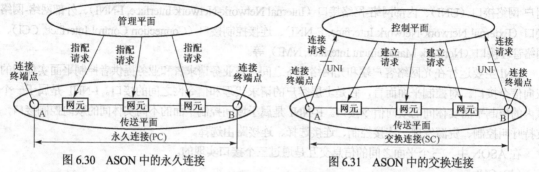

图 6.30　ASON 中的永久连接　　　　　　　　图 6.31　ASON 中的交换连接

（3）SPC

SPC 的建立是由管理平面和控制平面共同完成的，这种连接介于上述两种方式之间，是一种分段的混合连接方式。在 SPC 中，用户到 ASON 网络部分由管理平面直接配置（类似于 PC），而 ASON 网络中的连接通过管理平面向控制平面发起请求，然后由控制平面完成（类似于 SC）。在 SPC 连接建立的过程中，

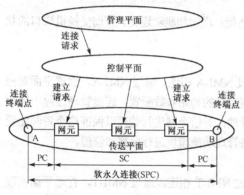

管理平面相当于控制平面的一个特殊客户。SPC 具有租用线路连接的属性，但同时却是通过信令协议完成建立过程的，所以说 SPC 是一种从通过网络管理系统配置（PC）到通过控制平面信令协议实现（SC）的过渡类型的连接方式。软永久连接建立过程如图 6.32 所示。

对三种连接类型的支持使 ASON 具有了连接建立的选择性和灵活性，能满足高级用户的各种连接请求，可以与现存光网络"无缝"对接，有利于现有网络向 ASON 的过渡和演变，而交换连接是使 ASON 网络成为真正的交换式网络的核心所在。

图 6.32　ASON 中的软永久连接

PC、SC 和 SPC 这三种连接的不同之处，在于对连接建立起主控作用的部件不同：永久性连接的发起和维护都是由管理平面来完成的，并且传送平面中为具体业务建立通道的路由消息和信令消息都是由管理平面发出的，控制平面在永久性连接中并不起作用。交换连接的发起和维护都是由控制平面来完成的，控制平面通过 UNI 接口接收到用户方面传来的请求，再经过控制平面的处理后在传送平面中为该客户请求提供一条具体的、可满足用户需求的光通道，并把结果报告给管理平面，管理平面在这种连接的建立过程中并不直接起作用，它只是接收从控制平面传来的连接建立的消息。软永久连接的建立、拆除请求也是由管理平面发出的，但是对传送平面中具体资源的配置和动作是由控制平面发出的指令来完成的。

6.2.4　PTN 简介

6.2.4.1　PTN 概述

传送网络分组化，即分组传送网（Packet Transport Network, PTN）渐渐成为业界的一种趋势。分组业务如以太网、VoIP、VPN、IPTV 等业务的传送，以及以数据业务为主的移动回传，给传送网络带来了新的需求和挑战。一方面，人们希望 PTN 可以真正有效地实现分组业务的传送；另一方面，人们希望 PTN 继承传统传送网络（如 SONET/SDH）的高可靠性，易操作、维护、管理等特性。

目前，实现分组化传送有两条技术途径：一种是基于以太网技术的运营商骨干桥接流量工程技术（Provider Backbone Bridge-Traffic Engineering, PBB-TE），主要由 IEEE 开发；另一种是基于 MPLS 技术的 T-MPLS/MPLS-TP，由 ITU-T 和 IETF 联合开发。

T-MPLS 最早由 ITU-T 提出，旨在用 MPLS 技术实现分组传送。T-MPLS 与 MPLS 采用了相同的转发机制，但 T-MPLS 简化了原来 MPLS 技术中与传送无关的三层技术，增强了 OAM 和保护机制。T-MPLS 的控制平面可采用 GMPLS，也支持静态配置，实现了数据平面与控制平面的分离，可以在没有控制平面的情况下正常运行。虽然 IETF 也定义了 MPLS Ping、双向转发检测（Bidirectional Forwarding Detection, BFD）和快速重路由（Fast Reroute, FRR）等机制，但这些 OAM 和保护机制，或者与 IP 绑定，或者功能有限，不足以支持传送网络的需求。

T-MPLS/MPLS-TP 与 PBB-TE 分别基于不同的技术，即 MPLS 与以太网技术，本质都是希望利用现有的分组技术，提供面向连接的分组传送网络。技术上，均希望实现转发与控制平面分离，强化 OAM 与保护机制，以提供高可靠性、易操作、易维护、易管理等特性；但在应用前景方面，采用何种技术将取决于商业上的选择。从标准方面来看，MPLS-TP 受到众多运营商与设备商的关注。相对而言，PBB-TE 的标准进展要平静得多，受到的关注较少。

6.2.4.2　PTN 组网

在 IP 化和融合承载需求的推动下，基于分组交换内核并融合传统传送网和数通网技术优势的 PTN 技术自提出后，便获得了快速发展，并有望在与其他众多技术标准的竞争中脱颖而出，成为城域传送网 IP 化演进的主流技术之一。

（1）PTN 与其他网络的关系

基于电路交换的 SDH/MSTP 网络通过刚性的分配机制和单板级别的 IP 化来保障以 TDM 业务为主、以太网数据业务为辅的高质量、安全的传输，因此其带宽利用率较低。内核 IP 化的 PTN 技术，具备强大的带宽统计复用能力，在面对突发性强、流量不确定的业务冲击时更具生命力，但是相比 MSTP 网络，PTN 的劣势在于 TDM 业务的接入，PTN 也可以通过仿真支持 TDM 业务，但接入能力有限，只能作为 TDM 业务承载的补充手段，所以用于承载高 QoS 需求的 IP 化业务才能真正体现和发挥 PTN 的优势。

与传统的以太网相比，PTN 良好地继承了传统 SDH/MSTP 网络的端到端的 OAM 管理能力，并可根据不同的 QoS 机制提供差异化的服务，这正是尽力而为的传统以太网所欠缺的，PTN 的主要劣势在成本方面，PTN 短期内和传统以太网的经济性仍有很大的差距。

IP over WDM/OTN 技术注重于解决 IP 业务的超长距离、超大带宽传输问题，可以为大量的 2.5 Gbps、10 Gbps 甚至 40 Gbps 等大颗粒业务提供点到点的传输通道，这是 PTN 难以达到的，但是 IP over WDM/OTN 的带宽分配也是刚性的，带宽利用率不高。同时，OTN 设备并不具备二层汇聚收敛功能，因此，PTN 的优势体现在小颗粒 IP 业务的灵活接入、业务的汇聚收敛上，而并不擅长于对大量的点到点大颗粒业务的传送。

（2）PTN 的网络层次定位

在城域汇聚层，目前各运营商已建设或正在组建 SDH/MSTP 网、IP 城域网和宽带接入网三个网络，PTN 网络的建设是否会产生对已有网络的重叠或替代呢？PTN、IP 城域网及以 PON 技术为代表的宽带接入网，三个网络在二层以下是统一的、融合的网络，只是面向的业务对象不同。

首先，PTN 采用了二层面向连接技术，而且集成了二层设备的统计复用、组播等功能，可以基于 LSP 实现端到端的电信级以太网业务保护、带宽规划等，因此在高等级的业务传送、网络故障定位等方面，与传统的二层数据网相比，优势明显，特别适用于高等级的基站类业务、大客户专线类业务的承载。由于用户业务的 QoS 保障、网络安全性等方面的不足，IP 城域网主要通过低成本、扩展性好的优势，采用二层交换设备接入互联网等实时性、可靠性要求不高的低等级 IP 业务。

宽带接入网则侧重于密集型普通用户接入，根据用户群体的不同需求，常见的解决方案有 PON＋LAN、PON＋PBX、PON＋交换机等，宽带接入网主要完成 OLT 以下语音和数据的接入、汇聚。在初期业务量不大的情况下，OLT 上行接口可以通过 PTN 或者交换机最终进入 IP 城域网，在全业务发展的爆发期，IP over WDM/OTN 必将进一步下沉，承载 OLT 的上行业务。

从各网络适合承载的业务类型上看，在短期内不会产生网络的重叠或替代的。SDH/MSTP 网适合承载 TDM 业务和少量高等级数据业务、IP 城域网和宽带接入网在承载普通数据业务时有较大的成本优势，而 PTN 则适合承载高等级的数据业务和少量 TDM 业务，由于 TDM 业务和服务等级差异化的数据业务需求短时间内不会消亡，企业也有进一步挖掘当前网络潜力以保护投资的需要，因此 PTN 将会与现有网络长期共存，并共同为用户提供在业务种类和安全等级等方面更符合用户要求的服务。

PTN 继承了 SDH/MSTP 良好的组网、保护和可运维能力，又利用 IP 化的内核提供了完善的弹性带宽分配、统计复用和差异化服务能力，能为以太网、TDM 和 ATM 等业务提供丰富的客户侧接口，非常适合于高等级、小颗粒业务的灵活接入、汇聚收敛和统计复用。而 PTN 能提供的最大速率网络侧接口只有 10GE 接口，以其组建骨干层以上网络显然无法满足当前业务带宽爆炸性增长的需求。因此，PTN 定位于城域汇聚层网络，未来可与由 DWDM/OTN 设备组建的具备超大带宽传送能力的城域核心层网络和由 PON 设备组建的侧重于密集型普通用户接入的宽带边缘接入层网络共同构成城域传送网的主体。

6.2.4.3　PTN 的组网模式

在现网结构的基础上，城域传输网 PTN 设备的引入总体上可分为 PTN 与 SDH/MSTP 混合组网、PTN 与 SDH/MSTP 独立组网及 PTN 与 IP over WDM/OTN 联合组网三种模式。在混合组网模式中，根据 IP 分组业务的需求和发展，PTN 设备的引入又可以分为四个演进阶段，下面分别介绍并分析。

（1）混合组网模式

依托原有的 MSTP 网络，从有业务需求的接入点发起，由 SDH 和 PTN 混合组网逐步向全 PTN 组网演进的模式，称为混合组网模式。混合组网模式可分为 4 个不同的阶段，如图 6.33 所示。

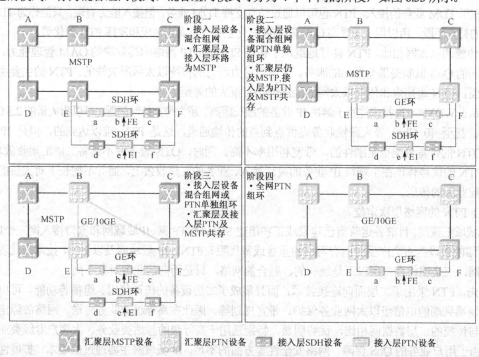

图 6.33　混合组网模式

阶段一：在基站 IP 化和全业务启动的初期，接入层出现零星的 IP 业务接入需求，PTN 设备的引入主要集中在接入层，与既有的 SDH 设备混合组建 SDH 环，提供 E1、FE 等业务的接入，考虑到接入 IP 业务需求量不大，该阶段汇聚层以上采用 MSTP 组网方式仍然可以满足需求。

阶段二：随着基站 IP 化的深入和全业务的持续推进，在业务发达的局部地区将形成由 PTN 单独构建的千兆以太网（Gigabit Ethernet, GE）环。考虑到部分汇聚点下挂 GE 接入环的需求，汇聚层的相关节点（如节点 E、F）可通过 MSTP 直接替换成 PTN 或者 MSTP 逐渐升级为 PTN 设备的方式，使此类节点具备 GE 环的接入能力，但整个汇聚层仍然为 MSTP 组网，边缘接入层 GE 环的 FE 业务需要在汇聚节点 E、F 处通过业务终接板转化成 E1 模式后，再通过汇聚层传输。

阶段三：在 IP 业务的爆发期，边缘接入层 GE 环数量剧增，对汇聚层的分组传输能力提出了更高要求。该阶段汇聚层部分节点，如 B、E、F 节点之间在 MSTP 环路的基础上，再叠加组建 GE/10GE 环，满足接入层 TDM 业务、IP 业务的同时接入和分离承载。

阶段四：在网络发展远期，全网实现 ALL IP 化后，城域汇聚层和边缘接入层形成全 PTN 设备构建的分组传送网，网络投入产出比大大提高，管理维护进一步简化。

前三个阶段，业务的配置类似于 SDH/MSTP 网络端到端的 1+1 PP 方式，只是演进到第四阶段纯 PTN 组网，业务的配置转变为端到端的 1:1 LSP 方式。总体上，混合组网有利于 SDH/MSTP 网络向全 PTN 的平滑演进，允许不同阶段、不同设备、不同类型环路的共存，投资分步进行，风险较小，但在网络演进初期，混合组网模式中由于 PTN 设备必须兼顾 SDH 功能，导致网络面向 IP 业务的传送能力被限制并弱化了，无法发挥 PTN 内核 IP 化的优势。在网络发展后期，又涉及大量的业务割接，网络维护的压力非常大。鉴于此，除了现网资源缺乏（如局房机位紧张、电源容量受限、光缆路由不具备条件）确实无法满足单独组建 PTN 条件的，或者因为投资所限必须分步实施 PTN 建设的，均不推荐混合组网模式进行 PTN 的建设。

（2）独立组网模式

从接入层至核心层全部采用 PTN 设备，新建分组传送平面，和现网（MSTP）长期共存、单独规划、共同维护的模式，称为独立组网模式。该模式下，传统的 2G 业务继续利用原有 MSTP 平面，新增的 IP 化业务（包含 IP 化语音、IP 化数据业务）则置于 PTN 中。PTN 独立组网模式的网络结构和目前的 2G MSTP 网络相似，接入层 GE 速率组环，汇聚环以上均为 10 GE 速率组环，网络各层面间以相交环的形式进行组网，如图 6.34 所示。

独立组网模式的网络结构非常清晰，易于管理和维护，但新建独立的 PTN 一次性投资较大，需占用节点机房宝贵的机位资源和光缆纤芯，电源容量不足的局房还需进行电源的改造、扩容。此外，SDH/MSTP 设备具备 155 Mbps、622 Mbps、2.5 Gbps、10 Gbps 的多级线路侧组网速率，可从下至上组建多级网络结构，相比之下，PTN 组网速率目前只有 GE 和 10 GE 两级，如果采用 PTN 建设二级以上的多层网络结构，势必会引发其中一层环路带宽资源消耗过快或者大量闲置的问题，导致上下层网络速率的不匹配。

同时，在独立组网模式中，骨干层节点与核心层节点采用 10 GE 环路互联，在大型城域网中，核心层无线网络控制器（Radio Network Controller, RNC）节点较多，一方面骨干层节点与所有 RNC 节点相连，环路节点过多，利用率下降；另一方面，环路上任一节点业务量增加需要扩容时，必然导致环路整体扩容，网络扩容成本较高。因此，独立组网模式一是比较适应于在核心节点数量较少的小型城域网内组建二级 PTN，二是作为在 IP over WDM/OTN 没有建设且短期内无法覆盖到位的过渡组网方案。

（3）联合组网模式

汇聚层以下采用 PTN 组网，核心/骨干层则充分利用 IP over WDM/OTN 将上联业务调度至 PTN 所属业务落地机房的模式，称为联合组网模式。该模式下，业务在汇聚/接入层完成收敛后，上联至核心机房设置的两端大容量的交叉落地设备，并通过 GE 光口 1 + 1 的 Trunk 保护方式与 RNC 相联，其中，骨干节点 PTN 设备，通过 GE 光口仅与所属 RNC 节点的 PTN 交叉机连接，而不与其他 RNC 节点的 PTN 交叉机及汇聚环的骨干 PTN 设备发生关系，具体如图 6.35 所示。

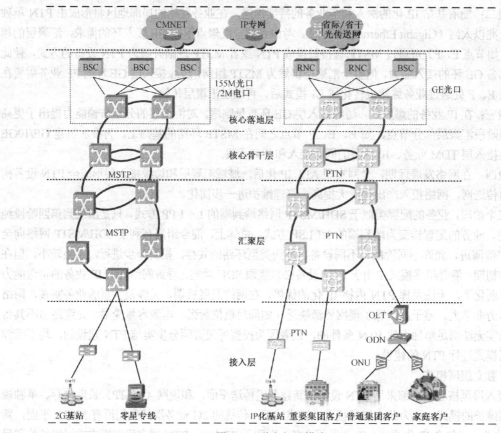

图 6.34 独立组网模式

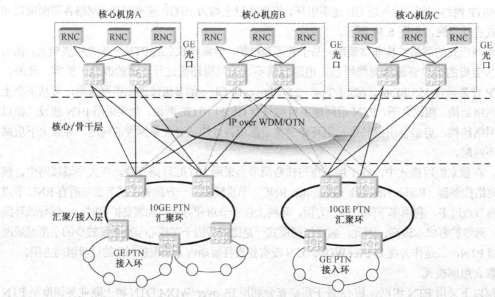

图 6.35 联合组网模式

尽管独立组网模式中核心/骨干层组建的 PTN 10 Gb 以太网环路业务也可以通过波分平台承载,但波分平台只作为链路的承载手段。而联合组网模式中,IP over WDM/OTN 不仅仅是一种承载手段,而且通过 IP over WDM/OTN 对骨干节点上联的 GE 业务与所属交叉落地设备之间进行调度,其上联 GE 通道的数量可以根据该 PTN 中实际接入的业务总数按需配置,节省了网络投资。同时,由于骨干层 PTN 设备仅与所属 RNC 机房相联,因此,联合组网模式非常适于有多个 RNC 机房的大型城域网,极大地简化了骨干节点与核心节点之间的网络组建,从而避免了在 PTN 独立组网模式中,因某节点业务容量升级而引起的环路上所有节点设备必须升级的情况,节省了网络投资。

当然,联合组网分层的网络结构,前期的投资会因为 IP over WDM/OTN 建设而比较高。联合组网模式适用于网络规模较大的大型城域网,考虑到联合组网模式的诸多优势,除了在没有 IP over WDM/OTN 或者短期内 IP over WDM/OTN 无法覆盖至骨干汇聚点的地区,均建议采用联合组网的方式进行城域 PTN 的建设。

6.2.5 无源光网络 PON

6.2.5.1 光纤接入网的参考配置

(1)模型与分类

所谓光纤接入网(Optical Access Network, OAN),是指利用光纤作为传输媒质的接入网。它的最主要的优点是支持速率更高的宽带业务,有效解决接入网的"瓶颈效应"问题,而且传输距离长、质量高、可靠性好、易于扩容和维护,将成为信息网络的主要基础设施之一。

ITU-T G982 建议给出的 OAN 参考配置如图 6.36 所示。其中 OLT 为光线路终端,是 OAN 的网络侧接口;ONU 是光网络单元,提供 OAN 的用户侧接口。一般情况下,OAN 是一个点对多点的光传输系统。

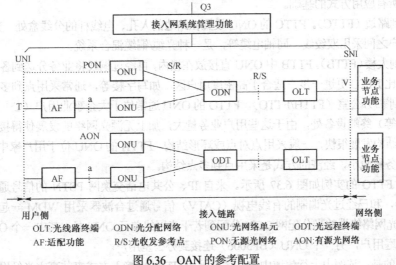

图 6.36 OAN 的参考配置

ODN 是由无源光器件构成的光分配网络,而 ODT 为有源光器件的远程终端。因此,光接入网可分为有源光网络(Active Optical Network, AON)和无源光网络(Passive Optical Network, PON)。使用有源光器件的网络称为有源光网络。反之,未使用有源光器件而只使用无源光器件的网络称为无源光网络。

一般来说,AON 较 PON 传输距离长,传输容量大,业务配置灵活。不足之处是成本高、需要供电系统、维护复杂。而 PON 结构简单,易于扩容和维护,在光接入网中得到越来越广泛的应用。除非特指,通常所说的 OAN 指的就是 PON。

PON 主要包含如下配置：四种功能模块，即光线路终端（Optical Line Terminal, OLT）、光分配网络（Optical Distribution Network, ODN）、光网络单元（Optical Network Unit, ONU）、适配功能（Adaptation Function, AF）；五个参考点，即光发送参考点 S、光接收参考点 R、与业务节点间的参考点 V、与用户终端间的参考点 T、AF 与 ONU 间的参考点 a；三个接口，即网络维护接口 Q3、用户节点接口 UNI 和业务节点接口 SNI。下面将 PON 的四种功能模块功能简要介绍如下。

① OLT。OLT 负责为 OAN 提供网络侧与本地交换机之间的接口，它通过 ODN 与用户侧的一个或多个 ONU 通信。OLT 的任务是分离交换和非交换业务，管理来自 ONU 的信令和监控信息，为 ONU 和自身提供维护和指配功能等。

② ONU。ONU 位于 ODN 和用户设备之间，提供与 ODN 的光接口和与用户侧的电接口。ONU 的位置具有很大的灵活性，根据 ONU 的具体位置，可将光纤接入网分为不同的应用类型。

③ ODN。ODN 是位于 OLT 与 ONU 之间的无源光分配网络，通常采用树形、星形等分支结构，由若干段光缆、光纤接头、活动连接器和分路器等组成，其主要功能是完成 OLT 与 ONU 之间光信号的传输和功率分配，同时提供光路监控等功能。

④ AF。AF 为 ONU 和用户设备提供适配功能，具体物理实现时可以包括在 ONU 内，也可以完全独立。

从给定网络接口（V 接口）到单个用户接口（T 接口）之间的传输手段的总和，称为接入链路。发送参考点 S 是紧靠在发送机（ONU 或 OLT）光连接器后的光纤点；而接收参考点 R 是紧靠在接收机（ONU 或 OLT）光连接器前的参考点。

（2）应用类型

在应用上，根据 ONU 到达的位置，可以将光接入网分为光纤到路边（FTTC）、光纤到大楼（FTTB）和光纤到户（Fiber To The Home, FTTH）或光纤到办公室（FTTO）等。对于 FTTB 和 FTTH/FTTO 来说，FTTC 是所有应用方式的基础。

① 光纤到路边（FTTC）。FTTC 的 ONU 设置在路边的人孔、电线杆的分线盒处、交接箱等位置，从 ONU 到用户之间采用双绞线、同轴电缆等，是一种光缆/铜缆混合系统。

② 光纤到大楼（FTTB）。FTTB 中 ONU 直接放在楼内，再经过铜线将业务分送到各个用户。FTTB 的光纤化程度比 FTTC 更进一步，适合于高密度用户区，如写字楼等，通常采用点到多点结构。

③ 光纤到家/办公室（FTTH/FTTO）。FTTO 的 ONU 通常位于大企事业用户（公司、大学、研究所、政府机关等）终端设备处，由于这些用户业务量大，加上无源光网络的发展使得接入成本不断降低，因此这种结构发展很快，一般采用点对点或环形结构。FTTH 的 ONU 位于用户家中，目前由于普通住宅用户业务量较小，经济的方式是采用点到多点结构。

FTTH 和 FTTO 的实例如图 6.37 所示。来自 IP、公共电话交换网 PSTN 的信号通过光线路终端 OLT 送入光纤，和已经过光调制的有线电视（CATV）信号通过合波器采用 WDM 一起复用进主干光纤。通过主干光网络终端的光分配网 ODN 分配到若干光网络单元 ONU 处，其中一个 ONU（BP5005）连接到一个家庭用户，另一个 ONU（BP5006）连接到办公室用户。

需要说明的是，该例中上行信道中的传输是采用 TDMA 接入方式来共享主光纤网络的，带宽则根据 ONU 的需要，由 OLT 分配。

6.2.5.2 PON 的拓扑结构

PON 支持多种网络拓扑结构，最常用的结构有单星形、双星形、总线形和树形，分别如图 6.38（a）、(b)、(c)、(d) 所示。OLT 表示光线路终端，而 ONU 表示光网络单元，ODN 表示光分配网络，如无源分波、合波器等。

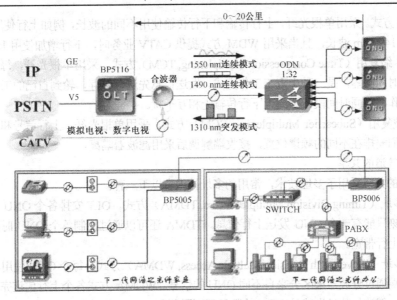

图 6.37　FTTC 应用实例之 FTTH 和 FTTO

6.2.5.3　PON 的信道共享技术

PON 的复用技术，指的是单个 OLT 和多个 ONU 之间完成信息交互时所采用的共享信道技术。解决 OLT 和多个 ONU 之间的信道共享采用的复用技术有多种，如空分复用（Space Division Multiplexing, SDM）、时分复用（Timing Division Multiplexing, TDM）、波分复用（Wavelength Division Multiplexing, WDM）、码分复用（Code Division Multiplexing, CDM）、频分复用技术（Frequency Division Multiplexing, FDM）等，也可以将这些复用技术进行组合，完成 OLT 和 ONU 之间的交互。G.982 是基于 TDMA 的接入方式，但不排除其他接入方式。

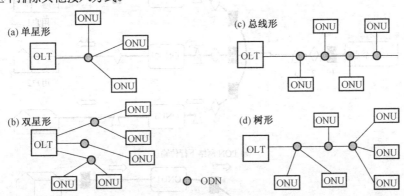

图 6.38　PON 的拓扑结构

由于下行传输常常采用广播方式，因此 PON 的复用方式可以分成两个方面来考虑：一是上行信道（ONU 到 OLT）和下行信道（OLT 到 ONU）的区分；二是怎样安排多个 ONU 的上行子信道，实现信道的共享。

（1）上行信道和下行信道

关于上行信道和下行信道的区分，可以采用两种方式：一种是上行信道和下行信道各使用一根光纤，即所谓的 SDM 方式，这种方式最为简单，上、下行信道完全隔离，互不干扰；另外一种方式是上行信道和下行信道使用同一根光纤，通过以下复用方式解决信道的共享：

　　① WDM 方式。采用单根光纤，上行传输和下行传输使用不同的波长，例如上行使用 1310 nm 波长，下行使用 1490 nm 波长，且当采用 WDM 方式提供 CATV 业务时，下行增加使用 1550 nm 波长。

　　② 时间压缩复用（Time Compression Multiplexing, TCM）方式。采用单根光纤，每个方向上的传输采用不同的时间间隔，是一种半双工工作方式。发送信息先进行缓存，轮到自己的工作时隙后高速发出。由于工作在不同时间段，因此上下行传输无相互干扰。

　　③ 副载波复用（Subcarrier Multiplexing, SCM）方式。采用单根光纤，上行信号和下行信号先进行调制，将它们安排在不同的频谱位置，接收端解调后采用滤波器隔离。

　　（2）上行信道的共享

　　上行信道的共享采用了多址技术，常用的多址技术有以下三种：

　　① 时分多址（Timing Division Multiple Access, TDMA）方式。OLT 安排各个 ONU 工作在不同的时隙，每个时刻只能有一个 ONU 发送上行信息。TDMA 还可以通过控制单个 ONU 时隙的长短来适应终端用户的上行带宽。

　　② 波分多址（Wavelength Division Multiple Access, WDMA）方式。每个 ONU 使用不同的工作波长，OLT 接收端通过分波器来区分来自不同 ONU 的信号。WDMA 方式各个上行信道完全透明，而且带宽可以很宽，但波长数目也就是 ONU 的数目受到限制。

　　③ 码分多址（Code Division Multiple Access, CDMA）方式。给每个 ONU 分配一个唯一的多址码，将各 ONU 的上行信号码元与自己的多址码进行模二加，再调制相同波长的激光器，在 OLT 用各 ONU 的多址码恢复各 ONU 的信号。

　　上行信道的共享也可以采用副载波复用、时间压缩复用进行多址区分，原理与上、下行信号的复用类似。如图 6.39 所示。图 6.39（a）是一个下行信道，采用广播方式。图 6.39（b）是一个上行信道，采用 TDMA。上行传输和下行传输既可以各使用一根光纤，也可以利用复用技术共用一根光纤。

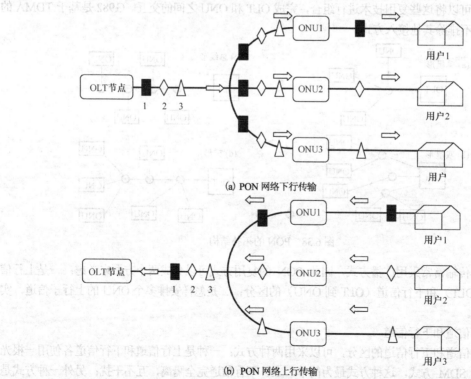

(a) PON 网络下行传输

(b) PON 网络上行传输

图 6.39

6.2.5.4　ATM 无源光网络

（1）xPON

点到多点的 PON 由 OLT、ONU 和 ODN 组成，而 PON 技术的主要特点在于维护简单，成本较低（节省光纤和光接口）和较高的传输带宽，被视为接入网未来的发展方向。

1987 年英国电信公司的研究人员最早提出了 PON 的概念。1998 年，ITU-T 以 155 Mbps ATM 技术为基础，发布了 G.983 系列 APON 标准。

2000 年底，一些设备制造商成立了第一英里以太网联盟，提出基于以太网的 PON 概念 EPON。EPON 标准 IEEE 802.3ah 已于 2004 年 6 月正式颁布。

2001 年 FSAN 开始进行 1 Gbps 以上的 PON-GPON 标准的研究，2003 年 3 月 ITU-T 颁布了 GPON 总体特性的 G.984.1 和 ODN 物理媒质相关（Physical Media Dependent, PMD）子层的 G.984.2 GPON 标准，2004 年 3 月和 6 月发布了规范传输汇聚（Transmission Convergence, TC）层的 G.984.3 和运行管理通信接口的 G.984.4 标准。

（2）ATM 无源光网络

ATM 无源光网络（ATM Passive Optical Network, APON）是 PON 技术和 ATM 信元相结合的产物。在无源光网络上使用 ATM，不仅可以利用光纤的巨大带宽提供宽带服务，也可以利用 ATM 进行高效的业务管理，特别是 ATM 在实现不同业务的复用及适应不同带宽的需要方面有很大的灵活性。G.983 建议规定了 APON 的传输复用和多址接入方式采用以信元为基础的 TDM/TDMA 方式。系统采用单纤波分复用方式，上行传输使用 1310 nm 波长，下行传输使用 1550 nm 波长，分路比为 32。

在下行方向，由 ATM 交换机来的 ATM 信元先送给 OLT，OLT 将其转换为连续的 155.52 Mbps 或 622.08 Mbps 的下行帧，并以广播方式传送给所有与 OLT 相连的 ONU，每个 ONU 可以根据信元的虚信道标识符（Virtual Channel Indicator, VCI）/虚通道标识符（Virtual Path Indicator, VPI）选出属于自己的信元送给用户终端。

上行方向，采用时分多址方式，来自各个 ONU 的信元需排队等候属于自己的发送时隙来发送，为防止 ATM 信元发生碰撞，需要一定的机制避免冲突。

APON 系统上行传输中由于不同 ONU 到 OLT 所经过的路径长度不同，信道特性和传输时延也不相同，APON 系统采用了测距技术和光功率动态调节等技术保证 OLT 正确地接收各个 ONU 的数据。

① 测距。不同 ONU 到 OLT 所经过的路径长度不同，因此传输时延也不相同。为避免各 ATM 信元发生碰撞，APON 系统通过测量各 ONU 到 OLT 的传输距离，从而对由于物理传输引发的时延差异进行补偿，以确保不同 ONU 所发出的信号能够在 OLT 处准确地复用到一起。测距方法有扩频方式、带外方式和带内开窗测距方式。

② 光功率的动态调节。不同 ONU 到 OLT 间的信道特性是不同的，因此 ONU 到 OLT 的光功率衰减是不一样的，OLT 光接收机需要有大的动态范围，并能设定和改变门限，以便以最快的速度进行判决。APON 是通过在信元信头部分增加特定信息的方法来达到动态功率调节的。另外，可以通过预先对每个 ONU 的输出功率进行调节，从而降低对 OLT 接收机动态范围的要求。

由于 ONU 的信元是突发的，OLT 接收电路为了尽快同步于接收信元时钟，在传送帧结构中和突发间隔方面采取了相应的措施，以达到上行突发信号快速同步的目的。

ATM 作为承载协议，可以支持多种带宽速率和 QoS 要求的业务，包括语音、数据等，并提供明确的业务质量保证。但由于 ATM 协议复杂，带宽不足，价格较高，目前国内 xPON 更倾向于使用 EPON 和 GPON。

6.2.5.5　以太网无源光网络

以太网无源光网络（Ethernet Passive Optical Network, EPON）就是将信息封装成以太网帧进行传输的 PON。由于采用 Ethernet 封装方式，因此非常适于承载 IP 业务，符合 IP 网络迅猛发展的趋势。同时由于设备简单、价格相对低廉、免去了 IP 数据协议和格式转化等，使得其效率高，传输速率可达 1.25 Gbps。EPON 与 APON 的关键不同之处，在于 APON 承载的是定长 53 字节的信元，而 EPON 承载的是不定长的 IP 包。

EPON 的下行数据采用广播方式从 OLT 发给多个 ONU，下行业务流被分割为固定间隔的帧，每帧传输若干不同长度的数据包。时钟信息使用同步标记的形式，包含在每帧开始的位置。同步信息为 1 个字节，每 2 ms 传输一次，使 ONU 和 OLT 实现同步。

ONU 发给 OLT 的上行业务流使用时分多址技术，每个 ONU 在特定的时隙传输，因此不同的 ONU 数据包不会产生干扰。上行帧的时间长度为 2 ms，帧头标识了每个上行帧的开始。

EPON 融合了以太网和 PON 的优点：以太网是贴近用户的主流技术，而 PON 具有宽带、省纤的特点。EPON 接入系统具有如下特点：

（1）采用以太网技术减少了协议和封装成本，提高了传输效率，节省了投资。

（2）上下行均为千兆速率，下行可采用针对不同用户加密广播传输的方式共享带宽，上行利用 TDMA 共享带宽，并可方便灵活地根据用户需求的变化动态分配带宽。

（3）若采用单纤波分复用技术，则仅需一根主干光纤，传输距离可达 20 km，既满足了城域网接入的一般距离要求，又节省了纤芯。

（4）OLT 与 ONU 之间仅有光纤、光分路器等光无源器件，无须租用机房、配备电源，可有效节省建设和运营维护成本。

（5）一个 OLT 光分路器可分送给最多 32 或 64 个用户，网络具有较好的扩展性。

6.2.5.6　千兆无源光网络

ITU-T G.984 系列标准对千兆无源光网络（Gigabit-Capable Passive Optical Network, GPON）进行了规范。相对于 EPON 技术，GPON 更加注重对多业务的支持能力，如 TDM 业务、IP 业务和视频业务等。GPON 采用 125 s 固定帧结构，因此能很好地支持传统 TDM 业务。

GPON 定义了一种新的封装结构 GEM（GPON Encapsulation Method, GEM），可以把 ATM 和其他协议的数据混合封装成帧，对各种业务类型都能提供 QoS 保证。

GPON 可以提供 1.25 Gbps、2.5 Gbps 的下行速率和 155/622/1244/2488 Mbps 的上行速率，能灵活地提供对称和非对称速率。

GPON 提供的用户接口更为丰富，如 10GE、GE、FE、STM-1、E1、POTS 等，具有强大的多业务支持和 OAM 能力。

GPON 标准中还定义了第三波长，可在 OLT 上接入数字电视、IPTV 的电视信号，支持三网合一业务。

GPON 的主要优点如下：

（1）相对其他 PON 技术，GPON 在速率、接口、传输距离和分路比方面有优势。

（2）适应多种协议类型和数据格式，封装效率高，提供业务灵活。

（3）能支持实时的 TDM 业务，可以解决语音、基站等传输问题。

（4）GPON 的标准更加完善。

GPON 的主要缺点是技术成熟度不如 EPON，难度较高，因而设备成本较高。

目前我国以 EPON 应用最为广泛，从三网合一的趋势来看，最终可能会过渡到 GPON。

表 6.3 是对 APON、EPON 和 GPON 技术的比较。

表 6.3 APON、EPON 和 GPON 的对比

比较项目	APON	EPON	GPON
TDM 支持能力	TDM over ATM	TDM over Ethernet	TDM over ATM/TDM over Packet
下行速率/Mbps	155/622/1244	1250	1244/2488
上行速率/Mbps	155/622	1250	155/622/1244/2488
分路比	32	32~64	64~128
最大传输距离/km	20	20	60

6.3 DWDM 技术

6.3.1 DWDM 的工作方式

WDM 技术就是在单根光纤内同时传送多个不同波长的光波，使得光纤通信系统容量得以倍增的一种技术。WDM 在发送端采用光复用器（合波器）将不同规定波长的信号光载波合并起来送入一根光纤进行传播；在接收端，再由一个光解复用器（分波器）将这些承载不同信号的波长光载波分开。波分复用系统的原理如图 6.40 所示。

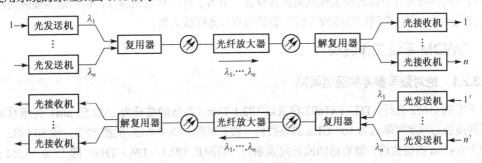

图 6.40 波分复用系统原理

不同类型的光波分复用器，可以复用的波长数也不同，如 2 个波长、8 个波长、16 个波长和 32 个波长等。随着 1550 nm 窗口掺铒光纤放大器（Erbium-Doped Fiber Amplifier, EDFA）的商用化，人们不再利用 1310 nm 窗口而采用 1550 nm 窗口传送多路光载波信号。相对于原来的 2 波长 WDM 系统，1550 nm 窗口波长间隔更加紧密，只有 0.8~2 nm，甚至小于 0.8 nm，人们称这种波分复用系统为密集波分复用系统（Dense Wavelength Division Multiplexing, DWDM）。

DWDM 的工作方式包括双纤单向传输方式和单纤双向传输方式。

6.3.1.1 双纤单向传输

双纤单向传输是最通常使用的一种方式，即在一根光纤只完成一个方向光信号的传输，反向光信号的传输由另一根光纤来完成，如图 6.41 所示。这种方式同一波长或波长组在两个方向上可以重复利用。

这种 DWDM 系统可以方便地分阶段动态扩容，例如在长途网中，可以根据实际业务量需要逐步增加波长来实现扩容，十分灵活。

6.3.1.2 单纤双向传输

单纤双向传输是在一根光纤中实现两个方向光信号的同时传输，两个方向的光信号应安排在不同波长上，如图 6.42 所示。

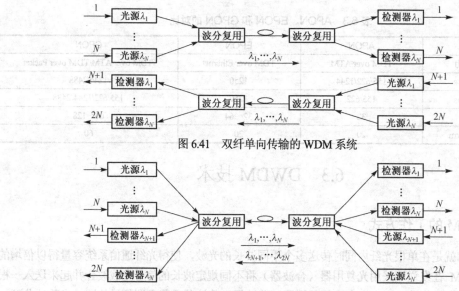

图 6.41　双纤单向传输的 WDM 系统

图 6.42　单纤双向传输的 WDM 系统

单纤双向传输允许单根光纤实现双向传输业务，节省了纤芯和系统器件，但系统需要解决双向传输中光波的反射问题，在进行线路放大时还要采用双向光纤放大器。

6.3.2　DWDM 系统工作波长

6.3.2.1　绝对频率参考和通道间隔

对于常规 G.652 光纤，ITU-T G.692 建议以 193.1 THz（对应的波长为 1552.52 nm）为绝对参考频率，不同波长的频率间隔应为 100 GHz 的整数倍（波长间隔约为 0.8 nm 的整数倍）或 50 GHz（波长间隔约为 0.4 nm 的整数倍）整数倍的波长间隔系列，范围是 192.1～196.1 THz，即 1530～1561 nm。

为了保证不同 DWDM 系统之间的横向兼容性，必须对各个通路的中心频率进行标准化。G692 对于使用 G652 和 G655 光纤的 DWDM 系统推荐使用的标准波长给出了中心波长和标准中心频率建议值。

6.3.2.2　中心频率偏差

中心频率偏差定义为标称中心频率与实际中心频率之差。对于 DWDM 系统来说，由于信道间隔比较小，一个极小的信道偏移，就有可能造成极大的影响。因此，ITU-T 建议对信道的中心频率偏差做了规定，一般要求偏移量正负数值小于信道的 10%。

DWDM 信道的标准波长分等间隔和不等间隔两种配置方案，不等间隔是为了避免四波混频效应的影响。一般将 1525～1540 nm 范围称为蓝带区，将 1540～1565 nm 范围称为红带区，一般来说，当传输的容量小于 40 Gbps 时，优先使用红带区。

6.3.3　DWDM 网络拓扑

6.3.3.1　DWDM 网元类型

DWDM 网元按用途可分为光终端复用设备、光线路放大设备、光分插复用设备、电中继设备。以下以 OptiX BWS 320G 设备为例分别讲述各种网络单元在网络中所起的作用。

（1）光终端复用（Optical Termination Multiplexer, OTM）设备

在发送方向，OTM 设备把波长为 $\lambda_1 \sim \lambda_{32}$ 的 32 个信号经复用器复用成一个 DWDM 主信道信号，

然后对其进行光放大，并附加上波长为 λ_s 的光监控通道（OSC）信号。在接收方向，OTM 先把光监控通道信号取出，然后对 DWDM 主信道信号进行光放大，经解复用器解复用成 32 个波长的信号。OTM 设备的信号流向如图 6.43 所示。

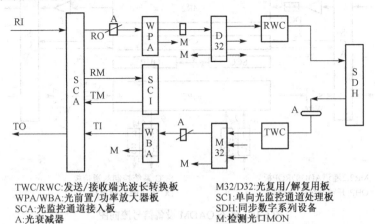

TWC/RWC:发送/接收端光波长转换板　　　　M32/D32:光复用/解复用板
WPA/WBA:光前置/功率放大器板　　　　　　SC1:单向光监控通道处理板
SCA:光监控通道接入板　　　　　　　　　　SDH:同步数字系列设备
A:光衰减器　　　　　　　　　　　　　　　M:检测光口MON

图 6.43　OTM 设备信号流向图

（2）光线路放大（Optical Line Amplifier, OLA）设备

DWDM 系统的 OLA 设备在每个传输方向均配有一个光线路放大器。在每个传输方向先取出光监控通道信号并处理，再将主信道信号进行放大，然后将主信道信号与光监控通道信号合并送入光纤线路。OLA 设备的信号流向如图 6.44 所示。其中每个方向都采用一对 WPA + WBA 的方式来进行光线路放大，也可用单一 WPA 或 WBA 的方式来进行单向的光线路放大。

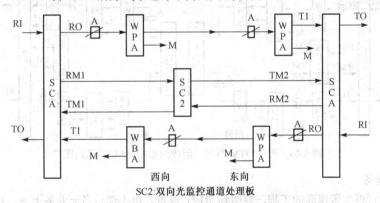

SC2:双向光监控通道处理板

图 6.44　OLA 设备信号流向图

（3）光分插复用（Optical Add/Drop Multiplexer, OADM）设备

DWDM 系统的 OADM 设备有两种类型：一种是采用静态上/下波长的 OADM 模块，另一种是两个 OTM 采用背靠背的方式组成一个可上/下波长的 OADM 设备。

① DWDM 系统静态光分插复用设备

当 OADM 设备接收到线路的光信号后，先从中提取光监控通道信号，再用 WPA 将主光通道信号预放大，通过 ADD/DROP 单元从主光通道中按波长取下一定数量的波长通道后送出设备，要插入的波长经 ADD/DROP 单元直接插入主信道，再经功率放大后插入本地光监控通道信号，向远端传输。在本站下业务的通道，需经 RWC 与 SDH 设备相连，在本站上业务的通道，需经 TWC 与 SDH 设备相连。

以 OADM 设备（上/下四通道）为例，其信号流向如图 6.45 所示。

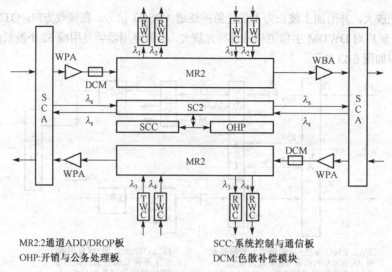

MR2:2通道ADD/DROP板　　　　　SCC:系统控制与通信板

OHP:开销与公务处理板　　　　　DCM:色散补偿模块

图 6.45　静态 OADM 设备信号流向图

② 两个 OTM 背靠背组成的光分插复用设备

用两个 OTM 背靠背的方式组成一个可上/下波长的 OADM 设备。这种方式较之静态 OADM 要灵活，可任意上/下 1～32 个波长，更易于组网。如果某一路信号不在本站上下，可以从 D32 解复用板的输出口直接接入同一波长的 TWC 再进入另一方向的 M32 复用板。两个 OTM 背靠背组成的 OADM 的信号流向如图 6.46 所示。

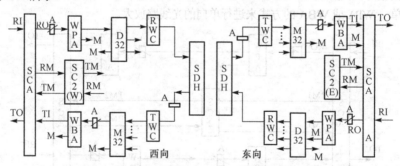

图 6.46　两个 OTM 背靠背组成的 OADM 信号流向图

（4）REG 设备

对于需要进行再生段级联的工程，要用到 REG 设备。电中继设备无业务上下，只是为了延伸色散受限传输距离。电中继设备的信号流向如图 6.47 所示。

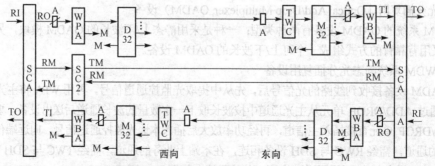

图 6.47　电中继设备 REG 的信号流向图

6.3.3.2 DWDM 网络拓扑

DWDM 系统最基本的组网方式为点到点方式、链形组网方式、环形组网方式，由这三种方式可组合出其他较复杂的网络形式。与 SDH 设备组合，可组成十分复杂的光传输网络。

（1）点到点组网

点到点拓扑主要用于要求超高速（10～40 Gbps）、超大集合带宽（几个 Tbps）、高可靠性和快速通道恢复能力的长途传送。发送器和接收器之间可能有几百千米，两个端点之间放大器的数目一般小于 10（由功率损耗和信号畸变确定）。带有分/插复用的点到点系统能够沿着通道分出和插入通路。点到点组网方式如图 6.48 所示。

图 6.48 DWDM 的点到点组网示意图

（2）链形组网

链形网是光传送网中最基本的网络拓扑结构之一，DWDM 系统链形组网方式如图 6.49 所示。

（3）环形组网

在本地网特别是城域网的应用中，用户根据需要可以由 DWDM 的光分插复用设备构成环形网。通常，DWDM 环形网络是用光纤将所有节点都连接起来的环形结构，有的网络出于保护目的可能有两个光纤环。这样的环路能覆盖本地或更大城市范围，跨距几十千米。光纤环路能够包含的波长通路可少可多，节点也可少可多。每个波长通路的比特率可以是 622 Mbps 或更低，或者是 1.25 Gbps 或更高。环形组网方式如图 6.50 所示。

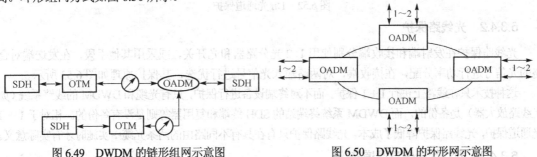

图 6.49 DWDM 的链形组网示意图　　　　图 6.50 DWDM 的环形网示意图

6.3.4 DWDM 网络保护

由于 DWDM 系统承载的业务量很大，因此安全性特别重要。DWDM 网络主要有两种保护方式：一种是基于光通道的 1+1 或 1:n 的保护；另一种是基于光线路的保护。

6.3.4.1 光通道保护

（1）1+1 光通道保护

这种保护机制与 SDH 系统的 1+1 复用段保护类似，所有的系统设备都需要有备份，SDH 终端、复用器/解复用器、线路光放大器、光缆线路等，SDH 信号在发送端被永久桥接在工作系统和保护系统，在接收端监视从这两个 DWDM 系统收到的 SDH 信号状态，并选择更合适的信号，这种方式的可靠性比较高，但是成本也比较高。在一个 DWDM 系统内，每一个光通道的倒换与其他通道的倒换没有关系，即工作系统中的 TX_1 出现故障倒换至保护系统时，TX_2 可继续工作在工作系统上。1+1 光通道保护如图 6.51 所示。

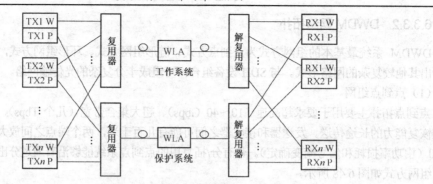

图 6.51　1+1 光通道保护

（2）1:n 光通道保护

考虑到一条 DWDM 线路可以承载多条 SDH 通路，因而也可以使用同一 DWDM 系统内的空闲波长通道作为保护通路。1:n 光通道保护如图 6.52 所示。在 n+1 路的 DWDM 系统中，n 个波长通道作为工作波长，一个波长通道作为保护系统。但是考虑到实际系统中，光纤、光缆的可靠性比设备的可靠性要差，1:n 光通道保护只对系统保护，而不对线路保护，因此实际意义不是太大。

图 6.52　1:n 光通道保护

6.3.4.2　光线路保护

光线路保护在发射端和接收端分别使用 1:2 光分路器和光开关，或采用其他手段，在发送端对合路的光信号进行功率分配，在接收端，对两路输入光信号进行优选，其保护原理如图 6.53 所示。

这种技术只在线路上进行 1+1 保护，而不对终端设备进行保护，只有光缆和 DWDM 的线路系统（如光线路放大器）是备份的，而 DWDM 系统终端站的 SDH 终端和复用器等则是没有备份的。相对于 1+1 光通道保护，光线路保护降低了成本。光线路保护只有在具有不同路由的两条光缆中实施时才有实际意义。

6.3.4.3　网络管理信息通道备份

在 DWDM 传输网中，网络管理信息一般是通过光监控通道传送的，若光监控通道与主信道采用同一物理通道，这样在主信道失效时，光监控通道也往往同时失效，所以必须提供网络管理信息的备份通道。在环形组网中，当某段传输失效（如光缆损坏等）时，网络管理信息可以自动改由环形另一方向的监控通道传送，这时不影响对整个网络的管理。环形组网时网络管理信息通道的自动备份方式如图 6.54 所示。

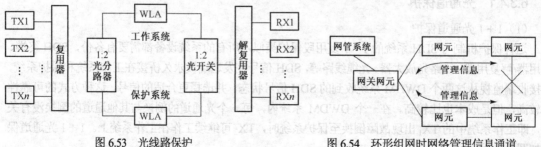

图 6.53　光线路保护　　　　　　　　　　图 6.54　环形组网时网络管理信息通道
　　　　　　　　　　　　　　　　　　　　　　　　　备份示意图（某段传输失效时）

但是，当某段中某站点两端都失效时，或者是在点对点和链形组网中某段传输失效时，网络管理信息通道将失效，这样网络管理者就不能获取失效站点的监控信息，也不能对失效站点进行操作。为防止这种情况出现，网络管理信息应该选择使用备份通道，例如，通过数据通信网。在需要进行保护的两个网元之间，通过路由器接入数据通信网（DCN），建立网络管理信息备份通道。在网络正常时，网络管理信息通过主管理信道传送，如图 6.55 所示。

当主信道发生故障时，网元自动切换到备份通道上传送管理信息，保证网络管理系统对整个网络的监控和操作，整个切换过程自动进行，不需要人工干预。网络管理信道备份示意如图 6.56 所示。

值得注意的是，在网络规划中，备份管理信道和主信道应选择不同的路径，这样才能起到备份的作用。

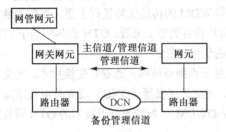

图 6.55　网络管理信息通道备份示意图（正常时） 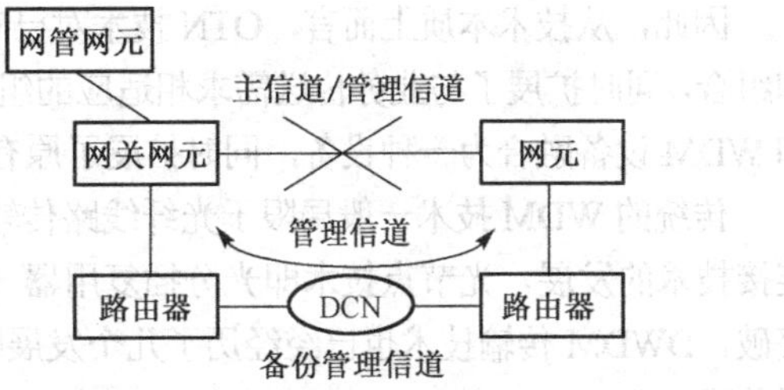　　图 6.56　网络管理信息通道备份示意图（主信道失效时）

6.3.5　光传送网 OTN

1998 年，ITU-T 提出了光传送网（Optical Transport Network, OTN）概念。所谓 OTN，从功能上看，就是在光域内实现业务信号的传送、复用、路由选择和监控，并保证其性能指标和生存性。它的出发点是子网内全光透明，而在子网边界采用 O/E/O 技术。OTN 能够支持各种上层技术，是适应各种通信网络演进的理想基础传送网络。

按照 ITU-T G.872 建议，光传送网中加入光层，光层从上至下分为三层，依次为：光通道（Optical Channel, OCH）层、光复用段（Optical Multiplexer Section, OMS）层和光传输段（Optical Transmission Section, OTS）层。每个层网络又可以进一步分割成子网和子网连接，以反映该层网络的内部结构。OTN 分层模型如图 6.57 所示。

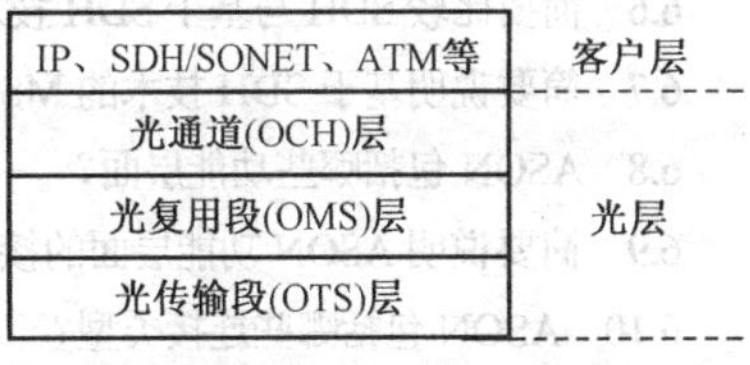

IP、SDH/SONET、ATM 等	客户层
光通道(OCH)层	光层
光复用段(OMS)层	
光传输段(OTS)层	

图 6.57　OTN 分层模型

（1）OTS

光传输段层为光信号在不同类型的光媒质上提供传输功能，同时实现对光放大器或中继器的检测和控制功能等。光传输段开销处理用来确保光传输段适配信息的完整性，整个光传输网由最下面的物理媒质层所支持。

（2）OMS

光复用段层负责保证相邻两个波长复用传输设备间多波长复用光信号的完整传输，为多波长信号提供网络功能。包括：为灵活的多波长网络选路重新安排光复用段功能；为保证多波长光复用段适配信息的完整性处理光复用段开销；为网络的运行和维护提供光复用段的检测和管理功能。波长复用器和交叉连接器工作在光复用段层。

（3）OCH

光通道层负责为各种不同格式或类型的客户信息选择路由、分配波长和安排光通道连接，处理光通道开销，提供光通道层的检测、管理功能。并在故障发生时，通过重新选路或直接把工作业务切换到预定的保护路由来实现保护倒换和网络恢复。端到端的光通道连接由光通道层负责完成。

（4）客户层

客户层不是光网络的组成部分，但 OTN 光层作为能够支持多种业务格式的服务平台，能支持多种客户层网络，包括 IP、以太网、ATM、SONET/SDH 等。

简而言之，光传送网的 OCH 层为各种数字客户信号提供接口，为透明地传送这些客户信号提供点到点的、以光通道为基础的组网功能。OMS 层为经波分复用的多波长信号提供组网功能。OTS 层经光接口与传输媒质相连接，提供在光介质上传输光信号的功能。光传送网的这些相邻层之间形成所谓的客户/服务者关系，每一层网络为相邻上一层网络提供传送服务，同时又使用相邻的下一层网络所提供的传送服务。

因此，从技术本质上而言，OTN 技术对已有的 SDH 和 WDM 的传统优势进行了更为有效的继承和组合，同时扩展了与业务传送需求相适应的组网功能，而从设备类型上来看，OTN 设备相当于 SDH 和 WDM 设备融合为一种设备，同时扩展了原有设备类型的优势功能。

传统的 WDM 技术一般局限于光纤线路传输技术，且基于点到点结构。随着光交换技术、光交叉连接技术的发展，光节点技术即光分插复用器（OADM）、光交叉连接器（OXC）及光分组技术屡获突破，DWDM 传输技术也已经经历了几个发展阶段，基于 DWDM + 智能光节点技术的 OTN 最具发展前景。

思考题

6.1 简述本地传输网的分层结构。

6.2 简要比较 SDH 网元的 TM、ADM、REG 功能及其应用场合。

6.3 以四节点网络为例，简述二纤单向通道倒换环和二纤双向复用段倒换环的自愈原理。

6.4 简述同步设备定时源（SETS）的工作方式及其应用场合。

6.5 简述 SDH 网管 SMN 的分层结构和各层完成的主要功能。

6.6 简要比较 SDH 与基于 SDH 技术的 MSTP。

6.7 简要说明基于 SDH 技术的 MSTP 所能提供的光接口和电接口类型。

6.8 ASON 包括哪些功能层面？

6.9 简要说明 ASON 功能层面的接口。

6.10 ASON 包括哪些连接类型？

6.11 简要说明 ASON 各平面的功能。

6.12 简述 DWDM 的工作方式。

6.13 简述 EDFA 的应用方式。

6.14 简述 OSC 带外监控信号与主信道隔离的方法。

6.15 简述 OTN 的分层结构。

第 7 章　光缆线路系统设计

　　本章主要介绍涉及光缆线路和中继管道设计方面的一些重要问题。其中，光缆线路设计包含的内容有：中继段距离计算，光纤、光缆的选择，光缆线路的层次规划、路由选择和建设方式，光缆的接续、预留和防护等；中继管道设计包含的内容有：中继管道的容量、路由及埋深设计等。

7.1　光缆线路设计

7.1.1　光纤的色散与损耗

　　光纤的色散和损耗是限制光纤通信系统无中继传输距离的两个重要因素。

7.1.1.1　光纤的色散

　　光信号在光纤中传输时，其幅度会因损耗而不断减小，波形亦会发生愈来愈大的失真，脉宽展宽，从而限制了光纤的最高信息传输速率，这是由光纤的色散引起的。色散是指不同频率的电磁波以不同的相速度和群速度在介质中传播的物理现象。色散导致光脉冲在传播过程中展宽，致使前后脉冲相互重叠，引起数字信号的码间串扰。在光纤传输理论中将色散分为模式色散和波长色散。

　　（1）模式色散

　　在多模光纤中，光信号耦合进光纤以后，会激励起多个导波模式。这些模式有不同的相位常数和传播速度，从而导致光脉冲的展宽。这种脉冲展宽与波长色散不同，它与光源的谱宽无关。这种与光源谱宽无关，仅由传播模式间相位常数的差异导致的色散效应，称为模式色散或模间色散。

　　如果将不同的导波模式理解为不同的传播路径，则可以认为不同的导波模式从始端到终端走过不同的路程，从而导致光脉冲展宽，所以又可以将模式色散称为多径色散。在多模光纤中，模式色散是起决定性作用的，它最终限制了光纤的传输带宽和中继距离，人们常用比特距离积来衡量多模光纤的传输容量。

　　（2）波长色散

　　单模光纤中不存在模间色散，但存在波长色散。由于光源发出的光脉冲不可能是单色光（而且光波上调制的信号存在一定的带宽），这些不同波长或频率成分的光信号在光纤中传播时，由于速度不同引起的光脉冲的展宽现象，称为波长色散。

　　根据波长色散的产生机理，又可以将波长色散分为材料色散和波导色散等。

　　（3）色散补偿

　　色散对通信尤其是高比特率通信系统的传输有不利的影响，可通过一定的措施来设法降低或补偿，如采用色散补偿光纤（Dispersion Compensation Fiber, DCF）或色散补偿器（如光纤光栅）等。

7.1.1.2　光纤的损耗

　　（1）光纤的损耗

　　光波在光纤中传输一段距离后能量会衰减，这就是光纤的损耗。光纤的损耗限制了光纤的最大无中继传输距离。

光纤材料的吸收损耗包括紫外吸收、红外吸收和杂质吸收等。红外吸收形成了石英光纤工作波长的上限；紫外吸收随波长减小而逐渐变大；而杂质吸收典型的是 OH^{-1} 吸收峰。

散射损耗中典型的如瑞利散射，其大小与光波长的四次方成反比，因而对短波长窗口的影响较大。

辐射损耗如光纤的弯曲损耗、微弯损耗等。

（2）光纤的可用频谱

根据光纤的光功率损耗，同时考虑到光源、光检测器和包括光纤在内的光器件的使用，目前光纤应用的光谱范围如表 7.1 所示。光纤的第一低损耗窗口位于 0.85 μm 附近，第二低损耗窗口位于 1.30 μm 附近（S 波段），第三低损耗窗口位于 1.55 μm 附近（C 波段）；将 1561～1620 nm 段定义为 L 波段或第四窗口，将 1350～1450 nm 段定义为第五窗口。习惯上将 1528～1545 nm 段称为蓝波段，将 1350～1450 nm 段称为红波段。

表 7.1　目前光纤采用的低损耗光谱

窗口	标记	波长范围（nm）	光纤类型	应用
第一		820～900	多模光纤	LAN
第二	S	1280～1350	单模光纤	单波长
第三	C	1528～1565	单模光纤	WAN
第四	L	1561～1620	单模光纤	WAN
第五		1350～1450	单模光纤	MAN、WAN
		1450～1528	单模光纤	WAN

7.1.2　光纤类型的选择

为适应不同的光传输系统，人们研发了多种类型的光纤。下面对几种常见光纤的特性及使用环境进行简要的介绍。

7.1.2.1　G.652 光纤

G.652 光纤属于常规型单模光纤（Single Mode Fiber, SMF），其零色散波长在 1310 nm 附近，最低损耗在 1550 nm 附近，1310 nm 典型衰耗值为 0.34 dB/km，1550 nm 波长上正色散值为 17 ps/（nm·km）。

G.652 光纤是目前城域网使用得最多的光纤，它有两个应用窗口：1310 nm 和 1550 nm，对于短距离的单波长 MSTP/SDH 系统，设备光接口一般使用 1310 nm 波长，而在长距离无中继环境传输下通常使用 1550 nm 波长。G.652 光纤可采用两波长（1310 nm 和 1550 nm）波分复用系统用于 PON 系统，解决城域网的边缘接入层应用，可以减少配线层及其以上层面光纤资源的消耗。另外，在短距离并适当运用色散补偿技术的情况下，G.652 光纤也可用于波长信道数不多的 CWDM 系统，用于解决城域网的核心汇聚层传输。

7.1.2.2　G.653 光纤

G.653 光纤又称为色散位移光纤（Dispersion Shifted Fiber, DSF）。相对于 G.652 光纤，G.653 光纤通过改变折射率的分布，将 1310 nm 附近的零色散点位移到 1550 nm 附近，从而使光纤的低损耗窗口与零色散窗口重合。这类光纤是最佳的单波长远距离传输光纤。

G.653 光纤在 1550 nm 附近的色散系数极小，趋近于零，用于 DWDM 系统时，四波混频（FWM）效应非常显著，会产生非常严重的干扰。因此 G.653 光纤不适合用于 DWDM 系统。

7.1.2.3　G.655 光纤

G.655 光纤又称为非零色散位移光纤（Non-Zero Dispersion-Shifted Fiber, NZDSF），G.655 在 1550 nm 窗口保留了一定的色散，使得光纤同时具有了较小色散和最小衰减。G.655 光纤在 1530～1565 nm 之间的典型参数为：衰减 < 0.25 dB/km，色散系数在 1～6 ps/（nm·km）之间，由于 G.655 光纤非零色散的特性，能够避免四波混频的影响，适用于 DWDM 系统。

G.655 光纤的工作区色散可以为正，也可以为负。当零色散点位于短波长区时，工作区色散为正，当零色散点位于长波长区时，工作区色散为负。

近年来，为了解决光纤中的非线性问题，又研制成功了所谓的大有效面积光纤（Large Effective Area Fiber, LEAF）。这种光纤也属于 G.655 光纤，只不过它的有效面积明显大于普通的 G.655 光纤。在相同输入功率条件下，大有效面积光纤中的光强要小得多，从而有效地抑制了非线性效应。

7.1.2.4　色散平坦型光纤

这种单模光纤有两个零色散波长，分别位于 1.3 μm 和 1.6 μm 附近。这样，可以实现在 1.3～1.6 μm 波长范围内总色散都很小，而且色散斜率也很小。实现色散平坦的手段是使波导色散曲线具有更大的斜率，或其负色散值随波长变化更陡，使得在 1.3～1.6 μm 波长范围内波导色散与材料色散都可较好地抵消。几种光纤的色散系数曲线如图 7.1 所示。

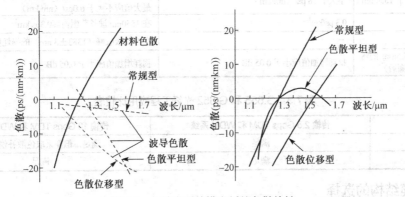

图 7.1　几种类型单模光纤的色散特性

G.652 光纤是本地传输网中使用最为广泛的光纤类型。同时对于大型本地网，在构建本地核心汇聚层时，为了减少管孔、光缆和设备的综合造价，也可以考虑使用 G.655 光纤。G.652 光纤和 G.655 光纤在技术性能上均可适用于本地传输网，两种光纤的主要参数见表 7.2。

从表 7.2 中的参数可以看出，两种光纤的衰减系数并没有太大的差异，G.652 光纤的色散系数在 1550 nm 波长为 15～20 ps/（nm·km），当传输 10 Gbps 的 TDM 和 WDM 系统时，为了增加中继距离，需要考虑介入具有负色散系数的光纤进行色散补偿。G.655 光纤在 1530～1560 nm 波长区的色散通常为 1.0～6 ps/(nm·km)，传输相同的 10 Gbps 系统时，因色散很低，无须采取色散补偿措施。目前 G.655 光纤的价格较高，其市场价格约为 G.652 光纤的 2～2.5 倍。两种光纤的工程应用见表 7.3。

由表 7.3 比较可知，对于传输 2.5 Gbps 的 TDM 和 WDM 系统，两种光纤均能满足传输要求。对于传输 10 Gbps 的 TDM 和 WDM 系统，G.652 光纤需采取色散补偿措施，G.655 光纤不需要频繁采取色散补偿措施，但光纤价格偏高。

在本地传输网中继距离较短，将来计划采用 10 Gbps 或基于 10 Gbps WDM 的技术时，一般也不需要色散补偿；即使距离很长，也不需要大规模的色散补偿，采用 G.652 光纤的高速率系统的成本，一般低于 G.655 光纤上的系统。当然，若计划使用波分复用系统构建本地网的核心汇聚层，例如先期使用粗波分复用 CWDM 系统，在核心层线路规划中使用 G.655 光纤仍然是经济的选择。当然，在长途应用中 G.655 光纤具有绝对的优势。

表 7.2　G.652 和 G.655 光纤的主要技术参数表

参　　数		指　　标	
		G.652 光纤	G.655 光纤
模场直径	标称值	8.8～9.5 μm 之间取一定值	8.8～11 μm 之间取一定值
	偏差	不超过±0.5 μm	不超过取定值的±0.6 μm
包层直径	标称值	125μm	125 μm
	偏差	不超过±1.0 μm	不超过±1.0 μm
模场同心度偏差		不超过 0.5 μm	
纤/包层同心偏差		—	不超过 0.8 μm
包层不圆度		小于 2%	小于 1%
截止波长		$\lambda_{cc}\leqslant 1260$ nm	$\lambda_{cc}\leqslant 1260$ nm
光纤损耗系数	1310 nm	最大值为 0.36 dB/km	
	1550 nm	最大值为 0.25 dB/km	最大值为 0.26 dB/km
光纤色散	1310 nm	1300～1339 nm 范围内不大于 3.5ps/（nm·km）；1271～1360 nm 范围内不大于 5.3ps/（nm·km）；	不大于 16 ps/（nm·km）
	1550 nm	不大于 18 ps/（nm·km）	1530～1565 nm 范围内，最小值应不小于 1.0 ps/（nm·km），最大值应不大于 6.0ps/（nm·km）
偏振模色散系数		0.3 ps/km$^{1/2}$	在 1550nm 波长范围内≤0.3ps/km$^{1/2}$
水峰的损耗值		—	在 OH-吸收峰（1383±3 nm）的损耗值≤1.0 dB/km
弯曲特性（以 37.5mm 的弯曲半径松绕 100 圈后）		损耗增加值应小于 0.05 dB	损耗增加值应小于 0.05 dB

表 7.3　G.655 和 G.652 光纤工程应用比较表

光纤类型	传输 2.5 Gbps TDM 和 WDM 系统	传输 10 Gbps TDM 和 WDM 系统
G.652	满足	满足，但需采取色散补偿措施
G.655	满足	满足

7.1.3　光缆结构的选择

7.1.3.1　光缆的结构

为了满足光缆的性能要求，必须合理地设计光缆的结构。光缆的结构可分为缆芯、加强元件和护层三大部分。

缆芯是光缆结构中的主体，其作用主要是妥善地安置光纤的位置，使光纤在各种外力影响下仍能保持优良的传输性能。多芯光缆还要对光纤进行着色以便于识别。另外，为防止气体和潮气浸入，光纤中应具有各种防潮层并填充油膏。

加强元件有两种结构方式：一种是放在光缆中心的中心加强件方式，另一种是放在护层中的外层加强方式。对加强元件的要求是具有高杨氏模量、高弹性范围、高比强度（强度和比重之比）、低线膨胀系数、优良的抗腐蚀性和一定的柔软性。加强件一般采用钢丝、钢绞线或钢管等，而在强电磁干扰环境和雷区中则使用高强度的非金属材料玻璃丝和凯夫拉尔纤维。

光纤护层同电缆护层一样，是由护套等构成的多层组合体。护层一般分为填充层、内护套、防水层、缓冲层、铠装层和外护套等。

（1）填充层是由聚氯乙烯（Polyvinyl Chloride, PVC）等组成的填充物，起固定各单元位置的作用。

（2）内护套是置于缆芯外的聚酯带，一方面将缆芯扎成一整体，另一方面也可起隔热和缓冲的作用。

（3）防水层用在海底光缆中，由密封的铝管等构成。

（4）缓冲层用于保护缆芯免受径向压力，常采用尼龙带沿轴向螺旋式绕包缆芯的方式。

（5）铠装层是在直埋光缆中为免受径向压力而在光缆外加装的金属护套。

（6）外护套是利用挤塑的方法将塑料挤铸在光缆外面，常用材料有 PVC、聚乙烯等。

7.1.3.2　常用光缆的典型结构

根据缆芯结构，光缆可分为层绞式、骨架式、带状式和束管式四大类，图 7.2 为各类光缆的典型结构示意图。

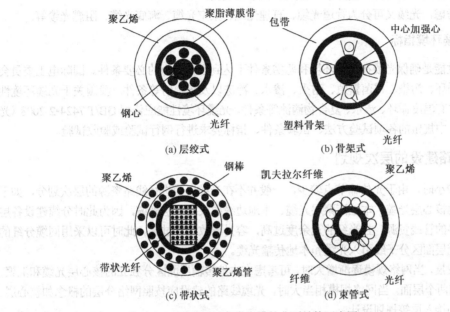

图 7.2　各类光缆的典型结构示意图

层绞式光缆结构与一般的电缆结构相似，能用普通的电缆制造设备和加工工艺来制造，工艺比较简单，也较成熟。这种结构由中心加强件承受张力，而光纤环绕在中心加强件周围，以一定的节距绞合成缆，光纤与光纤之间排列紧密。当光纤数较多时，则先用这种结构制成光纤束单元，再把这些单元绞合成缆，这样可制得高密度的多芯光缆。由于光纤在缆中是"不自由"的，当光缆受压时，光纤在护层与中心加强件之间没有活动余地，层绞式光线的抗侧压性能较差，属于紧结构光缆，通常采用松套光纤以减小光纤的应变。层绞式光缆机械、环境性能好，其中光纤余长易控制，其施工和维护抢修方便；适用于直埋（增加铠装层）、管道和架空。

骨架式结构是在中心加强件的外面制作一个带螺旋槽的聚乙烯骨架，在槽内放置光纤并充以油膏，光纤可以自由移动，并由骨架来承受轴向拉力和侧向压力，因此骨架式结构光纤具有优良的机械性能和抗冲击性能，而且成缆时引起的微弯损耗也小，属于松结构光缆。其缺点是加工工艺复杂，生产精度要求较高。骨架式光缆对光纤具有良好的保护性能，侧压强度好；结构紧凑、缆径小，适合管道敷设。

带状光纤是一种高密度结构的光纤组合。首先将一定数目的光纤排列成行制成光纤带，然后把若干条光纤带按一定的方式排列扭绞而成。其特点是空间利用效率高，光纤易处理和识别，可以做到多纤一次快速接续。缺点是制造工艺复杂，光纤带在扭绞成缆时容易产生微弯损耗。由于带状式光缆芯数很大，且接续衰耗也较大，所以只适用于接入网、局间中继等情况下。另外，带状光缆需要专门的安装和维护工具，建议在本地传输网层面尽量不采用带状光缆，在光纤到户、光纤到大楼等用户光纤接入层可以考虑使用。

束管式光缆的特点是中心无加强元件，缆芯为一充油管，一次涂覆的光纤悬浮在油中。加强件置于管外，既能做加强用，又可作为机械保护层。由于构成缆芯的束管是一个空腔，所以又称为空腔式光缆。由于束管式光缆中心无任何导体，所以可以解决与金属护层之间的耐压问题和电磁脉冲的影响问题。这种结构光缆因为无中心加强件，所以缆芯可以做得很细，减小了光缆的外径，减轻了质量，降低了成本，而且抗弯曲性能和纵向密封性较好，制作工艺较简单。束管式光缆结构简单，但对光纤的保护性能好，耐侧压；质量轻，截面小，特别适合架空敷设。

从应用角度考虑，光缆又可分为管道光缆、直埋光缆、架空光缆、海底光缆、阻燃光缆等。

7.1.3.3　光缆环境指标

光缆的环境性能是确保光缆在正常环境和恶劣条件下达到设计能力的必要条件。国际电工委员会提出了诸如温度循环、污染、霉菌繁殖、耐火、渗水、冷冻以及核辐射等条件。我国关于光缆环境性能的试验方法表中有温度循环、渗水、复合物滴流等条件。光缆环境性能应依据 GB/T 7424·2-2008《光缆基本试验方法》中规定的各项试验方法、试验条件、指标要求进行例行试验或验收试验。

7.1.4　光缆线路建设的层次规划

当网络规模较小时，由于光传输节点较少，一般并不在光缆层面进行线路资源的层次划分，如干线引入光缆、本地核心层光缆、本地汇聚层光缆、本地边缘层或接入层光缆，因为此时分缆建设各层面的光缆浪费很多的管线资源，且光纤的冗余度过高，容易导致造价过高。此时可以采用同缆分纤的方式，或者在光缆层面区分干线引入光缆和本地传输光缆。

随着业务的发展，当网络规模逐渐增大时，可考虑在本地传输层面区分独立的核心层光缆和汇聚、边缘、接入层光缆两个层面。当网络规模相当大时，光缆线路的建设应按照网络分层的概念如核心层、汇聚层、边缘层和接入层等规划设计。

大城市城区核心层光纤芯数考虑在 48～96 芯或以上；中小城市核心层、大中城市汇聚层光纤芯数考虑在 36～48 芯之间；城市城区边缘层光缆芯数考虑 24 芯以上；郊区和野外光缆芯数考虑 8～24 芯；用户接入层面可以根据需要采用光缆。

对于中等规模的网络，可以将核心光缆与汇聚层、边缘层、接入层光缆分开使用，或者业务密集区域采用大芯数光缆，业务稀疏地方采用小芯数光缆。总之，应根据具体情况区别对待。

在同缆分纤的问题上，在具备条件的情况下，可考虑核心层不与其他层面的光缆混合；为了节约成本，汇聚层和边缘层、接入层光缆可以考虑采用同缆分纤的方式，但应规划好光纤的使用计划，如汇聚层的纤芯在边缘层、接入层局站考虑尽量不要采用活接头连接的方式，而是采用熔接方式，因为在系统中活接头太多，一方面光纤衰减比较大，另一方面故障点增多，光纤故障难以定位。

一般来讲，由于干线光缆的中继或光放段传输距离比较长，本地网的传输距离比较短，因此干线系统和本地网系统的光纤宜尽量分缆，如果分缆有困难，一级干线原则不应和本地网同缆使用，部分段落二级干线光缆和本地网核心层、汇聚层光缆可以采用同缆分纤的方式建设，同缆分纤应充分做好光缆纤芯分配使用的管理。同缆分纤可以采用分歧光缆接头盒的方式，光纤熔接时损耗比较小；对一些光纤调度比较频繁的地方，可以采用光缆交接箱的方式，但它的接头损耗比较大。

对于多运营商联合建设的情况，可以考虑分管孔、分子管、分光缆、分纤芯、租赁等各种方式，视业务需要灵活应用。

7.1.5　光缆线路路由选择

7.1.5.1　长途干线光缆线路路由选择

长途干线光缆线路路由选择应遵循以下原则：

（1）光缆线路路由方案的选择，必须以工程设计任务书和光缆通信网络的规划为依据。

（2）光缆线路路由应进行多方案比较，确保线路的安全可靠、经济合理以及便于维护和施工。

（3）光缆线路路由应充分考虑现有地形、地物、建筑设施以及有关部门发展规划等因素的影响。

（4）光缆线路路由应选择在地质稳固、地势较平坦的地段，尽量选择短捷的路由。

（5）光缆线路路由一般应避开干线铁路、机场、车站、码头等重要设施，且不应靠近重大军事目标。

（6）光缆线路应沿公路或可通行机动车辆的大路，但应顺路取直并避开公路用地、路旁设施、绿化带和规划改道地段，距公路距离不小于 50 m。

（7）光缆线路穿越河流时，应优先考虑利用稳固的桥梁敷设光缆，其次选择符合敷设水底光缆要求的地段，并应兼顾大的路由走向，不宜偏离过远。

（8）光缆线路不宜穿越城镇，尽量少穿越村庄。

（9）光缆线路不宜通过森林、果园、茶园、苗圃及其他经济林场。

（10）光缆线路通过水库时，光缆线路路由应选在水库的上游。

（11）光缆线路不宜穿越大的工业基地、矿区等地带，必须通过时，应考虑地层沉陷对线路安全的影响，并采取相应的保护措施。

（12）光缆线路尽量减少与其他管线交越，必须穿越时应在管线下方 0.5 m 以下加钢管保护；当敷设管线埋深大于 2 m 时，光缆也可以从其上方适当位置通过，交越处应加钢管保护。

（13）光缆线路不宜选择在存在鼠害、腐蚀和雷击的地段，不能避开时应考虑采取保护措施。

（14）光缆线路应综合考虑是否可以利用已有管道。

7.1.5.2　中继光缆线路和进局（站）光缆线路路由选择

中继光缆线路和进局（站）光缆线路路由选择应遵循以下原则：

（1）干线光缆通信系统的转接、分路站与市内长途局之间的中继光缆线路路由，可参照长途干线光缆线路的要求选择。市区内的光缆线路路由，应与当地城建、电信等有关部门协商确定。

（2）中继光缆线路一般不宜采用架空方式。远郊的光缆线路宜采用直埋式，但如果经过技术经济比较而选用管道式结构光缆穿放在硬质塑料管道中有利时，或在原路由上有计划增设光缆时，为了避免重复挖沟覆土，也可以采用备用管孔的形式。在市区，应结合城市和电信管线规划来确定采用直埋或是管道敷设，采用直埋敷设时应加强光缆防机械损伤的保护措施。

（3）光缆在本地传输网管道中敷设时，应满足光缆的弯曲半径和接头位置的要求，并应在管孔中加设子管，以便容纳更多的光缆。如需新建管道，其路由选择应与城建和电信管线网的发展规划相配合。

（4）引入有人中继站、分路站、转接站和终端局站的进局（站）光缆线路，宜通过局（站）前人孔进入进线室。局（站）前人孔与进线室间的光缆，可根据具体情况采用隧道、地沟、水泥管道、钢管、硬塑料管等敷设方式。

7.1.6　中继站站址选择原则

局/站应选用地上型建筑方式。当环境安全和设备工作条件有特殊要求时，局/站机房也可选用地下或半地下结构建筑方式。新建、购买或租用局/站机房，其承重、消防、高度、面积、地平、机房环境等指标均应符合 YD 5003-2014《通信建筑工程设计规范》和其他相关技术标准。

7.1.6.1　有人中继站址的选定

有人中继站站址的选定有以下 6 条原则：

（1）有人中继站的设置应根据网路规划、分转电路的需要，并结合传输系统的技术要求设定。

（2）有人中继站站址宜设置在县及县以下城镇附近，宜选择在通信业务上有需求的城市。

（3）有人中继站站址应尽量靠近长途线路路由的走向，便于进出光缆。

（4）有人中继站与该城市的其他通信局（站）是否设计在一起，或中继连通，应按设计任务书的要求考虑。

（5）有人中继站站址应选择在地质稳定、坚实，有水源和电源，且具有一定交通运输条件，生活比较方便的地方。

（6）有人中继站站址应避开外界电磁影响严重的地方、地震区、洪水威胁区、低洼沼泽区和雷击区等自然条件不利的地方和对维护人员健康有危害的地区。

7.1.6.2　无人站站址选定

无人中继站的设置，应根据光纤的传输特性要求来确定。地下无人中继站站址应在光缆线路路由的走向上，允许在其两侧稍有偏离。无人站站址的选定应遵循以下原则：

（1）土质稳定、地势较高或地下水位较低，适宜建筑无人中继站站址的地方。

（2）交通方便，有利于维护和施工。

（3）避开有塌方危险、地面下沉、流沙、低洼和水淹的地点。

（4）便于地线安装，避开电厂、变电站、高压杆塔和其他防雷接地装置。

7.1.6.3　巡房设置地点

巡房设置地点的选择应遵循以下 3 条原则：

（1）巡房设置地点应根据光缆通信系统的配置和维护方式决定。

（2）巡房宜设在有（无）人中继站所在地，特别是以太阳能或其他本地电源为供电电源的无人站，巡房应与无人站建筑在一起。

（3）巡房设置的地点，应兼顾生活方便。单独设置的巡房离无人站的站址不易过远，一般要求巡房至无人站的业务通信联络线路长度不超过 500 m。

7.1.7　光缆线路的建设方式

光缆线路的敷设方式一般可分为架空、埋式以及其他特殊敷设方式等，埋式分为直埋和管道，其中管道又分为普通管道和长途专用管道。目前，长途光缆线路主要采用管道敷设方式，包括塑料长途管道、普通水泥管道以及高密度聚乙烯硅芯管（HDPE）等。综合考虑投资的经济性及光缆线路敷设的地形、地势及其他人为因素的影响也可采用架空方式，但由于近年来一些新型管材及施工工艺的出现，管道敷设成本迅速降低，大段落光缆线路已不建议采用直埋或架空敷设方式。

本书仅讨论应用较多的管道光缆、架空光缆、直埋光缆的设计，对于海底光缆、水底光缆、ADSS 光缆等特殊场合的应用，读者可参阅有关资料。

7.1.7.1　管道光缆

（1）通常管道光缆不直接在大孔（一般为塑料管孔或水泥管孔，目前塑料管孔比较常用）中穿放，而先在大孔中敷设数根（如 3、4、5 根等）分色的塑料子管，同一路由上子管配色尽量一致。塑料子管的数量应按照管孔的大小和工程需要确定，一般数根子管的总等效外径不超过大孔内径的 85%。管道光缆一般敷设在子管内，一般取光缆外径为子管内径的 70%，或子管内径为光缆外径的 1.2～1.5 倍。图 7.3 为管道大孔、子管、管道光缆的示意图。

（2）管道光缆的敷设可采用机械或人工方式。为了施工、维护和检修方便，光缆在制造过程中在外护套上标注了光缆的皮长，光缆施工时 A、B 端别应一致，以便于维护和检修。

（3）管道光缆敷设中在选用管孔和子管时，占用管孔位置应按靠近管孔群两侧并由上至下进行选用；同一条光缆在各相邻管道段所占用的管孔位置不宜改变，每条光缆一般单独占用一个子管管孔，且子管色标一致。

（4）为维护和后期扩容方便，光缆在拐弯、主干交叉路口、局房、一定中继位置等部位可考虑做适当预留，预留长度可参照表 7.4。

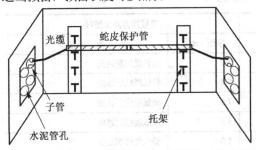

图 7.3　管道光缆、子管示意图

（光缆、蛇皮保护管、子管、托架、水泥管孔）

表 7.4　管道光缆预留

项目	预留长度(m)
接头处重叠长度（一般不小于）	8～10
人（手）孔内弯曲增长	0.5～1
接头及引上处	6～10
局内预留（或局前井）	15～25
经过桥梁并在其两头建手孔	20～50

（5）在条件允许的情况下，进局光缆可以引入大楼走线井（弱电井），与大楼通信电缆一起引上。无弱电井时，在从局前井引入机房，光缆不得外露，应采用弯管、镀锌钢管、PVC 管、塑料子管等各种防护材料进行保护。

7.1.7.2　架空光缆

（1）架空光缆杆路的路由选定

架空光缆杆路的路由选定应符合下列要求：

① 杆路应以现有地形、地物、建筑设施和既定的建设规划为依据，尽量选择在不受损害及移动可能性较小的地区。

② 杆路路由应尽量选取最短捷的直线路径，减少角杆，特别是减少不必要的迂回和"S"弯，以增加杆路的稳定性，并便利施工和维护工作。

③ 杆路路由应尽量选取较为平坦的地段，尽量少跨越河流和铁路，避免通过人烟稠密的村镇，不宜往返穿越铁路、公路和强电线路，尽量减少长档杆建筑。

④ 杆路路由应尽量沿靠公路线，不宜选择在以下处所：

a. 洪水冲淹区、低洼易涝区、沼泽、盐湖和淤泥地带，以及严重化学腐蚀地区。

b. 森林、经济林、崇山峻岭、大风口、易燃易爆地区。

c. 水库及计划修建水库的水库、采矿区。

（2）杆位和杆高

架空光缆杆位和杆高的选定应符合下列要求：

① 杆位应选择在土质比较坚实的地点，使土壤能够承受电杆的垂直压力和侧向压力，以保证电杆不致由于土壤过于松软而下沉或倾倒；电杆周围的土壤，不应有坍塌或雨水冲刷现象。

② 如果按照标准杆距测定杆位遇到立杆不够稳定的地点时，一般应把杆位适当前移或后移，放在比较稳固的地方，但移动后的杆距不应超过允许偏差的范围。如果杆距较大，达到长档杆的范围，需要按照长档杆方式处理。

③ 选定杆位时，还应考虑维护人员容易到达及施工时容易运料，立杆、架线等不致有很大困难。避免在陡岩边、没有桥梁的河对岸或其他施工、维护不便的地点立杆。

④ 选择角杆、终端杆或需装设拉线的杆位时，应同时选择好拉线或撑杆的埋设位置，以保证拉线或撑位的稳定性。线路转角角度较大的地点，应考虑分设两个角杆，以减少角杆的受力，增强杆线的稳定性。

⑤ 杆路如沿途有其他运营商的杆路时，本工程新建的杆路一般处在他们的杆路外侧满足倒杆距离（倒杆距离一般为杆长的4/3）。

⑥ 架空光缆架设高度如表7.5所示。

表 7.5　架空光缆架设光高度表

名称		与线路方向平行时		与线路方向交越时	
		净距（m）	备　注	净距（m）	备　注
市区街道		4.5	最低缆线到地面	5.5	最低缆线到地面
市区里弄（胡同）		4.0	最低缆线到地面	5.0	最低缆线到地面
铁路		3.0	最低缆线到地面	7.5	最低缆线到轨面
公路		3.0	最低缆线到地面	5.5	最低缆线到路面
土路		3.0	最低缆线到地面	5.0	最低缆线到地面
房屋建筑				距脊 0.6 距顶 1.5	最低缆线到屋脊或房屋平顶
河流				1.0	最低缆线距最高水位时的船桅杆顶
市区树木				1.5	最低缆线到树枝顶的垂直距离
郊区树木				1.5	最低缆线到树枝顶的垂直距离
其他通信线路				0.6	一方最低缆线到另一方最高缆线
与同杆已有缆线间隔		0.4	缆线到缆线		
电力线（有防雷保护设备）	1 kV 以下			1.25	一方最低缆线到另一方最高缆线
	1~10 kV			2.0	一般电力线在上，光缆在下
	35~110 kV			3.0	必须电力线在上，光缆在下
	110~220 kV			4.0	必须电力线在上，光缆在下
	220~330 kV			5.0	必须电力线在上，光缆在下
	330~500 kV			8.5	必须电力线在上，光缆在下
供电接户线（带绝缘层）				0.6	最高线条到供电线线条
霓虹灯及其铁架、电力变压器				1.6	最高线条到供电线线条
电车滑接线				1.25	最高线条到供电线线条
备注		1.供电线为被覆线时，光缆也可在供电线上方交越； 2.光缆必须在上方交越时，跨越档两侧电杆及吊线安装应做加强保护装置； 3.通信线应架设在电力线路的下方位置，应架设在电车滑接线的上方位置； 4.当发现通信线路不能满足与电力线垂直净距和距地面高度要求时，必须变更为在电力线交越处做终端采用底下通过方式，以保证人身及设备安全。			

（3）间距要求

架空光缆线路与其他建筑设施的间距要求如表7.6所示。

（4）杆档要求

架空光缆杆档的确定应符合下列要求：市区：35～45 m；郊区：50～55 m，郊区外视气象负荷区而异。

表 7.6　架空光缆与其他建筑、树木间最小垂直净距

设施名称	最小净距（m）	备　　注
消防栓	1.0	指消防栓与电杆距离
地下管、缆线	0.5～1.0	包括通信管、缆线与电杆间的距离
火车铁轨	地面杆高的 4/3	
人行道边石	0.5	
地面上已有其他杆路	其他杆高的 4/3	以较长杆高为基准
市区树木	0.5	缆线到树干的水平距离
郊区树木	2.0	缆线到树干的水平距离
房屋建筑	2.0	缆线到房屋建筑的水平距离
备注	在地域狭窄地段，拟建架空光缆与已有架空线路平行敷设时，若间距不能满足以上要求，可以杆路共享或改用其他方式敷设光缆线路，并满足隔距要求。	

（5）埋深要求

架空光缆电杆的最小埋深应符合下列要求：6 m 杆普通土埋深 1.2 m，坚石埋深 1.0 m；7 m 杆普通土埋深 1.4 m，坚石埋深 1.1 m；8 m 杆普通土埋深 1.6 m，坚石埋深 1.2 m；9 m 杆普通土埋深 1.8 m，坚石 1.3 m；10 m 杆普通土埋深 1.8 m，坚石 1.3 m；12 m 杆普通土埋深 1.9 m，坚石 1.4 m。

（6）接地保护

架空光缆的接地保护的具体要求为：为保护架空线路设备和维护人员免受强电或雷击危害和干扰影响，架空光缆应在终端杆、角杆，在市外每隔约 10～15 根电杆上进行接地。吊线和杆路的接地设计中接地电阻指标分别满足表 7.7、表 7.8 的要求。

表 7.7　吊线接地

土壤电阻率 ρ（Ω·m）	100 及以下	101～300	301～500	500 以上
接地电阻（Ω）	20	30	35	45

表 7.8　电杆接地

性质	≤100 黑土、泥炭、黄土、砂质黏土	101～300 夹砂土	301～500 砂土	≥501 石质土壤
一般电杆的避雷接地	≤80	≤100	≤150	≤200
终端杆、H 杆		≤100		
与高压电力线交越处两侧电杆		≤25		

7.1.7.3　直埋光缆

（1）直埋光缆路由应选择安全稳定的路由，避免不稳定地带；尽量沿靠主要公路，顺路取直，以便于施工和维护。路由选择应避免地下水位较高的地段，或常年有积水的地方，也应避免在今后有可能建设房屋、道路或常有挖掘施工的地段敷设，以免今后对直埋光缆造成危害。

对于造价相对较低、可靠性要求较高，或者由于土质、城建规划等方面的要求，可以全程或部分路段加 PVC 管、硅管、红砖、保护瓦等方式保护，可根据具体情况拟定。

（2）为有效保护光缆，确保光缆安全，光缆埋深应满足表 7.9 的要求。

（3）直埋光缆在不同地段应采取相应的防护措施：

① 直埋光缆穿越铁路和采用顶管穿越公路的地点时，需采用无缝钢管或对边焊接镀锌钢管对其进行防机械损伤的保护。

表 7.9 直埋光缆埋深要求

敷设地段或土质	埋深（m）	备注
普通土（硬土）	≥1.2	
半石质（沙砾土、风化石）	≥1.0	
全石质	≥0.8	从沟底加垫 10 cm 细土或沙土上面算起
流沙	≥0.8	
市郊、村镇	≥1.2	
市内人行道	≥1.0	
穿越铁路、公路	≥1.2	距路基面或路面基底
沟、渠、塘	≥1.2	
农田排水沟（1 m 宽以内）	≥0.8	

② 光缆穿越碎石或简易公路，采用 PVC 管直埋通过。

③ 光缆穿越高坎、梯田采用石坎护坡保护。

④ 直埋光缆与其他地下管线和建筑物的最小净距应符合表 7.10 的要求。

表 7.10 直埋光缆与其他地下管线和建筑物的最小净距要求

建筑设施名称		最小净距（m）	
		平行时	交越时
通信管道边线（不包括人孔）		0.75	0.25
非同沟直埋通信光（电）缆		0.5	0.25
直埋电力电缆	35 kV 以下	0.5	0.5
	35 kV 以上	2.0	0.5
架空线杆及拉线		1.5	
给水管	管径小于 30 cm	0.5	0.5
	管径为 30~50 cm	1.0	0.5
	管径 50 cm 以上	1.5	0.5
高压石油、天燃气管		10.0	0.5
热力管、排水管		1.0	0.5
热力管、下水管		1.0	0.5
排水沟		0.8	0.5
煤气管	压力小于 300 kPa	1.0	0.5
	压力为 300~1600 kPa	2.0	0.5
排水沟		0.8	0.5
房屋建筑红线或基础		1.0	
树木	市内、村镇大树、果树、行道树	0.75	
	市外大树	2.0	
水井、坟墓、粪坑、积肥池、沼气池、氨水池		3.0	
备注	1.采用钢管保护时，与给水管、煤气管、石油管交越时的净距可降为 0.15m； 2.大树指直径 300mm 及以上的树木。对于孤立大树，还应考虑防雷要求； 3.穿越埋深与光（电）缆相近的各种地下管线时，光（电）缆宜在管线下方通过； 4.隔距达不到上表要求时，应采取保护措施。		

⑤ 在土质松软地段、地形剧烈起伏、陡坎地段和白蚁出没地段，应按照要求采取加垫砖块、取土、做护坡和拌药等措施加以保护。

（4）直埋光缆接头盒应安排在地形平坦和地质稳固的地方，尽量避开水塘、河渠、沟坎、道路等施工和维护不便的地方。光缆接头盒可采用水泥盖板或手孔保护，以防止机械损伤。

（5）直埋光缆的排流线数量、芯径等参数根据业务区雷击情况、施工地段的土质情况确定。

（6）直埋光缆敷设后，需要设置永久性标志，以便维护和检修。

7.1.8　光缆的接续

光缆接续应符合下列要求：

（1）光缆接续前，应核实光缆的程式、端别等准确无误；光缆应保持良好状态：光纤传输特性良好、铜导线直流参数符合规定值、护层对地绝缘合格（若不合格时应找出原因和进行必要的处理）。

（2）接头护套内光纤及铜导线的序号应作出永久性标记；当两个方向的光缆从接头护套同一侧进入时，应对光缆端别作出统一的永久标记。

（3）光缆接续的方法和工序标准，应符合施工规程和不同接续护套的工艺要求。

（4）光缆接续，应创造良好的工作环境，一般应在车辆或接头帐篷内作业，以防止灰尘影响；在雨雪天施工应避免露天作业；当环境温度低于零度时，应采取升温措施，以确保光纤的柔性和熔接设备的正常工作，以及施工人员的正常操作。

（5）光缆接头余留和接头护套内光纤的余留应充足，光缆余留一般不少于 4 m；接头护套内最终余长应不少于 60 cm。

（6）光缆接续注意连续作业，对于当日无条件结束连接的光缆接头，应采取措施，防止受潮和确保安全。

（7）光纤接头的连接损耗应低于内控指标，每条光纤通道的平均连接损耗应达到设计文件的规定值。

7.1.9　光缆的预留

为了便于光缆线路的维护使用，在设计、施工中应考虑光缆的预留。

（1）对于有进线室的局所，光缆进出局所时在进线室进行预留，预留长度为 10～20 m；对于无进线室的局所，光缆预留在局前第二个人井内，余长为 15～20 m，基站的引接架空光缆可以预留在末端杆上，预留长度为 20 m。

（2）管道光缆在接头及引上处作适当预留，预留长度为 6～10 m，管道光缆在人/手孔内弯曲增长度考虑为 0.5～1 m/人手孔。

（3）架空光缆在接头处两侧电杆作适当预留，预留长度 10 m，架空光缆可适当地在电杆上作 "U" 形预留，每处预留长度为 0.2 m。

（4）光缆穿越河流、跨越桥梁、穿越公路等特殊地段，每处应预留 5～30 m 的光缆。

（5）余缆需盘成 60 cm 直径的缆圈，并绑在电缆托架或加固在井壁、引上杆路等适当位置。

7.1.10　光缆线路的防护

光缆线路的防护主要包括光缆线路的防雷、防强电、防白蚁、防鼠咬、防冻、防机械损伤等。本节主要讨论光缆线路的 "三防"（防机械损伤、防雷、防白蚁）。

7.1.10.1　光缆线路防机械损伤

（1）光缆沟的坡度较大时，应将光缆用卡子固定在预先铺设好的横木上。当坡度大于 20° 时，每隔 20 m 左右设一固定卡子；当坡度大于 30° 时，除固定卡子外，还应将光缆沟挖成 "S" 形，而且每隔 20 m 设一挡土墙；当坡度大于 45° 时，除上述措施外，还应选用全铠装光缆。

（2）光缆穿越铁路或高等级公路时，可用千斤顶或顶管机从路面下顶入钢管，再将光缆从钢管中穿过。穿越简易公路或乡村大道时，可盖砖保护。顶管在敷设光缆前要临时堵塞，敷设完毕后再用油麻封堵，保护钢管应长出路沟 0.5～1 m，在允许破土的位置采取直埋方式，并加以机械保护。

（3）光缆通过地形易变及塌方处，常采用钢管包封、挡土墙等办法保护光缆。地下管线及建筑物较多的工厂、村庄、城镇地段，光缆上面约 30 cm 处应铺放一层红砖，保护光缆不被挖坏。

（4）光缆穿越需疏浚的沟渠或要挖泥取肥、植藕湖塘地段时，除保证埋深要求外，应在光缆上方覆盖水泥板或水泥沙袋保护。

（5）光缆穿越汛期山洪冲刷严重的沙河时，应采取人工加铠装或砌漫水坡等保护措施。

（6）光缆穿越落差为 1 m 以上的沟坎、梯田时采用石砌护坡，并用水泥砂浆勾缝。落差在 0.8～1 m 时，可用三七土护坡。落差小于 0.8 m 时，可以不做护坡，但须多次夯实。

（7）光缆敷设在易受洪水冲刷的山坡时，缆沟两头应做石砌堵塞。

7.1.10.2　光缆线路的防雷措施

光纤本身是不受雷电影响的，但是为防止机械损伤、加强光缆的机械强度，光缆中一般采用了金属构件（金属加强芯、金属挡潮层或金属铠装）。因此，工程设计中必须考虑光缆线路防雷、防强电的问题。

（1）根据雷击的规律和敷设地段环境，避开雷击区或选择雷击活动较少的光缆路由，如光缆线路在平原地区，避开地形突变处、水系旁或矿区，在山区走峡谷等。

（2）光缆的金属护套或铠装不进行接地处理，使之处于悬浮状态。

（3）光缆的所有金属构件在接头处两侧各自断开，不进行电气连通，局、站内的光缆金属构件全部连接到保护地。

（4）架空光缆还可选用下列防雷保护措施：

① 光缆吊线每隔 300～500 m 距离进行接地处理，利用电杆避雷线或拉线进行接地处理，每隔 1 km 左右加装绝缘子进行电气断开。

② 雷害特别严重或屡遭雷击地段的架空光缆杆路上可装设架空地线，架空地线采用 4.0 mm 镀锌铁线，架设在高处电杆顶端 30～60 cm 的位置上。

③ 如与架空明线合杆则应架设在架空明线回路的下方，明线目前已经基本退出电信服务，但此时可保留明线线条，且将其间隔接地，作为一种防雷措施。

④ 雷害严重地段，可采用非金属加强芯光缆或采用无金属构件结构光缆。

光缆利用光纤作通信介质可以免受电流冲击，如雷电冲击的损害，对于非金属光缆是可以做到这一点。但埋式光缆中加强件、防潮层（LAP）和铠装层以及有远传或业务通信用铜导线，这些金属件仍可能遭受雷电冲击，从而损坏光缆，严重时致使通信中断。因此，一般直埋光缆将根据当地雷暴日、土壤电阻率以及光缆内是否有铜导线等因素考虑，采取具体的防雷措施。

7.1.10.3　直埋光缆防白蚁措施

白蚁不但啃噬光缆，而且还分泌蚁酸，加速金属护套的腐蚀。

（1）根据白蚁的生活习性，在敷设光缆线路时，应尽量避免白蚁多滋生的地方，如森林、木桥、坟场和堆有垃圾的潮湿地方；如果必须经过这些地方时，可采用水泥管、硬塑料管、铁管等保护光缆。

（2）当光缆线路必须经过白蚁活动猖獗的地区时，可采用防蚁毒土埋设光缆，包括在沟底喷洒药液，以及用药浸过的土壤填沟等。使用防蚁毒土埋设光缆的具体方法是：在挖好光缆沟后，将光缆敷设在沟内，用砷铜合剂喷洒一次，使沟底浸透药液，然后在沟内填入 10～15 cm 厚的细土，再将药液喷洒在细土上，待药液渗入土壤后，即可复土夯实填平光缆沟。

防蚁剂除用砷铜合剂外，还可用 0.25%艾氏剂、狄氏剂、1.0%七氯制成的防蚁乳剂或 1.0%氯丹溶液等。

（3）在白蚁较多的地方，设计和施工时可采用防蚁光缆。这种光缆是在制造时将防蚁药物渗透到塑料护套材料中，也可以改变聚乙烯配方、增加外护套硬度或在聚乙烯护套外再挤压一层聚酰胺材料（PA11，PA12）被覆，以起到防蚁的效果。

7.2　中继管道设计

本地传输网中城镇的光缆线路建设从安全角度来考虑，采用管道的方式相对较好，因为目前各级城镇的建设发展都比较快，采用直埋和架空的光缆敷设方式一方面不能保证安全，另一方面也不适合城市发展的要求。郊区边缘接入层的光缆可以考虑直埋、架空、管道等多种建设方式。如果市区内建设管道确实难度较大，也可以考虑利用电力等的杆路敷设架空光缆。

7.2.1　管道路由

7.2.1.1　管道路由规划原则

管道路由的规划应以本地电话网范围内的城市发展规划和通信建设总体规划为依据，兼顾近期与远期通信发展的需求，合理利用已有资源，以保证建设项目的经济效益，不断降低工程造价和维护费用。管道路由的选定应遵循以下原则：

（1）符合地下管线长远规划，并考虑充分利用已有管道资源。

（2）选在光缆线路较集中的路由，适应光缆发展的要求。

（3）尽量不在沿交换区域界线、铁道、河流等地域建设管道。

（4）尽量选择直线最短，尚未铺设管道的路由。

（5）选择地上及地下障碍较少，施工方便的道路（例如，不存在沼泽、水田、盐渍土壤和没有流沙或滑坡可能的道路）建设管道。

（6）尽可能避免在化学腐蚀或电气干扰严重的地带铺设管道，必要时应采取防腐措施。

（7）避免在路面狭窄的道路上建设管道。

（8）在交通繁忙的街道建设管道时应考虑在施工过程中，有临时疏通行人及车辆的可行方案。

7.2.1.2　管道位置的确定

管道位置的确定应考虑以下因素：

（1）管道埋设位置应尽可能选择在架空杆路的同侧，便于将地下光缆引出配线。

（2）管道埋设位置尽量减少穿越马路和与其他地下管线交叉穿越的可能。

（3）管道埋设位置应尽可能选择在人行道下，由于人行道的交通量小，管道施工与今后维护均比较方便，不需要破坏马路面，管道埋设深度较小，可以减省土方量，施工费用较省，还能缩短工期；在人行道中，管道承载的荷重较小，同样的建筑结构，管道有较高的质量保证。

（4）如不能在人行道下建筑管道时，则尽可能选在人行道与机动车道间的绿化地带，同时还要考虑管道建成后，绿化树木的根系对管道可能产生的破坏作用。

（5）如地区环境要求，管道必须在机动车道下埋设时，应尽可能选择离道路中心线较远的一侧，或在慢车道中建设，并应尽量避开街道的雨水管线。

（6）遇道路有弯曲时，可在弯曲线上适当的地点设置拐弯人孔，使其两端的管道取直；也可以考虑将管道顺着路牙的形状建筑弯管道。

（7）管道埋设位置不宜紧靠房屋的基础。

（8）尽可能远离对光缆有腐蚀作用及有电气干扰的地带，如必须靠近或穿越类似地段时，应考虑采取适当的保护措施。

（9）避免在城市规划中将要改建或废除的道路中埋设管道。

（10）管道埋设位置的选取若无法和相关单位协商解决时，可以采取临时性的过渡措施，待条件成熟时再建设永久性的管道路由。

7.2.1.3 管道净距要求

管道和其他地下管线及建筑物间的最小净距（指管道外壁之间的距离）应符合以下要求：

（1）人手孔内不应有其他管线穿越。

（2）通信管道与其他地下管线和建筑物之间的最小净距一般应满足表 7.11 的要求。

表 7.11 通信管道与其他地下管线和建筑物之间的最小净距

其他管线类别		最小平行净距（m）	最小交越净距（m）
给水管	直径≤300 mm	0.5	0.15
	直径：300～500 mm	1.0	
	直径>500 mm	1.5	
排水管		1.0	0.15
热力管		1.0	0.25
燃气管	压力≤300 kPa	1.0	0.3
	300 kPa<压力≤800 kPa	2.0	
埋式电力电缆	<35 kV 下	0.5	0.5
	≥35 kV	2.0	
高压铁塔基础边	>35 kV	2.5	
其他埋式通信电缆		0.75	0.25
绿化	乔木	1.5	
	灌木	1.0	
地上杆柱		0.5～1.0	
马路边石		1.0	
路轨外侧		2.0	
房屋建筑红线或基础		1.5	
水井、坟墓		2.0	
粪坑、积肥池、沼气池、氨水池等		2.0	
其他通信管道		0.5	1.5

7.2.2 管道容量

管道管孔数量应根据传输网络规划确定。管道建设可以采取多种方式，比如同步于市政建设规划，争取在道路建设的同时建设管道，也可以联合其他运营商共同建设管道。

进行管孔规划时，大中城市主要传输段落，规划的管孔数量可以较多，例如 4～12 孔；次要段落管孔数量少一些，例如 2～6 孔。核心节点进出局管道应按照局站业务规划进行设计，可以考虑进行适当的冗余设计，核心层、汇聚层节点进出局段落、进出城管道部分，宜适当规划一定的冗余管孔数。对于边缘层、接入层节点，如无线基站进出局，可规划 1～2 个大孔。

中小城市的管道数量可以根据具体情况确定，并安排一定的余量。

目前，新建管道多采用 PVC 管内穿放 PE 子管的方式进行光缆敷设，也有子管内嵌于大管孔的所谓梅花管的方式，可根据实际情况选用。

7.2.3 管道埋深

管道的埋设深度直接关系到管道的使用寿命和安全。

（1）管道埋深要求。管道埋深（管顶至路面）不宜小于 0.80 m，各种路面至管顶埋深不宜低于表 7.12 的要求。

表 7.12 管道埋深要求

类别	人行道下（m）	车行道下（m）	与电车轨道交越（从轨道底部算起）（m）	与铁道交越（从轨道底部算起）（m）
水泥管、塑料管	0.7	0.8	1.0	1.5
钢管	0.5	0.6	0.8	1.2

采用微控定向钻时，管道穿越公路部分埋深不小于 1.5 m。从手井至引上井之间的管道需用热镀锌钢管保护。

（2）对于管道埋设深度无法达到要求的地段，可以采用外套钢管、水泥包封等方式加强管道抗击强度。

（3）人手孔。管道每隔约 80～120 m 应设置人孔或手孔，在市区该距离更短一些。管道设置人/手孔便于光/电缆的敷设和维护。

对于仅规划敷设光缆而没有电缆的场合，在管道孔数较少时，可以只设置手孔。人/手孔的建设规格应按照相关规范进行。

思考题

7.1 简要比较几种常见光纤的传输特性。

7.2 简述光缆纤芯规划方法。

7.3 简述光缆线路路由的选择要求。

7.4 简述光缆线路敷设方式的选择。

7.5 简述光缆接续的要求。

7.6 简述光缆线路防护的主要考虑因素。

7.7 简要说明管道容量的规划原则。

第 8 章　通信工程设计简明案例

通信工程建设过程中，在规范与政策研究阶段需进行可行性研究，在设计阶段需进行初步设计和施工图设计，或一阶段设计。一个数字移动通信网的设计，通常包括交换系统（核心网）设计、基站系统（无线网）设计、传输系统设计、电源系统设计、配套工程设计等。

本章介绍某地区 GSM 网基站系统单项工程可行性研究报告、某地区 LTE FDD 网无线网单项工程可行性研究报告、某地区 GSM 网交换系统单项工程初步设计文件简明案例，并列举某地区光传输设备单项工程施工图设计文件和某小区综合接入工程一阶段设计文件简明案例。

8.1　可行性研究报告简明案例

8.1.1　GSM 网基站系统单项工程可行性研究文件简明案例

一、概述

1. 编制依据

说明可行性研究报告是根据什么文件进行编制的，包括设计规范、技术体制、编制要求等，并扼要说明这些文件的主要内容及文号。例如，2006 年 7 月原工业和信息产业部发布的 YD5104-2005《900/1800 MHz TDMA 数字蜂窝移动通信网工程设计规范》、YD/T1110-2001《900/1800 MHz TDMA 数字蜂窝移动通信网通用分组无线业务（GPRS）设备规范：基站子系统》等。

2. 项目背景及工程建设必要性

2.1　业务区概况

2.1.1　地理概况

概要说明该业务区（城市）的自然情况，包括地理位置、面积、人口行政区域划分，以及工农业基础、交通、旅游业开发、气候等情况。

2.1.2　区域分类

根据该地区的通信市场情况、该通信公司的市场发展情况、经济发展情况及地理特征的不同，可以将该地市分为三种地区类型。

一类地区：是经济最发达、市场最大、地理条件比较好的地市，这些地区网络完善，室内外都达到较好的覆盖水平，平均覆盖居全省的前列。

二类地区：是经济发达、市场比较大、地理条件也比较好的地市及经济发达的经济特区，或者经济很发达，但其地区较小，市场规模较小的地区。这类地区的覆盖现状的特点是室外（尤其是城区）已达到了良好的覆盖，有待加强的是室内覆盖。

三类地区：省内其他经济较为落后，地理条件差的其他地市。因这类地区大多地处山区，因此整体的覆盖率和前两类地区相比有明显的差距。

采用图示方式，在行政区域图上采用不同色彩标示三类地区；采用分类表格的形式说明三类地区的 GDP 及其占全省的比例、区域人口及其占全省的比例、区域面积及其占全省的比例。

2.1.3　人口情况及经济发展情况

采用列表方式，说明：① 2010 年末，各业务区户籍总人口数，各地区的人口规模及人均 GDP；②各地市人口及分布统计表：总人口数、人均 GDP、城镇人口、农村人口。

2.1.4　交通情况

概要说明全地区交通情况，如与周边省份的交通连接关系，全省高速公路的条数与通车里程，境内国道的条数与里程，铁路的条数与总里程等。

采用统计表的形式，说明重要交通干线的里程及经过的主要地区。

2.1.5　旅游景点

概要说明全省大小旅游景点的个数，包括国家级旅游景点、省级旅游景点的个数；分地区，按国家级、省级、其他，统计旅游景点数；还可以说明全省旅游业总收入创汇、入境旅游人数等主要旅游经济指标等。

2.1.6　重要建筑物

概要说明全省建筑物的情况，将建筑物分类为写字楼、酒店宾馆、公共场所、商住楼、商场、餐饮娱乐、政府机关、医院、住宅小区、城中村、其他，并采用分类统计的方法，统计各个业务区的建筑物的数量。

2.2　网络现状

2.2.1　GSM 网网络现状

概要说明该通信分公司 2010 年 GSM 网工程完成后的网络现状，包括该业务区 GSM 网共设有的 BSC 个数、基站总数、直放站个数、载频总数、无线容量（话务量）、无线用户容量等；如果开通 GPRS，还要说明设置了多少套 PCU、静态 PDCH 信道和动态 PDCH 信道；采用列表的形式，统计该业务区的建设规模；说明无线网络有哪些厂家的基站控制器、基站设备等。

2.2.2　GSM 网室内覆盖现状

概要说明该通信分公司经过前期的建设，该业务区目前共建设室内分布系统的数量，采用如下分类统计表说明各业务区各类分布系统的数量：独立 CDMA、独立 CDMA 微型直放站分布系统、独立 GSM、独立 GSM 微型直放站分布系统、GSM&CDMA、GSM/CDMA 微型直放站分布系统。

2.2.3　本期与前期工程界面

主要说明本期工程的交换和无线的现状、统计数据与前期工程的关系。

2.2.4　前期工程建设重点及建设成果

说明前期工程建设，重点解决了哪些方面的问题，建设重点和取得的成果。

2.2.5　前期工程遗留问题

说明前期工程建成后，在覆盖（深度、面积、乡镇、道路等）和容量方面仍存在哪些问题。

2.3　建设必要性

本期工程建设的必要性：从电信业务特点、通信市场竞争环境、城区深度覆盖亟待解决的问题、产业和劳动力"双转移"提出网络覆盖新需求、网络质量提升需求、GPRS 业务需求、频率资源紧张、业务预测结果等几个方面，说明本期工程建设的必要性和迫切性。

3．可行性研究范围及分工

3.1　可行性研究范围

可行性研究范围包括工程建设的必要性、业务预测、工程建设规模、工程建设方案、工程建设进度、节能与环保、工程投资估算、财务评价、风险评估等。风险评估和财务评价通常在总册中说明。

3.2　设计专业之间的分工

本期工程共涉及交换单项、基站单项、电源单项、配套项目等四个单项工程。主要包含的专业及各专业之间的分工如下：① 交换专业：负责交换系统核心网的升级、扩容/调整等建设方案、网路组织及相关投资估算；② 基站专业：负责基站系统工程的建设方案、网路组织及相关投资估算；③ 电源专业：负责本期工程基站的电源设备容量的核实、电源设备配置和投资估算；④ 配套专业：负责本期工程基站机房建设、铁塔建设项目的投资估算汇总；⑤ 财务评价专业：负责对本期工程进行经济分析和统一财务评价。

专业分工如图 8.1 所示。

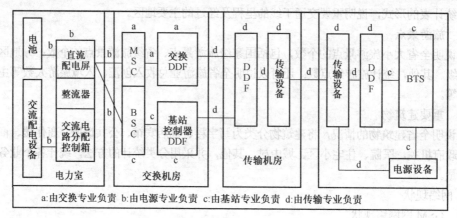

图 8.1　专业分工示意图

3.3　设计院之间的分工

说明承担《某通信分公司 2011 年 GSM 网工程可行性研究报告》编制任务的设计院各自承担的业务区、专业等。

3.4　设计文件组成

设计文件分册如下：

全省总册

第一册　全省交换系统单项工程

第二册　基站系统单项工程

第三册　电源系统单项工程

第四册　配套项目

其中：① 电源系统单项工程分为基站电源系统工程和交换电源系统单项工程；② 基站系统单项工程、基站电源系统单项工程、配套项目等均可根据设计院的分工分成若干分册。

4．工程满足期及建设目标

本期工程的建设能够满足到 2012 年 12 月底的业务发展需要，全省业务预测的结果是：出账用户数达到多少万户，A 接口话务量达到多少 Erl。

本工程主要建设目标如下。

（1）容量目标

满足业务预测容量需求，容量目标可由以下指标表征：出账用户（万户）、忙时话务量（Erl）、GPRS 出账用户（万户）、GPRS 附着用户（万户）、PDP 激活用户（万户）等。

（2）覆盖目标

说明本期工程覆盖重点。

（3）质量目标

从组网思路和规划方案进行保证，在网络设计时需要通过合理选择基站位置、设备类型、天馈线类型等，并根据覆盖目标区域合理地确定天线挂高、方向及小区参数的设置，保证通信质量、服务质量。

5. 工程拟建规模

拟建规模用 BSC（个）、TRAU（个）、PCU（个）、900M 宏蜂窝基站（个）、1800M 宏蜂窝基站（个）、新建基站总载频（个）、新增无线容量（Erl）等来表述，各业务区详细规模采用列表形式说明。

6. 投资估算

说明总的投资估算额。

二、无线网络建设方案

1. 无线网络设计指标

1.1　通信概率：覆盖区内的无线可通率要求在 90% 的位置、99% 的时间，移动台可接入网络。

1.2　话务参数：移动用户的忙时平均话务量：0.02 Erl。

1.3　电路呼损：1）无线信道呼损率：a. 2%（市区），b. 5%（其他）；2）MSC 至 BSC 呼损应不大于 0.5%。

1.4　干扰保护比

同频道干扰保护比：$C/I \geq 12$ dB（工程值）。

邻频道干扰保护比：$C/I \geq -6$ dB（工程值）。

载频偏离 400 kHz 时的干扰保护比：$C/I \geq -38$ dB（工程值）。

1.5　时延

（1）在 PLMN 边界与 MS 发话器（或受话器）之间的最大单向时延为 90 ms。

（2）MS 呼叫 MS 的端到端连接的最大时延为 180 ms。

1.6　接收灵敏度。基站：-104 dBm；手机：-102 dBm。

2. 无线网络建设原则

2.1　总体原则

（1）工程重点为解决网络覆盖，着力改善重点城市城区的网络质量和覆盖水平，提升用户感知。

（2）加快 GSM 网络建设，重点提高其他地市城区、县城城区网络覆盖。

（3）提升 GPRS 网络的数据承载能力及对 GPRS 业务的支撑水平，确保并提高静态 PDCH 的配置数量。

（4）采取多种有效措施，降低建设与运维成本。

（5）强化网络优化，提升网络质量。要将网络优化工作纳入工程建设，统一规划，协调实施，通过优化提升网络质量。

（6）站点布局规划、站点选择、配套需求等综合考虑 3G 网络演进。

2.2　无线网络建设具体原则

（1）结合 MotoMatch、用户投诉、性能统计等网络数据，采用 DT 测试、CQT 测试方式确认网络问题清单，确定网络覆盖需求。

（2）加大 1800 M 基站建设力度，采用 1800 M 基站作为主要话务承载网，保证 1800 M 连续覆盖。

（3）启动 1800 M 新的 2×10 M 带宽，采用较为宽松的频率复用方式，提升网络质量。

（4）规划、优化相结合，协调 900 M/1800 M 双频网建设，确保单位面积 900 M 载频数量不增加，在优化阶段调整 900 M 载频配置，提高 900M 网络质量，加强城区深度覆盖。

（5）控制 900 M 基站配置（原则上不超过 2/2/2），1800 M 基站配置载频严格按照预测小区忙时话务设置。

（6）GSM 网络根据总部要求和市场需求升级到 GPRS 时，无线网络话音业务容量应在剔除控制信道和静态 PDCH 之后进行计算，避免静态 PDCH 的设置对话音业务容量造成影响。

3．无线网络现状及存在的问题分析

要制定无线网络建设方案，必须对网上资源及利用情况做一个全面的调查和分析。从无线网络规模、无线网络覆盖（面积覆盖情况、人口覆盖情况、线覆盖情况、点覆盖情况、重点地市网络优化摸底测试分析）、无线话务负荷、无线网络质量（依据对 OMC-R 的拥塞率、掉话率、切换成功率等统计的数据的排序与分析，并找出问题所在）、用户投诉（网络覆盖、网络质量、漫游问题、计费问题）等多个方面对无线网络进行分析，并总结出网络存在的主要问题。

4．无线网络建设目标和思路

4.1　建设目标

建设目标分为无线覆盖目标（覆盖重点与覆盖区内的覆盖率指标）、话务容量目标（A 接口话务量需求，GPRS 业务满足附着用户数、G_b 接口吞吐量）、网络质量目标等方面。

4.2　建设思路

根据对现有 GSM 网络的无线覆盖、网络质量、话务数据的分析，考虑本期投资重点，得出本期工程建设思路，具体有以下方面：

（1）确认网络问题清单，确定网络覆盖需求。

（2）加大 1800M 基站建设力度，采用 1800 M 基站作为主要话务承载网，保证 1800 M 连续覆盖。

（3）GSM 网络根据总部要求和市场需求升级到 GPRS 时，无线网络话音业务容量应在剔除控制信道和静态 PDCH 之后进行计算，避免静态 PDCH 的设置对话音业务容量造成影响。

（4）妥善解决影响市场稳定的网络容量问题。

（5）灵活多变的覆盖方式：宏蜂窝基站、直放站、室外小基站、小区直放站、小区分布系统、室内分布系统。

（6）充分考虑现有资源的利用。

（7）加大 GPRS 信道配置，满足业务需求及用户感知需求。

5．无线网络基站建设方案

5.1　解决覆盖的主要技术手段

无线传播环境的复杂性决定了无线网络覆盖解决方案的多样性，常用的技术手段有以下几种：宏蜂窝基站、微蜂窝基站、超远覆盖基站、宏蜂窝基站的扇区分裂、无线直放站、光纤直放站、室内分布系统。

5.2　解决容量的主要技术手段和原则

5.2.1　解决容量的主要技术手段

解决城市市区高话务密度区的容量问题，主要有以下几种手段：增加载频，宏蜂窝小区分裂，建设双频网，分层小区技术（HCS）及微蜂窝技术，采用紧密的频率复用方式，采用半速率（HR）技术。

5.2.2　双频网建设原则

GSM1800 网络建设初期、中期、后期，侧重点不同。

5.2.3　无线网络容量的配置原则

主要从以下两个方面考虑：①网络需求；②基站载频配置原则。

5.2.4　半速率技术应用原则

主要介绍应用半速率技术时应遵循的原则。

5.3　基站、直放站设置原则

移动通信网是一个完整的系统，覆盖解决方案制定得合理与否，不仅关系到自身的效果，还会直接关系到全网的通信质量及建成后的社会效益和经济效益。

本节在介绍制定基站设置方案时应注意遵循一般原则的基础上，分别介绍城区基站设置原则、郊区和县城基站设置原则、乡村基站设置原则、旅游景点基站设置原则、特殊工业区基站的设置原则、边界基站的设置原则、室内和室外直放站设置原则、站址选择原则、室内分布系统建设原则。

5.4　无线网络调整方案

在介绍现有无线网络优化调整的目的和重点之后，提出无线网络调整的内容及现有无线网络改造方案，包括：①载频业务区内部调整；②基站搬迁；③天馈系统改造：基站天馈调整主要包括基站天线型号的更换及天线挂高调整、增加扇区及功放等进行功率改造。

5.5　无线基站容量解决方案

包括以下内容：无线基站容量设计的步骤，GPRS 静态信道对语音业务的影响，小区的载频调整、载频扩容方案，容量型基站建设方案，半速率技术应用方案。

5.6　无线覆盖解决方案

在对本期重点建设区域进行描述和分类的基础上，重点介绍核心城区覆盖、一般城区覆盖、县城城区覆盖、特殊区域覆盖和新建基站载频配置等内容。

5.7　新技术、新手段

本着节省投资和配套投资的原则，工程采用多种手段和多种方式。

（1）为提高资源利用率，避免无谓的投资需求，采用多手段整改现有基站，包括基站扇区改造、更换天线类型、挂高、功分改造等。

（2）在保证覆盖满足需求的情况下，优先选用一体化及微蜂窝基站。

5.8　天馈线系统

随着无线网络日趋复杂，基站天线对无线网络性能的影响越来越大，应重点考虑基站天线的选型、天线设置和基站馈线等方面的因素。

5.9　基站建设方案小结

采用列表的形式统计基站建设规模：新建 BSC（个），新建 TRAU（个），新建 PCU（个）；新建900M 宏蜂窝基站（个），1800M 宏蜂窝基站（个），共新建基站（个）（区别说明新建站址基站数和共站址基站数），新建基站总载频（个），新增无线容量（Erl）。

5.10　基站设置效果分析

说明本期工程后无线网络利用率、基站覆盖范围预测（根据规划工具的仿真和分析，列表说明本期工程建成后各业务区区面覆盖情况、乡镇覆盖情况、交通干线覆盖情况、旅游景点覆盖情况）。

6. 无线网络组网及 BSC、OMC-R 建设方案

6.1　基站控制器的设置及划分

6.1.1　基站控制器设置原则

基站控制器的设置主要是对基站控制器控制范围的设计和负荷的合理控制，在满足厂家设备技术指标的前提下，还要提出基站控制器设置原则。

6.1.2　基站控制器的容量

基站控制器的容量是指基站控制器处理基站、小区、TRX 的数量及其处理话务量。不同厂家的设备基站控制器的容量不同，同一厂家不同版本设备基站控制器的容量也不相同。

6.1.3　基站控制器的设置：采用列表形式按地区、厂家统计说明已有基站控制器、扩容基站控制器及其新建基站控制器的数量等。

6.1.4　基站控制器的控制范围划分：工程建成后，该通信分公司 GSM 网××等多个业务区共设有 190 个 BSC，128 个为××厂家的设备，5 个为××厂家的设备，52 个为××厂家的设备，10 个为××厂家的设备。

本期工程，××等业务区 BSC 控制范围需要根据新增载频及话务增长情况进行调整。本期工程后，各 BSC 控制的基站数及话务负荷详见下表。

地区	BSC	厂家	基站数	扇区数	载频数	预测忙时话务量	设计话务量	设备利用率

6.1.5　基站与基站控制器的连接方式：BSC 与 BTS 一般采用数字中继电路相连，由于存在着地理位置上的差异，且每个 BTS 所拥有的载频（TRX）数量的不同，因此可采取不同的连接方案。一般分为三种：星形、链形和混合形。工程中常采用星形连接方式。

6.2　变码器（TRAU）的设置

说明工程新建和扩容变码器的数量与所在业务区。

6.3　交换区的划分

交换区划分得合理与否，会直接影响网络结构的稳定性和可发展性，以及网络运行的质量。本工程交换区划分的原则如下：

（1）各交换区的话务负荷应尽量均衡，并预留一定的扩容余量。

（2）交换区的边界应避开用户密集区及切换密集区。

（3）结合现有网络组织结构，避免网络大规模割接，减轻工程量。

6.4　位置区的划分

主要说明位置区的设置与划分原则。

6.5　无线操作维护中心（OMC-R）设置

操作维护中心应具有故障管理、性能管理、配置管理、安全管理和环境监控等功能。此部分在对 OMC-R 现状进行描述的基础上，提出本期建设方案。

7．GPRS 建设方案

GPRS 建设方案包含：GPRS 覆盖范围和承载网络选择、GPRS 无线信道配置、PCU 建设方案、G_b 接口配置及连接方案和操作维护中心的 GPRS 升级等五个方面的内容。

7.1　GPRS 覆盖范围和承载网络选择

GPRS 覆盖范围合理与否，关系到 GPRS 数据通信服务质量及建成后的社会效益和经济效益。GPRS 网络建设，全省各地市全部开通 GPRS 业务。GPRS 网络、GSM 语音和 GPRS 数据将共享 BCCH 等控制信道，GPRS 手机在双频网中的登记、重选和切换等行为和普通双频手机一样。

7.2　GPRS 无线信道配置

7.2.1　GPRS 无线信道

分组数据信道（PDCH）是一种新的逻辑无线信道，适用于 GPRS 分组数据业务。PCU 负责将 PDCH 信道分配给不同的 GPRS 手机用户。但在 GPRS 业务开展和网络建设初期，GPRS 业务量不大的情况下，GPRS 与电路业务可共用 BCCH、CCCH。

7.2.2　信道编码的选择

基站设备可支持 CS-1～CS-4 四种不同的编码方式，其数据速率分别为 9.05 kbps、13.4 kbps、15.6 kbps 和 21.4 kbps。本期工程建议采用 CS-1 和 CS-2 两种编码方式。

7.2.3　PDCH 配置原则

GPRS 无线信道配置需从数据吞吐率带宽需求、用户的速率需求两方面考虑，二者取大。

7.2.4　PDCH 类型

PDCH 信道有静态 PDCH 信道和动态 PDCH 信道之分，静态 PDCH 保证 GPRS 的无线资源，一般设置在 C/I 较好的载频上，如 BCCH 所在的载频。静态 PDCH 信道的设置会减少 GSM 网的部分话务容量。

7.2.5　本期 PDCH 配置

GPRS 无线信道总的需求配置按区域配置原则和业务需求配置原则两方面考虑，静态信道按照区域配置原则考虑，静态 + 动态 PDCH 总量取定为区域配置原则与业务需求配置原则的较大值。

7.3　PCU 建设方案

7.3.1　PCU 的实现方式

分组控制单元（PCU）在物理实现上有两种方式：方式 A 表示 PCU 内置于 BSC 内部，一个 PCU 只可以连接一个 BSC；方式 B 表示 PCU 是个物理实体，一个 PCU 可以连接一个或多个 BSC。不同厂家 PCU 的设置方式会有所不同。

7.3.2　PCU 设备特点

描述各个厂家设备的特点。

7.3.3　现网 PCU 设备设置情况

采用列表形式说明现网设置情况：PCU（套）。

7.3.4　本期工程 PCU 建设规模

采用列表形式说明本期工程 PCU 建设规模情况。

7.3.5　本期工程后 PCU 设备配置

采用列表形式说明本期工程后 PCU 设备配置情况。

7.4　G_b 接口配置及连接方案

G_b 接口配置：BSC（PCU）对应 G_b 接口的 64 klink 数量，与其承担的数据量和数据包相应开销及电路利用率有关。要将 GPRS 数据总量按比例分摊到每个 BSC 中去，根据每 BSC 承担的数据量，可以得出 G_b 接口的 64 klink 数。

G_b 接口连接方案：对比说明 PCU 与 SGSN 之间的几种连接方案的优缺点，说明选择的理由。

7.5　操作维护中心的 GPRS 升级

经核实，现网可满足本期网元接入需求，无须扩容。

8. 设备选型原则

本工程设备选型应本着技术先进、可靠性高、设备成熟、功能强、适应性强、价格合理的原则，应既符合国际标准又适合中国国情。

除满足以上原则外，所选择的设备还应具备以下条件：

（1）移动通信系统应符合国内相关技术体制和技术规范，操作维护方便。

（2）系统功能强，组网灵活。

（3）升级、扩容方便，技术演进平滑。

（4）很好的开放性和兼容性，互操作性强。

（5）网管系统所选设备（包括软件）要求技术先进，技术合理，系统容量、处理能力满足要求，升级、扩容容易，开放性强，遵循相关的 ITU-T 或 ISO 标准、协议；所选择的应用开发平台和开发工具要先进、简便、有效。

9. 设备利旧分析

新增设备可以通过利旧解决。

10. 无线网络建设规模及形成能力汇总

10.1　新建无线网络规模

采用列表方式汇总说明：本期工程新建 BSC（个）、新建 TRAU（个）、新建 PCU（个），新建 900M 宏蜂窝基站（个）、新建 1800M 宏蜂窝基站（个）、新建一体化/微蜂窝基站（个）、新建基站总数（个）、新建基站载频（个）、扩容基站（个）、扩容载频（个）、合计新增基站载频（个）、新增无线容量（Erl）。

10.2　本期工程后无线网络规模

采用列表方式汇总说明：本期工程建成后，共设置 BSC（个）、TRAU（个）、PCU（个），900 M 宏蜂窝基站（个）、1800 M 宏蜂窝基站（个）、一体化/微蜂窝基站（个）、基站载频（个）、无线容量（Erl）。

11．频率计划

11.1　工作频段

GSM 900 MHz 数字蜂窝移动通信系统工作频段为：890.000～915.000 MHz（基站收，移动台发），935.000～960.000 MHz（基站发，移动台收）共 25 MHz。

我国国家无线电管理委员会分配给 GSM1800 系统的频带为 45 MHz：1710～1755 MHz（移动台发、基站收），1805～1850 MHz（基站发、移动台收）。

11.2　频道间隔

相邻频道间隔为 200 kHz，标称频率最后三位有效数字为 000，200，400，600，800（kHz）。每个频道采用 TDMA 方式，分为 8 个时隙，即 8 个信道。

11.3　双工频率间隔

900 MHz 频段双工收发频率间隔为 45 MHz，1800 MHz 频段双工收发频率间隔为 95 MHz。

11.4　频道配置

频道配置采用等间隔频道配置方法。900 MHz 频段共有 25 MHz 的带宽，由于 GSM 系统采用 TDMA 技术，每个信道为 200 kHz 的宽度，因而，可将整个频段划分为 124 个频道，频道序号为 1～124。我国 GSM 1800 MHz 频段，共有 45 MHz 的带宽，频道序号为 512～735。

11.5　频率计划

目前，由于受跳频技术和频带宽度的限制，同频道干扰保护比要求达到 12 dB。

GSM900 BCCH 采用 4×3 复用模式，TCH 采用跳频 1×3 复用模式。

GSM1800 BCCH 和 TCH 均采用 7×3 复用模式，不跳频。

11.6　相邻业务区频率协调

各业务区之间边界基站的设置上统一考虑，同时在频率配置上统一规划，解决边界频率的协调问题，并注意省际边界频率协调。

12．网络优化

12.1　优化总体目标

优化总体目标是指在规划建设达到面积覆盖率大于 96%（手机 MR 测量报告的接收电平 ≥-90 dBm）的前提下，网络、语音质量、GPRS 质量等指标要求。

12.2　优化措施

从优化目的、优化内容、优化目标等方面，分别讨论参数优化、覆盖优化、边界优化、双频网优化、邻区优化、室内分布与直放站优化、GPRS 优化、频率优化、现网已知问题点优化等方面的内容。

12.3　优化计划

采用列表方式显示各主要业务区网络优化计划安排。

13．编号计划

包括以下编号：位置区识别码（LAI）、全球小区识别码（GCI）、基站识别码（BSIC）[网络色码（NCC）、基站色码（BCC）] 及 BSC 的信令点编码。

14．网同步

GSM 网基站同步采用异步方式。

三、拟建规模及形成能力汇总

四、工程成果及遗留问题

1. 工程建设成果
2. 遗留问题及解决建议

五、工程建设进度建议

六、维护管理、劳动定员及人员培训

1. 维护管理
2. 劳动定员
3. 人员培训

七、节能、环保、劳动保护和消防安全

1. 节能
2. 环境保护
3. 劳动保护
4. 消防安全

八、投资估算与资金筹措

1. 投资估算说明
1.1　投资估算依据
1.2　费率取定标准
1.3　投资估算结果
1.4　投资估算表
2. 资金筹措

九、附图

十、附表

8.1.2　LTE FDD 网无线网单项工程可行性研究文件简明案例

一、概述

1. 编制依据

说明可行性研究报告是根据什么文件进行编制的，包括技术体制、可研编制总体要求、可研编制委托、设计规范、编制要求等，并扼要说明这些文件的主要内容及文号。

还包括运营商提供的相关资料和数据、设计院现场调研/查勘收集的资料等。

2. 项目背景及工程建设必要性

2.1　业务区概况

2.1.1　地理概况

概要说明该业务区（城市）的自然情况，包括地理位置、面积、人口行政区域划分，以及工农业基础、交通、旅游业开发、气候等情况。

2.1.2　人口经济及行政区基本信息

说明业务区总人口数、GDP、面积、市辖区个数、县及县级市数量、乡镇及行政村数量、城镇人口、农村人口等。

2.1.3　交通情况

概要说明全地区公路、航空、铁路、港口等交通情况，如与周边省份的交通连接关系，全省高速公路的条数与通车里程，境内国道的条数与里程，铁路的条数与总里程，机场及已经开通的航线，航道数量、通航里程、港口吞吐能力、开通的国际、国内航线等。

可采用统计表的形式，说明重要交通干线的里程及经过的主要地区。

2.2　项目背景

从移动通信网的发展趋势看，LTE是移动网络演进的下一个目标；从全球LTE部署情况看，FDD是国际上主流的LTE制式；并分析了竞争对手LTE网络情况。

2.3　工程建设必要性

从3G业务高速发展，热点区域容量压力显现；用户数据消费的习惯逐步形成、对数据业务提供能力越来越敏感；运营商之间的相互竞争等诸方面，说明进行LTE网络建设的必要性。

3．可行性研究范围及分工

3.1　可行性研究范围

可行性研究范围包括：工程建设的必要性、LTE网络发展策略、无线网建设方案、工程建设进度、共建共享、节能与环保、工程投资估算、风险评估等。

3.2　设计分工

3.2.1　设计院分工

说明承担编制任务的设计院各自承担的业务区、专业等。

3.2.2　专业分工

本项目共涉及无线网、基站电源和配套土建等专业，各专业之间的分工如下。

（1）无线网专业：主要负责无线覆盖范围的确定，基站的设置和配置方案、设备选型、天馈线设置方案及相关投资估算，并负责向传输专业提出基站传输电路需求。

（2）电源专业：根据无线专业提出的电源需求，制定电源建设方案及相关投资估算。

（3）配套土建专业：提出对机房土建、铁塔、空调、防雷与接地及外市电引入等项目的工艺或技术要求，并进行费用汇总，配套土建项目由建设单位另行委托设计单位设计。

各相关专业的分工界面如图8.2所示。

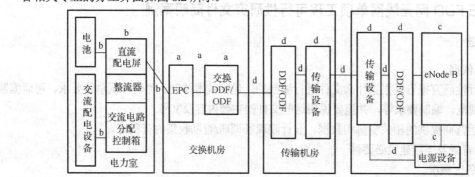

a：由核心网专业负责　b：由电源专业负责　c：由无线网专业负责　d：由传输专业负责

图8.2　专业分工示意图

4．可研文件组成

可研文件包括全省1本总册，每个地市1本分册。

5．工程拟建规模

拟建规模用新建分布式基站（个）、新增载扇（个）等来表述，各业务区详细规模采用列表形式说明。

6．投资估算

用列表的形式说明设备费、安装工程费、工程建设其他费、总的投资估算额等。

二、LTE FDD 无线网建设方案

1．无线网结构

说明无线网所采用的结构、连接关系、特点等。

2．无线网现状

2.1　无线网络规模

用列表的形式说明本业务区 2G 网络的建设规模，包括：BSC 数量，宏基站、分布式基站、一体化基站的基站个数，对应的载频数等。

用列表的形式说明本业务区 3G 网络的建设规模，包括：RNC 数量，宏基站、分布式基站、一体化基站、多载波基站的个数，对应的载扇数等。

用列表的形式说明本业务区中，市区、县城、其他区域各自自建、共建、共享、租用的基站物理站址的个数及其总数。

2.2　厂家类型及分布

用列表的形式说明本业务区 2G、3G 网络提供无线网络设备的厂家及其对应设备的规模。

2.3　频率使用情况

说明 2G 网络的频率使用和复用情况，3G 网络单载波、多载波基站的频率使用情况。

2.4　无线网络覆盖情况

用列表的形式说明本业务区 2G 网络覆盖率，包括全市市区、县城、乡镇的室内、室外有效面积覆盖率，市区、县城、乡镇的人口覆盖率等；说明开通第二载频基站数量、双频覆盖区域，用图表的形式说明覆盖范围。

用列表的形式说明本业务区 3G 网络覆盖率，包括全市市区、县城、乡镇的室内、室外有效面积覆盖率，市区、县城、乡镇的人口覆盖率等；说明多载波基站的覆盖范围，包括类型、站数、载扇数、区域等。

2.5　无线网络话务分析

说明本业务区 2G 网络现网语音话务量和数据流量，并用图表的形式说明 2G 网忙时业务量走势。

从业务总量、业务集中度、业务密度、70%数据业务量区域、基站忙时综合下行平均吞吐率、现网数据热点等方面分析本业务区 3G 网络业务量。

对比 2G 和 3G 数据流量，2G 忙时数据流量所占 3G 忙时数据流量的比例较小，所以，主要采用 3G 业务量作为 LTE 站点选择的基础。

3．LTE FDD 无线网建设原则及目标

3.1　建设原则

LTE FDD 基站建设要满足以下原则：坚持效益优先的原则，有利于提升品牌形象的原则，在技术合理的前提下，充分利用现网资源的原则，坚持共建共享和节能减排的原则，优先利用现有站址资源等。

3.2　建设目标

建设目标分为无线覆盖目标（面覆盖与点覆盖率指标），以及密集城区、一般城区、旅游景区、机场高速、高铁（车内）LTE FDD 无线网络规划指标要求。

4．LTE FDD 覆盖建设方案

4.1　基站覆盖能力分析

LTE 基站链路预算与 2G/3G 系统相似，但 LTE 具有自身的特点，从链路预算结果和覆盖能力角

度分析，有如下结论：采用和现网 3G 共站方式建设 LTE 时，基本可以满足建设目标的要求。

4.2 LTE FDD 覆盖建设方案

LTE FDD 覆盖建设方案包括：

数据热点区域覆盖：根据区域部署策略，对数据业务量吸收占比达到本地网 70%以上的数据热点区域（面覆盖、点覆盖），采用 LTEFDD 连续覆盖；对重要用户针对性覆盖；新增孤立站点对品牌形象区域覆盖等。

用列表的形式汇总上述不同覆盖区域新建 LTE FDD 基站数量，说明新增和利旧站址总数。

5. LTE FDD 基站容量配置方案

5.1 配置方法

LTE 基站设备硬件主要包括以下配置参数，其中和 BBU 部分密切相关的有：处理带宽及支持载频数、单载扇及单站峰值吞吐率、单载扇及单站 RRC 连接数、单载扇及单站 RAB 数、单载扇及单站信令处理能力、单载扇及单站同时支持 VoIP 数量、通道数、单用户峰值吞吐率。与 RRU 部分密切相关的有：工作带宽、瞬时工作带宽、通道数、功放配置等。

LTE 基站软件处理能力采用同时 RRC 连接数衡量。

5.2 LTE FDD 基站配置

用列表的方式，给出采用基站模型、硬件处理能力、软件处理能力（个）。

基站模型包括：2T2R（S1、S11、S111、S1111、S11111、S111111、独立 RRU）和 1T1R（S1、S11、S111、S1111、S11111、S111111、独立 RRU）。

硬件处理能力包括：单载扇功放配置、单载扇通道配置、单载扇处理能力、单站下行/上行峰值吞吐率（Mbps）、单站非 DRX RRC 连接数（个）、单站支持信令数量（万 BHCA）等。

软件处理能力（个）包括：软件包 1—有数据传输 RRC 连接用户数、软件包 2—有数据传输 RRC 连接用户数等。

5.3 LTE FDD SDR 基站配置

用列表的方式，给出 LTE FDD SDR 基站模型、硬件处理能力（2:2 配置）、软件处理能力（个）。

基站模型包括：S111-2T2R （LTE 模块/G 网模块）、S111-1T1R （LTE 模块/G 网模块）。

硬件处理能力（2:2 配置）包括：单载扇功放配置、单载扇通道配置、单站载扇处理能力、单站下行/上行峰值吞吐率（Mbps）、单站非 DRX RRC 连接数（个）、单站支持信令数量（万 BHCA）。

软件处理能力（个）包括：软件包 1—有数据传输 RRC 连接用户数、软件包 2—有数据传输 RRC 连接用户数。

5.4 LTE 容量配置规模

用列表的方式，给出本期 LTE 共新增各类分布式普通基站数量、SDR 基站数量，新增 LTE 载扇数量等。

6. LTE FDD 天馈线设置方案

6.1 天线设置原则

列出 LTE 基站天线设置应遵循的主要原则，如：LTE 天线部署应统筹考虑现网与未来演进部署的综合需求，合理控制站高；LTE FDD 天线选取应同时考虑 1.8GHz、2.1GHz 两个频段，一般情况采用多端口独立电调天线；LTE 天线设置可考虑新建独立天馈系统、采用多系统多端口天线、与现有系统合路、G/L 双模 SDR 设备利旧现有天线等四种方式等。

6.2 天线指标要求

列表给出 LTE FDD 多端口（4 端口、6 端口）独立电调天线和支持 TD-LTE 和 LTE FDD 6 端口独立电调天线指标要求。

　　LTE FDD 多端口（4 端口、6 端口）独立电调天线的指标包括：频段（MHz）、增益、水平半功率角、第一上旁瓣抑制（dB）、前后比（dB）、互调（dBm）、隔离度（dB）等；

　　支持 TD-LTE 和 LTE FDD 6 端口独立电调天线的指标包括：增益、水平半功率角、第一上旁瓣抑制（dB）、前后比（dB）、互调（dBm）、隔离度（dB）等。

6.3　天线安装要求

　　包括：①天线挂高原则；②天线方向及下倾角；③不同系统天线隔离要求等方面。

6.4　馈线选取

　　（1）原则上 RRU 尽量靠近天线安装，两者之间采用 1/2″软跳线连接。

　　（2）对于确实不能满足上条要求的站点，基站馈线采用 7/8″超柔同轴电缆，同轴电缆与天线和设备的连接处采用 1/2″软馈线以满足同轴电缆曲率半径的要求。7/8″同轴电缆和 1/2″软馈线的曲率半径分别为 250 mm、120 mm。

6.5　天线设置方案

　　列表给出新增 LTE 天线数量（新建、替换），其中新增 LTE 独立天线数量和占比、新增多系统多端口天线数量及占比等。

7．基站设备选型

　　设备选型应本着技术先进、价格合理的原则，从技术演进、设备功能、组网灵活性、环境使用条件及安装维护等方面综合考虑进行选取。

　　无线传播环境的复杂性决定了无线网络覆盖解决方案的多样性，在 LTE 网络建设中常用的设备类型有：分布式基站（BBU+RRU）、一体化基站和微功率基站等。

　　用列表形式，从功耗、容量、安装空间、馈线损耗、覆盖半径、施工难度、设备稳定程度等方面比较分布式基站、一体化基站、微功率基站。

　　综合考虑：LTE 基站设备以分布式基站为主，在无法提供机房的站址可采用室外一体化基站快速部署，在小范围弱信号区或局部盲区的覆盖可采用微功率基站。

　　对于 LTE 网络建设初期，大多数基站与现网共站，基站设备建议以分布式基站为主，在少量没有机房的站址可采用独立 RRU 解决。

8．频率计划及干扰协调

8.1　频率计划

　　本期给出 LTE FDD 网络可部署在 1800 MHz 频段上行 1755～1785 MHz/下行 1850～1880 MHz，2100 MHz 频段上行 1955～1980 MHz/下行 2145～2170 MHz。信道带宽支持 5 M、10 M、15 M 和 20 M 四种模式，本项目采用 20 MHz 带宽。

　　载波之间的间隔取决于应用场景、可用频率块的大小以及信道带宽。两个相邻的 E-UTRA 载波之间标称的信道间隔按照如下定义：

$$标称信道间隔= (BWChannel(1) + BWChannel(2))/2$$

　　其中，BWChannel(1)和 BWChannel(2)是两个单独的 E-UTRA 载波的信道带宽。在特定应用场景下，信道间隔可以为了达到最佳性能而做出调整。

　　对于所有频段，信道栅格为 100 kHz，即载波中心频率为 100 kHz 的整数倍。

　　载波频率由范围是 0～65535 的 E-UTRA 绝对无线频率信道号（EARFCN）来指定。

　　下行载波频率（单位：MHz）和 EARFCN 之间的关系由下述公式来定义，NDL 是下行 E-UTRA 绝对无线频率信道号。

$$FDL = FDL\_low + 0.1(NDL - NOffs\text{-}DL)$$

上行载波频率（单位：MHz）和 EARFCN 之间的关系由下述公式来定义，NUL 是上行 E-UTRA 绝对无线频率信道号。

$$FUL = FUL\_low + 0.1(NUL - NOffs\text{-}UL)$$

8.2　干扰协调

我国现有和将来可能建设的移动通信系统有 GSM900、GSM1800、PHS、CDMA800、TD-SCDMA、WCDMA、CDMA2000 和 LTE。为了保证网络质量，需要考虑 LTE 与其他系统的干扰隔离问题。

9．OMC-R 建设方案

9.1　对于网管配置原则的要求

这些要求包括：①新建网管服务器硬件平台满足瓶颈指标扩容一倍的能力；②以省为单位配置网管服务器，每省至少配置 1 套；以地市移动网局房和监控中心为单位，每局房至少配置 2 套远程操作维护终端；③网管服务器应支持各管理功能（性能管理、配置管理、告警管理、操作维护、无线参数）；④OMC 具备声光告警功能等。

9.2　运维及网管中心对网管服务器的要求

这些要求包括：①核心服务器配置双机；②重要设备部件，如处理器板卡等应有冗余；③服务器处理器处理能力 TPMC 应不低于 10 万/Core；④服务器应配置双上联接口，保证线路冗余和负荷分担所有设备应配置双电源；⑤应支持上层网管北向、网优接口及实时告警、15 分钟粒度指标上报；⑥所有设备应自身进行网络设备组网，并完成与上层汇聚交换设备的互联等。

9.3　各厂家配置规模及能力

随着基站规模增加，为保证 LTE 网管扩容不需要增加、不需要更换平台，本次网管扩容暂按满足未来 3 年 LTE 基站规模管理能力考虑（暂以 FDD 为主）。

9.4　组网方式选择

不同于 2/3G，LTE 网络只有 eNodeB 一个网元，网管组网相对复杂，总体上可以考虑两种方式。

方式一：各厂家网管分别与 DCN 网和 IP 承载网连接，通过 DCN 网实现客户端访问网管系统，通过 IP 承载网实现网管系统对 eNodeB 的管理。

方式二：为各厂家网管与 DCN 网连接，通过 DCN 网实现客户端访问网管系统，DCN 网与 IP 承载网通过路由器进行互通，对 eNodeB 的管理通过 IP 承载网转发至 DCN 网实现。

LTE 主设备网管对并发带宽流量要求较高，按一阶段规模基站规模，各厂家网管带宽需求合计超过 1Gbps 以上。因此，方案二对 DCN 网络要求较高，需要对 DCN 网进行全面改造，且涉及到现有 DCN 网业务割接整体建设周期较长，难以满足 LTE 业务开通需求。方案一要求网管交换机需配置光接口，对 DCN 网要求较低，能够实现快速部署，能有力地保障 LTE 业务的开通需求。

到底采用何种方式，需与运维及网管中心讨论确定。

10．无线仿真

可行性研究阶段仿真主要用于指导建设方案制定、评估方案效果、区分建设优先级等。

10.1　无线网络仿真概述

本项目采用 Forsk Atoll v3.2.0 软件完成对 LTE 规划基站方案进行模拟和仿真，通过规划仿真发现网络结构性问题，并通过对站址、扇区、功率、天线挂高、天线参数等进行调整，使方案满足覆盖、容量、质量等预定目标。

10.2　仿真参数

本次仿真通用参数如下：地图：采用 20 m 精度三维地图；传播模型为 Cost-Hata 模型；手机发射功率 23 dBm；小区发射功率 46dBm；静态业务负载：上行 50%，下行 50%；天线：水平半功率角 65°，增益 18 dBi，收发均为 2 端口；MiMo 模式：上行分集，下行分集；ICIC：不启用。

10.3　仿真结果

可以将仿真结果以图表的形式形象地显现出来，内容可以包括：RSRP(dBm)、RS SINR(dB)、下行速率（Mbps）、上行速率（Mbps）。

通过无线网络仿真，重在对方案调整和效果进行评估。通过仿真结果分析：在业务模型、容量及质量既定的前提下，考量有效连续点/线/面覆盖区域，RSRP、RS SINR、应用层速率等指标是否满足预定的要求。

11．GPS 同步要求

LTE 基站同时配置 GPS、1588V2、同步以太网、1PPS+TOD 四种同步功能的软硬件及相应安装材料。

本工程 LTE FDD 基站需要安装 GPS 接收器以获得同步时钟。GPS 天线需要安装在能使 GPS 天线收到 GPS 卫星信号的地方，GPS 天线上方 20°范围内不能受到阻挡。具体安装可参照有关技术要求。

12．接口配置和传输需求

12.1　接口配置

（1）S1/X2 接口默认采用 GE 电口，根据实际需求进行配置。

（2）BBU 设备应至少支持 6 个 CPRI（BBU 与 RRU 的接口）接口。

12.2　基站传输需求

LTE 基站 S1/X2 接口要满足相应传输带宽需求。

三、拟建规模及形成能力汇总

用列表的方法，表示拟建规模及形成能力汇总。这些表格包括：

（1）基站物理站址建设规模统计表

（2）LTE FDD 试验网建设规模统计表

（3）LTE FDD 试验网基站电源建设规模统计表

（4）LTE FDD 试验网基站配置规模统计表

（5）LTE FDD 试验网基站配套建设规模统计表（单独立项）

（6）本项目完成后基站物理站址规模统计表

四、工程建设进度

工程建设进度的安排要结合工程实际状况和总部相关要求、符合市场需求和工程目标定位。

五、维护管理、劳动定员及人员培训

1．维护管理

2．劳动定员

3．人员培训

六、共享共建、节能、环保、安全生产

1．共享共建

2．节能减排

3．环境保护

4．劳动保护

5．安全生产

七、投资估算与资金筹措

1. 投资估算依据
2. 投资估算说明
3. 投资估算及汇总
4. 投资结构和造价分析
5. 资金筹措

八、风险评估

1. 主要风险点
2. 风险分析
3. 项目风险应对策略

九、附表

十、附图

8.2　初步设计文件简明案例（GSM 网交换系统单项工程）

1. 设计说明

1.1　概述

（1）设计依据

说明设计文件是根据什么文件进行编制的，如委托书、任务书、有关报告和会议纪要，并扼要说明这些文件的主要内容及文号。

（2）工程概况

① 城市现状。说明该城市的自然情况，包括地理位置、人口，以及工农业基础、交通、旅游业开发的情况。

② 城市业务区现状。说明该 GSM 移动通信网业务区经过前期工程的建设，目前设有的本地移动业务交换中心、HLR 及用户容量的情况；说明基站系统的情况，包括基站控制器和基站的个数及类型、载频和无线信道数量、无线用户数、设计话务量；说明传输系统的主要设备的数量及类型；说明电源设备的主要情况；同时还要说明所属大区中心和省内 MSC 的话务疏通或汇接情况及信令（转接）点情况。

（3）市场需求分析和本期工程建设的必要性

① 市场需求分析。根据移动通信近几年的建设情况和市场发展预测说明本业务区的移动市场发展潜力很大。

② 本期工程建设的必要性。一般从覆盖范围、扩大网络规模、加快交换网和传输网的建设、提高社会和经济效益、经济的飞速发展对移动通信网的需求等几个方面，说明本期工程建设的必要性。

（4）本期工程建设规模

① 建设规模。说明对 MSC 扩容的容量、对 HLR/AUC 扩容的容量、对计费中心扩容的要求、对短消息中心和 WAP 网关扩容的要求。

② 主要工作量。列表说明本期扩容工程需安装的主要设备和数量及安装地点。

（5）设计范围及分工

① 设计范围。说明本设计的内容范围：主要负责本期 MSC 扩容工程和新建 HLR 系统工程的建

设方案、网路组织、路由方式、编号计划，设备平面布置、局间中继数量和信令链路的计算，局间信令和接口方式、局数据及工程概算等，以及与无线基站、光缆传输、电源、配套工程等相关专业的配合设计。

② 设计分工。说明本交换设计与供货商的分工、本交换设计与建设单位的分工、本交换设计与基站设计的分工、本交换设计与传输交换专业的分工、本交换设计与电源专业设计的分工、本交换设计与配套工程的分工。

（6）工程投资及技术经济指标

说明本期工程概算投资总金额，新增移动用户的容量。

（7）设计文件分册

根据本期工程设计文件编制计划说明，设计文件分为多少册，本设计为第几册，介绍设计文件的分册情况。

1.2　GSM 网络组成

简单介绍 GSM 网络的组成。

1.3　交换网络设计

（1）省内本 GSM 网交换网络现状

① 省内本 GSM 网路结构现状。省内 GSM 移动通信网交换网络采用二级结构，即二级移动业务汇接中心和本地移动业务交换中心。介绍省内两个二级汇接中心的设置、本地移动业务交换中心的设置，以及二级移动业务汇接中心和本地移动业务交换中心之间的连接状况。

② 省内本 GSM 网现状。

③ 本业务区网路组织现状。

（2）本期工程交换网络建设方案

① 本 GSM 话路网结构及组织。根据全国本 GSM 网采用的三级结构的原则，介绍省内各级移动业务汇接中心的设置方案和连接方式。

② 本业务区交换局的设置方案。说明 MSC 设置原则、MSC 设置方案。

③ 根据实际情况提出本期工程 HLR 的设置方案。

④ 本业务区网络结构及组织。说明本业务区交换网络结构、本业务区交换网路组织，并给出本业务区网路结构及组织图（包括本网局间网路组织、MSC 与 PSTN 网间的网路组织、MSC 与 BSC 间的网路组织、MSC 与 HLR 间的网路组织、MSC 与语音信箱以及短消息之间的网路组织、特服网路组织等）。

⑤ 说明语音信箱及短消息的设置方案。

⑥ 网间互联方式的设置方案。说明本期工程完成后，将有哪几个移动网关局（GMSC/GW），兼做互联互通接口局，分别在哪几个局向上设有直达中继，实现与其他各通信网间的业务互通。

1.4　话务量及中继线计算

（1）话务模型

根据对本 GSM 网及本业务区最新用户话务量及流量流向的调查统计，结合本业务区目前情况和未来的发展，说明综合取定的本期工程话务量及相关参数。例如，本网每用户话务量的取定；用户呼出与呼入的比例取定；本网用户之间呼叫的比例取定；本网用户与其他各通信网用户之间呼出与呼入的比例取定；长途呼叫与市话呼叫的比例取定；长途呼叫中省内长途呼叫与省外长途呼叫的比例取定；漫游进来用户占总用户量的比例取定，漫游出去用户占总用户量的比例取定；短消息呼叫占呼叫的比例取定。

（2）服务等级

根据有关设计规范要求，说明 MSC、BSC、TMSC、GMSC 及 GW 之间的中继呼损指标。

（3）话务量及中继线计算

根据话务量调查和分析，以及本期工程确定的网路组织和取定的话务参数与局间中继呼损率，计算出 MSC 与 MSC 间及其他通信网接口局间的话务量和中继线，并列表说明。

1.5　信令网网络组织

（1）信令网现状

介绍全国及本大区 GSM 信令网结构及组织。

（2）本期工程信令网路组织

① 本 GSM 信令网结构及组织。

② 本省 GSM 信令网结构及组织。

③ 本业务区信令网路的组织（其中包括 MSC 与省内二级汇接中心间信令组织、MSC 与 PSTN 网间的信令组织、MSC 与 HLR 间的信令组织、MSC 与中国移动网间的信令组织、MSC 与其他网间的信令组织），说明连接方式，并给出信令网结构组织图。

（3）信令方式与接口

① MSC 与 BSC 系统的信令与接口。MSC 与 BSC 间的接口为 A 接口，采用 14 位 No.7 信令方式，同时 MSC 应具有 14/24 位的转换功能。A 接口的物理接口为 2 Mbps 的数字接口，此接口主要用来传递有关呼叫建立、切换及释放移动性管理、基站管理、移动台管理等信令数据，主要信令协议是 BSS 应用部分（BSSMAP）、信号连接控制部分（SCCP）及消息传递部分（MTP）。

② MSC 与 MSC 间的信令与接口。MSC 与 MSC 间的接口为 E 接口，采用 24 位 No.7 信令方式，MSC 之间的物理接口为 2 Mbps 数字接口，此接口用在 MSC 之间切换时交换有关的信息及 MSC 之间建立用户呼叫接续时传递有关信息。信令规程包括移动应用部分（MAP）、事务处理能力应用部分（TACP）、信号连接控制部分（SCCP）、消息传递部分（MTP）和电话用户部分（TUP）。

③ MSC 与 HLR 间的信令与接口。MSC 与 HLR 间的接口为 C 接口，主要用来传递有关移动台位置和管理信息，以使移动台在整个服务区中能建立和接收呼叫，以及传递管理和路由选择信息，使入口 MSC 能询问被叫移动台的漫游号码。信令规程包括移动应用部分（MAP）、事务处理能力应用部分（TCAP）、信号连接控制部分（SCCP）和消息传递部分（MTP）。

④ MSC 与 SMS、VMS 间的信令与接口。MSC 与 SMS 间的接口采用 2 Mbps 数字接口，采用 24 位 No.7 信令方式，本期工程 MSC 与 SMS 间的接口规范可按设备厂商的规范进行连接。MSC 与 VMS 之间采用 2 Mbps 数字接口，14 位或 24 位 No.7 信令方式，本期工程 MSC 与 VMS 间的接口规范可按设备厂商的规范进行连接。

⑤ MSC 与 GW（PSTN、IP）间的信令与接口。MSC 与 GW 之间为 2 Mbps 的数字接口，采用 24 位 No.7 信令，信令规程包括消息传递部分 MTP、电话用户部分 TUP 及 ISDN 部分。

⑥ MSC、HLR、BSC 与 OMC 间的信令与接口。说明 MSC、HLR、BSC 与 OMC 间的信令与接口是采用 ITU-T Q3 接口，还是采用设备厂商的内部规范。

（4）信令点编码

① 介绍信令点编码规则。如本期工程 MSC 的 No.7 信令点编码采用全国统一的 24 位编码，信令点编码按 24 位考虑，但 MSC 具有 14 位和 24 位兼容功能，BSC 采用 14 位编码。

② 说明信令点编码（包括 MSC、HLR、SMS、VMS 和 BSC 等信令点的编码）。例如，列表说明信令点编码。

（5）寻址方式

GSM 数字蜂窝移动通信 No.7 信令网的 SCCP 的寻址方式分为 DPC 寻址和 GT 寻址。介绍 DPC 寻址方式和 GT 寻址方式，并说明网内采用何种寻址方式。例如，本期工程省际 SCCP 寻址采用 GT

方式，GT 翻译点为 LSTP，省内 SCCP 寻址采用 DPC 方式。

1.6　信令信息量及信令链路计算

（1）信令信息量模型

说明信令信息量的主要技术参数并介绍信令链路设置原则。信息量大小是建设 No.7 信令网的主要因素之一，是决定信令网结构和规模的重要依据。

GSM 系统信息量主要包括两部分：MAP 消息（移动应用部分）用于移动局间；MTUP 消息用于移动局至 PSTN 网间。MAP 消息主要用来传递一些与电路无关的消息，如用户的位置消息、呼叫的路由消息、用户的鉴权消息等。对于 MAP 消息，本工程计算主要考虑用户位置更新（包括周期性位置更新）、呼叫处理、鉴权三部分，同时考虑短消息业务、补充业务激活/去活等部分参数。

本期工程信令信息量计算基础数据应给出：平均每户忙时话务量的取定；移动用户忙时呼叫次数的取定；平均通话时长的取定；MAP 消息呼叫处理的取定；TUP 消息平均长度的取定；MAP 消息平均长度的取定；呼叫处理消息数量的取定；位置更新次数的取定；鉴权参数的取定（包括呼叫处理参数的取定和位置更新参数的取定）；短消息参数的取定；短消息用户数比例的取定。

（2）信令链路计算

① 信息量的计算说明。

② 本期工程信令链路的计算取定。

列表说明各（G）MSC、HLR 的信令链路配置。

1.7　路由计划

设置各种呼叫的路由计划。

（1）固定用户呼叫本网移动用户的路由

① 市话固定用户呼叫本网本地移动用户的路由。

② 市话固定用户呼叫本网漫游移动用户的路由。

③ 外地固定用户呼叫本网移动用户的路由。

（2）移动用户呼叫固定用户的路由

① 本网移动用户呼叫本地市话固定用户的路由。

② 本网移动用户呼叫外地固定用户的路由。

③ 本网移动用户呼叫特服业务的路由。

（3）移动用户呼叫移动用户的路由

① 本网移动用户呼叫本网移动用户的路由。

② 本网移动用户呼叫其他网移动用户的路由。

③ 其他网移动用户呼叫本网移动用户的路由。

（4）移动用户呼叫数据用户的路由

以上各种路由的说明要给出接续路由。

1.8　编号计划

参照国家原信息产业部有关 GSM 移动通信网路技术体制有关规定，根据移动网运营商数字移动电话（GSM）网本地网总体建设方案的要求，给出各种号码的编配。

（1）移动用户电话号码（MSISDN）

（2）国际移动用户识别码（IMSI）

（3）移动用户漫游号码（MSRN）

（4）VLR 的越局切换号码（HOT）

（5）临时移动用户识别码（TMSI）

（6）国际移动台设备识别码（IMEI）

（7）MSC/VLR、HLR识别码

（8）位置区识别码（LAI）

（9）全球小区识别码（GCI）

（10）基站识别码（BSIC）

（11）语音信箱及短消息号码

（12）移动用户服务中心特服号码

1.9　拨号程序

（1）国内全自动呼叫的拨号程序

① 本网用户呼叫本地或外地固定用户。

② 本网移动用户呼叫本网移动用户。

③ 本网移动用户呼叫其他网移动用户。

④ 本网移动用户呼叫特种业务（119、110、120、122除外）。

⑤ 本网移动用户呼叫119、110、120、122。

⑥ 固定用户呼叫本地本网移动用户。

⑦ 固定用户呼叫外地本网移动用户。

（2）国际全自动呼叫的拨号程序

① 本网移动用户呼叫其他国家移动或固定用户。

② 其他国家移动或固定用户呼叫本网移动本地网内移动用户。

1.10　提供的业务功能

移动交换（MSC/VLR）系统可以提供的业务分为基本业务和补充业务。基本业务按功能又可分为电信业务和承载业务。电信业务是指为用户通信提供的包括终端设备功能在内的具有完整能力的通信业务，承载业务提供用户接入点间信号传输的能力。

补充业务是对两类基本业务的改进和补充，它须与基本业务一起提供。

（1）电信业务

说明本期工程应提供的电信业务。

例如，本期工程除提供常规的电话业务和紧急呼叫电信业务外，还可提供以下三类电信业务：

① 短消息业务。包括点对点MS终端的短消息业务、点对点MS起始的短消息业务、小区广播短消息业务。

② 语音信箱。

③ 传真业务。包括交替的语音和三类传真，自动三类传真。

（2）承载业务

说明本期工程应提供的承载业务。例如，本期工程可向用户提供下述承载业务：

① 1200～9600 bps同步和异步数据业务。

② 1200～9600 bps交替语音数据业务。

③ 1200～9600 bps PAD分组数据业务。

（3）补充业务

说明本期工程应提供的补充业务。本期工程移动交换系统可向用户提供下列补充业务。

① 呼叫提供类补充业务

a. 无条件呼叫前转（被服务用户可使网络将呼叫他的所有入局呼叫接至另一号码）。

b. 遇移动用户忙呼叫前转（遇被叫移动用户忙时，将入局呼叫接至另一个号码）。

c．遇无应答呼叫前转（当网络遇被叫移动用户无应答时入局呼叫接至另一个号码）。

d．遇移动用户不可及呼叫前转（当移动用户未登记或无线链路阻塞或移动用户离开无线区域，无法找到时，网络可将入局呼叫接至另一个号码）。

② 呼叫限制类补充业务

a．闭锁所有出局呼叫。

b．闭锁所有国际出局呼叫。

c．闭锁除归属 PLMN 国家外所有国际出局呼叫。

d．闭锁所有入局呼叫。

e．当漫游出归属 PLMN 国家后，闭锁入局呼叫。

f．漫游限制。

③ 号码识别类补充业务

a．主叫号码识别显示（在被叫应答前将主叫方的 ISDN 号码及可能的附加地址信息显示给被叫方）。

b．主叫号码识别显示限制（限制将主叫方的 ISDN 号码和可能的附加地址信息显示给被叫方）。

c．被叫号码识别显示（是在呼叫建立阶段，将被叫方的 ISDN 号码及可能的附加地址信息显示给主叫方）。

d．被叫号码识别显示限制（是提供给被叫方的业务，它限制将被叫方的 ISDN 号码和可能的附加地址住处显示给主叫方）。

e．恶意呼叫识别。

④ 呼叫提供类补充业务

呼叫转移（使被服务的移动用户将已建立的入局呼叫或出局呼叫转移至第三方）。

⑤ 呼叫完成类补充业务

a．呼叫等待（是当移动台处于忙状态时，移动用户被告之有呼叫。用户既可应答，也可拒绝这一入局呼叫）。

b．呼叫保持（允许一个被服务的移动用户可中断现有呼叫通信，而在以后需要时，重新建立通信）。

c．至忙用户的呼叫完成（允许一个主叫移动用户当遇被叫忙时，可在被叫空闲时被告之，如果主叫移动用户需要，可重新发起至特定被叫用户的呼叫）。

⑥ 多方通信类补充业务

a．会议电话业务（允许一个用户同时与多个用户进行通信也可以使各个用户之间相互通信，召开会议）。

b．三方通话业务（使一个已经建立呼叫的用户在保持现在通话状态的同时，建立与第三个用户呼叫的业务）。

⑦ 集团类补充业务

闭合用户群（命名连接至 PLMN 的一群用户，仅能够彼此之间进行通信。如果需要，一个或多个用户可提供向群体外发出呼叫，或从群体外接受呼叫）。

⑧ 计费类补充业务

a．计费通知（是将使用情况的计费信息告诉呼叫付费的移动用户）。

b．免费业务（可分配给移动用户一个特别的号码，所有打这个号码的呼叫费用由此用户而非主叫方支付）。

c．对方付费。

d．立即计费。

⑨ 附加信息传送类

用户到用户信令（允许移动用户通过与呼叫随路的信令信道将有限的信息量发送到另一个 PLMN 或 ISDN 用户）。

⑩ 运营者提供的闭锁业务

a. 基本业务闭锁业务：闭锁所有出呼叫；闭锁所有国际出呼叫；闭锁除归属 PLMN 国家以外的所有国际出呼叫；当漫游出归属 PLMN 国家时，闭锁出呼叫；闭锁所有入呼叫；当漫游出归属 PLMN 国家时，闭锁入呼叫；出归属 PLMN 闭锁漫游；闭锁高额费率信息业务出呼叫；闭锁高额费率娱乐业务出呼叫；闭锁补充业务接入。

b. 自定义的业务：长途无权业务。

⑪ 运营商定义的用户签约限制业务

1.11　计费方式

（1）费用组成

移动电话的费用应由两部分组成：机线设备费和无线频率费。

（2）计费原则

若移动用户做主叫，则主叫用户应支付机线设备费及其使用的无线频率费。若移动用户做被叫，则机线设备费应由主叫用户支付，而无线频率费由谁支付，需要根据各地所采取的经营方式决定。

漫游用户作主叫时，其费率应高于非漫游用户，因为漫游呼叫需在 MSC/VLR 与 HLR 之间传递有关漫游的信令。

漫游用户作被叫时，由于移动台的漫游有可能使本地电话变成长途电话，或长途电话变成本地电话，或 A 地长途变成 B 地长途，因此对于此类呼叫，应对主叫按所拨号码收费，话费差由被叫 MS 支付。

由于牵涉各运营商，费用问题比较复杂，需根据不同的呼叫路由与其他运营商具体协商，对各类呼叫按号码判断费率后，来、去话按要求计费，运营商双方定期一对一互相核对及结算。

（3）计费内容及方式

① 说明计费内容。

两网间呼叫均采用详细话单计费。即两网间任何类型呼叫均采用详细话单计费，并且在计费内容中包含移动被叫用户漫游号码，主叫 MS 的 LAC 号码和被叫 MS 的 LAC 号码，具体话费计算由计费中心统一根据主被叫号码来决算。

详细计费的主要内容包括：话单序号；主叫用户类别；主叫用户号码；被叫用户号码；费率；计费日期，通话起始时间（时、分、秒）；通话时长（时、分、秒）；MSC、BSC 及小区识别；呼叫的其他方。

② 说明计费方式。

移动通信网内始发 MSC，终端 MSC 和入口 MSC（GMSC）均要计费。当发生越局切换时，由主控 MSC（即移动台未切换时所在的 MSC）进行计费。

a. 立即计费

在电话营业厅、宾馆服务台等设置打印机，用户的计费信息，在一次通话结束时，可经过打印机立即打印出来。同时也可根据需要将费率信息传送给移动台，在显示器上显示计费结果。这种计费方式主要用于租机业务中用户的计费。

b. 脱机计费

移动交换局采用详细记录话单方式，将用户的各种通话信息详细记录下来。定期脱机处理，将计费信息传至计费中心，由计费中心进行集中处理。

c. 联机计费

移动交换机可实时或定时向计费中心传送计费信息。定时向各级有关的计费中心传送计费信息，由计费中心进行集中处理。

本工程采用立即计费、脱机计费和联机计费方式，并以联机计费方式为主。

（4）计费中心的设置

计费中心的设置一般采用三级结构，即总部计费中心、省级计费中心和本地计费中心。

国家计费中心接收来自各省的省际、国际漫游用户的计费信息；进行省际、国际漫游用户的结算；将各省漫游用户计费信息，结算信息送往各省计费中心；与其他国家的运营部门进行国际话费结算。

省级计费中心负责与当地电信网的网间结算工作。省级计费中心接收来自省内各移动业务本地计费中心的漫游用户计费信息；接收来自总部计费中心的本省用户的省际、国际漫游计费信息及结算信息；进行省内漫游用户的结算；将外省国际漫游用户计费信息送往总部计费中心；将省内漫游用户计费信息及结算信息送至相应本地计费中心。

本地计费中心负责与当地电信网的网间结算工作，并对移动业务本地网 MSC/VLR 中的计费信息进行预处理，将外来漫游用户的计费信息送至上级计费中心；同时接收来自上级计费中心的归属用户漫游计费信息和结算信息，形成本地网归属用户的计费账单。

1.12 网同步

（1）本网数字同步网状况

省分公司在省内已建设了同步设备，分别在两地配置了 GPS 卫星定时接收单元和二级时钟设备，构成省内基准参考源（LPR）。省内同步网以两地 LPR 为源头，利用 LPR 设备和省内干线 SDH 传输系统组成省内定时平台。

（2）同步方式

本移动业务区前期工程已建设了 BITS 系统，本期工程 MSC 仍采用主从同步方式，从 BITS 系统引入主用同步定时信号，从电信接口局获取的同步信号作为备用。

（3）时钟等级

说明本移动网中各节点的时钟等级：GMSC/GW、MSC/VLR、HLR 的时钟等级为二级 B 类，BSC 的时钟等级为三级。

列表说明各级时钟的最大频率偏移、最低准确度、牵引范围、初始最大频偏技术指标。

1.13 操作维护中心

（1）移动通信监控网管的结构

数字移动通信监控网管的结构为三级，即全国数字蜂窝移动通信操作维护中心、省级操作维护中心和本地级操作维护中心。本地级网管由各网路单元和本地级操作维护中心组成，省级网管由一个省级操作维护中心和相关的本地级网管组成。

本期工程 MSC 设备预留与上级网管的接口，以便建立网管系统。

（2）移动通信监控网管的功能

① 维护（故障）管理。

② 性能管理。

③ 配置管理。

（2）操作维护中心的设置

① 本省 GSM 操作维护中心的既设现状。

② 本期工程操作维护中心的设置。

③ 本地级操作维护中心的设置。

操作维护中心的设置原则是各机房内的维护终端分别负责本机房内的设备管理，并与省级网管中心留有接口，将本局网管信息传送至省级网管中心。本期工程不新设操作维护中心，各局现有的操作维护中心保持不变。

1.14　设备配置与机房平面

（1）设备配置

① 设备选型。应根据可行性研究报告和上级主管部门的批复，对本期工程中采用的交换子系统，经招议标技术交流、对应标厂家的调查和考察，本着技术先进、性能完善、质量可靠、价格合理并符合中国的各种技术规范的原则，对应标厂家的设备性能、指标进行分析和比较，结合本业务区 MSC 的设置现状，并考虑设备供货周期、各项技术条件、商务等因素，提出建议采用设备。

② 设备配置：说明主要设备的配置规格、数量。

（2）机房平面

① 通信机房相对位置。说明移动业务交换中心（MSC）设置的地点及楼层，内设哪些机房，移动交换机主机房面积约为多少。

② 机房平面：说明本期工程需安装的各种设备的套、架数，给出本期工程机房设备平面布置图。

（3）电缆布放

说明设备所需各种电缆的走线方式。

本期工程交换机房内各电缆布放要求整齐、有序，机架两边电缆要理顺，不要交叉、扭曲，余量的线盘好、绑扎整齐，各类电缆按类布放，均沿机房内的电缆走线架布放。交流电源线与直流及同轴电缆尽量分开布放。

1.15　通信工艺对土建要求

交换机房是移动交换局的主要机房，因此对其提出必要的技术要求，以保证机房设备安全、可行地运行。机房建筑要求应按 YDJ24—88《电信房屋建筑规范》的有关规定执行。

（1）机房承重

机房荷载不小于 500 kg/m²。

（2）防静电要求

机房地面一般应采用铝合金防静电活动地板，活动地板的金属支架和金属镶边应接地。

（3）对空调要求

说明空调的送风方式。

（4）机房消防要求

（5）防水要求

机房内不应通过与机房无关的给水、排水及消防管道，空调机组的排水要做防护处理，以防漏水时损坏通信设备和维护管理时对通信的干扰。

（6）防尘要求

移动交换机房应采用密封性能较好的铝合金或钢型门窗，机房地面、墙壁、顶棚、门窗要保持清洁卫生。

（7）其他需要说明的问题

对门、窗、吊顶使用的材料提出要求，以满足设备对土建的要求标准。

有关工艺、温湿度要求详见 0066S-YJ16《通信工艺、温湿度要求表》。

1.16　电源要求及接地

（1）电源要求

交换设备一般采用直流电源供电，直流电源工作电压为–48 V，电压变动范围为–44～–57 V，操作维护终端设备工作电源为交流 220 V，由 UPS 不间断电源引接供给，列表说明本期工程安装设备的耗电量。

（2）接地

接地系统的工程接地电阻交换中心应小于 1 Ω。

1.17　抗震加固

移动通信交换中心所在楼体抗震设计烈度应符合 YD5003—98《电信专用房屋设计规范》的规定。若某些指标不满足要求，应采取加固措施，以确保抗震设计烈度各项指标的落实。

对新安装设备应采取抗震加固措施，以保证设备安全、可靠地运行。

1.18　维护管理、人员配备及培训

（1）维护管理

移动交换机应实行 24 小时值班制，无线基站、光传输、电源及配套项目设备等原则上要求实行无人值守，但要定期检查和维修。

（2）人员配备

参照中华人民共和国劳动和劳动安全行业标准 LD/T102—1997《邮电通信定员》有关移动通信设备维护人员配备的标准，及建设单位的实际情况，提出本期工程专业人员配置。

（3）人员培训

应建议对上岗维护人员应加强技术培训，提高专业技术水平和外语水平。

1.19　工程割接

（1）工程割接计划

建议根据本期工程的规模，及扩容设备安装的情况，确定割接方案，列出一个设备安装、调测、试运行的工作计划和时间进度表。参照试运行的各项技术指标，确定 MSC 设备的割接日期。

（2）工程割接方案的实施

建议根据扩容设备的试运行情况及确定的割接方案，由运维部门的工程技术人员或施工人员，对工程实施割接，使本期工程的设备早日投入运营，为本业务区提供更多的用户服务。

1.20　其他需要说明的问题

对以上设计的未尽事宜进行说明，如本期工程设备安装的地点和设备安装的机架数量的说明、关于交换机房本期工程建设和远期发展的有关说明等。

2.　概算

2.1　概算编制说明

（1）概述

（2）编制依据

（3）有关费用及费率的取定

（4）需要说明的问题

2.2　概算表格

3.　图纸

8.3　施工图设计文件简明案例（光传输设备单项工程）

一、设计说明

1.　概述

说明该工程的地区概况、设计依据、设计范围及分工、设计分册、工程建设规模、主要工程量和工程投资等情况。

（1）地区概况

介绍该地区的地理、气候、经济、人口、交通、行政划分、主要产业和工业园区及旅游区分布等情况。

（2）设计依据

说明该施工图设计文件的编制依据，包括委托书、初步设计文件、相关标准和规范、有关报告和会议纪要、现场查勘的资料、建设方提供的技术资料等，并简要说明这些文件的主要内容及其文号。例如，中华人民共和国通信行业标准 YD 5095—2014《同步数字体系（SDH）光纤传输系统工程设计规范》、YDN 099—1998《光同步传送网技术体制》等。

（3）设计范围及分工

① 设计范围

设计范围主要包括以下四部分内容：

a. 说明新建固话、无线、数据及互联网等业务节点的传输接入方式，以及新增电路对传输网络的扩容需求。

b. 对传输系统进行组网，对设备性能、指标及安装提出要求，并对各中继段进行设备配置和功率预算。

c. 统计工程量及编制投资预算。

d. 绘制工程图纸。

② 设计分工

说明本设计与交换专业、业务网（固话、无线、数据及互联网）专业、电源专业的分工界面；说明本设计与光缆线路专业的分工界面；说明本设计与厂家的分工界面；说明本设计与建设单位的分工界面等。

（4）设计分册

根据本期工程设计文件编制计划，说明设计文件的分册情况及本施工图设计文件的具体分册归属情况。

（5）工程建设规模及主要工作量

说明本期工程的建设规模，包括新建、搬迁的固话、无线、数据及互联网等业务节点数量；主要工程量包括网络管理系统套数、光传输设备端数、DDF/ODF 架数、线缆百米条数，增补板件块数等以及相应的安装工程量。

（6）工程投资

说明本期工程施工图设计预算总投资额度、预算相对于初步设计概算的增减情况及增减原由。

2. 局站设置

说明本期工程新增、搬迁的固话、无线、数据及互联网等业务节点机房的相关情况。包括上述节点的站名、站址、容量需求、传输方式及电源配置（直流端子、蓄电池组）等情况。

3. 光传输网建设方案

（1）业务网现状

分析固话、无线、数据及互联网等业务网建设情况。包括局点的设置及分布情况、业务节点的分布及数量、业务量及流向、互联互通等内容。

（2）本地传输网现状

分析本地传输网络现有建设情况，包括网络分层、环网数量、电路利用率、网络拓扑结构及保护方式、设备种类及其分布、管道线路建设、现网存在问题等内容。

（3）网络组织

根据本期工程新增光传输设备，搬迁、利用光传输设备等情况，结合已有传输网络拓扑结构，确定新增业务节点的接入方式，并根据站点数量及设置情况，对网络进行必要的调整。

通过分析本地传输网中各个层面环路新增容量后的环路利用率，以确定是否进行环路扩容。

（4）通路组织

根据固话、无线、数据及互联网等专业提供的各节点至核心、汇聚节点的中继系统容量并考虑适当发展余量，确定本期工程的系统容量。

（5）传输网同步方式

对于本地传输网的同步系统，需说明以下两个问题：

① 本地传输网同步系统的现状，包括 BITS 系统的建设情况，采用的同步方式等。

② 本期工程本地传输网同步系统的建设方案。

（6）网管系统

对于本地传输网的网管系统，需说明以下两个问题：

① 本地传输网网管系统的现状。

② 针对不同厂家设备，说明本期工程本地传输网网管系统的建设方案。

（7）公务通信系统

对于本地传输网的公务通信系统，需说明以下两个问题：

① 本地传输网公务通信系统的现状。

② 针对不同厂家设备，说明本期工程公务通信系统的建设方案。

（8）设备选型及配置

根据本期工程建设方案及光传输机房状况，兼顾未来发展的需要及维护管理的方便，说明本期工程新增设备及传输配套的选型、配置情况。

① 设备选型

综合考虑技术、质量、价格、维护等因素，说明本期工程 SDH 光传输设备以及传输配套设备（包括 DDF、ODF 架及走线槽道）的选型、配置情况。

② 设备配置原则

根据本地传输网络结构，各节点结合实际需要并适当考虑各业务网需求以及今后 2～3 年业务发展的需求。光传输设备及传输配套按以下原则配置：

a. SDH 传输设备按照本期工程通路组织需要配置。

b. 数字配线架（DDF）根据通路组织所需数量，整架配置。

c. 光纤配线架（ODF）按光缆容量和终端光接口数量配置。

（9）线缆选用

根据本期工程光传输设备的配置情况，选择合适的电力电缆、信号电缆、尾纤及连接器、接地线等，并说明由设备厂家负责提供的线缆部分。

（10）光中继段长计算

依据光传输设备厂家提供的资料，采用最坏值法对各中继段距离进行预算，分别计算损耗和色散对中继段长度的限制，然后根据具体中继距离配置相应光接口板。

4. 设备安装方式

（1）设备平面布置

针对本期工程新增光传输设备的尺寸规格，明确光传输设备与微波、固话、无线、数据、互联网、电源等设备在同一机房内安装时，在机位选择、安装固定等方面的要求。

（2）设备布置要求

明确提出光传输设备布置要求，主要有以下五点：

① 应根据近、远期规划统一安排，以近期为主。

② 应使设备之间的布线路由合理，减少往返，布线距离最短。

③ 应便于维护和施工。

④ 应照顾自然采光及有利于抗震加固。

⑤ 在有利于提高机房面积利用率的基础上，适当考虑机房的整齐和美观。

5. 电源

（1）设备电源种类

说明本期工程光、电设备的工作电压以及功耗等指标。明确光传输设备采用无瞬断的整流浮充蓄电池直流供电，而外围控制设备、测试仪表、空调、采暖通风、照明等采用交流供电。传输设备采用两路–48 V直流电源供电（一路主用，一路备用）。

（2）保护地线

说明保护地线所用电力电缆的规格及接地电阻等指标。明确须接保护地线的位置，如综合数字配线架上光缆的金属部分，光、电设备外壳以及综合数字配线架、光纤配线架的金属部分。

（3）防雷接地

按照 YD 5098—2005《通信局（站）防雷与接地工程设计规范》的要求，进行联合接地设计。

6. 机房要求

（1）机房工艺要求

优先选用机房面积、荷重、电源、空调、电磁兼容等相关条件良好的现有机房作为各级传输机房。新建传输机房的选址应注意光缆路由进出方便安全、周边环境清洁，无人值守机房应考虑防盗、防火、防尘等因素。依据 YD 5003-2014《通信建筑工程设计规范》的要求进行机房建设与装修，充分考虑机房荷重与抗震性能。对机房工艺的具体要求如下：

① 防静电要求。机房地面一般应采用铝合金防静电活动地板，活动地板的金属支架和金属镶边应接地。

② 空调要求。说明空调的送风方式。

③ 机房消防要求。

④ 防水要求。机房内不应通过与机房无关的给水、排水及消防通道，空调机组的排水要做防护处理，以防漏水时损坏通信设备和维护管理时对通信的干扰。

⑤ 防尘要求。传输机房应采用密封性能较好的铝合金或钢型门窗，机房地面、墙壁、顶棚、门窗要保持清洁卫生。

⑥ 其他需要说明的问题。对门、窗、吊顶使用的材料提出要求，以满足设备对土建的要求标准。

（2）机房承重要求

根据 YD 5003—2014《通信建筑工程设计规范》的要求，对新建传输机房进行承重设计。传输机房承重应在 600～800 kg/m² 之间，一般单面排列的机房，承重应在 600 kg/m²；双面排列的机房，承重应在 800 kg/m²。如果机房承重不够，应尽量将设备布置在梁下、或采取机房加固措施。

（3）抗震加固要求

传输机房所在楼体抗震设计强度应符合中华人民共和国原信息产业部 YD5059-2005《通信设备安装抗震设计规范》的规定。设备机架底部应对地加固，机架顶端应与上梁加固。对地震设计强度在七度或七度以上地区的机房，机架的安装必须进行抗震加固。若某些指标不满足要求，应采用加固措施，以保证设备安全、可靠运行。

（4）机房环境要求

提出设备机房关于洁净度、温/湿度和人工照明等方面的要求。

（5）安装说明

结合本期工程新增光传输设备的具体规格，选择排列方式（面对面或面对背）、出线方式（顶部或底部出线）和安装方式。

（6）局站接地系统

局站接地系统设计及接地电阻要求，应满足中华人民共和国原邮电部标准 YD5040—97《通信电源设备安装设计规范》。

7．传输系统指标

对网络误码性能、SDH 网络接口抖动和漂移性能等指标进行说明。

8．维护管理和人员、仪表、车辆配置

（1）维护人员编制

分别阐明维护管理、人员配备和人员培训三方面的情况。

① 维护管理。光传输设备原则上要求实行无人值守，但要定期检查和维修。

② 人员配备。参照有关设备维护人员配备的标准，以及建设单位的实际情况，提出本期工程专业人员配置要求。

③ 人员培训。建议对上岗维护人员应加强技术培训，提高专业技术水平和外语水平。

（2）维护仪表及车辆

主要说明仪器仪表和车辆的配置现状，以及本期工程新增仪器仪表和车辆的情况。

9．需要说明的问题

（1）安全注意事项

建设单位要根据《中华人民共和国安全生产法》、《建设工程安全生产管理条例》等有关法律规定，设置安全生产管理机构或者配备专职（或兼职）安全生产管理人员。施工企业和维护部门必须严格执行工信部[2008] 110 号发布的《通信建设工程安全生产操作规范》，施工中应注意消防、用电、监理等安全。

（2）环境保护

整个工程应符合 YD 5039—2009《通信工程环境保护技术暂行规定》的要求。电磁辐射能够满足 GB 8702—2014《电磁环境控制限值》的相关要求。施工现场污水排放应达到 GB 8978—1996《污水综合排放标准》的要求。通信建设项目在城市市区范围内向周围生活环境排放的建筑施工噪声，应当符合 GB 12523—2011《建筑施工场界环境噪声排放标准》的规定，并符合当地环保部门的相关要求；在城市范围内的通信局（站），向周围生活环境排放噪声的，应符合 GB 12348－2008《工业企业厂界环境噪声排放标准》的相关要求。

二、预算

1．预算编制说明

（1）概述

说明本施工图设计预算的总投资和投资明细等情况。

（2）预算编制依据

说明本施工图设计预算的编制依据，主要有：

①工业和信息化部[2008]75 号文"关于发布《通信建设工程概算，预算编制办法》及费用定额的通知"。通信建设工程概预算定额配套文件包括：《通信建设工程概算、预算编制办法》，《通信建设工程费用定额》，《通信建设工程施工机械、仪器仪表台班定额》，《通信建设工程预算定额》（共五册：第一册通信电源设备安装工程，第二册有线通信设备安装工程，第三册无线通信设备安装工程，第四册通信线路工程，第五册通信管道工程）。

②工信部通[2011]426 号"关于发布《无源光网络（PON）等通信建设工程补充定额》的通知"。

③国家物价局、建设部[1992]价费字 375 号《关于发布工程勘察和工程设计收费标准的通知》。

④邮电部邮部[1992]403 号"关于发布《通信行业工程勘察、设计收费工日定额》的通知"。

⑤国家计委、建设部"关于发布《工程勘察设计收费管理规定》的通知（计价格[2002]10 号）"。

⑥计办价格[2002]1153 号国家计委办公厅、建设部办公厅"关于《工程勘察收费管理规定有关问题》的补充通知"。

⑦工信部通函[2012]213 号"关于调整通信工程安全生产费取费标准和使用范围的通知"。

（3）有关费率取定

明确本施工图设计预算中相关费率的计取方法，如施工队伍调遣费、工程定额测定费、建设期利息及勘察设计费等费用的计取方法。

2. 主要经济指标

说明本施工图设计预算总投资额度及设备综合经济指标。

3. 预算表格

三、附表

列表说明本期工程新增、搬迁设备和材料配置的情况以及工作量统计情况等。例如：

附表 1　本期工程新增设备配置表

附表 2　本期工程新增配套材料表

附表 3　本期工程安装工程量表

四、图纸

图纸是最直观而且是最基本的施工指导资料，所以要求施工设计中的各种图纸应尽量反映出客观实际和设计意图。本施工图设计图纸中符号、线条、文字、图衔、图号等应满足 YD/T 5015—2015《通信工程制图与图形符号规定》的规定。

本施工图设计文件中须附带以下图纸：

1．××地区市区传输路由现状图

2．××地区传输网络结构现状图

3．××地区市区传输路由示意图

4．××地区传输网络结构示意图

5．××地区公务网管示意图

6．××地区网络同步系统图

7．××××机房设备平面布置图

8．××××机房设备走线路由图

9．××××机房通信系统及布缆计划图

10．××××机房传输设备面板布置图

11．××××机房 ODF 面板布置图及接线端子表

12．××××机房 DDF 面板布置图

13．××××机房电源系统及布线计划图

注：每个新建传输机房必须提供机房设备平面布置图、机房设备走线路由图、机房通信系统及布缆计划图、机房传输设备面板布置图、机房 ODF 面板布置图及接线端子表、机房 DDF 面板布置图、机房电源系统及布线计划图等 7 幅图。

8.4　一阶段设计文件简明案例（小区综合接入工程）

一、设计说明

1. 概述

本工程为××小区综合接入工程，本设计为该工程的一阶段设计。

1.1　小区概况

概要说明该小区的自然情况，包括地理位置、面积、住户数量、业主及楼宇情况，以及综合业务需求情况分析等。

1.2　设计依据

说明该一阶段设计文件的编制依据，包括规划、批复、委托书、相关标准和规范、有关报告和会议纪要、现场查勘的资料、建设方提供的技术资料等，并简要说明这些文件的主要内容及其文号，例如，YD5102—2010《通信线路工程设计规范》、YD5121—2010《通信线路工程验收规范》、GB/T50311—2007《综合布线系统工程设计规范》、YD/T 5097—2005《3.5 GHz 固定无线接入工程设计规范》、YD/T 1953—2009《接入网技术要求——EPON/GPON 系统承载多业务》、YD/T 1949《接入网技术要求》（YD/T 1949.1—2009、YD/T 1949.2—2009、YD/T 1949.3—2010、YD/T 1949.4—2011）、YD/T 1995—2009《测试方法 吉比特的无源光网络（GPON）》等。

1.3　设计范围和分工

（1）设计范围

设计范围主要包括以下四部分内容：

① 说明新建基站间、基站与小区的传输接入方式及新增电路对传输网络的扩容需求。

② 对光缆主要设计标准及光缆线路敷设安装提出要求，并对各段进行设备配置和光缆衰耗预算。

③ 统计工程量及编制投资预算。

④ 绘制工程图纸。

（2）设计分工

说明本设计与设备专业的分工界面；说明本设计与厂家的分工界面；说明本设计与建设单位的分工界面等。

本设计为小区综合接入工程，涉及新建光缆线路及小区内综合布线。OLT 机房 ODF 架或终端盒以外（除 PON 网络中的 ONU、光分路器设备），包括小区内综合布线由本设计负责；PON 网络中的ONU、光分路器设备由设备专业负责。

2. 主要工程量

说明该工程的建设规模，包括新建、利旧的光缆线路及新建光缆终端盒的数量；主要工程量包括光缆工程施工测量长度，敷设管道光缆长度，架设架空光缆、墙壁光缆和直埋光缆长度，光缆成端接头芯数，安装光缆终端盒个数及相应的安装工程量。

3. 工程投资与技术经济指标

说明本期工程预算投资总额，新建光缆线路长度，单位工程造价、单用户工程造价等。

4. 光缆线路路由

4.1　光缆线路路由选择

结合设计人员现场勘测情况以及建设单位意见，说明本工程主干光缆、配线光缆、驻地网光缆路由的具体设置。光缆路由主要选择在小区内现有路由、小区至就近基站原有光缆路由，以便于施工和维护。

4.2　综合布线

说明本工程综合布线的布放区间及施工方式等。

4.3　自然及交通条件

说明小区所处地理位置的自然、交通条件及其在施工过程中对工程质量和人员安全等方面的影响。

5．光缆主要技术指标及光缆线路敷设安装要求

5.1　ODN 光衰耗预算

通过计算依据和计算公式两方面说明 ODN 系统的光衰耗预算方法，测算 ODN 系统各条光路的全程最大衰耗值是否在最大允许光衰耗范围内，能否满足光纤到户设备的运行要求。

（1）计算依据

① 1310 窗口单模光缆衰耗按 0.4 dB/km 计算；1550 窗口单模光缆衰耗按 0.24 dB/km 计算。

② 活动接头均采用 SC/PC 型；衰耗按 0.5 dB/个计算，固定接头按 0.1 dB/个计算。

（2）计算公式

根据以上的计算指标，由 ODN 部分的全程衰耗按如下公式计算：

$$\beta = PON 衰耗 + 缆线衰耗 + 各个接头（死接头及活接头）的衰耗$$

5.2　单盘光缆主要技术指标

说明本工程采用单盘光缆的主要技术指标，包括模场直径、包层直径、模场同心度偏差、截止波长、衰减、1550 nm 处弯曲敏感性能、零色散波长范围、最大零色散斜率、色散系数、光纤折射率等。

5.3　光缆接头盒、终端盒结构及主要技术指标

说明本工程采用光缆接头盒及终端盒的主要技术指标，包括密封性能、绝缘电阻和耐压强度等。

5.4　光缆线路施工验收指标

结合本工程光缆技术条件，说明本工程光缆线路施工验收指标，包括中继段光缆 1310 和 1550 波长处最大衰耗等。

6．光缆线路敷设安装

6.1　一般要求

结合本工程实际以及建设方对小区综合接入工程光缆线路的要求，光缆的敷设安装在符合 YD5121—2010《通信线路工程验收规范》的规定外，还应满足部分要求，如建设方在光缆配盘、光缆布放端别及光缆重叠与预留等方面的要求。

6.2　架空光缆的敷设

说明本工程中架空光缆敷设的具体要求，主要包括架空光缆敷设方式、光缆盘留支架的安装、光缆接头盒的安装、架空光缆吊线的架挂、架空光缆避雷线或拉线的接地、光缆与架空电力线路交越时的防护、光缆的挂钩程式等方面的具体要求。

6.3　管道光缆的敷设

说明本工程中管道光缆敷设的具体要求，主要包括管道光缆敷设方式、管孔选择、子管标识、子管封堵及管道光缆接头盒出线方式等方面的具体要求。

6.4　光缆的接续安装

说明本工程中光缆接续安装的具体要求，主要包括熔接纤序，接头衰耗、接头盒内防潮、加强芯固定，热缩套管保护及光缆预留等方面的具体要求。

6.5　局内光缆引入安装

说明本工程中局内光缆引入安装的具体要求，主要包括进局光缆盘放、光缆弯曲半径、光缆编号和标志、光缆金属构件和金属护套接地、光缆走线和绑扎、局内光缆阻燃等方面的具体要求。

6.6　光缆线路防护措施

说明本工程中光缆防雷、防强电及防机械损伤等方面的具体要求。

7.　综合布线线路敷设安装

说明本工程中综合布线线路敷设安装要求，包括线缆一般敷设要求、预埋线槽和暗管敷设线缆、设置电缆桥架和线槽敷设线缆、采用吊顶支撑柱作为线槽在顶棚内敷设线缆、建筑群子系统敷设线缆、综合布线及设备安装等方面的具体要求；综合布线光/电缆材料、网络机柜以及交接箱、ONU 取电和接地及其他需要说明的问题等。

7.1　线缆一般敷设要求

说明本工程中线缆一般敷设要求，主要包括线缆的规格型号、线缆布放、线缆标识、线缆预留、线缆弯曲半径及与其他管线最小净距等方面的具体要求。

7.2　预埋线槽和暗管敷设线缆

说明本工程中预埋线槽和暗管敷设线缆的具体要求，主要包括线槽标识、敷设暗管材质、管径截面利用率及暗管或线槽封堵等方面的具体要求。

7.3　设置电缆桥架和线槽敷设线缆

说明本工程中设置电缆桥架和线槽敷设线缆的具体要求，主要包括电缆线槽和桥架高度、槽内线缆布放和固定，电缆桥架内线缆垂直敷设，在水平、垂直桥架和垂直线槽中敷设线缆，以及楼内光缆在金属线槽中敷设等方面的具体要求。

7.4　采用吊顶支撑柱作为线槽在顶棚内敷设线缆

说明本工程中采用吊顶支撑柱作为线槽在顶棚内敷设线缆时的具体要求，包括线缆布放绑扎、阻燃及防机械损伤等方面的具体要求。

7.5　建筑群子系统敷设线缆

说明本工程中建筑群子系统敷设线缆的具体要求，主要包括管道线缆敷设、直埋线缆敷设、电缆沟线缆敷设、架空线缆敷设及室外墙壁线缆敷设等方面的施工技术要求。

7.6　综合布线以及设备安装

说明本工程中 OLT、分路器、光缆交接箱、ONU 等设备的安装位置以及楼宇内合布线至用户信息面板间的布放、保护要求。

7.7　综合布线光/电缆材料、网络机柜及光缆交接箱

说明本工程中相关配套材料的具体要求，主要包括光缆、波纹管、网线、网络机柜、驻地网住宅楼网络信息点、光缆交接箱等方面的具体要求，以及光缆交接箱的预覆盖问题。

7.8　ONU 取电和接地

结合工程实际，说明本工程中 ONU 取电及接地的具体情况。

8.　其他需要说明的问题

说明本工程中施工单位在施工前需与电力、公路、城建、地方人民政府等有关部门协调的相关事项。

二、预算

1.　预算编制说明

1.1　概述

说明本工程一阶段设计预算的总投资和投资明细等。

1.2　预算编制依据

说明本工程一阶段设计预算的编制依据，主要有：

（1）工信部规[2008]75 号文："关于发布《通信建设工程概算、预算编制办法》及相关定额的通知"及附件 1：《通信建设工程概算、预算编制办法》，附件 2：《通信建设工程费用定额》，附件 3：《通信建设工程施工机械、仪器仪表台班定额》，附件 4：《通信建设工程预算定额》，第四册《通信线路工程》。

（2）工信部 2011 年 9 月发布的工信部通[2011]426 号文及其附件"《无源光网络（PON）等通信建设工程补充定额》"。

（3）工信部 2014 年 4 月发布的工信部规[2014]6 号文及其附件"《住宅区和住宅建筑内光纤到户通信设施工程预算定额》"。

（4）财政部安全监管总局财企[2012]16 号文"2012 年 2 月关于印发《企业安全生产费用提取和使用管理办法》的通知"。

（5）原国家计委、建设部关于发布《工程勘察设计收费管理规定》的通知计价格[2002]10 号及附件：《工程勘察设计收费管理规定》。

（6）建设单位管理费参照财政部《基建财务管理规定》财建[2002]394 号文执行。

（7）国家发改委、建设部[2007]670 号文："关于《建设工程监理与相关服务收费管理规定》的通知"。

（8）财政部国家税务总局文，财税[2003]16 号文："财政部国家税务总局关于营业税若干问题的通知"。

（9）财政部、国家发改委《关于公布取消和停止征收 100 项行政事业性收费项目的通知》（财综[2008]78 号）的规定，"建设工程质量监督费"和"工程定额测定费"不再计取。

1.3　有关费率取定

明确本工程一阶段设计预算中相关费率的计取方法，主要包括：器材运杂费、施工队伍调遣费、预备费、建设单位管理费、建设工程监理费、安全生产费及勘察设计费等的取定标准和计算方法。

2.　主要经济指标

说明本工程一阶段设计预算投资构成情况及管线主要经济指标。

3.　预算表格

三、图纸

图纸是最直观而且是最基本的施工指导资料，所以要求施工设计中的各种图纸应尽量反映出客观实际和设计意图。本工程一阶段设计图纸中符号、线条、文字、图衔、图号等应符合 YD/T5015—2015《通信工程制图与图形符号规定》的要求。

本工程一阶段设计文件中须附带以下图纸：

1．××小区综合接入工程网络结构图。

2．××小区综合接入工程光缆配盘图。

3．××小区综合接入工程光缆路由图。

4．××小区综合接入工程光缆分纤图。

5．××小区综合接入工程综合布线光缆路由图。

6．××小区综合接入工程综合布线光缆分纤图。

7．××小区综合接入工程综合布线图。

8．××小区综合接入工程光缆交接箱面板图。

附录 A 缩略语表

AGCH	Access Grant Channel	接入许可信道
AD	Administration Domain	管理域
ADM	Add/Drop Multiplexer	分插复用器
AGC	Automatic Gain Control	自动增益控制
AMPS	Advanced Mobile Phone System	先进移动电话系统
AON	Active Optical Network	有源光网络
APON	ATM Passive Optical Network	ATM 无源光网络
ASON	Automatically Switched Optical Network	自动光交换网络
ATM	Asynchronous Transfer Mode	异步传输模式
AUC	Authentication Center	认证中心
AWGN	Additive White Gaussian Noise	加性高斯白噪声
B-CDMA	Broad-band Code Division Multiple Access	宽带码分多址
BCCH	Broadcast Control Channel	广播控制信道
BEP	Break-Even-Point	盈亏平衡点
BER	Bit Error Rate	误比特率
BFD	Bidirectional Forwarding Detection	双向转发检测
B-ISDN	Broad band Intelligent Services Digital Network	宽带综合业务数字网
BITS	Building Integrated Timing system	大楼综合定时系统
BSC	Base Station Controller	基站控制器
BSIC	Base Station Identity Code	基站识别码
BSS	Base Station System	基站子系统
BTS	Base Transceiver Station	基站收发信台
BS	Base Station	基站
CCI	Connection Control Interface	连接控制接口
CP	Control Plane	控制平面
CWDM	Coarse Wavelength Division Multiplexing	粗波分复用
CAI	Common Air Interface	公共空中接口
CCIR	Consultative Committee for International Radio communication	国际无线电通信咨询委员会
CDMA	Code Division Multiple Access	码分多址
CPCH	Common Packet Channel	公共分组信道
CPICH	Common Pilot Channel	公共导频信道
CQT	Call Quality Test	呼叫质量测试
CTCH	Common Traffic Channel	公共业务信道
CW	Continuous Wave	连续波
CWTS	China Wireless Telecommunication Standard（Group）	中国无线通信标准（组）
DCC	Data Communication Channel	数据通信通路
DCF	Dispersion Compensation Fiber	色散补偿光纤

DCN	Data Communications Network	数据通信网
DNI	Dual Node Interconnection	双节点互连
DWDM	Dense Wavelength Division Multiplexing	密集波分复用器
DXC	Digital Cross-Connect	数字交叉连接
DCCH	Dedicated Control Channel	专用控制信道
DL	Downlink	下行链路
DS-CDMA	Direct Sequence Code Division Multiple Access	直扩序列码分多址
DT	Drive Test	驱动测试
DTX	Discontinuous Transmission	不连续发射
ECC	Synchronous Embedded Control Channel	嵌入控制通路
EDFA	Erbium-Doped Fiber Amplifier	掺铒光纤放大器
EIR	Equipment Identity Register	设备标识寄存器
E-NNI	External Network-Network Interface	外部网络-网络接口
EPON	Ethernet Passive Optical Network	以太网无源光网络
FCS	Frame Check Sequences	帧校验序列码
FDD	Frequency Division Duplex	频分双工
FDMA	Frequency Division Multiple Access	频分多址
FEC	Forward Error Correction	前向纠错编码
FPLMTS	Future Public Land Mobile TeleSystem	未来公共陆地移动通信系统
FRR	Fast Reroute	快速重路由
FTTH	Fiber To The Home	光纤到户
FWM	Four-Wave Mixing	四波混频
GCI	Cell Global Identity	全球小区识别码
GE	Gigabit Ethernet	千兆以太网
GFP	Generic Framing Procedure	通用成帧规程
GPON	Gigabit-Capable Passive Optical Network	千兆无源光网络
GoS	Grade of Service	服务等级
GPS	Global Postioning System	全球定位系统
GSM	Group Special Mobile	移动通信特别小组
	Global System for Mobile Communication	全球移动通信系统
HDLC	High Digital Link Control	高级数据链路控制
HEC	Head Error Check	帧头错误检验
HLR	Home Location Register	原籍位置寄存器
HSTP	High Signaling Transfer Point	高级信令转接点
ID	IDentifier	识别码
IEEE	Institute of Electrical and Electronics Engineers	电气和电子工程师协会
IMEI	International Mobile Equipment Identity	国际移动设备识别码
IMSI	International Mobile Subscriber Identity	国际移动用户识别码
I-NNI	Internal Network-Network Interface	内部网络-网络接口
ISO	International Standardization Organization	国际标准化机构
ITU	International Telecommunication Union	国际电信联盟
ITU-R	International Telecommunication Union-Radio Communication sector	国际电联-无线电通信部门

ITU-T	International Telecommunication Union-Telecommunication standardization sector	国际电联—电信标准化部门
IWF	Interworking Function	互通功能
LAI	Location Area Identity	位置区识别码
LAN	Local Area Network	局域网
LAPS	Link Access Procedure SDH	SDH 链路接入规程
LDP	Label Distribution Protocol	标签分布协议
LEAF	Large Effective Area Fiber	大有效面积光纤
LER	Label Edge Router	标签边缘路由器
LOS	Line-Of-Sight	视线、视距
LPR	Local Primary Reference	区域级基准时钟
LSP	Label Switched Path	标签交换路径
LSR	Label Switch Router	标签交换路由器
LSTP	Low Signaling Transfer Point	低级信令转接点
MCC	Mobile Country Code	移动国家号码
MC-CDMA	Multi-carrier Code Division Multiple Access	多载波码分多址
MII	Media Independent Interface	媒质无关接口
MNC	Mobile Network Code	移动网号
MP	Management Plane	管理平面
MPLS	Multi-Protocol Label Switching	多协议标签交换
MS	Mobile Station	移动台
MSC	Mobile Service Switching Center	移动交换中心
MSIN	Mobile Subscriber Identification Number	移动用户识别码
MSOH	Multiplex Section Overhead	复用段开销
MSISDN	Mobile Subscriber Integrated Services Digital Network-Number	移动用户的 ISDN 号码
MSRN	Mobile Subscriber Roaming Number	移动用户漫游号码
MSTP	Multi-Service Transport Platform	综合业务传送平台
NAMPS	Narrowband Advanced Mobile Phone System	窄带先进移动电话系统
N-CDMA	Narrow-band Code Division Multiple Access	窄带码分多址
NE	Network Element	网元
NM	Network Management Interface	网络管理接口
NMSI	National Mobile Subscriber Identification	国内移动用户识别码
NSS	Network and Switching Subsystem	网络和交换子系统
NZDSF	Non-zero dispersion-shifted fiber	非零色散位移光纤
OADM	Optical Add/Drop Multiplexer	光插/分复用器
OAM	Operation, Administration and Maintenance	运行、管理、维护
OAN	Optical Access Network	光纤接入网
OCC	Optical Connection Controller	光连接控制器
OCH	Optical Channel	光通道层
ODN	Optical Distribution Network	光分配网络
ODT	Optical Distant Terminal	光远程终端
OFDM	Orthogonal Frequency Division Multiplexing	正交频分复用

OFDMA	Orthogonal Frequency Division Multiple Access	正交频分多址
OLA	Optical Line Amplifier	光线路放大设备
OLT	Optical Line Terminal	光线路终端
OMC	Operation and Maintenance Center	操作维护中心
OMC-R	Operation Maintenance Center-Radio	无线设备操作维护中心
OMS	Optical Multiplexer Section layer	光复用段层
ONU	Optical Network Unit	光网络单元
OSI	Open System Interconnection	开放系统互连
OSS	Operation Support Subsystem	操作支持子系统
OTM	Optical Termination Multiplexer	光终端复用器
OTN	Optical Transport Network	光传送网
OTS	Optical Transmission Section	光传输段层
OVPN	Optical Virtual Private Network	光层虚拟专用网
PC	Permanent Connection	永久连接
PCH	Paging Channel	寻呼信道
PCM	Pulse Code Modulation	脉冲编码调制
PCS	Personal Communication System	个人通信系统
PDH	Plesiochronous Digital Hierarchy	准同步数字系列
PDU	Protocol Data Unit	协议数据单元
PLI	Payload Length Indicator	帧长度标识
PLMN	Public Land Mobile Network	公共陆地移动通信网
PN	Pseudorandom-Noise	伪随机噪声
POH	Path Overhead	通道开销
PON	Passive Optical Network	无源光网络
PPP	Point-to-Point Protocol	点到点协议
PRC	Primary Reference Clock	基准时钟
PSTN	Public switched telephone network	公共交换电话网
PTN	Packet Transport Network	分组传送网
PVC	Polyvinyl Chloride	聚氯乙稀
QAM	Quadruture Amplitude Modulation	正交振幅调制
QCELP	Qualcomm Code Excited Linear Predictive	码激励线性预测编码器
QoS	Quality of Service	服务质量
QPSK	Quadrature Phase Shift Keying	正交相移键控
RA	Request Agent	请求代理
RAN	Radio Access Network	无线接入网
REG	Regenerator	再生中继器
RNC	Radio Network Controller	无线网络控制器
RPR	Resilient Packet Ring	弹性分组环
RSOH	Regenerator section overhead	再生段开销
RX	Receiver	接收机
SACCH	Slow Associated Control Channel	慢辅助控制信道
SBS	Stimulated Brillion Scattering	受激布里渊散射

SC	Switched Connection	交换连接
SCDMA	Synchronous CDMA	同步 CDMA
SCM	SubCarrier Multiplexing	副载波复用
SDCCH	Standalone Dedicated Control Channel	独立专用控制信道
SDH	Synchronous Digital Hierarchy	同步数字体系
SDL	Simple Data Link	简单数据链路
SDMA	Space Division Multiple Access	空分多址
SETS	Synchronous Equipment Timing Source	同步设备定时源
SL	Signaling Link	信令链路
SMN	SDH Management Network	SDH 管理网
SMS	SDH Management Sub-Network	SDH 管理子网
SNCP	Sub-Network Connection Protection	子网连接保护
SNI	Single Node Interconnection	单节点互连方式
SP	Signaling Point	信令点
SPC	Soft Permanent Connection	软永久连接
SPM	Self-phase Modulation	自相位调制
SRS	Stimulated Raman scattering	受激拉曼散射
SSM	Synchronization State Message	同步状态信息
SSU	Synchronous Supply Unit	同步供给单元
STM	Synchronous Transfer Module	同步传送模块
STP	Signaling Transfer Point	信令转接点
TACS	Total Access Communications System	全接入通信系统
TCH	Traffic Channel	业务信道
TCP/IP	Transport Control Protocol/Internet Protocol	传输控制协议/网际协议
TDD	Time Division Duplex	时分双工
TDMA	Time Division Multiple Access	时分多址
TD-SCDMA	Time-Division Synchronous Code Division Multiple-Access	时分同步码分多址
TM	Termination Multiplexer	终端复用器
TMN	Telecommunication Management Network	电信管理网
TMSI	Temporary Mobile Subscriber Identity	临时移动用户识别码
TP	Transport Plane	传送平面
TX	Transmitter	发射机
UHF	Ultra High Frequency	特高频
UNI	User Network Interface	用户网络接口
UTC	Coordinated Universal Time	国际标准时间
VC	Virtual Container	虚容器
VHF	Very High Frequency	甚高频
VLR	Visitor Location Register	访问位置寄存器
VPN	Virtual Private Network	虚拟专用网
WCDMA	Wide-band CDMA	宽带码分多址
WDMA	Wavelength Division Multiple Access	波分多址
WLAN	Wireless Local Area Network	无线局域网
XPM	Cross-Phase Modulation	互相位调制

附录 B 爱 尔 兰 表

呼损制设计表（无限活源、全利用度）

用于 $B = 0.01\%$，0.02%，0.03%，0.05%，0.1%，0.2%，0.3%，0.4%，0.5%，
　　　　0.6%，0.7%，0.8%，0.9%，1.0%，1.2%，1.5%，2%，3%，5%，
　　　　7%，10%，15%，20%，30%，40%，50%。

使用的符号：A 为流入负荷，单位为爱尔兰；

　　　　　　B 为呼损；

　　　　　　N 为服务装置数量。

（1）全利用度的服务装置数 $N \leqslant 100$ 时，可在表中直接求得。

（2）在表中全利用度的服务装置数 $N = 100$ 到 1100 范围内，仅取了一些界值，这些界值是这样来选择的，即与所有中间值相对应的允许流入负荷可以用线性内插法（Linear Interpolation）求得，并有足够的精度。

① 对于 100 到 250 之间的 N 值，当 N 值为偶数时，可在表中直接求得；当 N 值为奇数时，与之对应的允许流入负荷可以用 $N-1$ 和 $N+1$ 两者相对应的流入负荷的算术平均值来求得。例如，在 $B = 0.01\%$，$N = 101$ 时，

$$A = (69.3 + 70.9) \div 2 = 70.1 \ \text{Erl}$$

② 对于 250 到 1100 之间的 N 值，每增加一个服务装置，与之相对应，所增加的流入负荷值用斜体字印在各个流入负荷值之下，这样可便于插值的计算，这个增量是用依次列举出来的两个相邻流入负荷之差算出来的，因此它刚好适合下一个较高 N 值之内的各种情况。例如，在 $B = 0.01\%$，$N = 260$ 时，

$$A = 210.0 + (260 - 250) \times 0.908 = 210.08 \ \text{Erl}$$

（3）在表中全利用度的服务装置数 $N > 1100$ 时，允许流入负荷可以用线性外推法（Linear Extrapolation）求得。每增加一个服务装置，与之相对应，流入负荷的增量用斜体字印在 $N = 1000$ 时的流入负荷下面，这个增量可适用于 $N > 1100$ 时的所有情况。例如，在 $B = 0.01\%$，$N = 1200$ 时，

$$A = 1001 + (1200 - 1100) \times 0.962 = 1097.2 \ \text{Erl}$$

N	0.01%	0.02%	0.03%	0.05%	0.1%	0.2%	**B** 0.3%	0.4%	0.5%	0.6%	0.7%	0.8%	0.9%
1	.0001	.0002	.0003	.0005	.0010	.0020	.0030	.0040	.0050	.0060	.0070	.0081	.0091
2	.0142	.0202	.0248	.0321	.0458	.0653	.0806	.0937	.105	.116	.126	.135	.144
3	.0868	.110	.127	.152	.194	.249	.289	.321	.349	.374	.397	.418	.437
4	.235	.282	.315	.362	.439	.535	.602	.656	.701	.741	.777	.810	.841
5	.452	.527	.577	.649	.762	.900	.994	1.07	1.13	1.19	1.24	1.28	1.32
6	.728	.832	.900	.996	1.15	1.33	1.45	1.54	1.62	1.69	1.75	1.81	1.86
7	1.05	1.19	1.27	1.39	1.58	1.80	1.95	2.06	2.16	2.24	2.31	2.38	2.44
8	1.42	1.58	1.69	1.83	2.05	2.31	2.48	2.62	2.73	2.83	2.91	2.99	3.06
9	1.83	2.01	2.13	2.30	2.56	2.85	3.05	3.21	3.33	3.44	3.54	3.63	3.71
10	2.26	2.47	2.61	2.80	3.09	3.43	3.65	3.82	3.96	4.08	4.19	4.29	4.38
11	2.72	2.96	3.12	3.33	3.65	4.02	4.27	4.45	4.61	4.74	4.86	4.97	5.07
12	3.21	3.47	3.65	3.88	4.23	4.64	4.90	5.11	5.28	5.43	5.55	5.67	5.78
13	3.71	4.01	4.19	4.45	4.83	5.27	5.56	5.78	5.96	6.12	6.26	6.39	6.50
14	4.24	4.56	4.76	5.03	5.45	5.92	6.23	6.47	6.66	6.83	6.98	7.12	7.24
15	4.78	5.12	5.34	5.63	6.08	6.58	6.91	7.17	7.38	7.56	7.71	7.86	7.99
16	5.34	5.70	5.94	6.25	6.72	7.26	7.61	7.88	8.10	8.29	8.46	8.61	8.75
17	5.91	6.30	6.55	6.88	7.38	7.95	8.32	8.60	8.83	9.03	9.21	9.37	9.52
18	6.50	6.91	7.17	7.52	8.05	8.64	9.03	9.33	9.58	9.79	9.98	10.1	10.3
19	7.09	7.53	7.80	8.17	8.72	9.35	9.76	10.1	10.3	10.6	10.7	10.9	11.1
20	7.70	8.16	8.44	8.83	9.41	10.1	10.5	10.8	11.1	11.3	11.5	11.7	11.9
21	8.32	8.79	9.10	9.50	10.1	10.8	11.2	11.6	11.9	12.1	12.3	12.5	12.7
22	8.95	9.44	9.76	10.2	10.8	11.5	12.0	12.3	12.6	12.9	13.1	13.3	13.5
23	9.58	10.1	10.4	10.9	11.5	12.3	12.7	13.1	13.4	13.7	13.9	14.1	14.3
24	10.2	10.8	11.1	11.6	12.2	13.0	13.5	13.9	14.2	14.5	14.7	14.9	15.1
25	10.9	11.4	11.8	12.3	13.0	13.8	14.3	14.7	15.0	15.3	15.5	15.7	15.9
26	11.5	12.1	12.5	13.0	13.7	14.5	15.1	15.5	15.8	16.1	16.3	16.6	16.8
27	12.2	12.8	13.2	13.7	14.4	15.3	15.8	16.3	16.6	16.9	17.2	17.4	17.6
28	12.9	13.5	13.9	14.4	15.2	16.1	16.6	17.1	17.4	17.7	18.0	18.2	18.4
29	13.6	14.2	14.6	15.1	15.9	16.8	17.4	17.9	18.2	18.5	18.8	19.1	19.3
30	14.2	14.9	15.3	15.9	16.7	17.6	18.2	18.7	19.0	19.4	19.6	19.9	20.1
31	14.9	15.6	16.0	16.6	17.4	18.4	19.0	19.5	19.9	20.2	20.5	20.7	21.0
32	15.6	16.3	16.8	17.3	18.2	19.2	19.8	20.3	20.7	21.0	21.3	21.6	21.8
33	16.3	17.0	17.5	18.1	19.0	20.0	20.6	21.1	21.5	21.9	22.2	22.4	22.7
34	17.0	17.8	18.2	18.8	19.7	20.8	21.4	21.9	22.3	22.7	23.0	23.3	23.5
35	17.8	18.5	19.0	19.6	20.5	21.6	22.2	22.7	23.2	23.5	23.8	24.1	24.4
36	18.5	19.2	19.7	20.3	21.3	22.4	23.1	23.6	24.0	24.4	24.7	25.0	25.3
37	19.2	20.0	20.5	21.1	22.1	23.2	23.9	24.4	24.8	25.2	25.6	25.9	26.1
38	19.9	20.7	21.2	21.9	22.9	24.0	24.7	25.2	25.7	26.1	26.4	26.7	27.0
39	20.6	21.5	22.0	22.6	23.7	24.8	25.5	26.1	26.5	26.9	27.3	27.6	27.9
40	21.4	22.2	22.7	23.4	24.4	25.6	26.3	26.9	27.4	27.8	28.1	28.5	28.7
41	22.1	23.0	23.5	24.2	25.2	26.4	27.2	27.8	28.2	28.6	29.0	29.3	29.6
42	22.8	23.7	24.2	25.0	26.0	27.2	28.0	28.6	29.1	29.5	29.9	30.2	30.5
43	23.6	24.5	25.0	25.7	26.8	28.1	28.8	29.4	29.9	30.4	30.7	31.1	31.4
44	24.3	25.2	25.8	26.5	27.6	28.9	29.7	30.3	30.8	31.2	31.6	31.9	32.3
45	25.1	26.0	26.6	27.3	28.4	29.7	30.5	31.1	31.7	32.1	32.5	32.8	33.1
46	25.8	26.8	27.3	28.1	29.3	30.5	31.4	32.0	32.5	33.0	33.4	33.7	34.0
47	26.6	27.5	28.1	28.9	30.1	31.4	32.2	32.9	33.4	33.8	34.2	34.6	34.9
48	27.3	28.3	28.9	29.7	30.9	32.2	33.1	33.7	34.2	34.7	35.1	35.5	35.8
49	28.1	29.1	29.7	30.5	31.7	33.0	33.9	34.6	35.1	35.6	36.0	36.4	36.7
50	28.9	29.9	30.5	31.3	32.5	33.9	34.8	35.4	36.0	36.5	36.9	37.2	37.6
N	0.01%	0.02%	0.03%	0.05%	0.1%	0.2%	**B** 0.3%	0.4%	0.5%	0.6%	0.7%	0.8%	0.9%

						B							***N***
1.0%	**1.2%**	**1.5%**	**2%**	**3%**	**5%**	**7%**	**10%**	**15%**	**20%**	**30%**	**40%**	**50%**	
.0101	.0121	.0152	.0204	.0309	.0526	.0753	.111	.176	.250	.429	.667	1.00	1
.153	.168	.190	.223	.282	.381	.470	.595	.796	1.00	1.45	2.00	2.73	2
.455	.489	.535	.602	.715	.899	1.06	1.27	1.60	1.93	2.63	3.48	4.59	3
.869	.922	.992	1.09	1.26	1.52	1.75	2.05	2.50	2.95	3.89	5.02	6.50	4
1.36	1.43	1.52	1.66	1.88	2.22	2.50	2.88	3.45	4.01	5.19	6.60	8.44	5
1.91	2.00	2.11	2.28	2.54	2.96	3.30	3.76	4.44	5.11	6.51	8.19	10.4	6
2.50	2.60	2.74	2.94	3.25	3.74	4.14	4.67	5.46	6.23	7.86	9.80	12.4	7
3.13	3.25	3.40	3.63	3.99	4.54	5.00	5.60	6.50	7.37	9.21	11.4	14.3	8
3.78	3.92	4.09	4.34	4.75	5.37	5.88	6.55	7.55	8.52	10.6	13.0	16.3	9
4.46	4.61	4.81	5.08	5.53	6.22	6.78	7.51	8.62	9.68	12.0	14.7	18.3	10
5.16	5.32	5.54	5.84	6.33	7.08	7.69	8.49	9.69	10.9	13.3	16.3	20.3	11
5.88	6.05	6.29	6.61	7.14	7.95	8.61	9.47	10.8	12.0	14.7	18.0	22.2	12
6.61	6.80	7.05	7.40	7.97	8.83	9.54	10.5	11.9	13.2	16.1	19.6	24.2	13
7.35	7.56	7.82	8.20	8.80	9.73	10.5	11.5	13.0	14.4	17.5	21.2	26.2	14
8.11	8.33	8.61	9.01	9.65	10.6	11.4	12.5	14.1	15.6	18.9	22.9	28.2	15
8.88	9.11	9.41	9.83	10.5	11.5	12.4	13.5	15.2	16.8	20.3	24.5	30.2	16
9.65	9.89	10.2	10.7	11.4	12.5	13.4	14.5	16.3	18.0	21.7	26.2	32.2	17
10.4	10.7	11.0	11.5	12.2	13.4	14.3	15.5	17.4	19.2	23.1	27.8	34.2	18
11.2	11.5	11.8	12.3	13.1	14.3	15.3	16.6	18.5	20.4	24.5	29.5	36.2	19
12.0	12.3	12.7	13.2	14.0	15.2	16.3	17.6	19.6	21.6	25.9	31.2	38.2	20
12.8	13.1	13.5	14.0	14.9	16.2	17.3	18.7	20.8	22.8	27.3	32.8	40.2	21
13.7	14.0	14.3	14.9	15.8	17.1	18.2	19.7	21.9	24.1	28.7	34.5	42.1	22
14.5	14.8	15.2	15.8	16.7	18.1	19.2	20.7	23.0	25.3	30.1	36.1	44.1	23
15.3	15.6	16.0	16.6	17.6	19.0	20.2	21.8	24.2	26.5	31.6	37.8	46.1	24
16.1	16.5	16.9	17.5	18.5	20.0	21.2	22.8	25.3	27.7	33.0	39.4	48.1	25
17.0	17.3	17.8	18.4	19.4	20.9	22.2	23.9	26.4	28.9	34.4	41.1	50.1	26
17.8	18.2	18.6	19.3	20.3	21.9	23.2	24.9	27.6	30.2	35.8	42.8	52.1	27
18.6	19.0	19.5	20.2	21.2	22.9	24.2	26.0	28.7	31.4	37.2	44.4	54.1	28
19.5	19.9	20.4	21.0	22.1	23.8	25.2	27.1	29.9	32.6	38.6	46.1	56.1	29
20.3	20.7	21.2	21.9	23.1	24.8	26.2	28.1	31.0	33.8	40.0	47.7	58.1	30
21.2	21.6	22.1	22.8	24.0	25.8	27.2	29.2	32.1	35.1	41.5	49.4	60.1	31
22.0	22.5	23.0	23.7	24.9	26.7	28.2	30.2	33.3	36.3	42.9	51.1	62.1	32
22.9	23.3	23.9	24.6	25.8	27.7	29.3	31.3	34.4	37.5	44.3	52.7	64.1	33
23.8	24.2	24.8	25.5	26.8	28.7	30.3	32.4	35.6	38.8	45.7	54.4	66.1	34
24.6	25.1	25.6	26.4	27.7	29.7	31.3	33.4	36.7	40.0	47.1	56.0	68.1	35
25.5	26.0	26.5	27.3	28.6	30.7	32.3	34.5	37.9	41.2	48.6	57.7	70.1	36
26.4	26.8	27.4	28.3	29.6	31.6	33.3	35.6	39.0	42.4	50.0	59.4	72.1	37
27.3	27.7	28.3	29.2	30.5	32.6	34.4	36.6	40.2	43.7	51.4	61.0	74.1	38
28.1	28.6	29.2	30.1	31.5	33.6	35.4	37.7	41.3	44.9	52.8	62.7	76.1	39
29.0	29.5	30.1	31.0	32.4	34.6	36.4	38.8	42.5	46.1	54.2	64.4	78.1	40
29.9	30.4	.190	31.9	33.4	35.6	37.4	39.9	43.6	47.4	55.7	66.0	80.1	41
30.8	31.3	.535	32.8	34.3	36.6	38.4	40.9	44.8	48.6	57.1	67.7	82.1	42
31.7	32.2	.992	33.8	35.3	37.6	39.5	42.0	45.9	49.9	58.5	69.3	84.1	43
32.5	33.1	1.52	34.7	36.2	38.6	40.5	43.1	47.1	51.1	59.9	71.0	86.1	44
33.4	34.0	2.11	35.6	37.2	39.6	41.5	44.2	48.2	52.3	61.3	72.7	88.1	45
34.3	34.9	2.74	36.5	38.1	40.5	42.6	45.2	49.4	53.6	62.8	74.3	90.1	46
35.2	35.8	3.40	37.5	39.1	41.5	43.6	46.3	50.6	54.8	64.2	76.0	92.1	47
36.1	36.7	4.09	38.4	40.0	42.5	44.6	47.4	51.7	56.0	65.6	77.7	94.1	48
37.0	37.6	4.81	39.3	41.0	43.5	45.7	48.5	52.9	57.3	67.0	79.3	96.1	49
37.9	38.5	5.54	40.3	41.9	44.5	46.7	49.6	54.0	58.5	68.5	81.0	98.1	50
1.0%	**1.2%**	**1.5%**	**2%**	**3%**	**5%**	**7%**	**10%**	**15%**	**20%**	**30%**	**40%**	**50%**	***N***

B

N	0.01%	0.02%	0.03%	0.05%	0.1%	0.2%	**B** 0.3%	0.4%	0.5%	0.6%	0.7%	0.8%	0.9%
51	29.6	30.6	31.3	32.1	33.3	34.7	35.6	36.3	36.9	37.3	37.8	38.1	38.5
52	30.4	31.4	32.0	32.9	34.2	35.6	36.5	37.2	37.7	38.2	38.6	39.0	39.4
53	31.2	32.2	32.8	33.7	35.0	36.4	37.3	38.0	38.6	39.1	39.5	39.9	40.3
54	31.9	33.0	33.6	34.5	35.8	37.2	38.2	38.9	39.5	40.0	40.4	40.8	41.2
55	32.7	33.8	34.4	35.3	36.6	38.1	39.0	39.8	40.4	40.9	41.3	41.7	42.1
56	33.5	34.6	35.2	36.1	37.5	38.9	39.9	40.6	41.2	41.7	42.2	42.6	43.0
57	34.3	35.4	36.0	36.9	38.3	39.8	40.8	41.5	42.1	42.6	43.1	43.5	43.9
58	35.1	36.2	36.8	37.8	39.1	40.6	41.6	42.4	43.0	43.5	44.0	44.4	44.8
59	35.8	37.0	37.6	38.6	40.0	41.5	42.5	43.3	43.9	44.4	44.9	45.3	45.7
60	36.6	37.8	38.5	39.4	40.8	42.4	43.4	44.1	44.8	45.3	45.8	46.2	46.6
61	37.4	38.6	39.3	40.2	41.6	43.2	44.2	45.0	45.6	46.2	46.7	47.1	47.5
62	38.2	39.4	40.1	41.0	42.5	44.1	45.1	45.9	46.5	47.1	47.6	48.0	48.4
63	39.0	40.2	40.9	41.9	43.3	44.9	46.0	46.8	47.4	48.0	48.5	48.9	49.3
64	39.8	41.0	41.7	42.7	44.2	45.8	46.8	47.6	48.3	48.9	49.4	49.8	50.2
65	40.6	41.8	42.5	43.5	45.0	46.6	47.7	48.5	49.2	49.8	50.3	50.7	51.1
66	41.4	42.6	43.3	44.4	45.8	47.5	48.6	49.4	50.1	50.7	51.2	51.6	52.0
67	42.2	43.4	44.2	45.2	46.7	48.4	49.5	50.3	51.0	51.6	52.1	52.5	53.0
68	43.0	44.2	45.0	46.0	47.5	49.2	50.3	51.2	51.9	52.5	53.0	53.4	53.9
69	43.8	45.0	45.8	46.8	48.4	50.1	51.2	52.1	52.8	53.4	53.9	54.4	54.8
70	44.6	45.8	46.6	47.7	49.2	51.0	52.1	53.0	53.7	54.3	54.8	55.3	55.7
71	45.4	46.7	47.5	48.5	50.1	51.8	53.0	53.8	54.6	55.2	55.7	56.2	56.6
72	46.2	47.5	48.3	49.4	50.9	52.7	53.9	54.7	55.5	56.1	56.6	57.1	57.5
73	47.0	48.3	49.1	50.2	51.8	53.6	54.7	55.6	56.4	57.0	57.5	58.0	58.5
74	47.8	49.1	49.9	51.0	52.7	54.5	55.6	56.5	57.3	57.9	58.4	58.9	59.4
75	48.6	49.9	50.8	51.9	53.5	55.3	56.5	57.4	58.2	58.8	59.3	59.8	60.3
76	49.4	50.8	51.6	52.7	54.4	56.2	57.4	58.3	59.1	59.7	60.3	60.8	61.2
77	50.2	51.6	52.4	53.6	55.2	57.1	58.3	59.2	60.0	60.6	61.2	61.7	62.1
78	51.1	52.4	53.3	54.4	56.1	58.0	59.2	60.1	60.9	61.5	62.1	62.6	63.1
79	51.9	53.2	54.1	55.3	56.9	58.8	60.1	61.0	61.8	62.4	63.0	63.5	64.0
80	52.7	54.1	54.9	56.1	57.8	59.7	61.0	61.9	62.7	63.3	63.9	64.4	64.9
81	53.5	54.9	55.8	56.9	58.7	60.6	61.8	62.8	63.6	64.2	64.8	65.4	65.8
82	54.3	55.7	56.6	57.8	59.5	61.5	62.7	63.7	64.5	65.2	65.7	66.3	66.8
83	55.1	56.6	57.5	58.6	60.4	62.4	63.6	64.6	65.4	66.1	66.7	67.2	67.7
84	56.0	57.4	58.3	59.5	61.3	63.2	64.5	65.5	66.3	67.0	67.6	68.1	68.6
85	56.8	58.2	59.1	60.4	62.1	64.1	65.4	66.4	67.2	67.9	68.5	69.1	69.6
86	57.6	59.1	60.0	61.2	63.0	65.0	66.3	67.3	68.1	68.8	69.4	70.0	70.5
87	58.4	59.9	60.8	62.1	63.9	65.9	67.2	68.2	69.0	69.7	70.3	70.9	71.4
88	59.3	60.8	61.7	62.9	64.7	66.8	68.1	69.1	69.9	70.6	71.3	71.8	72.3
89	60.1	61.6	62.5	63.8	65.6	67.7	69.0	70.0	70.8	71.6	72.2	72.8	73.3
90	60.9	62.4	63.4	64.6	66.5	68.6	69.9	70.9	71.8	72.5	73.1	73.7	74.2
91	61.8	63.3	64.2	65.5	67.4	69.4	70.8	71.8	72.7	73.4	74.0	74.6	75.1
92	62.6	64.1	65.1	66.3	68.2	70.3	71.7	72.7	73.6	74.3	75.0	75.5	76.1
93	63.4	65.0	65.9	67.2	69.1	71.2	72.6	73.6	74.5	75.2	75.9	76.5	77.0
94	64.2	65.8	66.8	68.1	70.0	72.1	73.5	74.5	75.4	76.2	76.8	77.4	77.9
95	65.1	66.6	67.6	68.9	70.9	73.0	74.4	75.5	76.3	77.1	77.7	78.3	78.9
96	65.9	67.5	68.5	69.8	71.7	73.9	75.3	76.4	77.2	78.0	78.7	79.3	79.8
97	66.8	68.3	69.3	70.7	72.6	74.8	76.2	77.3	78.2	78.9	79.6	80.2	80.7
98	67.6	69.2	70.2	71.5	73.5	75.7	77.1	78.2	79.1	79.8	80.5	81.1	81.7
99	68.4	70.0	71.0	72.4	74.4	76.6	78.0	79.1	80.0	80.8	81.4	82.0	82.6
100	69.3	70.9	71.9	73.2	75.2	77.5	78.9	80.0	80.9	81.7	82.4	83.0	83.5
N	0.01%	0.02%	0.03%	0.05%	0.1%	0.2%	0.3%	0.4%	0.5%	0.6%	0.7%	0.8%	0.9%
							B						

1.0%	1.2%	1.5%	2%	3%	5%	B 7%	10%	15%	20%	30%	40%	50%	N
38.8	39.4	40.1	41.2	42.9	45.5	47.7	50.6	55.2	59.7	69.9	82.7	100.1	**51**
39.7	40.3	41.0	42.1	43.9	46.5	48.8	51.7	56.3	61.0	71.3	84.3	102.1	**52**
40.6	41.2	42.0	43.1	44.8	47.5	49.8	52.8	57.5	62.2	72.7	86.0	104.1	**53**
41.5	42.1	42.9	44.0	45.8	48.5	50.8	53.9	58.7	63.5	74.2	87.6	106.1	**54**
42.4	43.0	43.8	44.9	46.7	49.5	51.9	55.0	59.8	64.7	75.6	89.3	108.1	**55**
43.3	43.9	44.7	45.9	47.7	50.5	52.9	56.1	61.0	65.9	77.0	91.0	110.1	**56**
44.2	44.8	45.7	46.8	48.7	51.5	53.9	57.1	62.1	67.2	78.4	92.6	112.1	**57**
45.1	45.8	46.6	47.8	49.6	52.6	55.0	58.2	63.3	68.4	79.8	94.3	114.1	**58**
46.0	46.7	47.5	48.7	50.6	53.6	56.0	59.3	64.5	69.7	81.3	96.0	116.1	**59**
46.9	47.6	48.4	49.6	51.6	54.6	57.1	60.4	65.6	70.9	82.7	97.6	118.1	**60**
47.9	48.5	49.4	50.6	52.5	55.6	58.1	61.5	66.8	72.1	84.1	99.3	120.1	**61**
48.8	49.4	50.3	51.5	53.5	56.6	59.1	62.6	68.0	73.4	85.5	101.0	122.1	**62**
49.7	50.4	51.2	52.5	54.5	57.6	60.2	63.7	69.1	74.6	87.0	102.6	124.1	**63**
50.6	51.3	52.2	53.4	55.4	58.6	61.2	64.8	70.3	75.9	88.4	104.3	126.1	**64**
51.5	52.2	53.1	54.4	56.4	59.6	62.3	65.8	71.4	77.1	89.8	106.0	128.1	**65**
52.4	53.1	54.0	55.3	57.4	60.6	63.3	66.9	72.6	78.3	91.2	107.6	130.1	**66**
53.4	54.1	55.0	56.3	58.4	61.6	64.4	68.0	73.8	79.6	92.7	109.3	132.1	**67**
54.3	55.0	55.9	57.2	59.3	62.6	65.4	69.1	74.9	80.8	94.1	111.0	134.1	**68**
55.2	55.9	56.9	58.2	60.3	63.7	66.4	70.2	76.1	82.1	95.5	112.6	136.1	**69**
56.1	56.8	57.8	59.1	61.3	64.7	67.5	71.3	77.3	83.3	96.9	114.3	138.1	**70**
57.0	57.8	58.7	60.1	62.3	65.7	68.5	72.4	78.4	84.6	98.4	115.9	140.1	**71**
58.0	58.7	59.7	61.0	63.2	66.7	69.6	73.5	79.6	85.8	99.8	117.6	142.1	**72**
58.9	59.6	60.6	62.0	64.2	67.7	70.6	74.6	80.3	87.0	101.2	119.3	144.1	**73**
59.8	60.6	61.6	62.9	65.2	68.7	71.7	75.6	81.9	88.3	102.7	120.9	146.1	**74**
60.7	61.5	62.5	63.9	66.2	69.7	72.7	76.7	83.1	89.5	104.1	122.6	148.0	**75**
61.7	62.4	63.4	64.9	67.2	70.8	73.8	77.8	84.2	90.8	105.5	124.3	150.0	**76**
62.6	63.4	64.4	65.8	68.1	71.8	74.8	78.9	85.4	92.0	106.9	125.9	152.0	**77**
63.5	64.3	65.3	66.8	69.1	72.8	75.9	80.0	86.6	93.3	108.4	127.6	154.0	**78**
64.4	65.2	66.3	67.7	70.1	73.8	76.9	81.1	87.7	94.5	109.8	129.3	156.0	**79**
65.4	66.2	67.2	68.7	71.1	74.8	78.0	82.2	88.9	95.7	111.2	130.9	158.0	**80**
66.3	67.1	68.2	69.6	72.1	75.8	79.0	83.3	90.1	97.0	112.6	132.6	160.0	**81**
67.2	68.0	69.1	70.6	73.0	76.9	80.1	84.4	91.2	98.2	114.1	134.3	162.0	**82**
68.2	69.0	70.1	71.6	74.0	77.9	81.1	85.5	92.4	99.5	115.5	135.9	164.0	**83**
69.1	69.9	71.0	72.5	75.0	78.9	82.2	86.6	93.6	100.7	116.9	137.6	166.0	**84**
70.0	70.9	71.9	73.5	76.0	79.9	83.2	87.7	94.7	102.0	118.3	139.3	168.0	**85**
70.9	71.8	72.9	74.5	77.0	80.9	84.3	88.8	95.9	103.2	119.8	140.9	170.0	**86**
71.9	72.7	73.8	75.4	78.0	82.0	85.3	89.9	97.1	104.5	121.2	142.6	172.0	**87**
72.8	73.7	74.8	76.4	78.9	83.0	86.4	91.0	98.2	105.7	122.6	144.3	174.0	**88**
73.7	74.6	75.7	77.3	79.9	84.0	87.4	92.1	99.4	106.9	124.0	145.9	176.0	**89**
74.7	75.6	76.7	78.3	80.9	85.0	88.5	93.1	100.6	108.2	125.5	147.6	178.0	**90**
75.6	76.5	77.6	79.3	81.9	86.0	89.5	94.2	101.7	109.4	126.9	149.3	180.0	**91**
76.6	77.4	78.6	80.2	82.9	87.1	90.6	95.3	102.9	110.7	128.3	150.9	182.0	**92**
77.5	78.4	79.6	81.2	83.9	88.1	91.6	96.4	104.1	111.9	129.7	152.6	184.0	**93**
78.4	79.3	80.5	82.2	84.9	89.1	92.7	97.5	105.3	113.2	131.2	154.3	186.0	**94**
79.4	80.3	81.5	83.1	85.8	90.1	93.7	98.6	106.4	114.4	132.6	155.9	188.0	**95**
80.3	81.2	82.4	84.1	86.8	91.1	94.8	99.7	107.6	115.7	134.0	157.6	190.0	**96**
81.2	82.2	83.4	85.1	87.8	92.2	95.8	100.8	108.8	116.9	135.5	159.3	192.0	**97**
82.2	83.1	84.3	86.0	88.8	93.2	96.9	101.9	109.9	118.2	136.9	160.9	194.0	**98**
83.1	84.1	85.3	87.0	89.8	94.2	97.9	103.0	111.1	119.4	138.3	162.6	196.0	**99**
84.1	85.0	86.2	88.0	90.8	95.2	99.0	104.1	112.3	120.6	139.7	164.3	198.0	**100**
1.0%	**1.2%**	**1.5%**	**2%**	**3%**	**5%**	**7%**	**10%**	**15%**	**20%**	**30%**	**40%**	**50%**	N

B

N	0.01%	0.02%	0.03%	0.05%	0.1%	0.2%	0.3%	0.4%	0.5%	0.6%	0.7%	0.8%	0.9%
							B						
102	70.9	72.6	73.6	75.0	77.0	79.3	80.7	81.8	82.7	83.5	84.2	84.8	85.4
104	72.6	74.3	75.3	76.7	78.8	81.1	82.5	83.7	84.6	85.4	86.1	86.7	87.3
106	74.3	76.0	77.1	78.5	80.5	82.8	84.3	85.5	86.4	87.2	87.9	88.6	89.2
108	76.0	77.7	78.8	80.2	82.3	84.6	86.2	87.3	88.3	89.1	89.8	90.5	91.1
110	77.7	79.4	80.5	81.9	84.1	86.4	88.0	89.2	90.1	90.9	91.7	92.3	92.9
112	79.4	81.1	82.2	83.7	85.8	88.3	89.8	91.0	92.0	92.8	93.5	94.2	94.8
114	81.1	82.9	84.0	85.4	87.6	90.1	91.6	92.8	93.8	94.7	95.4	96.1	96.7
116	82.8	84.6	85.7	87.2	89.4	91.9	93.5	94.7	95.7	96.5	97.3	98.0	98.6
118	84.5	86.3	87.4	89.0	91.2	93.7	95.3	96.5	97.5	98.4	99.2	99.9	100.5
120	86.2	88.0	89.2	90.7	93.0	95.5	97.1	98.4	99.4	100.3	101.0	101.7	102.4
122	87.9	89.8	90.9	92.5	94.7	97.3	98.9	100.2	101.2	102.1	102.9	103.6	104.3
124	89.6	91.5	92.7	94.2	96.5	99.1	100.8	102.1	103.1	104.0	104.8	105.5	106.2
126	91.3	93.2	94.4	96.0	98.3	100.9	102.6	103.9	105.0	105.9	106.7	107.4	108.1
128	93.1	95.0	96.2	97.8	100.1	102.7	104.5	105.8	106.8	107.7	108.5	109.3	109.9
130	94.8	96.7	97.9	99.5	101.9	104.6	106.3	107.6	108.7	109.6	110.4	111.2	111.8
132	96.5	98.5	99.7	101.3	103.7	106.4	108.1	109.5	110.5	111.5	112.3	113.1	113.7
134	98.2	100.2	101.4	103.1	105.5	108.2	110.0	111.3	112.4	113.4	114.2	115.0	115.6
136	100.0	101.9	103.2	104.9	107.3	110.0	111.8	113.2	114.3	115.2	116.1	116.8	117.5
138	101.7	103.7	105.0	106.6	109.1	111.9	113.7	115.0	116.2	117.1	118.0	118.7	119.4
140	103.4	105.4	106.7	108.4	110.9	113.7	115.5	116.9	118.0	119.0	119.9	120.6	121.4
142	105.1	107.2	108.5	110.2	112.7	115.5	117.4	118.7	119.9	120.9	121.8	122.5	123.3
144	106.9	109.0	110.2	112.0	114.5	117.4	119.2	120.6	121.8	122.8	123.6	124.4	125.2
146	108.6	110.7	112.0	113.8	116.3	119.2	121.1	122.5	123.6	124.6	125.5	126.3	127.1
148	110.4	112.5	113.8	115.5	118.1	121.0	122.9	124.3	125.5	126.5	127.4	128.2	129.0
150	112.1	114.2	115.6	117.3	119.9	122.9	124.8	126.2	127.4	128.4	129.3	130.1	130.9
152	113.8	116.0	117.3	119.1	121.8	124.7	126.6	128.1	129.3	130.3	131.2	132.0	132.8
154	115.6	117.8	119.1	120.9	123.6	126.5	128.5	129.9	131.2	132.2	133.1	133.9	134.7
156	117.3	119.5	120.9	122.7	125.4	128.4	130.3	131.8	133.0	134.1	135.0	135.9	136.6
158	119.1	121.3	122.7	124.5	127.2	130.2	132.2	133.7	134.9	136.0	136.9	137.8	138.5
160	120.8	123.1	124.4	126.3	129.0	132.1	134.0	135.6	136.8	137.9	138.8	139.7	140.4
162	122.6	124.8	126.2	128.1	130.8	133.9	135.9	137.4	138.7	139.8	140.7	141.6	142.4
164	124.3	126.6	128.0	129.9	132.7	135.8	137.8	139.3	140.6	141.7	142.6	143.5	144.3
166	126.1	128.4	129.8	131.7	134.5	137.6	139.6	141.2	142.5	143.5	144.5	145.4	146.2
168	127.9	130.2	131.6	133.5	136.3	139.4	141.5	143.1	144.3	145.4	146.4	147.3	148.1
170	129.6	131.9	133.4	135.3	138.1	141.3	143.4	144.9	146.2	147.3	148.3	149.2	150.0
172	131.4	133.7	135.2	137.1	139.9	143.1	145.2	146.8	148.1	149.2	150.2	151.1	151.9
174	133.1	135.5	136.9	158.9	141.8	145.0	147.1	148.7	150.0	151.1	152.1	153.0	153.9
176	134.9	137.3	138.7	140.7	143.6	146.9	149.0	150.6	151.9	153.0	154.0	155.0	155.8
178	136.7	139.0	140.5	142.5	145.4	148.7	150.8	152.4	153.8	154.9	156.0	156.9	157.7
180	138.4	140.8	142.3	144.3	147.3	150.6	152.7	154.3	155.7	156.8	157.9	158.8	159.6
182	140.2	142.6	144.1	146.1	149.1	152.4	154.6	156.2	157.6	158.7	159.8	160.7	161.6
184	142.0	144.4	145.9	147.9	150.9	154.3	156.4	158.1	159.5	160.6	161.7	162.6	163.5
186	143.7	146.2	147.7	149.8	152.8	156.1	158.3	160.0	161.4	162.5	163.6	164.5	165.4
188	145.5	148.0	149.5	151.6	154.6	158.0	160.2	161.9	163.3	164.4	165.5	166.5	167.3
190	147.3	149.8	151.3	153.4	156.4	159.8	162.1	163.8	165.2	166.4	167.4	168.4	169.3
192	149.1	151.6	153.1	155.2	158.3	161.7	163.9	165.6	167.0	168.3	169.3	170.3	171.2
194	150.8	153.4	154.9	157.0	160.1	163.6	165.8	167.5	168.9	170.2	171.2	172.2	173.1
196	152.6	155.2	156.7	158.8	161.9	165.4	167.7	169.4	170.8	172.1	173.2	174.1	175.0
198	150.4	156.9	158.5	160.7	163.8	167.3	169.6	171.3	172.7	174.0	175.1	176.1	177.0
200	156.2	158.7	160.3	162.5	165.6	169.2	171.4	173.2	174.6	175.9	177.0	178.0	178.9
N	0.01%	0.02%	0.03%	0.05%	0.1%	0.2%	0.3%	0.4%	0.5%	0.6%	0.7%	0.8%	0.9%
							B						

						B							**N**
1.0%	**1.2%**	**1.5%**	**2%**	**3%**	**5%**	**7%**	**10%**	**15%**	**20%**	**30%**	**40%**	**50%**	
85.9	86.9	88.1	89.9	92.8	97.3	101.1	106.3	114.6	123.1	142.6	167.6	202.0	**102**
87.8	88.8	90.1	91.9	94.8	99.3	103.2	108.5	116.9	125.6	145.4	170.9	206.0	**104**
89.7	90.7	92.0	93.8	96.7	101.4	105.3	110.7	119.3	128.1	148.3	174.2	210.0	**106**
91.6	92.6	93.9	95.7	98.7	103.4	107.4	112.9	121.6	.130.6	151.1	177.6	214.0	**108**
93.5	94.5	95.8	97.7	100.7	105.5	109.5	115.1	124.0	133.1	154.0	180.9	218.0	**110**
95.4	96.4	97.7	99.6	102.7	107.5	111.7	117.3	126.3	135.6	156.9	184.2	222.0	**112**
97.3	98.3	99.7	101.6	104.7	109.6	113.8	119.5	128.6	138.1	159.7	187.6	226.0	**114**
99.2	100.2	101.6	103.5	106.7	111.7	115.9	121.7	131.0	140.6	162.6	190.9	230.0	**116**
101.1	102.1	103.5	105.5	108.7	113.7	118.0	123.9	133.3	143.1	165.4	194.2	234.0	**118**
103.0	104.0	105.4	107.4	110.7	115.8	120.1	126.1	135.7	145.6	168.3	197.6	238.0	**120**
104.9	105.9	107.4	109.4	112.6	117.8	122.2	128.3	138.0	148.1	171.1	200.9	242.0	**122**
106.8	107.9	109.3	111.3	114.6	119.9	124.4	130.5	140.3	150.6	174.0	204.2	246.0	**124**
108.7	109.8	111.2	113.3	116.6	121.9	126.5	132.7	142.7	153.0	176.8	207.6	250.0	**126**
110.6	111.7	113.2	115.2	118.6	124.0	128.6	134.9	145.0	155.5	179.7	210.9	254.0	**128**
112.5	113.6	115.1	117.2	120.6	126.1	130.7	137.1	147.4	158.0	182.5	214.2	258.0	**130**
114.4	115.5	117.0	119.1	122.6	128.1	132.8	139.3	149.7	160.5	185.4	217.6	262.0	**132**
116.3	117.4	119.0	121.1	124.6	130.2	134.9	141.5	152.0	163.0	188.3	220.9	266.0	**134**
118.2	119.4	120.9	123.1	126.6	132.3	137.1	143.7	154.4	165.5	191.1	224.2	270.0	**136**
120.1	121.3	122.8	125.0	128.6	134.3	139.2	145.9	156.7	168.0	194.0	227.6	274.0	**138**
122.0	123.2	124.8	127.0	130.6	136.4	141.3	148.1	159.1	170.5	196.8	230.9	278.0	**140**
123.9	125.1	126.7	128.9	132.6	138.4	143.4	150.3	161.4	173.0	199.7	234.2	282.0	**142**
125.8	127.0	128.6	130.9	134.6	140.5	145.6	152.5	163.8	175.5	202.5	237.6	286.0	**144**
127.7	129.0	130.6	132.9	136.6	142.6	147.7	154.7	166.1	178.0	205.4	240.9	290.0	**146**
129.7	130.9	152.5	134.8	138.6	144.6	149.8	156.9	168.5	180.5	208.2	244.2	294.0	**148**
131.6	132.8	134.5	136.8	140.6	146.7	151.9	159.1	170.8	183.0	211.1	247.6	298.0	**150**
133.5	134.8	136.4	138.8	142.6	148.8	154.0	161.3	173.1	185.5	214.0	250.9	302.0	**152**
135.4	136.7	138.4	140.7	144.6	150.8	156.2	163.5	175.5	188.0	216.8	254.2	306.0	**154**
137.3	138.6	140.3	142.7	146.6	152.9	158.3	165.7	177.8	190.5	219.7	257.6	310.0	**156**
139.2	140.5	142.3	144.7	148.6	155.0	160.4	167.9	180.2	193.0	222.5	260.9	314.0	**158**
141.2	142.5	144.2	146.6	150.6	157.0	162.5	170.2	182.5	195.5	225.4	264.2	318.0	**160**
143.1	144.4	146.1	148.6	152.7	159.1	164.7	172.4	184.9	198.0	228.2	267.6	322.0	**162**
145.0	146.3	148.1	150.6	154.7	161.2	166.8	174.6	187.2	200.4	231.1	270.9	326.0	**164**
146.9	148.3	150.0	152.6	156.7	163.3	168.9	176.8	189.6	202.9	233.9	274.2	330.0	**166**
148.9	150.2	152.0	154.5	158.7	165.3	171.0	179.0	191.9	205.4	236.8	277.6	334.0	**168**
150.8	152.1	153.9	156.5	160.7	167.4	173.2	181.2	194.2	207.9	239.7	280.9	338.0	**170**
152.7	154.1	155.9	158.5	162.7	169.5	175.3	183.4	196.6	210.4	242.5	284.2	342.0	**172**
154.6	156.0	157.8	160.4	164.7	171.5	177.4	185.6	198.9	212.9	245.4	287.6	346.0	**174**
156.6	158.0	159.8	162.4	166.7	173.6	179.6	187.8	201.3	215.4	248.2	290.9	350.0	**176**
158.5	159.9	161.8	164.4	168.7	175.7	181.7	190.0	203.6	217.9	251.1	294.2	354.0	**178**
160.4	161.8	163.7	166.4	170.7	177.8	183.8	192.2	206.0	220.4	253.9	297.5	358.0	**180**
162.3	163.8	165.7	168.3	172.8	179.8	185.9	194.4	208.3	222.9	256.8	300.9	362.0	**182**
164.3	165.7	167.6	170.3	174.8	181.9	188.1	196.6	210.7	225.4	259.6	304.2	366.0	**184**
166.2	167.7	169.6	172.3	176.8	184.0	190.2	198.9	213.0	227.9	262.5	307.5	370.0	**186**
168.1	169.6	171.5	174.5	178.8	186.1	192.3	201.1	215.4	230.4	265.4	310.9	374.0	**188**
170.1	171.5	173.5	176.3	180.8	188.1	194.5	203.3	217.7	232.9	268.2	314.2	378.0	**190**
172.0	173.5	175.4	178.2	182.8	190.2	196.6	205.5	220.1	235.4	271.1	317.5	382.0	**192**
173.9	175.4	177.4	180.2	184.8	192.3	198.7	207.7	222.4	237.9	273.9	320.9	386.0	**194**
175.9	177.4	179.4	182.2	186.9	194.4	200.8	209.9	224.8	240.4	276.8	324.2	390.0	**196**
177.8	179.3	181.3	184.2	188.9	196.4	203.0	212.1	227.1	242.9	279.6	327.5	394.0	**198**
179.7	181.3	183.3	186.2	190.9	198.5	205.1	214.3	229.4	245.4	282.5	330.9	398.0	**200**
1.0%	**1.2%**	**1.5%**	**2%**	**3%**	**5%**	**7%**	**10%**	**15%**	**20%**	**30%**	**40%**	**50%**	**N**

							B						
N	**0.01%**	**0.02%**	**0.03%**	**0.05%**	**0.1%**	**0.2%**	**0.3%**	**0.4%**	**0.5%**	**0.6%**	**0.7%**	**0.8%**	**0.9%**
202	158.0	160.5	162.1	164.3	167.5	171.0	173.3	175.1	176.5	177.8	178.9	179.9	180.8
204	159.7	162.3	164.0	166.1	169.3	172.9	175.2	177.0	178.4	179.7	180.8	181.8	182.8
206	161.5	164.1	165.8	167.9	171.2	174.8	177.1	178.9	180.4	181.6	182.7	183.8	184.7
208	163.3	165.9	167.6	169.8	173.0	176.6	179.0	180.8	182.3	183.5	184.7	185.7	186.6
210	165.1	167.7	169.4	171.6	174.8	178.5	180.9	182.7	184.2	185.4	186.6	187.6	188.6
212	166.9	169.5	171.2	173.4	176.7	180.4	182.7	184.6	186.1	187.4	188.5	189.5	190.5
214	168.7	171.3	173.0	175.2	178.5	182.2	184.6	186.5	188.0	189.3	190.4	191.5	192.4
216	170.5	173.2	174.8	177.1	180.4	184.1	186.5	188.4	189.9	191.2	192.3	193.4	194.4
218	172.3	175.0	176.6	178.9	182.2	186.0	188.4	190.2	191.8	193.1	194.3	195.3	196.3
220	174.0	176.8	178.5	180.7	184.1	187.8	190.3	192.1	193.7	195.0	196.2	197.2	198.2
222	175.8	178.6	180.3	182.6	185.9	189.7	192.2	194.0	195.6	196.9	198.1	199.2	200.2
224	177.6	180.4	182.1	184.4	187.8	191.6	194.1	195.9	197.5	198.8	200.0	201.1	202.1
226	179.4	182.2	183.9	186.2	189.6	193.5	195.9	197.8	199.4	200.8	202.0	203.0	204.0
228	181.2	184.0	185.7	188.1	191.5	195.3	197.8	199.7	201.3	202.7	203.9	205.0	206.0
230	183.0	185.8	187.6	189.9	193.3	197.2	199.7	201.6	203.2	204.6	205.8	206.9	207.9
232	184.8	187.6	189.4	191.7	195.2	199.1	201.6	203.5	205.1	206.5	207.7	208.8	209.8
234	186.6	189.4	191.2	193.6	197.1	201.0	203.5	205.4	207.1	208.4	209.7	210.8	211.8
236	188.4	191.3	193.0	195.4	198.9	202.8	205.4	207.4	209.0	210.4	211.6	212.7	213.7
238	190.2	193.1	194.9	197.2	200.8	204.7	207.3	209.3	210.9	212.3	213.5	214.6	215.7
240	192.0	194.9	196.7	199.1	202.6	206.6	209.2	211.2	212.8	214.2	215.4	216.6	217.6
242	193.8	196.7	198.5	200.9	204.5	208.5	211.1	213.1	214.7	216.1	217.4	218.5	219.5
244	195.6	198.5	200.3	202.8	206.4	210.4	213.0	215.0	216.6	218.0	219.3	220.4	221.5
246	197.4	200.3	202.2	204.6	208.2	212.2	214.9	216.9	218.5	220.0	221.2	222.4	223.4
248	199.2	202.2	204.0	206.4	210.1	214.1	216.8	218.8	220.4	221.9	223.2	224.3	225.4
250	201.0	204.0	205.8	208.3	211.9	216.0	218.7	220.7	222.4	223.8	225.1	226.2	227.3
	.908	.914	.920	.926	.934	.944	.950	.956	.960	.964	.968	.972	.974
300	246.4	249.7	251.8	254.6	258.6	263.2	266.2	268.5	270.4	272.0	273.5	274.8	276.0
	.918	.924	.928	.932	.942	.952	.958	.962	.966	.970	.972	.976	.978
350	292.3	295.9	298.2	301.2	305.7	310.8	314.1	316.6	318.7	320.5	322.1	323.6	324.9
	.922	.928	.932	.938	.946	.954	.960	.966	.970	.972	.976	.978	.982
400	338.4	342.3	344.8	348.1	353.0	358.5	362.1	364.9	367.2	369.1	370.9	372.5	374.0
	.928	.934	.938	.942	.950	.958	.964	.968	.972	.976	.978	.982	.984
450	384.8	389.0	391.7	395.2	400.5	406.4	410.3	413.3	415.8	417.9	419.8	421.6	423.2
	.932	.938	.942	.946	.954	.962	.968	.972	.974	.978	.982	.982	.984
500	431.4	435.9	438.8	442.5	448.2	454.5	458.7	461.9	464.5	466.8	468.9	470.7	472.4
	.938	.943	.946	.951	.957	.965	.970	.974	.978	.981	.983	.986	.989
600	525.2	530.2	533.4	537.6	543.9	551.0	555.7	559.3	562.3	564.9	567.2	569.3	571.3
	.943	.948	.951	.956	.962	.969	.974	.978	.981	.984	.986	.989	.990
700	619.5	625.0	628.5	633.2	640.1	647.9	653.1	657.1	660.4	663.3	665.8	668.2	670.3
	.948	.953	.955	.959	.965	.972	.976	.980	.983	.985	.989	.990	.993
800	714.3	720.3	724.0	729.1	736.6	745.1	750.7	755.1	758.7	761.8	764.7	767.2	769.6
	.951	.955	.959	.962	.967	.974	.979	.982	.985	.983	.990	.993	.994
900	809.4	815.8	819.9	825.3	833.3	842.5	848.6	853.3	857.2	860.6	863.7	866.5	869.0
	.954	.959	.961	.964	.970	.976	.980	.984	.987	.989	.991	.993	.996
1000	904.8	911.7	916.0	921.7	930.3	940.1	946.6	951.7	955.9	959.5	962.8	965.8	968.6
	.962	0.963	.960	.963	.977	.979	.984	.983	.991	.995	.992	.992	.994
1100	1001.	1008.	1012.	1018.	1028.	1038.	1045.	1050.	1055.	1059.	1062.	1065.	1068.
N	**0.01%**	**0.02%**	**0.03%**	**0.05%**	**0.1%**	**0.2%**	**0.3%**	**0.4%**	**0.5%**	**0.6%**	**0.7%**	**0.8%**	**0.9%**
							B						

						B							**N**
1.0%	**1.2%**	**1.5%**	**2%**	**3%**	**5%**	**7%**	**10%**	**15%**	**20%**	**30%**	**40%**	**50%**	
181.7	183.2	185.2	188.1	192.9	200.6	207.2	216.5	231.8	247.9	285.4	334.2	402.0	**202**
183.6	185.2	187.2	190.1	194.9	202.7	209.4	218.7	234.1	250.4	288.2	337.5	406.0	**204**
185.5	187.1	189.2	192.1	196.9	204.7	211.5	221.0	236.5	252.9	291.1	340.9	410.0	**206**
187.5	189.1	191.1	194.1	199.0	206.8	213.6	223.2	238.8	255.4	293.9	344.2	414.0	**208**
189.4	191.0	193.1	196.1	201.0	208.9	215.8	225.4	241.2	257.9	296.8	347.5	418.0	**210**
191.4	193.0	195.1	198.1	203.0	211.0	217.9	227.6	243.5	260.4	299.6	350.9	422.0	**212**
193.3	194.9	197.0	200.0	205.0	213.0	220.0	229.8	245.9	262.9	302.5	354.2	426.0	**214**
195.2	196.9	199.0	202.0	207.0	215.1	222.2	232.0	248.2	265.4	305.3	357.5	430.0	**216**
197.2	198.8	201.0	204.0	209.1	217.2	224.3	234.2	250.6	267.9	308.2	360.9	434.0	**218**
199.1	200.8	202.9	206.0	211.1	219.3	226.4	236.4	252.9	270.4	311.1	364.2	438.0	**220**
201.1	202.7	204.9	208.0	213.1	221.4	228.6	238.6	255.3	272.9	313.9	367.5	442.0	**222**
203.0	204.7	206.8	210.0	215.1	223.4	230.7	240.9	257.6	275.4	316.8	370.9	446.0	**224**
204.9	206.6	208.8	212.0	217.1	225.5	232.8	243.1	260.0	277.8	319.6	374.2	450.0	**226**
206.9	208.6	210.8	213.9	219.2	227.6	235.0	245.3	262.3	280.3	322.5	377.5	454.0	**228**
208.8	210.5	212.8	215.9	221.2	229.7	237.1	247.5	264.7	282.8	325.3	380.9	458.0	**230**
210.8	212.5	214.7	217.9	223.2	231.8	239.2	249.7	267.0	285.3	328.2	384.2	462.0	**232**
212.7	214.4	216.7	219.9	225.2	233.8	241.4	251.9	269.4	287.8	331.1	387.5	466.0	**234**
214.7	216.4	218.7	221.9	227.2	235.9	243.5	254.1	271.7	290.3	333.9	390.9	470.0	**236**
216.6	218.3	220.6	223.9	229.3	238.0	245.6	256.3	274.1	292.8	336.8	394.2	474.0	**238**
218.6	220.3	222.6	225.9	231.3	240.1	247.8	258.6	276.4	295.3	339.6	397.5	478.0	**240**
220.5	222.3	224.6	227.9	233.3	242.2	249.9	260.8	278.8	297.8	342.5	400.9	482.0	**242**
222.5	224.2	226.5	229.9	235.3	244.3	252.0	263.0	281.1	300.3	345.3	404.2	486.0	**244**
224.4	226.2	228.5	231.8	237.4	246.3	254.2	265.2	283.4	302.8	348.2	407.5	490.0	**216**
226.3	228.1	230.5	233.8	239.4	248.4	256.3	267.4	285.8	305.3	351.0	410.9	494.0	**248**
228.3	230.1	232.5	235.8	241.4	250.5	258.4	269.6	288.1	307.8	353.9	414.2	498.0	**250**
.976	.982	.988	.998	1.014	1.042	1.070	1.108	1.176	1.250	1.428	1.666	2.000	
277.1	279.2	281.9	285.7	292.1	302.6	311.9	325.0	346.9	370.3	425.3	497.5	598.0	**300**
.982	.984	.990	1.000	1.016	1.044	1.070	1.108	1.174	1.248	1.428	1.668	2.000	
326.2	328.4	331.4	335.7	342.9	354.8	365.4	380.4	405.6	432.7	496.7	580.9	698.0	**350**
.982	.988	.994	1.004	1.020	1.046	1.070	1.108	1.176	1.250	1.430	1.666	2.000	
375.3	377.8	381.1	385.9	393.9	407.1	418.9	435.8	464.4	495.2	568.2	664.2	798.0	**400**
.986	.990	.996	1.004	1.018	1.046	1.072	1.110	1.176	1.250	1.428	1.666	2.000	
424.6	427.3	430.9	436.1	444.8	459.4	472.5	491.3	523.2	557.7	639.6	747.5	898.0	**450**
.988	.994	.998	1.006	1.022	1.048	1.070	1.108	1.176	1.250	1.428	1.668	2.000	
474.0	477.0	480.8	486.4	495.9	511.8	526.0	546.7	582.0	620.2	711.0	830.9	998.0	**500**
.991	.994	1.000	1.008	1.022	1.047	1.073	1.110	1.176	1.249	1.429	1.666	2.000	
573.1	576.4	580.8	587.2	598.1	616.5	633.3	657.7	699.6	745.1	853.9	997.5	1198.	**600**
.993	.997	1.002	1.010	1.024	1.049	1.073	1.110	1.176	1.250	1.428	1.665	2.00	
672.4	676.1	681.0	688.2	700.5	721.4	740.6	768.7	817.2	870.1	996.7	1164.	1398.	**700**
.994	.998	1.004	1.011	1.025	1.050	1.073	1.110	1.176	1.250	1.433	1.67	2.00	
771.8	775.9	781.4	789.3	803.0	826.4	847.9	879.7	934.8	995.1	1140.	1331.	1598.	**800**
.997	1.000	1.004	1.013	1.025	1.050	1.074	1.111	1.172	1.249	1.42	1.67	2.00	
871.5	875.9	881.8	890.6	905.5	931.4	955.3	990.8	1052.	1120.	1282.	1498.	1798.	**900**
.997	1.001	1.006	1.013	1.025	1.046	1.077	.112	1.18	1.25	1.43	1.66	2.00	
971.2	976.0	982.4	991.9	1008.	1036.	1063.	1102.	1170.	1245.	1425.	1664.	1998.	**1000**
.998	1.000	1.006	1.011	1.03	1.05	1.07	1.11	1.18	1.25	1.43	1.67	2.00	
1071.	1076.	1083.	1093.	1111.	1141.	1170.	1213.	1288.	1370.	1568.	1831.	2198	**1100**
1.0%	**1.2%**	**1.5%**	**2%**	**3%**	**5%**	**7%**	**10%**	**15%**	**20%**	**30%**	**40%**	**50%**	**N**
						B							

参 考 文 献

[1] 张曙光，李茂长. 电话通信网与交换技术. 北京：国防工业出版社，2002.

[2] 周卫东，罗国民等. 现代传输与交换技术. 北京：国防工业出版社，2003.

[3] 郭军. 网络管理. 北京：北京邮电大学出版社，2001.

[4] 李茂长，张曙光. 号码资源与现代电信网络. 北京：国防工业出版社，2004.

[5] 常大年等. 现代移动通信技术与组织. 北京：北京邮电大学出版社，2002.

[6] 郑少仁，罗国明等. 现代交换原理与技术. 北京：电子工业出版社，2006.

[7] 全国通信工程标准技术委员会北京分会. 程控用户交换机工程设计. 北京：人民邮电出版社，2003.

[8] 信息产业部电信管理局. 电信网码号资源管理. 北京：人民邮电出版社，2003.

[9] [德]西门子公司. 电话话务图表手册. 宋瑞麒译. 北京：人民邮电出版社，1984.

[10] 国家发展改革委，建设部. 建设项目经济评价方法与参数（第三版）. 北京：中国计划出版社，2006.

[11] 中华人民共和国工业与信息化部. 通信建设工程概预算编制办法. 2008.5.

[12] 中华人民共和国工业与信息化部. 通信建设工程费用定额. 2008.5.

[13] 中华人民共和国工业与信息化部. 通信建设工程施工机械仪表台班定额. 2008.5.

[14] 邮电部北京设计院. 电信工程设计手册（第13分册——移动通信）. 北京：人民邮电出版社，1994.

[15] 陈国玩. 移动通信设台组网. 北京：人民邮电出版社，1995.

[16] 郭梯云，邬国扬，李建东. 移动通信. 西安：西安电子科技大学出版社，2000.

[17] 韦惠民，李白萍. 蜂窝移动通信技术. 西安：西安电子科技大学出版社，2002.

[18] 韩斌杰. GSM 原理及其网络优化. 北京：机械工业出版社，2002.

[19] 张威. GSM 网络优化——原理与工程. 北京：人民邮电出版社，2003.

[20] [美]Sami Tabbane. 无线移动通信网络. 李新付，楼才义，徐建良译. 北京：电子工业出版社，2001.

[21] 万晓榆，万敏，李怡滨. CDMA 移动通信网路优化. 北京：人民邮电出版社，2003.

[22] 啜钢等. CDMA 无线网络规划与优化. 北京：机械工业出版社，2004.

[23] [美]Jhong Sam Lee, Leonard E. Miller. CDMA 工程手册. 许希斌，周世东，赵明，李刚等译. 北京：人民邮电出版社，2001.

[24] [美]Vijiay K. Grag. 第三代移动通信系统原理与工程设计 IS-95 CDMA 和 cdma2000. 于鹏，白春霞，刘睿等译. 北京：电子工业出版社，2001.

[25] [美]Kyoung II Kim. CDMA 系统设计与优化. 刘晓宇，杜志敏等译. 北京：人民邮电出版社，2001.

[26] 蔡跃明，吴启晖等. 现代移动通信. 北京：机械工业出版社，2007.

[27] 王健全，杨万春等. 城域 MSTP 技术. 北京：机械工业出版社，2005.

[28] 徐荣，龚倩，张光海. 城域光网络. 北京：人民邮电出版社，2003.

[29] 张杰，徐云斌，宋鸿升，桂烜，顾畹仪. 自动交换光网络 ASON. 北京：人民邮电出版社，2004.

[30] 朗讯科技（中国）有线公司光网络部. 光传输技术. 北京：清华大学出版社、北方交通大学出版社，2003.

[31] 龚倩，徐荣，张民，叶培大. 光网络的组网与优化设计. 北京：北京邮电大学出版社，2002.

[32] 龚倩. 智能光交换网络. 北京：北京邮电大学出版社，2003.

[33] 唐雄燕，左鹏. 智能光网络技术与应用实践. 北京：电子工业出版社，2005.

[34] 张宝富等. 光纤通信. 西安：西安电子科技大学出版社，2004.

[35] 张明德，孙小菡. 光纤通信原理与系统. 南京：东南大学出版社，2001.

[36] [美]Gerd Keiser. 光纤通信（第三版）. 李玉权等译. 北京：电子工业出版社，2002.

[37] 胡先志，刘泽恒等. 光纤光缆工程测试. 北京：人民邮电出版社，2001.

[38] 孙学军，张述军等. DWDM 传输系统原理与测试. 北京：人民邮电出版社，2000.

[39] 陈学梁，李丹. 大话核心网. 北京：电子工业出版社，2015.

[40] 小火车，好多鱼. 大话 5G. 北京：电子工业出版社，2015.

[41] YD/T1238-2002 基于 SDH 的多业务传送节点技术要求.

[42] ITU-T G. 707/Y. 1322. Network Node Interface for The Synchronous Digital Hierarchy (SDH), 2000.10.

[43] ITU-T G. 957. Optical Interface for Equipments and Systems Relating to The Synchronous Digital Hierarchy, 1999.6.

[44] ITU-T G. 691. Optical Interface for Single-channel STM-64, STM-256 and Other SDH System with Optical Amplifiers, 2000.10.

[45] ITU-T G. 813. Timing Characteristics of SDH Equipment Slave Clocks (SEC), 1996.8.

[46] ITU-T G. 805. Generic Functional Architectural of Transport Networks, 2000.3.

[47] ITU-T G. 872. Architecture of Optical Transport Networks, 2001.11.

[48] ITU-T G. 807. Requirements for Automatic Switched Transports Networks(ASTN), 2001.7.

[49] ITU-T G. 8080. Architecture for The Automatically Switched Optical Network(ASON), 2001.11.